PUHUA BOOKS

我们一起解决问题

写作基础

一些人格心理学图书只专注于理论，而忽略现代实证研究。另一些图书则兼而有之，既包括经典理论，也涵盖最新研究。我们采用了后者，但对顺序进行了调整：我们首先把关注点放在现代实证研究上，之后把经典理论融入其中，并且这些理论还必须满足：（1）对当代研究有影响；（2）现今仍存在于文化和生活中；（3）试图解释那些难以用实证方法解释的现象。这些理论包括弗洛伊德、荣格、阿德勒和客体关系理论家的观点，它们满足后两个条件；学习和行为主义的有关研究在塑造行为改变的项目上持续发挥着作用；经典动机模型（如马斯洛和默里的研究）依旧具有社会影响力，因此它和自我决定理论、内外驱动力理论、趋避冲突理论等最新理论模型一起被纳入本书中。

我们把某些研究领域的发展脉络用时间线的形式呈现出来，这样就可以向读者提供一个有关经典理论和理论家的简要概览。同样，在大多数章中，我们都设置了"回顾历史"专栏，聚焦那些人格心理学发展历程中的高光时刻。例如，在第 2 章中我们讨论了人格量表的诞生，在第 3 章中我们讲述了借以发现人格特质的词汇学假说的起源，在第 7 章中我们介绍了从儿童读物中追溯成就动机的经典研究课题。

第 2 版更新的内容

在《人格心理学》第 2 版中，我们广泛地使用全新的课题和参考文献，尤其是人格心理学领域最前沿、最有价值的一些研究，各章变化包括以下内容。

第 1 章

- 扩展人格心理学发展历程的范畴，新增图 1.1 "人格心理学发展的历史树"。

第 2 章

- 扩展关于伦理和科学实践的内容，包括开放性科学和可重复危机。
- 新增表 2.2，强调效度的不同类型。
- 增加关于相关性、正态分布和三角论证法的互动内容。

第 3 章

- 新增关于大五人格理论与数字化交流的内容。
- 调整本章结构，将有关大五人格理论发展历程的内容前置。

- 新增表 3.3，强调表情符号与大五人格特质的关联。

第 4 章

- 更新表观遗传学和基因表达的内容。
- 新增有关社会群体内性取向、进化与同性吸引、睾酮暴露效应的材料。
- 提升人格在大脑中的体现相关内容的互动性。

第 5 章

- 新增自我评价维护模型。

第 6 章

- 调整本章开头的内容：描述儿童畅销读物《野兽国》所反映的心理动力学概念。
- 重新组织有关弗洛伊德的材料使之更加顺畅。
- 通过一个互动性的例子新增启动效应。

第 7 章

- 新增有关正念的最新研究。

第 8 章

- 新增包括图 8.1 在内的有关社会化和交互决定论的内容。

第 9 章

- 新增有关毕生人格发展的纵向研究。
- 扩展重大人生事件对人格的影响的内容。
- 对"出生顺序和人格"的内容按时间顺序编排。
- 修订表 9.1，提供儿童气质类型和成年人人格特质的例子，并使其更具互动性。
- 修订表 9.2，将埃里克森的发展阶段理论和正常的人格发展相联系。

第 10 章

- 扩展有关性和性别的讨论。
- 更新有关性别和领导力的内容。

第 11 章

- 新增文化产品、社会经济地位与人格的关系的内容。

第 12 章

- 增加人格和大学专业的新研究。

第 13 章

- 调整本章开头的内容：挑战婚姻形式的例子。
- 增加有关在线约会 App、自拍、社交媒体和关系的新研究。
- 新增图 13.1 "伴侣人格特质和关系满意度"。

第 14 章

- 新增有关人格和心理障碍之间相互影响的材料。
- 更新有关人格障碍的发展的内容。
- 重新修订表 14.1 "10 种人格障碍"。

第 15 章

- 新增有关尽责性和健康的研究。

写作提示

每章都包括几个写作提示。写作提示引导读者把本书中的概念应用到自己的生活中，这不仅有助于读者更好地理解本书，而且更能促进相关内容在生活中的应用。

回顾历史

我们在帮助读者学习了解自己的同时，也致力于人格科学的传授。本书几乎每章都包括"回顾历史"专栏，它详细地介绍了人格科学领域的研究开展、数据分析和结论推导过程。这些小型模拟实验能够让读者逐步了解研究步骤，帮助读者更深入地看待和接触科学进程。

所有这些资料都是为了提升读者的阅读体验，帮助读者更好地理解所阅读的内容。我们所有的努力都是为了能够实现写作本书的初心：在向读者介绍人格心理学这门学科的同时，教会他们如何更好地生活。

PERSONALITY PSYCHOLOGY
Understanding Yourself and Others 目录

1

////////////////////////////

第二部分　人格的流派

Defining Personality
and Methods of
Assessment

第一部分

人格的定义和评估方法

你是谁？面对这个问题，你的反应也许是你的名字、你从哪里来、你的性别或者民族。但当你真正思考这个问题时，你最有可能想到的是你的人格：你是活泼开朗还是内向腼腆，是从容放松还是神经紧张，是性格坚强、意志坚定还是温和冷静、随遇而安。

本书及书中的各种人格问卷将为你揭晓上述问题的答案。在第 1 章中，你将了解心理学家如何定义"人格"这一看起来难以捉摸的概念。什么是人格？我们从哪里可以观察到它？我们如何通过识别他人的人格特质来更好地理解他们？我们同样也会考虑人和环境之间的相互作用，毕竟，即便是人格最稳定的人，在课堂上与在派对上的表现也不一样（至少我们希望他们不一样）。

第 2 章讲述的是人格测量。人格是一个如此广泛又难以控制的测量项目，我们能用一系列数字描述一个人的人格吗？我们又怎样判断一项人格测试的优劣呢？你可能曾经在网络上做过人格问卷，你想知道这个测试的结果是否准确吗？它真的可以精准地揭示出你是谁吗？这是一个重要的问题，在这一章你将看到研究者为设计出具备良好信度和效度的问卷所做的努力，以及人格研究是怎样进行的。

欢迎来到人格心理学的世界！让我们开启这段有趣的旅程。

第 **1** 章

理解自己和他人

史蒂夫·乔布斯（Steve Jobs）暴躁易怒。在作为苹果公司联合创始人的那些年里，乔布斯争强好胜、反复无常的个性使得许多人都开始疏远他。20 世纪 80 年代中期，有一次，苹果公司首席执行官约翰·斯卡利（John Sculley）在会议开始前恳请乔布斯在稍后的会议上能表现得温和一些。然而，会议刚一开始，乔布斯就说："你们根本就不知道自己在干什么！"然后会议就这样结束了。"我很抱歉，我控制不住自己。"乔布斯解释道。

事实证明，这其实已经是乔布斯很温和的表现了。更多的时候，如果事情不如他的预期，他会朝员工大喊大叫或放声大哭。1985 年 5 月，乔布斯被迫离开了他一手创建的公司。

到 1997 年，苹果公司举步维艰，乔布斯重回 CEO 职位。他的个性依然直率、固执，他喜欢与人争辩，但在某种程度上还是从失败的经历中吸取了一些教训，变得和善了一些。作为一个自认为充满人文关怀的人，他热衷于新鲜事物和想法，相信技术必须考虑使用者的体验。他的这种哲学理念带来了巨大的成功：在乔布斯第二次担任 CEO 期间，苹果公司推出了一系列畅销产品，同时苹果商城问世。2011 年 10 月，当 56 岁的乔布斯因癌症去世时，全世界的人都为这位天才的离去感到惋惜。

许多关于乔布斯谜一般的故事都聚焦在他古怪的个性上。他曾滥用药物，是极端的素食主义者，经常赤脚走路，还时常不愿洗澡。如果面对不喜欢的东西，他会毫不留情地对别人说"那简直糟透了"。他骄傲自大，看不起别人。他常说："人们根本就不知道自己想要什么，除非你把那摆在他们的面前。"他无视现实情况，朋友们评论他"活在一个现实颠倒的世界里"。沃尔特·艾萨克森（Walter Issacson）在其畅销书《乔布斯传》（*Steve Jobs*）中提到一个核心问题：乔布斯的成功是否与他的人格有关系？

是不是所有的 IT 行业的巨头都像乔布斯一样，情绪化、完美主义、性格外向、追求新想法？当然不是！比尔·盖茨（Bill Gates）是微软公司的联合创始人，他同样也有些古怪，不过却是以一种与乔布斯完全不同的方式。他讲话的时候经常前后晃动，还总是同时做多件事。程序员出身的盖茨很少对其他人表现出好奇，从不关心别人的生活，也很少显露自己的情绪。据他的父亲回忆，青少年时代的盖茨在社交场合缺少自信，他曾为如何邀请一个女孩参加舞会而焦虑了整整两周，最终被对方拒绝。20 世纪 90 年代，盖茨在掌管微软公司的时候，很少给他人打电话，而是通过每天发一百多封邮件与他人联系。2006 年之后，盖茨减少了自己在微软的工作，转向关注慈善事业，致力于改善贫困儿童的健康状况。

从表面上看，史蒂夫·乔布斯和比尔·盖茨有许多相似之处：他们俩都创办了计算机公司，都出生于 1955 年，都坐拥亿万身价，都天赋异禀又理想远大，也都是出了名的性格直率。盖茨版的"你们根本就不知道自己在干什么"是"这是我听到过的最愚蠢的事情"。

然而，他们的人格却截然相反，他们各自创立的公司也是如此。盖茨注重细节和计算，微软公司的业务重点是可靠的软件。乔布斯则喜欢创新，苹果公司追求独特性，强调产品设计。盖茨不在乎人们的整体需求，也许这就是为什么微软的软件不太关注设计却可以在各种各样的计算机上运行。乔布斯重视全面体验感，因此产品的方方面面，从店铺到设计再到软件，他都要把控。"比尔·盖茨的个性决定了微软的文化"，盖茨的朋友内森·梅尔沃德（Nathan Myhrvold）这样评价到。乔布斯也是如此，甚至更甚，他那种热切、强烈、追求完美的愿景深刻地塑造着苹果公司，以至于在他离世后，许多人都担心苹果公司再也不会是原来的那个"苹果"了。即使没有了乔布斯和盖茨掌舵，苹果和微软——这两个改变了世界的公司——依然是这两个人的错综复杂的人格的产物。

什么是人格

人格在许多方面塑造着我们的生活：它决定了对你来说跳伞和阅读哪一个更有趣，也能够预测你通常是提前 5 分钟还是迟到 15 分钟到达一个地方。人格可以预估（至少在平均水平上是这样）一个人能否拥有长寿的人生、成功的事业和幸福的婚姻。它还能就哪种职业或哪类伴侣更适合你提出建议。

人格的定义

人格——一个难以解释又至关重要的名词——究竟是什么呢？**人格**（personality）描述了一个人通常的行为模式、情感和想法。所谓通常，是指一个人在任何时间、任何情境下都会表现出的行为、情感和想法。设想一下，你会对跳伞做何反应？大多数人对从飞机上跳下来都会心存恐惧，但有些人却对此感到异常兴奋。同样的情境激起不同的人做出不同的反应，这是因为人与人的人格不尽相同。作为人格的一种体现，这种反应一般不会发生变化：一个人在周二的时候害怕跳伞，在周五一定也害怕。如果不是这样的话，那么他的反应就不是出于人格的原因，而是源自情境因素造成的差别——或许飞机在周二那天由一名经验丰富的飞行员驾驶，飞行状况良好；而在周五却是由一位刚刚拿到飞行执照的飞行员驾驶，飞机不断发出刺耳的声响。

如果说冒险是你的人格的一部分，那么这种冒险倾向在不同的情境中应该是相同的。如果你愿意尝试从飞机上跳下来，那么你也应该比那些小心谨慎的人更喜欢被装到笼子里与鲨鱼共舞或体验赛车的极速激情。

人格包括人们共有的倾向和个体的独特性。每个人都会冒险，但每个人愿意承受的风险程度却不同。换句话说，了解你的风险承受程度也有助于你了解他人。

人格方面的某些个体差异相对容易测量。例如，通过人格问卷，我们可以描述一个人"神经质"（如不敢坐飞机却不惧怕跳伞）或"冷静"（如对什么事都不太担心）（更多内容详见第 2 章）。但我们一共需要考量多少种人格特征呢？在第 3 章中你会看到，人格心理学家找到了五种人格因素来解释人格方面的大部分个体差异。尽管这种"五因素"体系非常有用，但它仍然不可能将所有人格特征全都纳入其中。我们还有其他一些方式识别人格，包括潜意识防御机制、对自我的看法和动机等。

当然没有哪一种人格体系可以完全覆盖人们及其生活经历中所有独一无二的要素。就像马尔科姆·X（Malcolm X）写过的那样："我为什么会成为今天的我？任何一个人想解决这个问题，就必须回顾其从出生起的整个人生。我们所有的经历都与人格融为一体，任何曾经发生过的事情都会成为其中一项要素。"每个人的心理都是极其复杂的。人格心理学就是要定义和测量这种复杂的心理，但同时我们也承认它的局限性，我们无法定义和测量所有的要素。所以，虽然可被描述和界定的人格或许仅仅是冰山一角，但这一角的魅力无穷并日渐为人所了解。

现在让我们来看另外一个问题——人格从何而来？是什么使得一个人成为其现在的样子？比如，史蒂夫·乔布斯是被收养的，他直到 30 多岁才与自己的亲生母亲第一次见面，那他的人格是更像生物学上的亲生父母还是更像抚养他的养父母呢？人格的塑造与多方面的因素有关，包括基因、父母教养、同辈关系、出生顺序和文化等。我们要找出这些影响因素中哪一个是最主要的，以及哪些可能没我们想的那么重要。

人格心理学

人格心理学有着漫长的历史。像所有伟大的科学一样，人格心理学植根于古希腊和古罗马时期的哲学与医学。弗洛伊德对情感与理智间冲突的描述受到了柏拉图的启发。柏拉图曾有过一个生动的比喻：他把人类的理性比作马车夫，把人类世俗的原始欲望和更高级的精神追求比作两匹马，马车夫驾驭两匹马的过程就像理性在与欲望和精神做斗争一样。古希腊医生希波克拉底和盖伦都"预言"了现代特质学说，他们提出的"体液说"认为，人与人之间的差异源自不同的"气质"（对应的四种体液分别为：血液、黄胆汁、黑胆汁和黏液），这些"气质"再经过不同的组合创造了人类的心理。例如，"多血质"对应着血液，代表乐观、愉快；"抑郁质"对应着黑胆汁，代表悲伤、消极。

现代人格心理学在 19 世纪晚期到 20 世纪早期发展出了至少四个重要的历史性理论根基：评估和测量、特质理论、心理动力学和自我过程理论。这些理论根基与其他的科学、社会和技术进步融合在一起，形成了现今的人格心理学。

我们从评估和测量入手，它们作为工具和技术把人格带入了可量化的科学领域。18 世纪 90 年代，詹姆斯·卡特尔（James Cattell）提出心理测验的想法，之后的心理学家开始投身其中。当时需要人格测评的机构主要是军队、学校和心理健康机构。第一个人格测验是伍德沃斯个人资料调查表（Woodworth Personal Data Sheet），被用于检测军人的心理适应能力。测评和量化研究是人格心理学的一个核心组成部分，它们提供了测量人格的方法，但却无法解决测量什么及如何看待人格结构的问题。

"测量什么"的问题把我们引入人格心理学的特质理论。特质理论认为，人格是由那些蕴藏在语言中的描述性词汇单元构成的，这些描述性词汇单元就被称为"特

人格非常复杂，由多方面的因素决定：基因遗传、父母教养方式、同辈关系。

质"。弗朗西斯·高尔顿（Francis Galton）是第一位直接通过查阅词典找寻这些特质的科学家，这种方法被证明非常有效，随后被戈登·奥尔波特（Gordon Allport）和雷蒙德·卡特尔（Raymond Cattell）等人逐步发展起来。我们将在第 3 章探讨现代特质理论是如何在语言的基础上建立起来的。

心理动力学是从整体观出发研究人格的理论。这种理论清晰地展现在弗洛伊德和卡尔·荣格（Carl Jung）的著作中，同时可以追溯到叔本华和尼采等人的哲学观点中。心理动力学的主要目标是从更深层的冲动、恐惧或更复杂的潜意识心理结构的角度理解一个人。早期的心理动力学著作，如亨利·墨里（Henry Murray）的经典作品《人格的探索》（*Explorations in Personality*），通过讨论心理动力进入人格的科学研究领域。

最后是关于自我的研究。自我探讨的是关于认同的问题：我是谁？我想成为什么样的人？自我研究起源于威廉·詹姆斯（William James）的作品和诸如乔治·H.米德（George H. Mead）等思想家的社会学作品，其历史渊源可追溯到哲学，尤其是大卫·休谟（David Hume）有关自我流动性的著作。

人格心理学是漫长传统的一部分。它根植于古代哲学和医学，评估和测量、特质理论、心理动力学和自我过程这四种主要理论根基在过去的百年间不断融合，共同构建了这个多元又统一的领域（见图 1.1）。为了对人格心理学的发展历程一探究竟，我们设计的"回顾历史"专栏贯穿整本书，以点亮那些曾在历史的长河中留下重要足迹、直到今天依旧闪耀着光芒的时刻。

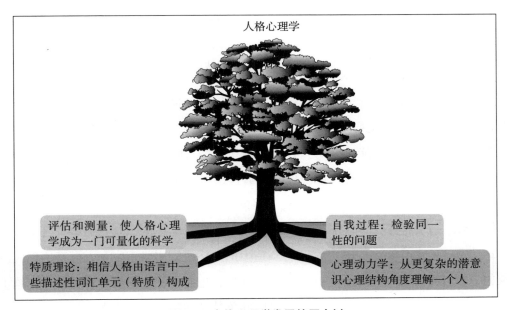

图 1.1　人格心理学发展的历史树

人格心理学是心理学的中心枢纽

人格心理学处理大量类似"我们是谁"和"我们为何成为今天的样子"等根本性问题。它和心理学其他领域的重要课题都有关联，包括发展心理学（人格如何随着个体成长而变化）、神经科学（人格在大脑中有怎样的体现）、临床心理学（人格特质和心理健康之间的关系）、工业组织心理学（好员工是否都具备某些人格特质）等。人格是一个中心话题，处于心理学这个网络中各分支领域的交汇点（见图1.2）。

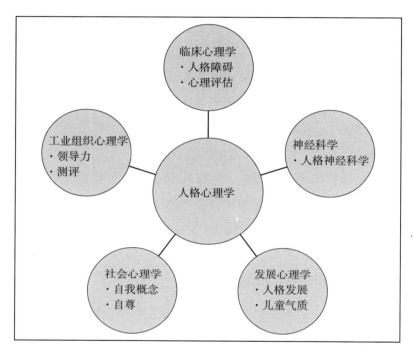

图1.2　人格枢纽站

人类充满着无尽的魅力（尽管有时让人抓狂，有时使人喜悦，但总体来说令人着迷的时候更多），其主要原因之一就是人格的差异性。他为什么会那样做？她实际的感受如何？他还有可能改变吗？心理学研究的是人们的行为动机和行为方式。在所有的心理学分支中，只有人格心理学能够直接回答这些问题。如果你想更好地理解自己和他人，人格心理学是不二之选。

本书要带给你的，既有那些来自富有创造力的人格研究实验室中令人振奋的现代研究成果，也有在我们的语言和文化中穿越了时间依然熠熠生辉的经典理论和观点。希望

✎　**写作提示：了解自己**

在开始学习人格心理学之前，你会怎样定义自己的人格？尽力描述一下你的人格。

你能获得你最渴望得到的信息：了解你的人格，了解你的朋友和家人的人格。你也将理解你是如何成为今天的自己、是否可能有所改变，以及怎样才能改变你的人格和习惯。

人格无处不在

人格无处不在。在我们与他人互动时，无论是面对面沟通还是线上交流，无论是在虚拟现实世界还是通过文字信息，人格都会有所体现。**外倾性**（extraversion），即一个人有多外向、自信、健谈，是大家都很熟悉的一种人格特质；与之相反的是**内倾性**（introversion），即一个人有多腼腆、保守（我们会在第 3 章中对内外倾这一特质进行详细介绍）。史蒂夫·乔布斯极有可能是一个外倾性的人，而比尔·盖茨——从他酷爱发邮件而不爱打电话这件事就能看出来——应该是一个内倾性的人。

人格涉及许多特质，包括你的焦虑程度、你是整洁的还是邋遢的、你的积极自我评价等，在这里我们只以"外倾—内倾"这一个维度作为例子说明人格是怎样体现出来的。

你是谁？对人格的研究是心理学所有领域中最能帮助你理解自己和他人的。

不过，如果一个人并非公众人物，只是一个我们刚刚见面或还不认识的人，我们如何确定他的人格呢？也许你可以给他一份人格问卷，对他说："嘿，你愿意帮我填一份调查吗？"他会问："为什么？"你回答说："没什么，我就是想看看你是不是一个值得约会的对象。"很显然，通过这种方式通常难以实现。还有一种方式，你可以不动声色地搜集一些有关其人格的线索。在一项研究中，大学生允许研究者访问他们的社交平台主页，查阅他们的成绩单，调取他们的学校行为记录及询问他们上一次收发短信的时间。外倾性的人在社交平台上拥有的朋友更多、违反校园规定的次数更多、收发短信的频率更高——有一个外倾性的学生甚至在研究者问这个问题的时候还在发短信。

人格能预测出你的手机使用的是什么系统吗？答案是，不能——也许是因为还有其他很多因素决定了你的选择。但人格可以预测出一个人对品牌相关特征的喜好。焦虑的人喜欢易于使用的系统和软件，头脑开放的人喜欢设计时尚的系统和软件。

一些研究表明，观察者能根据你的社交平台主页推测出你的人格，尤其是人格的外倾程度；人们也能判断出谁是清晰、有序的人；在虚拟游戏中，你如何修建城市可以非常准确地预测你的人格。不过令人惊讶的是，一个人在社交平台上的个人资料一般与其真实人格相符，而并非其想要展现的"应有"的人格。

外倾性的人和内倾性的人会在网络上发表些什么呢？有一项研究让近 7 万名网络用户填写一份人格问卷，然后研究者访问了这些人的个人主页。外倾性的人的关注点在外出、关系、积极情绪，他们经常使用的词有"今晚""派对""爱""太棒了"。与之形成鲜明对比的是，内倾性的人则乐于表达个人追求，他们最常用的词有"电脑""互联网""阅读"。

人们也能通过观察一个人的办公室或卧室准确地猜测出这个人的人格。约翰·斯坦贝克（John Steinbeck）曾写道："一个人只要在一个房间停留一夜，这个房间就会印刻下他的性格、经历、最近发生在他身上的事情，以及他将来的计划和希望……人格就这样渗入了墙壁，久久不会消散。"外倾性的人居住的卧室嘈杂，随处都是一摞摞散落的纸张。外倾性的人的办公室一般会给客人准备一把舒服的椅子，或者在办公桌上摆放一盘糖果，也许是因为他们希望别人没事常来坐坐。内倾性的人的办公室的摆设就显得没那么热情好客了，内倾性的人更喜欢独处，而你应该遵从他们的意愿。人格心理学家萨姆·戈斯林（Sam Gosling）建议："当你在一把硬邦邦的椅子上坐了一会儿，看到四周灰蒙蒙、光秃秃的墙壁时，赶快找一个借口离开吧——每个人都该这么做。"

你的外表和行为举止也会透露你的人格。那些清高、自私的人往往穿着时髦、昂贵的衣服，他们十分在意自己精心打扮的外表。外倾性的人爱笑，他们说话时声音洪亮，走路的时候大摇大摆。一项研究结果还验证了我们从高中起就有的一个猜测：那些更容易焦虑和抑郁的人经常穿深色的衣服。

 写作提示：了解自己

从你的卧室或办公室能看出你的人格吗？再想一个你身边的人，他的卧室或办公室又是什么样子的呢？

别人能猜出我们的人格，人格可以预测我们接下来的行为，即使在网络上也是如此。比如，外倾性的人更喜欢在网络上写评论，会更频繁地浏览自己和别人的社交平台主页，更可能发布自己和其他人的合影。总之，外倾性的人在社交媒体网站上有更多的朋友，也会在此花费更多的时间。焦虑的人更喜欢在网上更新动态和发布自己的情绪和感受，尤其是负面情绪。

因此，无论此刻的你是在浏览社交网站、整理床铺，或者正偷偷地往宿舍带啤酒，哪怕只是穿着黑色 T 恤和牛仔裤，你都要留意，因为你的人格已展露无遗。

人格－情境

对人格心理学感兴趣的人一般在一开始会有两个疑问：人格如此复杂、难以琢磨，我们怎么可能准确地测量它呢？一个人的行为难道不是更多地受到其所处情境的影响，而非由人格决定吗？

我们将在第 2 章回答关于人格测量的问题。目前你只要知道人格（至少人格的一部分）是可以测量的，并且这足以很好地预测你的行为、工作成就甚至寿命。第二个问题是关于情境的重要性。如一位心理学家所说，"如果一个人的行为方式一直在改变，我们要怎样讨论他的典型行为呢？同一个人在不同场合的行为是非常不同的。"

这个问题在 20 世纪 60 年代曾引发了人格领域的一次危机。社会心理学家认为，**情境**（situation）—— 一个人周围的环境和其他人——对行为具有重要影响。例如，社会心理学家斯坦利·米尔格拉姆（Stanley Milgram）在其著名的电击实验中发现，大多数人都会服从实验者的指令对他人实施高强度的电击——电击的强度在电源上有明确标示，如果是对自己实施电击，没人会选择这么高的强度。

1968 年，心理学学者沃尔特·米歇尔（Walter Mischel）提出，人格对行为的影响小到可以忽略不计，他认为人格特质无法准确地预测个体的行为。这使得人格心理学在很长的时间里陷入自我怀疑的沉默期，即使米歇尔后来澄清说他的意思被误解了，而且他也并不是要反对整个人格心理学领域，他的分析仅仅建立在很小的研究范围内。一场辩论就这样展开了：一方坚持认为稳定的人格特质可以预测个体的行为；另一方则辩驳说人格实际上并不存在，情境更重要。这场辩论被称为**人格－情境之争**（person-situation debate）——"人们在不同的情境下是否具有持续不变的行为趋势（或人格）？"人格派和情境派分别给出了肯定和否定的答案。注意，这里的人格－情境之争有别于**天性－养育之争**（nature-nurture debate），后者着眼于人格特质的由来——基因还是环境。人格－情境之争则是要从根本上确定人格特质是否存在的问题。

在这场争论迅速蔓延的那些年，有一次心理学家们在太平洋西北岸的一座森林里召开了一次小型会议。其中一位参会者（我们称他为"情境博士"）不断地表达自己的观点：人的行为源于情境而非稳定的人格特质。一天晚上，参会者们收到一个

这些人的行为究竟是由人格决定的，还是由情境决定的呢？

耸人听闻的消息：一个臭名昭著的连环杀人犯从附近一座监狱里逃跑了。"情境博士"立即采取行动，制订计划把窗户钉死并安排保安轮流站岗。一位持相反观点的教授（我们叫他"人格博士"）拍了拍"情境博士"，告诉他不要担心："放松，情境博士，"他嘲讽地说，"如果杀手来了，接下来他要做什么完全取决于情境！"

就像上面这个故事一样，即便那些相信情境作用的人也明白，人们行为的变化仍建立在日常行为的基础上，换言之，建立在人格之上。"情境博士"没有必要防卫他的同伴，却对那个越狱的连环杀手心生畏惧。他知道连环杀手杀人的概率比一般人大得多。不过这并不意味着情境不重要：社会心理学领域的实验表明，普通人在某种情境下也会伤害他人（如米尔格拉姆的实验中被试服从实验者的权威）。

人格和情境共同影响行为。最终，研究者认识到了这一点。例如，一些分析发现，情境和人格特质在对行为的预测上同等有效。另外，与那些著名的社会心理学实验中的情境相比，日常生活中的大部分情境的强度要微弱得多。例如，人格对个体日常行为的影响远大于它在一场骚乱中对个体行为的影响。即使在经典的社会心理学研究中的"强影响情境"下，人们仍然作为个体在行动并做出自己的决策。

当然，人们的行为并非总是一成不变，这也是为什么在进行人格测量时询问的是人们通常的特质和行为。如果我们想要预测的是一个特定行为而不是大多数情况下的行为，会发生什么呢？

✎ **写作提示：了解自己**

在哪些时候情境对你的行为更具决定作用？反之，在哪些时候人格对你的行为影响更大？

要回答这个问题，让我们考虑一下尽责性这一人格特质，它包括整齐、有序、目标导向。对尽责性的有效测量应该能预测出一个学生是否会准时去上课：高尽责性的学生更可能提前到达教室，而低尽责性的学生更可能迟到。

然而，一个人在尽责性上的得分无法预测出其在特定的某一天（如10月15日的人格心理学课）是否会准时抵达教室。如果他迟到了，原因可能是堵车了、他找不到停车位、其室友使用浴室的时间过长等。各种各样的情况都可能会导致他迟到。

因此，虽然尽责性并不能很好地预测他在某一天的某一节课上是否会按时到达教室，但它却与这个学生在整个学期里平均到达教室的时间高度相关。这是人格的核心特征之一：它是关于一个人在大多数时间中的行为，而不是某一时刻的行为。当你的朋友做了一些自私的事或说了一些欠考虑的话时，这也许并不代表他就是那样的人。但如果他通常都很自私，这很可能就是他自身的人格，你可能就不再想和他做朋友了。

请记住，完美地预测一个人在任意时刻的行为对任何人来说都很难——即使使用最好的人格测验也是如此。内倾性的人也会大声唱歌，邋遢的人也会穿戴整齐，悲伤的人也可以笑出来。我们不是被禁锢在我们的人格中。相反，正是由于人格是一个人通常的行为倾向，而不仅仅是在某天的某一时间点的行为，跨时间和跨情境水平下的行为测量才能更好地反映出人格对行为的预测作用。这也能针对米歇尔的行为与人格弱相关理论给出另外一番解答。他的理论对某一种行为在某个情境下的情况可能是正确的，但当我们考察更多的行为时，二者之间的关联性就显现出来了。

实际上，人格和情境在塑造行为上并不是竞争关系，而是在多方面共同起作用——即人格与情境的相互作用（见表 1.1）。第一，人格受到经历（那些持续时间较长的情境，如上某一所学校或与某人住在一起）的影响。假设你和你的朋友露丝在高中时期关系非常好，你们的人格也非常相似。但后来你决定读大学，她决定去参军。四年之后，你们的人格很可能会由于不同的经历而变得不同。第二，人们面对同一情境的反应是不同的。例如，外倾性的人在聚会上活力四射，而内倾性的人却觉得非常无聊。第三，人们可以选择情境。外倾性的人比内倾性的人更有可能参加聚会。一些人花钱去跳伞，一些人宁愿为永远不用跳伞而花钱。第四，人们可以改变情境。如果三个人正在餐厅里平静地讨论着

到底是充满乐趣还过于疯狂？人格影响着人们对情境的选择。

自由意志和决定论的话题，这时一个争强好胜的人加入进来，讨论马上就会变得激烈起来。

表 1.1　人格与情境的相互作用

因素	案例
人格受到经历的影响	你和你的朋友去了不同的大学，一段时间之后，你发现你的朋友看起来与高中时有些不一样了
人们面对同一情境的反应不同	你的一些朋友在聚会上追求引人注目、争当主角，而另外一些朋友则喜欢默默无闻、甘为绿叶
人们可以选择情境	星期六的下午，你选择读书，一个朋友选择上烹饪课，另一个朋友选择去攀岩。无论是谁，都选择了让自己感觉最舒服的情境
人们可以改变情境	你正在与一个朋友进行私人谈话，忽然另一个人加入进来。你会暂停谈话还是会和新加入的这个人继续谈论这个话题？无论你怎样选择，先前的情境都已经因为第三个人的加入发生了改变

你的行为在不同的情境下会发生改变，但是大多数时候你是怎样做的？当你可以选择的时候，你是怎样做的？社会规范提出一些要求，如衣着得体、看到红灯要停下来、在课堂上提问要先举手，确实每个人都会做这些事。你是那种在课堂上第一个提问题的人吗？如果是，这是你的人格（更具体地说是外倾性）的重要体现。

本书阅读指南

在第 2 章中，我们会探索研究者如何测量人格及他们所使用的方法。或许你曾做过某些人格问卷，从中你也得到了有关你的人格的有趣信息，以及将之与别人相比较的结果。不过，仅仅是人格测验分数本身远非科学研究。实际上，人格研究课题会在提出一个问题的同时提供一个答案，从而告诉我们有关人的一些事情。例如，研究者会利用一组不同的人格测验分数考察它们如何预测某些行为或结果。

那么这些研究课题有什么发现呢？这正是本书接下来的要点。人格的研究希望解决诸如以下问题。

- 我们如何使用尽可能少的维度，在尽可能细致的水平上描述人格？（第 3 章）
- 人格的首要决定因素是基因还是环境？二者之间的关系是什么？激素如何影响行为？（第 4 章）
- 我们看待自己的方式（如自尊或自恋）如何影响了我们的学业、工作和人际关系？（第 5 章）
- 你的潜意识想法怎样影响你的行为？（第 6 章）
- 人们的动机有什么不同？（第 7 章）

- 怎样才能改变其他人的行为或自己的坏习惯？（第 8 章）
- 随着年龄的增长，人格会发生什么样的变化？出生顺序（独生子女、长子长女、中间的孩子或最小的孩子）如何影响人格？（第 9 章）
- 两性在人格特质上存在什么差异？（第 10 章）
- 人格特质在不同文化和代际间的差异如何？（第 11 章）
- 什么样的人格特质能帮助一个人成为好的领导者或成功的老板？人格特质和职业之间是否存在匹配性？（第 12 章）
- 哪些人格特质与良好的人际关系有关？与你的恋人拥有相似或不同的人格特质会更好吗？（第 13 章）
- 人格与心理障碍（如抑郁症、边缘型人格障碍）的关系是怎样的？（第 14 章）
- 拥有某些人格特质的人会更健康、更长寿吗？（第 15 章）

当然，人格心理学可不仅仅是一门科学，它也与你息息相关！有时你会发现人格问卷的测量结果与你对自己的认知一致，有时你也可能会对结果大吃一惊。两种结果都会帮助你找到真实的自己和你想成为的自己。在"写作提示：了解自己"中我们提出了一些问题，请你思考自己的生活和信念，这不仅能帮助你更好地认识自己和他人，也能让你更好地理解你正在学习的心理学概念。

 写作提示：了解自己

在人格心理学领域的主要话题中，哪些是你最感兴趣的？为什么？

最后，每章的结尾都总结了本章的主要内容。我们在所有章节的结尾还安排了思考问题，要求你对本章的内容进行总结和综合运用，目的是帮助你深入加工所学概念而不仅仅是记忆。这个思考过程同样会帮助你揭开人格的层层面纱，引导你在理解自己和他人的道路上再上一个台阶。

总结

学习人格心理学仿佛踏上一场激动人心的冒险之旅，尤其当你洞悉了自己和他人的人格之后。学习人格心理学为你打开了解自己内心深处的大门，也在你对他人的行为感到困惑不解之时帮你推开一扇窗并看到背后的原因。如果你理解了人格特质，就像一下子打开了一个秘密宝箱一样，你会知道一个人接下来的行为、他能不能成为一个好的朋友或浪漫的恋人，或者他是否是一个优秀的学生或商业伙伴。你同样可以了解到，我们是如何知道这些的：我们如何定义和测量人格；在一般的情境和像恋爱、工作这样的特定情境下，人格与行为之间有着怎样的关联。

或许更重要的是，人格心理学知识能帮助你做出积极的改进。例如，成为一个更好的恋人、在工作或学业上取得更大的成绩、获得健康长寿的人生。虽然特质是与生俱来的，但人格从来不像有些人曾以为的那样"如石膏一般不会软化"。你可以培养自我控制能力，同焦虑和抑郁做斗争，克服自我中心，改变负面想法。这些方法虽然不是万能的，但研究已经证实了它们的积极作用。在后面的内容中，我们将告诉你如何练习这些策略、专注于现在你能做的，以达到你想要的目标。

思考

1. 给人格下一个定义，并解释那些影响人格的因素。

2. 在社会科学中，人格如何被看作一个中心话题？要想了解人格，我们一般会涉及哪些领域？

3. 把"人格 – 情境"的动态平衡进行拆解，这二者对我们理解行为各自发挥了什么作用？出于哪些原因，我们需要综合运用这二者？

第 2 章

人格评估和研究方法

请你花几分钟时间思考一下你的人格。你会怎样描述你自己呢?

对这个问题的回答,大多数人会列出一大串形容词和一些名词:和蔼的、外向的、放松的、意志坚定的、态度果断的、充满爱心的、一个有规划的人、一个爱担忧的人……

当然,这并不能概括你的全部人格。你生在一个特定的时代,成长于特定的文化背景和特定的家庭环境中。你可能是一名学生,一位运动员,一个比萨送餐员,或者同时具有以上三种身份。你有一些外部特征,如身高、发色、性别。你也有着特定的生活经历、人生感悟和各种人际关系,如果把它们记录下来,其复杂程度足以写好几本书。这些内容中就蕴含着你的人格,而**人格评估**(personality assessment)——我们测量和获取人格的方式——就是在试图定义它。本章内容的重点是人格心理学家在测量人格和开展人格研究时所使用的科学方法。

自陈问卷:人格测量最常见的方式

我们是谁?我们与其他人有什么不同?人格心理学家使用多种不同的方法和技术来获取这些难以描述的想法。如今,问卷是测量人格最常用的方式。大多数问卷是由形容词或短语构成的结构化版本,这些形容词或短语是当人们面对"你会怎样描述自己"这样的问题时可能做出的回答。问卷提供一系列的形容词或陈述,让人们用"是/否"来作答,或者根据"从同意到不同意"的程度进行选择。这种方式通常被称为**自陈测量**(self-report measure)。自陈测量是对人格进行量化的一种简单且行之有效的方法,尽管人格乍看起来无法被量化。

自陈测量并不完美——我们怎么能知道人们有没有在说谎?人们在回答问卷中

的问题时会有所隐瞒，最常见的原因就是，人们希望自己表现得比真实的情况要好，这种现象叫作**社会赞许反应**（socially desirable responding）。即使人们知道自己的回答是匿名的，还是会夸大自己的优点，而对自己的缺点轻描淡写。不过，幸运的是，研究者从一开始就要确保研究中使用的人格问卷不会过多地受到社会赞许偏差的影响（稍后我们会谈到如何实现这一点）。尽管如此，自陈测量局限于人们的自我评估。例如，如果某人没有意识到自己的动机，那他就无从报告他的动机。这就是为什么除了自陈测量外，人格测量还有很多其他的方法，我们将在本章后面的内容中加以介绍。自陈测量有许多优势，简单、方便、易于管理，所以我们以此为起点开始对本章内容的学习。

✎ **写作提示：了解自己**

你认为人们为什么会按照社会赞许的方式做出反应？在你的生活中，什么情况下会发生这样的情形？这样的情形经常发生吗？

爱猫人士量表

现在，我们来看一个简单的量表（见表 2.1），了解一下人格问卷是什么样的。我们把它叫作"爱猫人士量表"。如果你想让它听起来充满乐观主义色彩，我们也可以叫它"非常具有科学性的爱猫人士量表"。

表 2.1　爱猫人士量表

每个问题只能选择一个答案。

1. 我喜欢猫				
1　非常不同意	2　不同意	3　不确定	4　同意	5　非常同意

2. 我害怕猫				
1　非常不同意	2　不同意	3　不确定	4　同意	5　非常同意

3. 我喜欢抚摸猫				
1　非常不同意	2　不同意	3　不确定	4　同意	5　非常同意

4. 想到抚摸猫会让我感到害怕				
1　非常不同意	2　不同意	3　不确定	4　同意	5　非常同意

5. 我认为我是一个爱猫的人				
1　非常不同意	2　不同意	3　不确定	4　同意	5　非常同意

6. 如果让我自己选择的话，我不会养猫				
1　非常不同意	2　不同意	3　不确定	4　同意	5　非常同意

请你根据自己的情况作答。

首先，我们来计算得分。这项感觉有些奇怪但有用的工作是完成所有人格量表都需要做的：把人们的某个特征用数字的形式表达出来。问题 1、3、5 很容易计分，得分高代表你是一个爱猫的人；问题 2、4、6 正好相反，分数越高说明你越不喜欢猫。许多人格量表都包括这样的反向计分项目或者与测量特质描述相反的项目。这是因为有些人倾向于对任何事情都表示同意，即默认反应定势。如果这个量表有一半的项目设置为反向计分项目，我们就能够更加确信，高分者确实是爱猫的人，而不是那些对任何事情都默认同意的人。

要计算得分，我们首先要把那些反向计分项目上的分数进行调整。爱猫人士量表使用的是**李克特量表**（Likert scale），用一个数字范围来对应一个人对某种说法的认可程度。这里用的是李克特 5 点量表。问题 1、3、5 是正向计分项目，我们按正常得分计算即可；对问题 2、4、6 计分时则需要将 5 分转换为 1 分，4 分转换为 2 分，2 分转换为 4 分，1 分转换为 5 分，3 分保持不变。

然后把所有项目的分数相加，你就会得到自己的总分。分数越高，代表你爱猫的程度越高；反之亦然。最高分可以是 30 分（一个十足的"猫奴"），而最低分是 6 分（十分讨厌猫）。在下面的"回顾历史"专栏中，我们对人格量表创立之初的情形进行了简要介绍。

完成爱猫人士量表，看看你有没有资格来抱抱我——当然，前提是要先给我吃的。

回顾历史

人格量表的诞生

你经常感觉身体健康、强壮吗？

你曾经昏倒过吗？

你的童年快乐吗？

你曾经因为感到别人在揣测你的想法而不安吗？

你容易紧张吗？

以上仅是来自伍德沃斯个人资料调查表（目前已知的第一个人格测验）中的一小部分内容。

人格量表大约出现于一个世纪前，罗伯特·S. 伍德沃斯（Robert S. Woodworth）在第一次世界大战期间创立了第一个人格测验。这个测验是为了测量战后人们的紧张症状，即我们今天所知的创伤后应激障碍。它可以检测童年经历、物质滥用、焦虑、身心问题（如晕厥）。这是一个非常简单的量表，只需要对 116 个问题回答"是"或"否"，然后把结果相加——回答"是"的项目越多，这个人存在问题的可能性就越大。

这个量表开了先河。早期，人格量表是为某个具体的应用目的而设计的，有些是为了评估军人的健康水平，有些是为检测工作表现。这些量表的目的通常是为军队或工厂筛选出那些不符合条件的人。伍德沃斯测验原本用于军队，后来在临床精神病学中被用于测量神经性症状。

另一个突破性的进展是十年之后的第一个多因素人格量表。这个量表有四个分量表，分别测量神经质、外倾性、支配性和自立性，它使心理学家对人格的研究从单一维度转向多个角度。

今天我们使用的所有自陈量表都来自这些早期的探索和努力。

相关性

我们仅仅出于乐观精神把爱猫人士量表称为科学测验并不意味着它真的具备科学性。要评价一个人格量表，你首先需要了解相关性。也许你已经了解了相关性，也许你还没有接触过统计学（或者你宁愿从没学过统计学）。**相关性**（correlation）测量的是两个事物之间的联系。更准确地说，相关性是指两个变量在统计学上的关系。相关性也出现在许多人格研究中。例如，在第 1 章中你已经了解到，外倾性的人发短信的数量更多，这代表外倾性与发短信数量相关。相关的范围从 −1 到 1，一般用字母 r 表示。比如，r=0.35。相关性分为**正相关**（positive correlation）和**负相关**（negative correlation）两种。

正相关的含义是当一个变量的值增加时，另外一个变量的值也随之增加（见图 2.1A）。例如，身高和体重、生日会上孩子的数量和噪声大小、女性和拥有的鞋子的数量（最后一个可不仅仅是个例，本书作者简曾在本科学位论文中调查过男女同学分别拥有的鞋子的数量，结果是男生为平均每人 4 双，而女生为平均每人 12 双）。在这些例子中，没有一个会得到"完美"的相关性，即相关系数为 1，所以我们要使用更严谨的说法："另一个变量的值趋向于随之增加"。个子高的人的体重并不一定比个子矮的人重，有很多孩子的生日会也可能会超乎寻常的安静。女人平均拥有鞋子的数量更多，但有些男性也拥有很多双鞋，而有些女性却只有几双鞋。两个事物之间联系的强度反应在相关性的大小上：相关性越高，事物间的关联度就越强。心理学领域的相关性一般在 0.2 ~ 0.4 浮动——J. 科恩（J. Cohen）把这个范围内的相关性称为"中等相关"，把 0.1 左右的相关性称为"弱相关"，把大于 0.4 的相关性称为"强相关"。科恩不认为这些数值是绝对的，但从中你可以对心理学研究的相关范围有所了解。

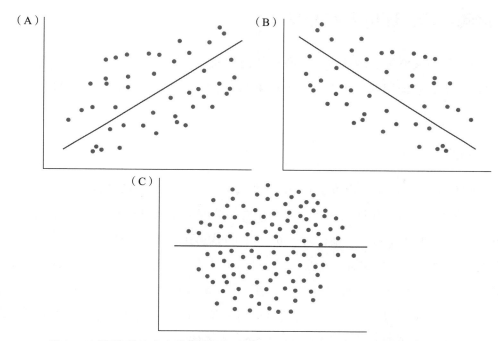

图 2.1　以回归线为参考的散点图：正相关（A）、负相关（B）和零相关（C）

当两个事物呈负相关时，它们之间也依然存在联系，不过是相反方向的联系：当一个变量的值增加时，另外一个变量的值随之减少。例如，气温和穿衣厚度、睡眠时间和疲劳程度、运动量和体重（见图 2.1B）。随着气温升高，人们穿的衣服会减少；如果睡眠时间很少，人们的疲劳程度就会增加；如果运动时长增加，体重的增幅会相应地减少，甚至还会下降。

两个事物之间的第三种可能的关系是无相关，也叫作**零相关**（null correlation）（见图 2.1C）。零相关的意思是两个事物之间没有关系。例如，外倾性与体重无关，对巧克力的喜爱与智力无关。零相关可以是相关性为 0，也可以是虽存在一定程度的正相关或负相关但不足以达到统计显著性。统计显著性是指发生概率小于 5%，因此我们会认为结果是由随机性造成的。概率小于 5% 意味着，如果一项研究重复 100 次，仅有 5 次或小于 5 次机会可能得出某个纯粹由随机性造成的结果，那么其他 95 次结果才为"真"。统计显著性取决于相关性大小和样本数量。比如，相关系数 r=0.08 在 5000 人的样本中具有统计显著性，而在 50 人的样本中则没有。这是因为更大的样本数量使得由随机选择造成的少数人展现出某种特定结果的可能性更小。我们把不具备统计显著性的相关性看作零相关，因为我们无法确定实际的相关性是否不为 0。

信度和效度：评价人格量表

我们回到人格量表的评价上。我们如何判断一个人格量表的性能呢？在评价一个量表时研究者使用两个主要标准：信度和效度。一个性能良好的人格量表既要可靠，又要有效。

信度

信度（reliability）是指量表的稳定一致性。首先，量表应该具有内部可信度——所有问题测量的都是相同的事物，这叫作**内部信度**（internal reliability）。假设有 100 个人填写了爱猫人士量表，他们对于 6 个独立问题的回答之间应该强相关。那些回答"喜欢猫"的人同时也应该"喜欢抚摸猫"，而对"害怕猫"和"想到抚摸猫会让我感到害怕"这两个问题持否定态度。内部信度一般用克隆巴赫 α 系数表示，它看起来很像一种相关（但实际上，α 系数是项目间相关性的平均值）。对 α 的要求比对普通相关性的要求要高：大多数人格量表的 α 不能小于 0.7，尽管 0.6 左右的 α 值也是可接受的。如果 α 低于 0.7，就说明该量表的所有项目可能不是在对同一目的进行测量。

例如，假设我们在爱猫人士量表中增加第 7 个问题"我喜欢迪斯科"。爱猫的人里面有一些人喜欢迪斯科，也有一些人不喜欢，所以这个项目与其他项目间的相关性就不强。这就降低了量表的内部信度，那么最好的解决办法是把这个项目从量表中删除。那些只有少数人认同的项目也会降低

圣诞老人喜欢迪斯科，但他喜欢猫吗？二者之间并不相关。

量表的内部信度。如果我们增加"我喜欢吃猫粮"这个项目，即使是"猫奴"们一般也不会把一罐猫粮当作下午茶享用（至少我们不希望是这样），所以这个项目和其他项目不相关。就算我们固执地一定要把它加入进去，在得出结果之后我们也得将其剔除。

另外一种类型的信度是**重测信度**（test–retest reliability）。假如爱猫人士量表具备可接受的重测信度，那么如果两周之后再次让之前的被试参与测试，我们应该得到与之前相同的结果。更好的证明方法是，我们让 100 个人填写这份问卷并在两周之后重新施测，然后计算两次结果之间的相关性。只有足够高的相关系数（0.7 或 0.8 左右）才能说明两次测试得出的结果是相同的。一个爱猫的人在两周内不会有太大的改变，因此爱猫人士量表的结果在这段时间内应该非常一致。如果我们要测量一个多变的事物，如当下的压力水平，我们就不能对重测信度期待过高。

最后我们要介绍的这种类型的信度只有在通过书面写作或行为对人格进行测量时才会用到，使用问卷时则不涉及。以书面写作为例，几个人会共同对一篇文章所显示出的人格特质或动机进行评分，不同评分者所评分数之间的相关叫作**评分者信度**（intercoder reliability）。高评分者信度意味着不同评分者对这篇文章所表现出的特征持一致看法。

效度

假如爱猫人士量表的信度良好，既具有内部一致性，也具备跨时间稳定性。那么它可以应用于科学研究吗？答案是否定的，因为仅有信度还不够。一个已经坏了的钟是非常可靠的——它永远都给出相同的答案——尽管一天之内只有两次是正确的。量表要想拥有科学的正确性，同时要有效。对于**效度**（validity）的通常定义是，一个量表能测量到它想要测量的东西。我们必须承认，这是一个模糊的概念。但是，它点明了非常重要的一点：量表实现了它想要实现的目的了吗？

在人格心理学的课堂上，我们请学生们找出一个人格量表（大多数学生都是在网络上找一个量表），然后简短地写出他们如何得知这个量表是否有效。许多学生写到"我相信这是一个有效的焦虑量表，因为所有的问题看起来都是在测量焦虑"。这种说法被称为**表面效度**（face validity）——所有项目看起来都是在测量它们想要测量的东西。不过，表面效度不是描述测量实际效果的最佳方式。项目看起来很好并不代表它就能预测出实际结果或测量到想要测量的东西。

什么样的方式才能更好地证明我们极具科学性的爱猫人士量表是有效的呢？其

中一个途径是看**预测效度**（predictive validity）——测量与具体结果或行为有关。我们让一组人填写爱猫人士量表并观察当他们在实验等候室里碰到一只友好的猫时的行为表现。如果在测试中得高分的人更多地关注这只猫，更愿意抚摸它，把它抱起来，跟它玩（同时得分低的人表现得正好相反），那么这个量表就显示出了预测效度。我们也能检验出得分结果是否可以预测养猫行为或浏览那些专门关于猫的网站的行为（如很多欢乐喵星人的网站）。

我们以一个测量心理特权的量表为例，来看一下预测效度在实际研究中的运用。心理特权是指人们倾向于认为自己很特别，从而应该比别人获得更多特权的一种心理趋势（测量心理特权的量表包含的一些项目类似于"假如我在泰坦尼克号上，应该让我上第一艘救生船"）。有一项研究是专为测量量表的预测效度而设计的。当被试完成心理特权量表之后，实验者提到她有一盒本来为实验室里的孩子们准备的糖果，不过参与者可以随意拿，"你认为自己应得多少就拿多少"。不出所料，心理特权得分越高的被试拿的糖果数量也越多，哪怕他们拿走的是孩子们的糖果。

另外一种类型的效度是**聚合效度**（convergent validity），指一个量表与类似量表有相关性（见表 2.2，对各种类型的效度的总结）。要判断爱猫人士量表的聚合效度，我们需要找到另外一个同样测量一个人是否爱猫的量表。如果两个量表间的相关性强，就表明量表的聚合效度好。再例如，心理特权量表与某个自恋测验相关，就表明二者是相关联的特质。如果你要设计一个新的害羞测验，它应该与之前的害羞测验相关。你可能会认为聚合效度听起来像一个循环——我们又怎么能知道另外一个量表是否有效呢？这确实是聚合效度的局限性，也是为什么我们最好同时要通过其他方式建立一个量表的效度。

表 2.2　不同类型的效度之间的比较

效度	量表能够测量到它想要测量的内容	外倾性量表测量外倾性特质
表面效度	量表的项目看起来是在测量它想要测量的内容	为测量外倾性而设计的项目看起来是基于之前的理论和概念在测量外倾性
预测效度	量表与某个具体结果或行为有关	外倾性量表的得分与某些行为（如参加派对或频繁发送短信）有相关性
聚合效度	量表与其他测量相同建构的量表相关	一个外倾性量表与其他外倾性量表相关
区分效度	量表与不相干的量表之间无相关性	外倾性量表与智力测验无相关性

与聚合效度相对的是**区分效度**（discriminant validity）—— 一个量表与测量其他不同事物的测验应该无相关性。如果我们的爱猫人士量表与一个智力测验高度相关，

就说明它是在测量智商而不是在测量爱猫人士的特征。两个量表之间存在弱相关是可以的，只要相关程度没有高到两个测验可能是在测量同一个事物（如所有爱猫的人都确信测试与智商呈正相关，而所有爱狗的人则相信它们之间应该呈负相关）。要证明区分效度，我们需要证明测验与无关的事物（如智力）之间无相关性。

研究者同样希望他们的量表与社会赞许反应（人们都倾向于自己的表现比实际更好）间具有区分效度。这样的测验有时被称为"测谎量表"。如果爱猫人士量表与某个社会赞许反应测验相关性较高，我们就要对测验的效度产生怀疑，因为这意味着分数高是因为有人在试图表现得更好，并不是他们真的喜欢猫。请记住，效度的定义是，量表测量到了它想要测量的内容。

那么，测量社会赞许反应的测验是如何运作的呢？这些测验会针对一些事情提出问题，这些事情包括：我们知道自己应该做但通常做不到的（如总是对讨厌的人保持友好）和那些我们经常做但我们知道不该做的事情（如传播流言蜚语）。

了解信度和效度有助于我们辨别人格量表的优劣。我们可以在网上搜索到大量的人格量表，但只有少部分网站会提供关于信度和效度的信息。网站常常会提到某个测验是如何流行或测验的发明者是某个知名人物，而对量表的信度和效度却不做任何说明。深入理解信度和效度能帮助你明智地使用这些测验，并评价你在测验中的得分是否说明什么问题。

问卷中的统计学

马洛 – 克罗恩社会赞许量表（见本章末尾）测量的是社会赞许反应，有时也被称作"社会认可需要"。这是你在阅读本书的过程中接触的第一个人格量表，我们就以它为例说明如何解读人格测验的得分。

如何利用统计数据了解人格

你在马洛 – 克罗恩社会赞许量表中的得分如何？你可以使用**描述统计**（descriptive statistics）把你的得分与其他人的得分进行比较。在这里我们给出一些数值。首先是你的初始分数。但是初始分数能代表什么呢？如果我们想要赋予它一些意义，就要与其他分数进行比较。我们把对照组叫作"常模"，这里的常模是那些也在读本书的其他读者。分数比较的第一步是计算出常模的均值，也叫**平均数**（mean）。计算均值是把每个人的得分相加，再除以人数。另一个重要的数值是**中位**

数（median），中位数是所有测量数据中位于最中间位置的那个数值。最后，**众数**（mode）是出现频率最高的数值。假设，在一个10人的群体中，他们的马洛－克罗恩社会赞许量表得分分别为：11、14、25、15、8、18、10、21、9、15。那么，平均数是14.6，中位数是14，众数是15。一般情况下，平均数是我们最关心的分数，但当有一些分数过高或过低时，中位数和众数的作用就显现出来了，因为过高或过低的分数会影响平均数的准确性。

接下来我们要关心的是分数的差异程度，我们得了解分数的范围。在大部分情况下，分数都符合**正态分布**（normal distribution），也经常被称为"钟形曲线"（见图2.2），即大部分的分数居于中间位置，只有少数的分数落在极端值范围内（在这个测验中指的是对社会认可需要程度很高或很低）。分数并不总是符合完美的钟形曲线，但一般都遵循这个基本规律。

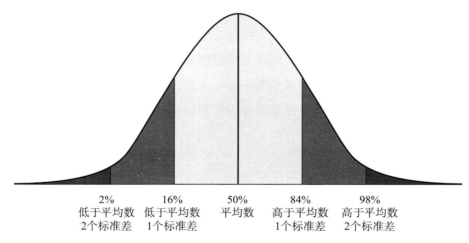

2%	16%	50%	84%	98%
低于平均数	低于平均数	平均数	高于平均数	高于平均数
2个标准差	1个标准差		1个标准差	2个标准差

图2.2　正态分布的钟形曲线及不同单位的标准差和百分数

人们在做问卷的时候会像在约会的时候一样，试图表现出好的一面吗？

正态分布使用**标准差**（Standard Deviation，SD）来描述测量值偏离均值的程度。在正态分布中，有三分之二的分数位于偏离（高于或低于）均值1个标准差的范围之内，95%的分数位于偏离均值2个标准差的范围之内。测验会告诉你，你的标准差分数是多少，或者你的分数高于或低于平均分几个标准差。标准差分数可以转换为**百分数**（percentile score），百分数代表在常模中分数比你低的人数占总人数的百分比。在马洛 – 克罗恩社会赞许量表中得到较高的百分数说明你对社会认可的需要程度比常模中的大多数人要高，50% 左右说明你接近平均水平，较低的百分数则说明你在这方面的需求程度比其他人低。这些百分数的运作原理与标准化考试一样。

这里简要说明一下百分数和标准差：

98%～99%= 高于均值 2 个或 2 个以上标准差（分数非常高）

84% 及以上 = 高于均值 1 个标准差（高分）

71% 及以上 = 高于均值 0.5 个标准差（中高分）

50% 左右 = 均值（平均分）

29% 及以下 = 低于均值 0.5 个标准差（中低分）

16% 及以下 = 低于均值 1 个标准差（低分）

2% 及以下 = 低于均值 2 个或 2 个以上标准差（分数非常低）

如果你在马洛 – 克罗恩社会赞许量表中的得分比较高，说明你强烈地需要得到其他人对你的认可，并且你努力让自己表现得更好。如果你的得分比较低，则代表你能够承认自己的失败，认为不需要调整自己的行为去取悦他人。

通过马洛 – 克罗恩社会赞许量表了解自己

马洛 – 克罗恩社会赞许量表测量的是社会赞许反应，量表原编制者希望测量的是人们 "对社会认可的需求程度"。类似的量表有时会被称为 "测谎量表"，虽然测谎这个词并不是十分贴切。一个对社会认可需求程度很高的人是在 "说谎"，这听起来让人感觉怪怪的，但人们确实常常会为了取悦他人而说一些善意的小谎言。就像你的朋友顶着一头糟糕的发型问你："你觉得我的发型怎么样？" 你会说："不错，我喜欢这个发型。"

我们来看一下马洛 – 克罗恩社会赞许量表的内容。其中一项是 "当有人表达与我不同的想时，我从不会生气"。如果我们对自己百分之百诚实的话，针对这一项几乎没有人会做出肯定的回答。同样，对 "我有时喜欢讲别人的八卦消息" 做出否定回答的人基本上可以确定是在说谎。我们都知道，我们不该对别人生气，也不该对人家说三道四。所以，出于社会认可的需要，人们会努力表现出应有的样子。

马洛 – 克罗恩社会赞许量表和其他测量社会期待的量表——如保卢斯期待性回答平衡问卷和艾森克人格问卷中的测谎量表——被广泛使用。有时这些量表用于筛查出那些在其他问卷中没有如实作答的人。研究者在开发新的人格特质测验时也会用到这些量表——新量表应该与社会期待反应量表显示出区分效度。如果没有，就说明新量表测量出的结果是试图表现更好的倾向，而不是它原本想要测量的内容。

社会赞许量表本身也是人格测验。从这个角度说，在社会赞许量表中得分高的人并不是真的在"说谎"，他们在实际生活中也遵循社会规范，努力与他人保持良好的关系。所以，这些测验得到的结果既是回答偏好，也是真实的人格特质。

这些测验的分数在代际间也存在差异。在美国，与 20 世纪 40 年代和 50 年代出生的人相比，出生于 20 世纪 70 年代及以后的人在马洛 – 克罗恩社会赞许量表和其他人格测验中的社会赞许反应量表上的得分要低一些。对心理学家来说，好消息是如今在填写自陈问卷时，在社会期待偏差中得分高的人数少了很多。如今的我们更愿意对自己保持诚实，但代价就是我们不再对他人始终彬彬有礼。

✐ 写作提示：了解自己

你已经做过了马洛 – 克罗恩社会赞许量表，了解了自己的社会赞许反应程度，你如何看待自己这种"获得他人正面评价"的倾向呢？你非常渴望被社会接纳吗？为什么？

测量人格的其他方法

就像我们前面提到过的一样，自陈问卷有一些缺陷。例如，社会赞许反应的风险及人们对自己的认知不准确。因此，除了自陈问卷外，还有其他可靠有效的人格测量方法就显得非常重要。那么，还有哪些其他可以进行人格测量的方法吗？

他人报告

一种方法是使用相同的问卷，但由了解这个人的其他人（如室友或伴侣）填写问卷。这可以让我们了解其他人是如何看待这个人的，至少是报告人对这个人的评价（"报告人"这个词听起来有点像告密的间谍，从某个方面来说他们确实是）。例如，我们要实施一项有关害羞的研究，我们会让被试进行自陈报告，同时也会去询问他们的室友的看法，这样我们就获得了两种评估结果。**他人报告**（informant reports）用于测量那些不为人所接受的人格特质非常有效。谁会愿意承认自己是一个脾气暴躁或不好相处的人呢？对于这样的特质，他人报告比自陈报告准确得多。

他人报告法通常也应用于儿童研究，因为儿童一般尚不能对自己的人格有足够的认知，也没有足够的阅读水平自己填写问卷。所以，我们通过父母和老师报告孩子的行为，包括孩子交朋友的难易程度、攻击性强弱等。但是，这些报告也会存在偏差，比如父母经常希望他们的孩子听起来更符合社会期待。

访谈

另外一种获取人格资料的方式是访谈。访谈方式较少应用于常规人格的测量，但在测量人格特质的异常水平方面（如人格障碍——某项人格特质水平过高导致生活受到影响）非常有效。访谈可以是无结构的（访谈者在选择问题和问题的顺序上有很大的自由度），可以是半结构化的（访谈者预先设置一系列必须要提问的问题，但其他问题可以自由选择），也可以是完全结构化的（访谈者只能提出某些问题）。例如，边缘型人格障碍的特征是情绪波动大、行为变化无常，要评估边缘型人格障碍，半结构化的访谈可能会问："你会经常经历频繁激烈的情绪变化吗"或者"你容易冲动行事而不考虑后果吗"。

行为测量

人格评估也可以通过行为观察来实现。一些研究者让被试在一天中的任意时段通过手机报告他们正在做的事情。行为也可以在实验室环境下进行测量。如果你想测量人们的反社会和攻击性倾向，你可以通过语言告诉人们正在进行一项游戏，可以通过言语大声地攻击对手。正如你在第 1 章中读到的，人格研究着眼于寻找人格特质与行为之间的关联，如收发短信的数量、在社交平台上使用某些特定的词语。

档案或生活状况资料

研究者也可以通过查阅学校的打架记录或警察局的暴力犯罪记录获得一个人在真实生活中的攻击行为情况。另外一些研究者通过对档案记录的分析，"远距离"地获取人格的其他方面的信息。我们将在第 7 章对此进行更多的讨论。之前我们也曾提到，人格研究者利用个人网站、社交平台主页甚至卧室情况观察一个人的人格。还有一些研究者追踪学生的校园行为记录表，发现外倾性的学生更容易因为违反诸如未成年人不能饮酒这样的规定而受到处罚。

投射测验

人格**投射测验**（projective tests）是不通过向被试直接提问而获得其人格特征的一种方法。你可能听说过罗夏墨迹测验。向被试展示抽象的墨迹图，并询问被试"这幅图会是什么"（注意，问题不是"这是什么"，因为被试尤其是单侧脑思维的被试会回答"这是一幅墨迹"）。在理论上，一个人的回答可以反映出其人格——可能由于他们将自己的人格"投射"到了墨迹图上。大部分研究显示，罗夏墨迹测验在测量非人格变量（如认知障碍）方面是有效的，但是对人格测量，其仅在某些方面有效。例如，关注墨迹图的颜色对情绪化的测量比较有效，但关注墨迹图的结构就不能作为测量身体关注度的有效指标。

主题统觉测验（Thematic Apperception Test，TAT）让被试根据图片讲述或写下一个故事，用以测量被试的动机（如成就动机），并以此预测某些生活状况。研究者

你经常发短信吗？你会写些什么？我们从行为中可以窥见一个人的人格。

使用一系列标准对有关不同动机的故事进行编码。这里就要用到我们前面讲过的评分者信度：评分者需要确保他们对被试的故事中所蕴含的动机能够达成基本一致。这种编码的方式也可用于任何一种书面材料，如政治家演说、儿童书籍等。尽管主题统觉测验的效度仍不明确，但最近的研究表明，它可以预测行为。我们将在第 7 章中对主题统觉测验和心理动机做进一步的讨论。

生理测量

生理测量（physiological measures）评估的是生理反应，如心跳、流汗等（同样的指标也用于测谎仪）。生理测量的费用高昂，使用不便，但能够反映出自陈测验无法揭示的反应。例如，在马洛－克罗恩社会赞许量表中得分高的人，一般在焦虑自陈测验中的得分比较低；然而，当面对压力情境时，如告诉他们要做一个演讲，血压和心跳这样的生理测量却显示出他们的反应比一般人强烈得多，这些都标志着人们正在承受着压力。我们把这些人叫作"**压抑型应对者**"（repressive copers）——他们否认自己的焦虑，即使他们正处于非常担忧的状态。这种归类是基于西格蒙德·弗

洛伊德提出的压抑概念，压抑是指人们把他们的真实感受压抑到潜意识中。在这种情况下，生理测量就能够反映出他们隐藏着的真实焦虑。

脑部扫描技术是一种用于人格测量的新兴方式，通常使用功能性磁共振成像（见图 2.3）。功能性磁共振成像能显示出在特定任务下（如想象一个浪漫的恋人或解答数学题），被试大脑的哪一部分正在接收更多的血流并因此更加活跃。一项研究发现，在焦虑状态下，当人们看到不同寻常的信息时，大脑的反应会更加强烈。这种大脑反应要比焦虑自陈测验更好地预测焦虑行为。不过，许多脑部扫描研究依然会先进行自陈问卷调查。有一项研究显示，外倾性的人与内倾性的人的大脑面对刺激时的反应是不同的，但要辨别外倾性的人和内倾性的人，研究者还是要利用自陈问卷。另外一项研究发现，那些在自陈问

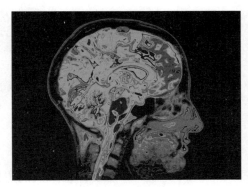

图 2.3 脑部扫描和人格

卷中尽责性（有关自控力的一种特质）项目上得分高的人，其大脑中关于目标实现的区域会更加活跃。

功能性磁共振成像揭示了不同人格特质的人其大脑存在差异。

同生理测量一样，脑部扫描的费用非常昂贵。因此，使用这项技术的研究项目一般只能获得小规模的样本，这就使得我们很难判断它们的结果是否可以广泛推广。

 写作提示：了解自己

本章讨论了测量人格的很多方法，你会选择哪一种用于你的人格研究课题或人格测量？你为什么会选择这种方法？

三角论证法的重要性

没有哪一种方式是评估人格的最佳方法。一般来说，自陈问卷是最简单的，但也并非总是如此，不过大多数时候自陈问卷的效果都很不错。然而，那些最好、最谨慎的人格研究往往会使用多重融合的三角论证法。**三角论证法**（triangulation）一词源于航海，意思是利用已知点判断一个未知的位置。在人格心理学中，三角论证法指的是使用多个不同来源的数据找出最终未知的变量，即人格（见图 2.4）。

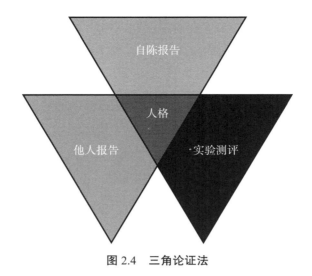

图 2.4　三角论证法

例如，你想要评估某人的焦虑水平，你可以向他提供一份自陈问卷，也可以向他的室友询问（他人报告），还可以进行实验室测评（生理测量）。把这三者结合起来，你就能得到关于其人格的更加完整的概貌，并优于使用任何一种单一的方法。如果你的测量做得很好，那这三者之间应该彼此相关，并表现出聚合效度。

人格研究的课题设计：相关研究与实验研究

大多数人格研究课题都是**相关研究**（corre lational），即检验两种或更多种人格特征之间的关系。但是，相关研究有一个缺陷：无法证明事物之间的因果关系。

例如，孩子的高自尊感与成绩优异之间有微弱的正相关（见图 2.5）。这里存在三种可能性，且彼此间互不排斥（即一种、两种或全部三种可能性同时为真）：

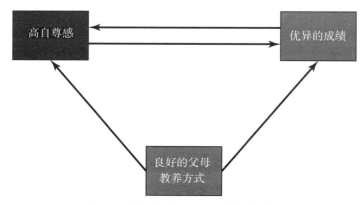

图 2.5　相关性不（一定）是因果关系

高自尊感促使成绩优异；

成绩优异造就了高自尊感；

某个第三变量（如良好的父母教养方式）使得孩子同时具有高自尊感和优异的成绩。

变量间彼此相关存在三种可能性：变量 A 导致了变量 B；变量 B 导致了变量 A；变量 C 导致了变量 A 和变量 B。在这个例子中，高自尊感可以促使成绩优异，成绩优异也可以造就高自尊感，或者有第三变量（如良好的父母教养方式）使得孩子同时具有高自尊感和优异的成绩。

第三变量有时被称为**混淆变量**（confounding variables）——对原有的两个变量都产生影响的因素，并且使得两个原有变量看起来互为因果。事实证明，第三变量（如良好的父母教养方式、稳定的家庭环境）解释了高自尊感和成绩优异之间绝大部分的相关性，其余部分则是由于优异的成绩造就了高自尊感。但是，当听到高自尊感和优异的成绩之间具有相关性的时候，大多数人都会认为一定是高自尊感帮助孩子取得了优异的成绩。

这些例子说明相关研究很糟糕吗？并不是，这只是提醒我们，一定要牢记反向因果关系或可能存在第三变量。有时候这些因素是不相关的，如那些寻找人格在种族和性别间差异的研究通常不需要考虑造就一个人种族或性别的人格特质。但是，混淆变量仍然会起到重要作用。例如，种族与家庭收入相关，还有什么因素造成了家庭收入的差异吗？很多研究试图通过统计控制的方法将第三变量考虑进去。例如，寻找种族差异的研究经常会对家庭收入因素实施控制。

假设，我们发现焦虑与过度饮食之间存在相关性。接下来，我们应该去除混淆变量，如运动量、性别、睡眠和休息时间。如果焦虑与饮食之间的相关性依然存在，那么焦虑更有可能是造成过度饮食的真实原因。

但过度饮食会导致焦虑吗？我们可以通过纵向研究排除这种可能性，**纵向研究**（longitudinal study）是多次收集同一组人群的信息。例如，我们可以针对焦虑、过度饮食和其他所有变量进行一次测量（测量 1），三个月后就同样的内容再进行一次测量（测量 2）。如果测量 1 中的焦虑水平预测出了测量 2 中的饮食情况（更好的是情形是，预测出了饮食量在测量 1 和测量 2 两次的间隔时间内的增长量），我们就有理由相信，是焦虑而非其他因素导致了过度饮食。

我们要想证明因果关系，唯一的方法就是实验研究，实验是研究的黄金标准。实验中的被试被随机分配到实验环境和控制环境下，这两种环境都是**自变量**（independent variable），即研究者在实验中操控的变量。实验条件下的被试收到一种药物，而控制条件下的被试则没有收到药物；或者实验条件下的被试编辑他们的社交平台主页，而控制条件下的被试则在谷歌地图上搜寻去学校的路线。研究者使用随机数表和其他技术以保证被试被分到每个条件的机会都是均等的，这就是**随机分配**（random assignment）。之后研究者测量**因变量**（dependent variable），即药物是否让人们感觉更好，或者编辑社交平台主页是否能够提高自尊感。因为被试被分到实验组和控制组是随机的，混淆变量一般可以排除。同时，因为自变量是在测量因变量之前设定的，我们可以得知，因果关系中的原因是自变量，而结果是因变量。

这里有一个问题：在人格研究中，我们无法实现将具有某些人格、某种文化背景或某种性别的人们进行随机分配。这就是与心理学其他分支领域相比，为什么如此大量的人格研究采用相关性设计。然而，聪明的研究者还是经常可以找到一些方法，能够在实验室里创造出一个自变量，使其看起来与人格非常相似。例如，我们无法在实验中赋予一个人焦虑型人格（即使我们可以，伦理也不允许），但我们能够让人们感觉到焦虑和悲伤。我们可以让他们观看电影中悲伤的场景，然后观察短时心情的变化如何影响某些因变量。如果我们要寻找焦虑和过度饮食之间的关系，我们可以随机分配人们去观看悲剧电影或中性电影。因变量可以设计为人们观看电影之后在所谓"味觉测试"中吃曲奇饼干的数量。

 写作提示：了解自己

想一个你想研究的与人格有关的议题。在你的研究中，是使用相关法更好，还是使用实验法更好？为什么？

科学研究的最佳实践范例

科学研究着实让人兴奋，但科学研究也必须符合伦理，并且如实报告。首先，研究如何开展需要考虑伦理问题。例如，要保证被试——填写调查问卷或来实验室参与实验的人——对参与研究做到**知情同意**（informed consent）。知情同意是事先告知被试他们在研究中要做的事情，并且在研究结束后，对被试进行**事后解释**（debriefing），告知被试实验的真实目的。

要确保研究者遵守规定，对待人类和动物被试符合伦理规则，在美国，所有大学都设立了专门的机构——**伦理审查委员会**（Institutional Review Boards，IRBs）。研究者需要提交有关实验的细节描述，包括知情同意书和事后解释（如果需要），伦理审查委员会决定实验是否符合伦理规定。如果伦理审查委员会认为实验不符合伦理规定，可以要求研究者修改实验的某些方面或直接禁止开展实验。研究者必须就实验过程中可能发生的任何负面事件向伦理审查委员会报告，如药物治疗后会对被试产生明显的副作用。大部分人格实验对被试造成伤害的风险都很低，但是伦理审查委员会还是要对此进行审查。

　　研究者必须对研究进行如实报告。他们必须要收集他们所使用的数据，严谨地描述被试、测验和实验程序，使得其他研究者可以重复这项研究。这些规则始终存在，但在某些领域，仍有一些主观判断导致错误的研究结果发表在了科学文献上。科学家（包括人格心理学家在内）不是机器人，他们也和其他人一样，有着同样的偏见和竞争压力。例如，一组研究人员曾经展示过，通过删除一些非常规回答、应用某种统计控制方法、去除某些实验条件，这样就可以操纵数据从而得出显著性的结果。这促使人格心理学家和社会心理学家对研究者提出要求，要求他们更完整地描述实验程序并公开研究过程中使用的数据。这种"可重复危机"存在于不少科学研究领域，在这个问题的解决上人格心理学家起到了带头作用。

　　与另外一个更大的问题比起来，这些问题只是小巫见大巫，这个更大的问题是研究者和公众共同提出来的：我们如何得知科学结论是否正确？不是每项研究都进行得很好，单项的研究不可能总是充满确定性。有一些研究结果是错误的，或者至少产生了误导。以健康研究为例，你听说吃麸皮松饼是保持身体健康的秘诀，但一年之后研究又发现，麸质（在麸皮松饼里发现的）实际上对人体有害。此外，学术期刊乐于发表那些具有重大发现的成果，而不是那些什么都没有发现的研究。你曾读到过一篇文章的标题类似于"科学家其实并不知道什么食物是健康的"吗？一项得到重大结论的研究更容易被发表，同时还有 10 项没有得到任何结论的研究永远地留在了研究者的计算机里，这种情况让这个领域的人们对研究结果产生了错误的认识。

　　作为科学的使用者，我们怎么才能知道什么样的结论可以相信、什么样的结论不能相信呢？要想确信一个结果，我们希望科学家可以做一些事情。第一，研究应该建立在足够大的样本的基础上，足够大的样本是指研究中有足够多的观察值或研究对象，让结果充分可信。这一点我们在前面有关统计显著性的内容中有所涉及。如果科学家只有二三十个研究对象，那么只要有一个极端值就能改变整个结果。分析人员建议，心理学的大部分研究应该建立在至少有 150 或 200 个研究对象的样本上。这对人格心理学家来说是个好消息，因为大多数人格研究的样本都可以满足这个要求。但并非总是可以获得大样本，如找到 200 个在进行某种药物治疗的人或 200 个具有心理障碍的人参加一项研究是很困难的，但我们的理想目标是这样。

第二，我们不应该完全相信任何一项研究。结果可重复意味着如果我们重新进行同样或非常相似的研究的话，其结果应该是相似的。假设一项研究发现外倾性与社交平台上朋友的数量呈正相关。如果另一项研究以不同人群为对象也得到同样的结论的话，研究结果就是可重复的。如果结果可以被多次重复，就可以用**元分析**（meta-analysis）来检验，即对所有这些研究结果进行统计分析。元分析也提供了对因果效应或相关程度更精确的估计，这样你就能知道外倾性与社交平台上拥有的朋友数量是强相关还是弱相关。

第三，可靠的结论来自多实验室方法——多组研究人员在同一时间做完全相同的实验。当几个实验室都在研究同一个课题并得出相同的结论时，我们就能对结果的正确性十分确定。

公开数据　　公开资料　　预注册

一些科学期刊使用这样的标志来表明文章中的研究符合开放式研究实践的某些要求。

✎ **写作提示：了解自己**

你刚刚读过一篇新闻说自恋的人每天照镜子的时间是普通人的 5 倍。作为一个明智的科学使用者，请提出三个可以帮助你更好地理解这项科学结论的问题。

第四，研究者可以使用开放式实践。开放式实践是结果高度透明的科学性实践方法。开放式实践包括把研究资料和数据公开化，这样其他研究者就可以检验研究过程。如果研究者愿意将研究透明化，你就会更信任他们的研究。现在一些学术期刊会把那些开放式实践的研究标注出来，这就像把一些商品贴上绿色标签一样。

研究人格的科学家走在了这些实践的前沿。大部分人格研究建立在大样本的基础上，并且很多研究成果都可以被重复。本书中提到的许多研究课题都使用了元分析大样本。虽然在有些情况下研究结论来自单一研究，但这通常是可获得的最佳结论——这可能是迄今为止关于某个特别主题唯一的研究——即使结论并不是那么可靠。更新、更好的数据可能会得到一些不同的结论，这就是科学研究既让人兴奋又令人沮丧的原因。

总结

当研究课题使用有效可靠的测量、应用不同的研究方法、采用科学研究的最佳实践方法时，我们关于人格的知识就会得以进步。如果研究者无论使用相关法还是实验法都得到了相似的结果，控制了混淆变量，利用了多种不同的人格测量方法，通过了纵向研究检测，并且样本量足够大，结果又可重复，那么我们就可以对这项结论充满信心。随着了解越深入，我们关于人格的知识——人格是什么、如何测量、塑造人格的原因——像一幅拼图一样，一片片不断地积累和完善。通过阅读本章的内容，你了解了如何使用可靠有效的人格测量，这是这幅拼图中最重要的部分。如果测验的性能无法保持稳定一致性（低信度），或者不能够测量到它应该测量的内容（低效度），我们对人格的探索就会止步不前。相反，一个可靠有效的测验可以反复使用，并识别出具有某些人格特质的人是如何行动和反应的。这就是好的人格评估的力量：帮助我们了解自己和他人。

思考

1. 你的哪部分人格难以使用自陈问卷获取？有什么其他更好的替代方法吗？

2. 为什么人格量表的信度和效度很重要？如果研究者、个人、商业组织使用了不具备信度和效度的量表，会导致什么结果？

3. 研究者发现了宗教服务和健康之间的相关。有什么其他的可能性吗？第三变量（或混淆变量）可能是什么？

2.1：马洛 – 克罗恩社会赞许量表
（Marlowe – Crowne Social Desirability Scale）

指导语

以下是有关个人态度和特质的一系列描述。请根据你的实际情况，判断每种描述是否符合你。

1. 在投票之前，我会彻底调查所有候选人的资质。	是	否
2. 我会毫不犹豫且竭尽所能地帮助有困难的人。	是	否
3. 如果没有人鼓励我，我有时很难继续工作。	是	否
4. 我从来没有极其讨厌过任何人。	是	否
5. 有时候我对自己在生活方面的能力感到怀疑。	是	否
6. 如果我没有按照自己的方式去做，我有时会感到不满。	是	否
7. 我总是很在意自己的着装。	是	否
8. 我在家时的餐桌礼仪和外出就餐时一样好。	是	否
9. 如果不买票就能混进电影院并且不会被人发现，我很可能就会这样做。	是	否
10. 在有些情况下，我会认为自己能力不足进而放弃一些事情。	是	否
11. 我有时喜欢讲别人的八卦消息。	是	否
12. 我曾经很想对抗权威人士，即使我知道他们是对的。	是	否
13. 无论与谁交谈，我都是一个很好的倾听者。	是	否
14. 我记得我曾经通过装病逃避一些事情。	是	否
15. 我曾经利用过别人。	是	否
16. 我总是愿意承认错误。	是	否
17. 我一直努力实践着我所宣扬的观念。	是	否
18. 我觉得与大声喧哗、令人讨厌的人相处并不是特别困难。	是	否
19. 我有时会试图报复他人，而不是选择原谅或忘记。	是	否
20. 我完全不介意承认我有不懂的地方。	是	否
21. 我总是保持礼貌，即使对令人不快的人也是如此。	是	否
22. 我有时特别坚持按自己的方式做事。	是	否
23. 我曾经有过很想砸东西的时候。	是	否
24. 我永远不会让其他人因为我的过错而受到惩罚。	是	否
25. 我从不会因为有人要求我还人情而生气。	是	否
26. 当有人表达与我不同的想法时，我从不会生气。	是	否
27. 长途自驾旅行之前我一定会检查我的车况。	是	否
28. 我曾经非常嫉妒别人有钱。	是	否
29. 我几乎从未有过训斥别人的想法。	是	否
30. 我有时会被讨好我的人激怒。	是	否
31. 我从没觉得自己曾经被无缘由地惩罚过。	是	否
32. 我有时会认为人们经历苦难是罪有应得。	是	否
33. 我从没故意说过伤害别人感情的话。	是	否

计分

请按照以下规则进行计分。

第 1、2、4、7、8、13、16、17、18、20、21、24、25、26、27、29、31、33 题，回答"是"计 1 分，回答"否"计 0 分。

第 3、5、6、9、10、11、12、14、15、19、22、23、28、30、32 题，回答"否"计 1 分，回答"是"计 0 分。

将这些分数相加，得到总分。

你的总分：_____

Approaches to Understanding Personality

第二部分

人格的流派

人格的概念十分宽泛，既复杂深入，又立体多面。它并非单一的事物，而是许多维度的综合。人格心理学比心理学的任何一个领域都更丰富，它试图从全面的角度解读一个人，并且找到其形成的原因。

　　要想学习人格心理学，我们就要涵盖包括经典理论和现代理论在内的许多研究领域。我们通过第 3 章的大五人格特质理论开启这一部分的内容，大五人格特质理论是近年来在人格研究领域中运用最广泛的理论。大五人格理论给予研究者广阔的视角，但又聚焦于一系列特质，同时也有助于我们更深层详尽地理解自己和他人。第 4 章介绍人格的遗传和生物学基础，内容包括双生子实验和激素作用等。第 5 章解决最有意思的问题——我们有多了解自己？你喜欢自己吗？当情境转换时，你的行为改变有多大？

　　第 6 章涉及的是有关心灵深处的经典理论，如弗洛伊德的潜意识理论、人们如何运用防御机制处理令人不愉快的感受、某一主题如何贯穿于经典故事中。第 7 章从一个问题开始：你早晨为什么会起床？探讨我们的动力是什么，以及人与人之间动力的差异。第 8 章讲述外部因素对行为的影响，我们做被奖励的行为而避免被惩罚的行为，我们如何学会把不相关的事物联系起来。

　　当你阅读完这部分内容时，将收获稳固扎实的人格知识，理解人格对我们的各种影响及原因。

第**3**章

大五人格特质

龙卷风席卷而至，近在咫尺。汽车正在加速倒车，"后退！后退！"里德·蒂莫（Reed Timmer）一边高声叫喊，一边却对着肆虐的狂风拍摄视频。作为一名气象学专业的学生，同时也是一个老道的"逐风者"，里德很清楚他和他的朋友吉姆、斯蒂芬现在的处境——他们距离龙卷风太近了，但他却对此场景和这段经历感到兴奋不已。后来他曾记录："这是一种让我完全投入其中的感觉，我融入龙卷风的能量之中，那种高度集中的暴风的威力。"

斯蒂芬的反应完全相反。他坐在汽车的后座，开始干呕，并且不受控制地颤抖起来。在这种惊恐发作的状态下，他呼吸急促，汗珠大颗大颗地从脸上流下。"快，快，快！"他恳求道。吉姆在努力地倒车，终于掉头驶离龙卷风。然而，即使他们已经逃离龙卷风并来到了安全地带，斯蒂芬仍然处于惊恐之中，面如死灰。

里德写道："逃离龙卷风——什么样的人会主动想做这件事？斯蒂芬的反应让我明白，在这件事上，我与绝大多数人好

里德·蒂莫这种镇定自若、追求刺激的个性使他非常适合做一个龙卷风追逐者。

像生活在完全不同的平行宇宙里一样"。所谓"平行宇宙"，用心理学的术语来说就是人格。这也是为什么里德对追逐龙卷风满怀热情，而斯蒂芬却紧张到失控。

你一定能够想到人与人之间在人格方面的许多不同点。一些人很容易担忧，一些人则不然；一些人不惧冲突并且喜欢争论，一些人则宁愿回避这一切；一些人会在早晨起床后叠好被子，把自己的待办事项清单用五种颜色的笔标注得清清楚楚，

而另一些人却需要在房间里那堆积如山的空比萨盒子下面摸索半天才勉强能找出一条干净的内裤。

大五人格理论的发展历程

人格心理学家在解释诸如制定待办事项清单或把比萨盒随处乱放这样的行为时，会用到**特质**（traits）这一概念——特质用来描述个体相对稳定的倾向。我们从简单的问题入手来理解这个基本概念：每个人的行为都有不同于其他人的独特性，但其中哪些特质是最主要的呢？我们是否可以只用几个词或从几个方面就能够概括出一个人的人格特征呢？

人格心理学家为此研究了一个多世纪。他们进行了大量的问卷调查，如卡特尔16PF 问卷、多维人格测量问卷、艾森克人格问卷等，试图对人格特质进行全面测量。

一些研究者从语言入手，寻找对大多数人来说最重要的人格特质。他们推断，如果某种特质很重要，那么我们的语言一定会赋予它一个单独的词汇来描述（如"健谈的"或"焦虑的"）——这被称为**词汇学假说**（lexical hypothesis），即重要特质以单独词汇的形式隐含在我们的语言中（见"回顾历史"专栏：词汇学假说的起源）。

从这个假设出发，研究者们记录了英语词典中所有可以用来描述人的形容词，从中排除描述短时状态的词（如"着急"）、有关社会评价的词（如"腐朽的"）及有争议的词（如"圆滑"），只保留那些描述人的稳定的心理学属性的词。换句话说，就是保留那些可以描述人格特质的词，如"外向""紧张""整洁有序"。

接下来，研究者让人们根据这些形容词进行自我评分，然后利用**因素分析法**（factor analysis）对结果进行统计分析。他们分析出哪些词之间具有相关性，并构建出这些词的因素组别。他们发现，有五个因素包含的形容词数量最多。按因素规模排序，这五个因素分别是外倾性、宜人性、尽责性、神经质和开放性。这意味着，在英语中，描述外倾性这个因素相关特质的词汇数量最多，而描述开放性因素相关特质的词汇数量则最少。更多关于大五人格特质模型的发展历史，请参阅图 3.3。

> **✎ 写作提示：了解自己**
>
> 用五个词语描述一个你认识的人。这些词语可以概括他的人格中的哪些方面，又遗漏了哪些方面？

这五种特质就是今天我们所熟知的**大五人格理论**（Big Five），也叫作人格五因素模型。这两个术语在理论上略有差别，但接下来在本书中我们对此不做区分，二者所指均为同一含义。在后面的内容中，你将使用大五人格量表进行自我测试，然后我们会对大五人格理论进行深入探究。请你完成本章末尾的国际人格项目库问卷。

回顾历史
词汇学假说的起源

词汇学假说——假定人格特质能够经由语言体现——可以追溯到 18 世纪晚期。弗朗西斯·高尔顿以关于研究智力遗传性的著作而闻名，他在当时是这样看待人格科学的：

> 新的调研方法不断被发明，就好像天边的一道闪电，照亮了人体测量实验室的未来发展之路，预示着我们将开启一门崭新而有趣的学科。

高尔顿开始认识到个人特征（或人格）比自由意志更加重要且有力，他列出三点原因。第一，高尔顿从其个人研究中发现，人的个性大部分来自遗传。基因在那时候还不为人所知，但人们普遍认同个性特质是从祖辈那里继承下来并一代代传递下去的。第二，高尔顿发现同卵双胞胎往往在人格上更具相似性。第三，通过对自己行为的细致观察，高尔顿得出结论，那些他认为的所谓自由意志背后其实是个性在起作用。因此，理解人格十分重要。

高尔顿推测语言是找寻人格的有效途径。他查阅词典，并找出了 1000 个描述人格特质的词汇。

> 我想在词典里找出那些可以描述典型个性特征的词语。我选择了《罗杰大词典》（*Roget's Thesaurus*），查阅了索引中的大量内容作为整体样本进行评估，估算出大约有 1000 个词语与个性表达有关。每个词都有其单独的意义，但每个词同时又与其他一些词有着不同程度的意义关联。

后来的研究者以词汇学假说为基础，就这样人格科学的一个主要分支得以发展起来。

大五人格理论的构成

如果你曾浏览过在线交友信息，你应该会注意到人们一般都使用形容词描述自己的人格，比如"友好的""关心他人的""勤奋的""好奇的""自信的""善良的""善于思考的""勇敢无畏的""积极进取的"等。当然这些都是正面的形容词，毕竟这只是线上交友，每个人都想让自己看起来拥有完美的个性！

和让人们随意选择词汇来描述自己不同，人格量表提供了一个词汇清单，让人们在这个给定的清单上对自己进行评分。你可以尝试做一下（见表 3.1）：根据你的个人情况，对照你通常的行为、想法和感受，针对每一个形容词在多大程度上能描述你自己从 1 至 5 进行评分，1 分代表"完全不符合"，5 分代表"完全符合"。

表 3.1　人格特质自我评价表

	紧张的	健谈的	有创造力的	有同情心的	勤奋的
评分					
	有活力的	高兴的	操控的	有序的	保守的
评分					
	谦虚的	冲动的	好奇的	焦虑的	自信的
评分					
	注重细节的	可信的	寻求关注的	头脑开放的	生气的
评分					
	循规蹈矩的	负责任的	冷静的	害羞的	诚实的
评分					

想象一下你认识的所有人都填写了这份问卷，你会发现每个人的结果都不一样。一些人可能在"自信的"这个项目上得分很高，比如 5 分，而另外一些人可能只给自己打了 2 分。那些在"有序的"项目上得分高的人很可能在相似的项目上（如"注重细节的"）也会有较高得分。正如表 3.2 所标示的那样，同一灰度的项目可以归为一类，即对大多数人来说，他们的回答在这些项目上呈现高度相关。例如，你在"头脑开放的"项目上给自己评分较高的话，那么你在"有创造力的"这个项目上也会给自己较高的分数。

有一些项目是反向计分项目（用 R 表示），它们与相同灰度的其他特质呈负相关，即一个项目上得分高对应着另外一个项目上得分低。例如，如果你在"焦虑的"项目上给自己的评分高，那么在"冷静的"项目上就会给自己的评分低；如果你在

"健谈的"项目上评分高，就会在"冷静的"项目上评分低。

表 3.2 中的五种灰度分别与大五人格理论特质相对应：外倾性（E）、宜人性（A）、尽责性（C）、神经质（N）、开放性（O）。为方便记忆，我们把这五个特质重新排序，记作 OCEAN 或 CANOE，对应中文为"海洋人格理论"或"独木舟人格理论"。相同灰度的项目彼此之间高度相关（正相关或负相关），而不同灰度之间则不存在相关性。这些项目合在一起形成了五个因素，即大五人格理论。

表 3.2　人格特质自我评分的意义

	紧张的	健谈的	有创造力的	有同情心的	勤奋的
评分					
	有活力的	勇敢的（R）	操控的（R）	有序的	保守的（R）
评分					
	谦虚的	冲动的（R）	好奇的	焦虑的	自信的
评分					
	注重细节的（R）	可信的	寻求关注的	头脑开放的	生气的
评分					
	循规蹈矩的（R）	负责任的	冷静的（R）	害羞的（R）	诚实的
评分					

那么，这些项目究竟意味着什么呢？**外倾性**（extraversion）代表一个人主动、外向、经常体验到积极的情感，它的对立面则是内向、害羞。**宜人性**（agreeableness）代表关心他人、善于与人相处，其对立面是喜欢争执、竞争性强、以自我为中心。**尽责性**（conscientiousness）代表有序、进取、自律性强，其对立面是杂乱无章、无目标性、冲动。**神经质**（neuroticism）代表负面情感，如忧虑、愤怒，其对立面是冷静和情绪稳定。**开放性**（openness to experience）代表乐于尝试新鲜事物、对新的想法和理念充满兴趣，其对立面是保守、不愿接受改变。

R 代表**反向计分项目**（reverse-scored items）。

这五种特质当然并不能覆盖人格的所有方面。在后面的章节中，我们将会说明人们之间其他重要的差异，如自尊、成就动机、需求和目标及依恋类型。但是，现代人格领域的大多数研究都着眼于大五人格理论，因此我们就把它作为最先探讨的内容（见图 3.1）。

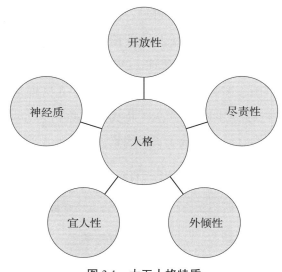

图 3.1　大五人格特质

大五人格理论的构面

　　另外一种理解大五人格理论的方式是将这五个维度的特质拆分为更详尽的组成部分，称为**构面**（facets）。大五人格理论的内容十分庞杂，囊括了众多人格子集。不过，尽管几乎所有的研究者都承认构面划分很重要，但他们所划分的具体构面不同。下面我们列出其中一种划分方式。

1. 外倾性：友好、合群、自信、激活水平、寻求刺激、快乐。
2. 宜人性：信任、合乎道德、利他、合作、谦逊、同情。
3. 尽责性：自我效能感、秩序性、责任感、追求成就、自律、深思熟虑。
4. 神经质：焦虑、愤怒、抑郁、自我意识、冲动性、脆弱。
5. 开放性：想象力、艺术兴趣、感情充沛、冒险精神、才智、追求自由。

　　了解宽泛的人格领域中的每一构面有助于我们理解每个较大维度的个性特征的多样性。比如，人们一般认为外倾性就是外向健谈，但其实这只是其中一方面，外倾性的人也充满自信、乐于接受风险。

　　记住这些构面可以帮助你避免对这些特质发生普遍性的误解。经常有人错误地以为尽责性的意思是关心他人，但现在你明白

 写作提示：了解自己

　　描述一位朋友、家人、公众人物，这个人在大五人格理论的某个特质上的得分特别高或特别低。他是如何成为这个人格特质的典型代表的？

了，实际上它指的是一个人勤奋、有序。关心他人属于宜人性，尽管它听起来好像描述一个人随大流、不愿争执。

单一类别还是连续体

绝大多数人在人格特质上的得分都不会处于极端位置，而是位于中间部分（见图 3.2），只有少数人是 100% 外倾性或内倾性。所以，在考虑人格特质时，我们应该把它看作一个连续体而非单一类别。虽然给特质命名很有帮助，如外倾性、内倾性，但这些名称也忽略了很多重要信息。在研究中，我们通常参照整体分数，当你得到自己的大五人格测验结果时，你会得到你在每一个特质上的百分等级。我们在本书中使用每种特质的名称（如外倾性）只是简化的需要。请你时刻记得，这仅仅是一个名称，它的实际含义涵盖了从 51% 到 99% 这个高于外倾性平均分的总范围。总之，关于外倾性的研究结果更适用于那些得高分的人，百分等级 99% 的人远比刚刚超过平均水平或百分等级 51% 的人要外倾得多。

有人会想，在某一项大五人格特质上的得分较高会不会使得他们在另外一项特质上的得分也较高或反之变低？比如，内倾性的人一般来说会更加神经质吗？是的，情况的确如此。高神经质水平的人在外倾性、宜人性和尽责性方面的得分都要低一些。外倾性的人在宜人性、尽责性、开放性上的得分较高。然而，事情也并非总是如此——它们之间只是弱相关。一个神经质的外倾性的人或尽责性的内倾性的人也都极有可能存在。

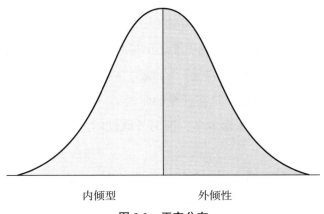

内倾型　　　　外倾性

图 3.2　正态分布

大五人格特质的本质含义

知道自己的人格是外倾性还是内倾性，或者是不是神经质，是一件很有趣的事情。但是，这究竟是什么意思呢？具有某种特质的人是如何行动的？这些特质又是怎样影响他们的生活？这些问题很重要，在这一部分我们会对大五人格特质理论的各个方面做更深入的探索。

在阅读这一部分的同时，请你一定记住，人格没有好坏之分，每一种特质都有自己的优缺点。特质是一种权衡。宜人性水平高的人会是一个好员工，但他所得的报酬却有可能比别人少，因为他是一个从不要求加薪的"老好人"。神经质的人或许很焦虑，但这也使得他免于成为一个追逐龙卷风的冒失鬼。有时你很难记得人格特质的这种权衡，因为对这五种特质的命名并不是完全中立的，如神经质、开放性这两种特质的名称就是如此。

还有另外两点需要提醒读者。首先，研究是建立在平均水平的基础上。不是每一个具备某种特质的人都与平均水平表现得完全一致。例如，不是所有内倾性的人都会在派对上待在角落里，但一般来说，内倾性的人比外倾性的人更愿意待在角落里。其次，不同的量表即使名字相同，彼此间也仍然存在些许差异。例如，三个不同的测试都测量外倾性，它们三者之间有相关性，但不可能完全一样。我们即将开启对大五人格每一种特质的探索，请读者一定把以上几点牢记于心。

外倾性

外倾性包括喜欢与别人在一起（相对于一个人独处）、愿意成为领导者、热爱体育活动、体验更多的幸福和快乐。你可能还记得我们在第 1 章曾经提过，外倾性的人在社交网站上发布的词有"派对""爱""今晚""周末"。外倾性的人比内倾性的人更频繁地与他人打电话聊天（哪怕是在开车的时候），更喜欢饮酒，更多地谈论性。要想出几个有名的外倾性的人非常容易，因为外倾性的人是公众注意的焦点，并且经常是社交场合的活跃人物。

知名的内倾性的人有哪些呢？苏珊·凯恩（Susan Cain）在她的名为《内向者的力量》（*Quiet: The Power of Introverts in a World That Can't Stop Talking*）一书中推断，查尔斯·达尔文（Charles Darwin）、阿尔伯特·爱因斯坦（Albert Einstein）、J.K. 罗琳（J.K.Rowling）和甘地（Gandhi）都是内倾性的人。凯恩认为，内倾性带来的好处往往被社会忽略，因为社会赞赏并强调外倾性特质。戴夫·查佩尔（Dave

Chappelle）在 21 世纪初凭借他的喜剧小品一夜成名，却由于名气带来的压力而突然离开了美国。在事业的巅峰期，查普尔离开美国去南非旅行，他说："来到这里，我可以放下名气。名气消除了自我。我对我要成为什么样的人感兴趣，我想要面面俱到，但这是一个极端的行业。我希望可以好好平衡一下。"

大多数内倾性的人并不是与世隔绝的隐士。他们很愿意与亲近的朋友和家人待在一起，但他们不喜欢很多人聚在一起。按照人格心理学家汉斯·艾森克（Hans Eysenck）的理论，内倾性的人对刺激更加敏感，这使得他们更喜欢安静和独处。而外倾性的人追求刺激和兴奋，就像追风者里德·蒂莫一样。这可能与外倾性的人的多巴胺（一种大脑化学物质，我们将在下一章详细介绍）水平较高有关。当外倾性的人有机会赢得奖励的时候，他们对奖励和随之体验到的积极情感也更加敏感。

你或许会想，我们是如何得到这些结论的？你在本章中所读到的有关斯迈利（Smillie）等人的研究和其他研究都建立在大样本的基础上——至少 100 人，有的超过 10 000 人。他们都完成了大五人格问卷，并通过如积极情绪测验、社交语言等提供了另外一种性格特征的数据。之后研究者对这些数据进行分析，检测外倾性是否与这些变量相关。例如，斯迈利等人通过在美国 252 所大学的研究显示，外倾性与积极情绪呈正相关。请注意，相关不代表绝对。相关代表的含义是，更多（而非全部）外倾性的人会经历更多积极情绪，但一般规则总有例外。

外倾性是大五人格特质中最能体现积极情绪的，如幸福、快乐、正能量，外倾性的人更容易体验到积极的情绪。这也许是因为与积极情绪的关联，外倾性与身心健康也存在关联。外倾性的人较少心情低落和患焦虑障碍及大多数人格障碍。这些益处并不是来自外倾性本身，而是因为外倾性的人善于创造和维持良好的社会关系，而良好的社会关系与身心健康有关。有一项研究调查人们对哪些表情符号的识别度最高，外倾性的人会选择开口笑的笑脸、亲吻的笑脸、眼睛闪着心形的笑脸——所有这些都是积极情绪和人际关系的体现。

其他人对外倾性的人的评价一般是可爱、受人欢迎。外倾性的人也更有可能成为领导者，尤其是作为那种能够启发、挑战和激励他人的变革型领导者。这很好理解，因为自信（有时也叫作支配性）是外倾性的一个构面。在职场中，外倾性和更好的工作绩效有关，如需要与许多人互动的销售工作。对于那些要求人们大部分时间保持安静、独立的工作（如计算机编程、水管工）而言，外倾性不一定是优势，反而可能成为阻碍。外倾性的人有更多的财务问题，如信用卡债务，因为他们更关注为自己的社交活动花钱而不是控制支出。

很多职业需要外倾性和内倾性兼而有之的人。出庭律师在法庭上滔滔不绝地辩护时，使用的是他们的外倾性；而当撰写一份申辩状或开庭陈词的时候，需要运用他们的内倾性。教授在外倾性主导的授课任务和内倾性主导的编写教材、著述科学论文的工作之间来回切换。演讲对很多内倾性的人来说可能比较困难，但外倾性的人经常对此感到充满活力。当然，大多数内倾性的人在必要时（如工作面试）也可以表现出外倾性，反之大多数外倾性的人也是一样（如阅读）。

外倾性会影响你的学习方式。如果你是一个高度外倾性的人，安静地坐在那里阅读或许不会对你产生足够的刺激，你很可能会播放音乐或不断地翻看手机。内倾性的人很少是多任务者，或者至少不能同时进行多项任务。外倾性的人在嘈杂环境中的表现更好，内倾性的人则相反。因此，你在外倾性项目上的得分可以预测出你在不同环境中对于学习的兴趣，是喜欢安静地待在家里学习（内倾性）还是更愿意在喧闹的咖啡厅里一边听音乐一边学习（外倾性）。这同样影响你所喜爱的书籍类型。外倾性的人喜欢读有关人的书，如有关人际关系的书籍、回忆录，内倾性人更爱沉浸在科幻小说中。

宜人性

高宜人性的人信任他人，对其他人的需求和感受富有同情心。他们喜欢合作，不喜欢竞争，倾向于保持诚实、坦诚、虚心、谦逊、顺从。宜人性的对立面是敌对或令人不快，包括怀疑、愤世嫉俗、欺骗、操纵、自大、攻击性、自我中心和冷酷无情。

你能想到一些具有高度宜人性的公众人物吗？众所周知，戴安娜王妃（Princess Diana）对深受病痛折磨的病人充满怜悯，同时她也是一位热情有爱的母亲。在《分歧者》（Divergent）系列小说和电影中，友好派和无私派都拥有较高的宜人性。友好派强调化解任何可能的冲突，无私派致力于帮助别人。另外还有一些虚构人物包括《辛普森一家》（The Simpsons）里的内德·弗兰德斯（Ned Flanders）、《指环王》（Lord of the Rings）里的弗罗多·巴金斯（Frodo Baggins）、卢克·天行者（Luke Skywalker）、圣诞老人（Santa Claus）、牙仙子（Tooth Fairy）、复活节邦尼兔（Easter Bunny）以及超人（Superman）。

高度宜人性的人善于结交朋友，关心伴侣。如果你曾到过一个高度宜人性的人家里做客，你一定体会过他的热情周到，让你有一种宾至如归的感觉。

宜人性低的知名人物（现实和虚构人物）有《摩登家庭》（Modern Family）里的杰伊·普里切特（Jay Pritchett）、《蝙蝠侠》（Batman）里的小丑、"哈利·波特"系列里的伏地魔（Lord Voldemort）、《辛普森一家》里的伯恩斯先生（Mr. Burns）以及许多真人秀节目里的明星们，尤其是《主妇秀》（*Real Housewives*）系列里的明星们。《分歧者》小说中的诚实派成员属于低宜人性类型——不一定是出于怨恨，但他们的直言不讳有时并不是很友好。这个例子其实也说明了低宜人性的一个好处：如果你真的想知道你的新衣服是否适合自己，去找一个低宜人性的朋友问问吧。

令人遗憾的是，低宜人性与反社会行为相关。那些低宜人性的人更有可能卷入犯罪、攻击行为、危险性行为、药物滥用和赌博。低宜人性还涉及对他人缺乏关心的心理障碍，如精神病经常被定义为没有良知。当然，不是每一个低宜人性的人都是反社会的人，宜人性与反社会行为之间的相关存在统计显著性，但相关不是很大（相关系数为 0.25 ~ 0.4，和大多数可预测行为与其相应人格特质的相关系数差不多）。

拉姆齐·博尔顿（Ramsey Bolton）是《权力的游戏》（*Game of Thrones*）中最可恶的反派，他在宜人性水平上的得分一定很低。

为什么那些低宜人性的人容易犯罪或做出其他危险行为呢？他们可能有**敌意归因偏差**（hostile attribution bias），简单来说，他们会看到人性中最黑暗的部分。设想一下你正在高速公路上开车，有人抢了你的车道，他这样做是因为他没有看到你，还是因为他就是个混蛋？一个有着敌意归因偏差的人会认为是后者。一个纯粹有敌意的人可能认为对方是在故意让他不高兴，他推断这个人一定充满敌意——就像他自己一样。

这种对于世界的负面看法并非毫无缘由。令人痛心的是，这可能是由于童年遭受虐待、忽视和威胁造成的。一个在过去遭受不良对待的人认为自己将来也会如此。也许是出于防卫，敌对的人更有可能对模糊的情境做出攻击性的回应。这些人在管理自己的愤怒上存在困难，会持续性地关注自己充满愤怒和攻击性的感受和行为。他们对于自己所感知到的冒犯较难原谅别人，并且热衷于寻求报复。

但是，有一点让人不那么舒服也不全是坏事。令人讨厌的男人赚钱更多（女人也是一样，只不过没有男人那么多），这可能是因为他们乐于与同事竞争并向老板提出加薪的要求。令人不快也可以起到激励作用，尤其是以富于幽默的方式。

尽责性

尽责性涉及意志力：可以延迟满足，能三思而后行，为目标而努力。尽责性的人有条理、勤奋，通常他们可以克服干扰、沮丧和无聊的阻碍并完成工作。低尽责性的人凭冲动行事，容易分心，胸无大志，杂乱无章，轻易放弃。高尽责性的人较少把工作留到最后一分钟完成，也不太可能让从图书馆借的书超期。他们喜欢读有关职业发展和领导力的书籍，这或许是出于他们对成就的关注。

杰瑞·宋飞（Jerry Seinfeld）或至少他在《宋飞正传》（Seinfeld）中的角色是高尽责性的：他非常讲究整洁，总是把房间打扫得一尘不染、井然有序。与他相反的是他的邻居克雷默（Kramer）是个尽责性很低的人。他在公寓里修建热水池，没有工作，看起来也很少梳理头发。其他高尽责性角色包括《生活大爆炸》（Big Bang Theory）里的谢尔顿（Sheldon），他总是小心翼翼地选择座位；"哈利·波特"系列里的赫敏·格兰杰（Hermione Granger），她以遵守规则并且完成老师布置的阅读作业而著称。低尽责性的人物有《辛普森一家》里的霍默·辛普森（Homer Simpson），工作缺乏动力，身上一直沾满甜甜圈屑；《花生漫画》（Peanuts）里的皮格潘（Pig-Pen），邋里邋遢常常在身后扬起一阵尘土。

"如果你做我的实验搭档，你最好提前练习咒语，否则我会把你变成青蛙。""哈利·波特"里的人物赫敏·格兰杰是一个高度尽责性的人。

如同低宜人性的人一样，低尽责性的人更可能滥用药物和酒精，从事犯罪行为、危险性行为和赌博。但它们之间的相关性也不是绝对的。例如，不是所有滥用药物的人的尽责性水平都很低，二者之间的相关系数是0.43。用统计术语描述就是在滥用药物的人中有72%的人尽责性水平较低，另外28%的人则不然。同时，因为只是很少一部分人滥用药物，大多数低尽责性的人并没有滥用药物。低尽责性也与缺乏关心他人的心理障碍有关，如精神病。

高尽责性的人心理更健康和更长寿。更高的意志力激励人们运动、遵循合理的饮食习惯、杜绝药物滥用、努力工作以避免财务压力。例如，高尽责性的人更有可能吃蔬菜沙拉，也不太可能超重。高尽责性对健康有益可能是因为它能帮助人们调节负面情绪。由此带来的一个结果是，高尽责性的人拥有稳定婚姻关系的可能性更高。

在大五人格理论中，尽责性是对学业和职业成就最强有力的预测指标。尽责性的人条理清晰、野心勃勃、动力十足。高尽责性的人在学校里能取得更好的成绩。

高尽责性的人在工作中也表现得更好。16岁时在尽责性项目上得分高的人，成年后较少失业。虽然一项特质不能够概括事业成功的全部方面，但尽责性或许是员工需要具备的最重要的品质。

神经质

　　神经质是一种体验负性情绪的倾向，如愤怒、忧郁、焦虑、羞耻和自我意识。高神经质的人会频繁地体验到高强度的负性情绪。在追逐龙卷风的过程中惊恐发作的斯蒂芬明显比里德的神经质程度要高得多，后者正处于兴奋之中（考虑到龙卷风的距离已经那么近了，里德的表现才更不正常）。在对网络用户的研究中，高神经质水平的人常常使用的词语有"低落""孤独""虚弱"，而低神经质水平的人使用的词语有"体育锻炼""成功""篮球"。

　　在《海军罪案调查处》（*Naval Criminal Investigative Service*）中，法医学家阿比（Abby）总是神经紧张地担忧任何一个特工陷入哪怕一点点麻烦，每次当他们安全返回时，她都会给每个人一个拥抱。妈妈们经常因为神经质而备受诟病，这种现象在电视剧《辛普森一家》的一集中以一种夸张的形式表现出来，这一集讲述的是玛吉最喜欢的杂志《烦躁的妈妈》（*Fretful Mother*）。雷克斯（Rex）是系列电影《玩具总动员》（*Toy Story*）里面的霸王龙玩具，它看起来神经兮兮的。当它的主人安迪打开生日礼物时，雷克斯说："如果安迪又有了另外的恐龙可怎么办？它会不会是只小气的恐龙？我都不敢想象，我可接受不了！"

"如果我不是一只真正的恐龙该怎么办？雷克斯的神经质程度看起来很高。

　　神经质与负性情绪之间的关联从人们对表情符号的选择上就可见一斑。神经质的人更愿意使用哭泣、害怕、担心和失望的表情（见表 3.3）。

　　詹姆斯·邦德（James Bond）在神经质上的得分应该很低，即使在千钧一发的时刻，他也丝毫没有一点害怕或焦虑。甚至当命悬一线之际，他还能精准地射击，玩高筹码扑克，高速驾驶。毋庸置疑，研究发现当处于压力之下，低神经质水平的人比高神经质水平的人表现得好，高神经质水平的人在感受到压力时容易发生窒息。

　　高神经质水平的人易出现精神健康问题，包括抑郁、焦虑（如广泛性焦虑障碍、创伤后应激障碍、强迫症、物质滥用、饮食障碍）和人格障碍（如边缘型人格障碍、回避型人格障碍、依赖型人格障碍、偏执型人格障碍）。神经质得分高于平均水平的人不一定就会发展出以上某种障碍，但其确实比神经质水平低的人更加易感。大概

表 3.3　表情符号和大五人格

表情符号	与哪项大五人格特质的相关性最高
☹	神经质
🎉	外倾性
😕	神经质
😎	外倾性
😣	神经质
☺	宜人性
😟	神经质
😦	神经质
😫	宜人性
📱	外倾性
😱	神经质
😄	外倾性

是因为他们想要努力使自己的神经镇定下来，高神经质水平的人更可能会服用抗抑郁药和安眠药，也更可能通过饮酒或吸毒试图改善自己的心情状态。

高神经质水平的人也易患身体方面的疾病，如心脏问题、超重和肠易激综合征。也许是出于这个原因，高神经质水平的人的寿命不如低神经质水平的人的寿命长。人们甚至还会受到其他人神经质特质的影响。一项研究发现，做过心脏手术的病人如果有一个神经质的配偶，那他们在手术后 18 个月里会出现更多的抑郁症状。神经质所付出的代价（如身体健康水平低、工作效率降低）远高于精神障碍付出的代价，从某种程度上来说这是由于神经质在人群中更为普遍。

开放性

在大五人格理论中，开放性特质是最难以定义的。罗伯特·R. 麦克雷（Robert R.McCrae）曾把它描述为"生动的想象力，艺术的敏感度，感觉的深刻性，行为的灵活变通，求知欲和突破常规的态度"。开放性水平高的人喜欢尝试新鲜事物（如品尝不同寻常的食物、前往异国他乡旅行、应对工作中的新挑战），思考复杂的想法（如当人"当人死亡的时候会发生什么"），考虑其他可能的观点和价值体系（如"作为一名社会成员，生活在集体主义社会还是个人主义社会更好"）。开放性水平高的人更可能把旅行列为重要的个人目标。而开放性水平较低的人正好相反，他们喜欢例行公事，重视现状，愿意从事传统常规的活动，包括宗教信仰认同。在对社交平台用户的调查中，开放性水平高的人频繁地使用"宇宙""写作""音乐"，开放性水平低的人则更多地使用类似"等不及"之类省略掉主语的短语和一些短信体缩写词。开放性水平高的人十分愿意做一些可以接触到不同经历和思想的事情，如冥想、参观艺术展、写日志、学一门外语或一丝不挂地在房间里走来走去。他们也更愿意读一些被归为"必读"的书籍和经典小说，以获取在抽象思想中将开放性和兴趣之间连接起来的途径。

如果你有一个立志要走遍全球的朋友，那他一定是一个开放性水平高的人。安德鲁·奇默恩（Andrew Zimmern）是电视节目《古怪食物》（*Bizarre Foods*）的主持人，他绝对是个开放性水平高的人，他吃过金枪鱼精子、牛鞭汤，还喝过牛尿（哇，可真是无法享用的美味）。

开放性水平高的人有苹果公司创始人史蒂夫·乔布斯、物理学家斯蒂芬·霍金、"哈利·波特"中的人物卢娜·洛夫古德（Luna Lovegood）和《分歧者》中质疑自己身处的社会结构的特丽丝·普赖尔（Tris Prior）。开放性水平低的人包括"哈利·波特"里的多洛蕾斯·乌姆里奇（Dolores Umbridge），她要求学生们墨守成规、照本宣科。

开放性水平高的人更愿意尝试新鲜事物。

开放性水平高的人倾向于创新，这种创造力很显然会带来回报。

开放性水平高与自由政治观点相关，开放性水平低则与保守政治观点相关，尽管这种相关性相对较弱。开放性水平高的人更愿意把参与政治和社会事件看作个人意义的体现，也对社会激进主义更感兴趣。

开放性也是大五人格理论中最不直观的特质。关于其他四种特质，你很容易想到许多同义词，如外倾性的人外向、健谈、爱交际等。但让你马上想到用来描述开放性的词汇可就没那么简单了。它也是在其他文化和语言中出现概率最小的人格特质。在不同的人格问卷中，对开放性的表述方式有很多，包括"智力""文化""想象力"。

开放性与精神病性障碍的关联很小，尽管开放性水平高的人较少患有焦虑障碍或抑郁。人们对是否存在开放性水平过高有争议，比如想象力过于丰富是否与幻觉或妄想这样的精神病性症状有关。

开放性是大五人格理论中与智力有关的维度。开放性水平高的人在智力测验中也表现得较好，尽管其相关性并不高。很明显，开放性使得人们的大脑始终保持一定的灵活性，从而最大限度地减少了因年龄增长造成的认知能力下降。开放性水平高的人的寿命也更长。

情境因素会改变开放性水平。老年人经常玩填字游戏或数独游戏也能提升其开放性的程度。

根据这些结论和我们介绍的其余内容，有必要在此再次提醒读者：这些结果是基于平均水平得出的，并不一定适用于所有人。每一项有关人与人之间相比较的科学研究都是如此。总之，我们认为，了解这些发现的

✎ 写作提示：了解自己

想一下你在大五人格特质每一项上的得分情况。你的分数符合本章所讨论的内容吗？例如，你在开放性上得分较高，那么你在社会问题上是一个政治自由主义者吗？你认为你的尽责性水平可以预测你的工作表现吗？

实质非常重要：它们是有趣的线索——这些线索与某些人格特质的人所具有的行为、个性特征及未来的生活有关。学习人格的过程就好像做一名侦探：有些线索只是在转移你的注意力，让你无所适从，而有些线索则会帮助你更好地理解人类。

大五人格理论的应用

大五人格理论之所以如此受欢迎，部分原因在于它恰到好处地在许多不同的领域都可以得到应用：它有助于解释进化生存理论，是理解其他人格研究的一种途径，并且可以跨文化解读甚至推广至动物领域。下面我们对这三个方面的应用一一进行探讨。

大五人格理论与生存技能

设想一下你身处《饥饿游戏》（*Hunger Games*）中所描绘的那种生死攸关的比赛中，你是其中一个参与者。你被扔在一个人人都想杀死你的环境里。你可以同其他一个或两个参与者结盟，他们能帮助你生存下来，虽然这只是暂时的。在选择盟友时，你最看重的特质是什么？立即进入你脑海中的是这个人要值得信任。有很多词可以表达值得信任的意思（如诚挚、真诚、可靠、真实、可信赖、坦率、诚实）或与之相反的意思（如假装、说谎、欺骗、虚伪、鬼鬼祟祟、不择手段、不靠谱）。

总体来说，大五人格理论涵盖了有关人类生存和繁衍能力的重要信息。外倾性有助于人们彼此联系，这对于生存（团队打猎）和繁衍（乐群性，外倾性的一个构面，与更多的性活动有关）是有利的。外倾性的不利方面是承受风险，风险会导致意外发生。宜人性有助于与人相处，这在人类进化过程中十分必要，那时人们居住在洞穴、泥土棚和其他小型民居中，人与人之间的生活半径非常小。然而，也会有人别有用心地利用他人的高宜人性，这样后者可能就无法获取他们本应得到的足够的资源。

尽责性通过周密的计划和努力的工作使得人们得以生存，虽然过度尽责会导致教条并成为一种弊端。神经质让人们惧怕危险，而这对人类的生存大有裨益。在远古时代，这可能意味着人们会对距离自己 100 米的熊心生胆怯。现在，类似的情形可能变成，当你在大街上看到一个外表怪异的人向你走来，你会感到害怕。但是，过于神经质可能导致人们过度警觉而错失重要的机会。高神经质也会让别人离你远去，和一个永远忧虑的人在一起是一件很困难的事情。最后，开放性与创造力有关，创造力对适应新环境所需的生存能力和吸引异性的求偶活动都有积极作用。但是，过度的开放性可能会导致妄想或因为过于特立独行、突破常规而受到他人的排挤。

大五人格理论如何解读其他人格研究

大五人格理论之所以可以发挥很大的作用，是因为它能够与其他人格模型所使用的特质兼容并蓄。例如，许多之前的模型和问卷都包括了与神经质相似的特质，如汉斯·艾森克（Hans Eysenck）的情绪性测验和状态 – 特质焦虑问卷。如果研究者想找到神经质的相关研究，可以将这些焦虑测验和神经质测验都纳入其中，作为对大五人格问卷的补充。尽管这些测验是在大五人格理论之前发展出来的，但它们测量的都是同一基本特质。这使得大五人格理论如此通用，它可以与不同时代、由不同模型和理论发展出来的量表共同使用（见图 3.3）。

还有另外一些情况是，某个来自其他问卷的特质可能是大五人格因素的综合或其中一部分。例如，艾森克的人格三因素模型包含神经质、外倾性和精神质，它的外倾性和神经质都与大五人格理论中对应的两项十分相近，精神质则像低宜人性和低尽责性的组合。

总而言之，大五人格理论是将许多不同人格模型解读为同一种共通语言的有效方式，它就像人格领域的罗塞达石碑。

此外还有几点需要重点说明。第一，虽然词汇学假说专注于描述人格的形容词，但并不是所有的现代大五人格测试都使用形容词。大部分测试使用的是陈述句。最初研究者们对大多数重要特质统一使用形容词，但这往往不是编写量表的最佳选择。第二，决定使用五特质而不是四特质或六特质并不是一成不变的。大六模型增加了测试诚信的特质。有些人甚至提出了由高外倾性、高宜人性、高尽责性、低神经质和高开放性组成的"大一"人格量表。第三，也有人质疑，大五人格理论忽略了作为一个独特的"全方位的人"所具备的多方面特质，如人生目标、价值感、生活经历和文化背景。他们认为，大五人格理论无法涵盖我们作为个体的全部特质——这远非五种特质所能概括的。在我们看来，大五人格理论是实用的，因为它抓住了人格的很多重要方面，但它的确无法捕捉人格的全部特质。这也是本书还有其他那么多内容的原因所在。

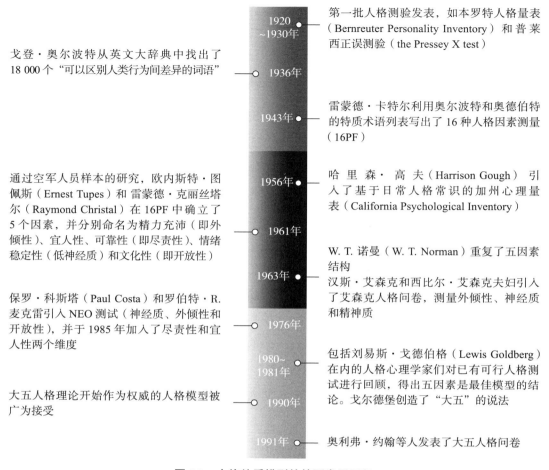

戈登·奥尔波特从英文大辞典中找出了18 000个"可以区别人类行为间差异的词语"

1920~1930年 第一批人格测验发表，如本罗特人格量表（Bernreuter Personality Inventory）和普莱西正误测验（the Pressey X test）

1936年

1943年 雷蒙德·卡特尔利用奥尔波特和奥德伯特的特质术语列表写出了16种人格因素测量（16PF）

通过空军人员样本的研究，欧内斯特·图佩斯（Ernest Tupes）和雷蒙德·克丽丝塔尔（Raymond Christal）在16PF中确立了5个因素，并分别命名为精力充沛（即外倾性）、宜人性、可靠性（即尽责性）、情绪稳定性（低神经质）和文化性（即开放性）

1956年 哈里森·高夫（Harrison Gough）引入了基于日常人格常识的加州心理量表（California Psychological Inventory）

1961年

1963年 W. T. 诺曼（W. T. Norman）重复了五因素结构
汉斯·艾森克和西比尔·艾森克夫妇引入了艾森克人格问卷，测量外倾性、神经质和精神质

保罗·科斯塔（Paul Costa）和罗伯特·R. 麦克雷引入NEO测试（神经质、外倾性和开放性），并于1985年加入了尽责性和宜人性两个维度

1976年

1980~1981年 包括刘易斯·戈德伯格（Lewis Goldberg）在内的人格心理学家们对已有可行人格测试进行回顾，得出五因素是最佳模型的结论。戈尔德堡创造了"大五"的说法

大五人格理论开始作为权威的人格模型被广为接受

1990年

1991年 奥利弗·约翰等人发表了大五人格问卷

图 3.3 人格特质模型的简要发展历程

大五人格理论的跨文化解读

大五人格理论是在英语语境下发展起来的，它在其他语言和文化环境中依然有效吗？答案是肯定的，它的效用很好。戴维·施米特（David Schmitt）及同事将大五人格问卷翻译成了28种语言并对来自56个国家的人实施了测验，发现了一致的五种决定性人格特质。研究者也使用了词汇学方法从其他语言中识别出描述人格的形容词，并像大五特质一样进行归类。例如，西班牙人有"大七"特质，其中有两个特质是西班牙人独有的（正效价和负效价），另外五个特质与大五特质相似。在中国，大五特质的其中四项都保持一致，而开放性被人际取向替代。

外倾性、宜人性和尽责性是大多数语言都具备的，变数比较大的是神经质或开放性是否包括在内，以及与诚信和人性化相关的特质是否需要加入。研究者在除南

极洲以外的各大洲都实施过大五人格测试（尽管研究者曾经使用它预测哪些人适合在南极洲工作，你可以猜到，是那些开放性水平高的人）。

动物拥有大五人格特质吗？答案似乎是肯定的。例如，不同的猫在情绪反应（与神经质相似）、情感（与宜人性相似）、精力（与外倾性相似）和能力（与尽责性相似）方面表现出差异。不同的猪在攻击性水平（类似于宜人性）、社会性（类似于外倾性）、探索好奇（类似于开放性）上有所不同。不同种类宠物的主人在人格特质方面也不尽相同——狗的主人比猫的主人有更高的外倾性、宜人性、尽责性，较低的神经质和开放性。

 写作提示：了解自己

想想你认识或曾经见过的其他国家的人。你能只用大五人格特质来描述他们的人格吗？

总结

大五人格特质理论是一个极为有用的人格模型。它涵盖了我们讨论其他人的很多方式，并在跨理论、跨文化甚至跨物种的环境下也适用。外倾性、宜人性、尽责性、神经质和开放性完美地用最少数量的因素概括了大部分的人格特质。由于这些特质是来自人们在描述他人时所使用的语言，所以毫无疑问，它们可以用来预测行为和识别一些知名人物的特质——无论是现实人物还是虚拟人物。

在本书的其余部分我们还会经常提到大五人格理论，因此在阅读后面内容的过程中，你随时可以回到本章复习相关的内容。你将会乐于通过目前发展出的那些最全面、富于实践经验的人格模型理解你的朋友、家人、同事、同学及你自己。

思考

1. 说出并描述每一项大五人格特质。
2. 对于每一项大五人格特质，请举出一个例子说明在这项特质上得分高的人会如何表现。
3. 解释大五人格理论的构面及构面对理解大五人格理论的重要性。
4. 就"大五人格特质是如何发展起来的"提供一个简要的说明。

3.1：国际人格项目库

（International Personality Item Pool）

指导语

本问卷包含一些描述人们行为的短句。请根据每项描述对你自身的符合程度进行评分。

每项描述都是针对你目前的通常情况而言，而非你希望的状态。在进行自我描述的时候，你可以把真实的自己与一个你认识的与你年纪差不多的同性相比较。请以最真实的方式作答，你的回答将会被完全保密。

请认真阅读每一项描述，这项描述在多大程度上反映了你的实际情况，选出最符合自己情况的答案。如果描述非常不准确，选择"1"；有些不准确，选择"2"；介于准确和不准确之间，选择"3"；有些准确，选择"4"；非常准确，选择"5"。

	非常 不准确	有些 不准确	介于准确和 不准确之间	有些 准确	非常 准确
1. 对事情感到担忧。	1	2	3	4	5
2. 容易结交朋友。	1	2	3	4	5
3. 有生动的想象力。	1	2	3	4	5
4. 相信别人。	1	2	3	4	5
5. 能圆满完成任务。	1	2	3	4	5
6. 容易生气。	1	2	3	4	5
7. 喜欢大型派对。	1	2	3	4	5
8. 能看到被别人忽视的事物的美好一面。	1	2	3	4	5
9. 通过阿谀奉承获得成功。	1	2	3	4	5
10. 喜欢秩序。	1	2	3	4	5
11. 经常感到忧郁。	1	2	3	4	5
12. 负责任。	1	2	3	4	5
13. 体验到强烈的情绪。	1	2	3	4	5
14. 让他人感到受欢迎。	1	2	3	4	5
15. 遵守承诺。	1	2	3	4	5
16. 很难接近他人。	1	2	3	4	5
17. 总是忙忙碌碌。	1	2	3	4	5
18. 宁愿固守已知的事物。	1	2	3	4	5
19. 喜爱精彩的比赛。	1	2	3	4	5

	非常 不准确	有些 不准确	介于准确和 不准确之间	有些 准确	非常 准确
20. 努力工作。	1	2	3	4	5
21. 经常过度饮食。	1	2	3	4	5
22. 喜欢兴奋。	1	2	3	4	5
23. 对抽象的想法不感兴趣。	1	2	3	4	5
24. 相信自己比别人优秀。	1	2	3	4	5
25. 立即投入任务。	1	2	3	4	5
26. 感到自己无法处理事情。	1	2	3	4	5
27. 流露出喜悦。	1	2	3	4	5
28. 倾向于投票给自由政党候选人。	1	2	3	4	5
29. 同情无家可归者。	1	2	3	4	5
30. 不加思考急于做事。	1	2	3	4	5
31. 担心最坏的情况。	1	2	3	4	5
32. 迅速与他人熟络。	1	2	3	4	5
33. 喜欢天马行空的想象。	1	2	3	4	5
34. 相信别人充满好意。	1	2	3	4	5
35. 超越自己。	1	2	3	4	5
36. 容易被激怒。	1	2	3	4	5
37. 在聚会上与很多不同的人交谈。	1	2	3	4	5
38. 不喜欢艺术。	1	2	3	4	5
39. 了解如何避开规定。	1	2	3	4	5
40. 喜欢收拾和整理。	1	2	3	4	5
41. 讨厌自己。	1	2	3	4	5
42. 试图领导别人。	1	2	3	4	5
43. 很少情绪化。	1	2	3	4	5
44. 乐于助人。	1	2	3	4	5
45. 讲实话。	1	2	3	4	5
46. 容易害怕。	1	2	3	4	5
47. 总是忙个没完。	1	2	3	4	5
48. 不喜欢改变。	1	2	3	4	5
49. 朝别人大喊大叫。	1	2	3	4	5
50. 做得超出预期。	1	2	3	4	5
51. 大吃大喝。	1	2	3	4	5

	非常 不准确	有些 不准确	介于准确和 不准确之间	有些 准确	非常 准确
52. 寻求冒险。	1	2	3	4	5
53. 避免哲学性的讨论。	1	2	3	4	5
54. 对自己评价很高。	1	2	3	4	5
55. 很难完成工作。	1	2	3	4	5
56. 在有压力的情况下保持冷静。	1	2	3	4	5
57. 有很多乐趣。	1	2	3	4	5
58. 信仰宗教。	1	2	3	4	5
59. 同情那些比自己境况差的人。	1	2	3	4	5
60. 做出鲁莽的决定。	1	2	3	4	5
61. 害怕很多东西。	1	2	3	4	5
62. 在人群中感到舒服。	1	2	3	4	5
63. 爱做白日梦。	1	2	3	4	5
64. 相信别人的话。	1	2	3	4	5
65. 顺利处理任务。	1	2	3	4	5
66. 发脾气。	1	2	3	4	5
67. 不喜欢拥挤的活动。	1	2	3	4	5
68. 不喜欢诗歌。	1	2	3	4	5
69. 靠欺骗取得成功。	1	2	3	4	5
70. 房间里杂乱无章。	1	2	3	4	5
71. 经常情绪低落。	1	2	3	4	5
72. 一切尽在自己的掌握中。	1	2	3	4	5
73. 容易受到自己情绪的影响。	1	2	3	4	5
74. 关心他人。	1	2	3	4	5
75. 不守诺言。	1	2	3	4	5
76. 不会轻易感到尴尬。	1	2	3	4	5
77. 业余活动丰富多彩。	1	2	3	4	5
78. 不喜欢改变。	1	2	3	4	5
79. 侮辱别人。	1	2	3	4	5
80. 对自己和别人严格要求。	1	2	3	4	5
81. 很少放任自己。	1	2	3	4	5
82. 喜欢行动。	1	2	3	4	5
83. 在理解抽象问题方面有困难。	1	2	3	4	5

	非常 不准确	有些 不准确	介于准确和 不准确之间	有些 准确	非常 准确
84. 对自己评价很高。	1	2	3	4	5
85. 需要他人的催促才能开始。	1	2	3	4	5
86. 知道如何应对。	1	2	3	4	5
87. 热爱生活。	1	2	3	4	5
88. 倾向于投票给保守党派候选人。	1	2	3	4	5
89. 共情他人的痛苦。	1	2	3	4	5
90. 急于做事情。	1	2	3	4	5
91. 容易有压力。	1	2	3	4	5
92. 与他人相处感到舒服。	1	2	3	4	5
93. 喜欢陷入沉思。	1	2	3	4	5
94. 不信任他人。	1	2	3	4	5
95. 知道如何把事情完成。	1	2	3	4	5
96. 很少发火。	1	2	3	4	5
97. 避开人群。	1	2	3	4	5
98. 不喜欢参观艺术博物馆。	1	2	3	4	5
99. 利用他人。	1	2	3	4	5
100. 乱放东西。	1	2	3	4	5
101. 对自己评价很低。	1	2	3	4	5
102. 等待别人引路。	1	2	3	4	5
103. 极少经历情绪的大起大落。	1	2	3	4	5
104. 拒绝别人。	1	2	3	4	5
105. 让别人完成属于我的任务。	1	2	3	4	5
106. 可以坚持自我。	1	2	3	4	5
107. 可以同时做很多事情。	1	2	3	4	5
108. 依赖常规方式。	1	2	3	4	5
109. 报复他人。	1	2	3	4	5
110. 没有足够的动力想要成功。	1	2	3	4	5
111. 可以控制自己的渴望。	1	2	3	4	5
112. 喜欢无所顾忌。	1	2	3	4	5
113. 对理论性讨论不感兴趣。	1	2	3	4	5
114. 让自己成为注意力的中心。	1	2	3	4	5
115. 在开始任务方面有困难。	1	2	3	4	5

	非常 不准确	有些 不准确	介于准确和 不准确之间	有些 准确	非常 准确
116. 即使在紧张环境下仍能保持冷静。	1	2	3	4	5
117. 笑得很大声。	1	2	3	4	5
118. 喜欢在听到国歌期间保持站立。	1	2	3	4	5
119. 对别人的问题不感兴趣。	1	2	3	4	5
120. 行事轻率欠考虑。	1	2	3	4	5

计分

以下每一项都是大五特质的一个构面。例如，N1：焦虑是神经质的首要构面。计分方法如下。

带有 R 的是反向计分项目，需要将分数进行转换，5 分转换为 1 分，4 分转换为 2 分，3 分不变，2 分转换为 4 分，1 分转换为 5 分；不带 R 的项目，按照原始分计分。

将每个构面对应的四个项目的得分相加，然后将分数写在相应的横线上。

把每个特质的六个构面的分数相加，得到每个特质分别对应的分数。

N1：焦虑对应第 1、31、61、91 题。 得分：_____

N2：愤怒对应第 6、36、66、96R 题。 得分：_____

N3：抑郁对应第 11、41、71、101 题。 得分：_____

N4：自我意识对应第 16、46、76、106R 题。 得分：_____

N5：无节制对应第 21、51、81R、111R 题。 得分：_____

N6：脆弱对应第 26、56R、86R、116R 题。 得分：_____

神经质总得分：_____

E1：友好对应第 2、32、62、92 题。 得分：_____

E2：乐群性对应第 7、37、67R、97R 题。 得分：_____

E3：自信心对应第 12、42、72、102R 题。 得分：_____

E4：活动水平对应第 17、47、77、107 题。 得分：_____

E5：寻求刺激对应第 22、52、82、112 题。 得分：_____

E6：性格开朗对应第 27、57、87、117 题。 得分：_____

外倾性总得分：_____

O1：想象力对应第 3、33、63、93 题。　　　　　　　得分：_____

O2：艺术兴趣对应第 8、38R、68R、98R 题。　　　　得分：_____

O3：情绪性对应第 13、43R、73R、103R 题。　　　　得分：_____

O4：冒险精神对应第 18R、48R、78R、108R 题。　　　得分：_____

O5：才智对应第 23R、53R、83R、113R 题。　　　　　得分：_____

O6：自由对应第 28、58R、88R、118R 题。　　　　　得分：_____

开放性总得分：_____

A1：信任对应第 4、34、64、94R 题。　　　　　　　　得分：_____

A2：道德对应第 9R、39R、69R、99R 题。　　　　　　得分：_____

A3：利他对应第 14、44、74、104R 题。　　　　　　　得分：_____

A4：合作对应第 19R、49R、79R、109R 题。　　　　　得分：_____

A5：谦虚对应第 24R、54R、84R、114R 题。　　　　　得分：_____

A6：同情对应第 29、59、89、119R 题。　　　　　　　得分：_____

宜人性总得分：_____

C1：自我效能对应第 5、35、65、95 题。　　　　　　　得分：_____

C2：秩序感对应第 10、40、70R、100R 题。　　　　　得分：_____

C3：责任心对应第 15、45、75R、105R 题。　　　　　得分：_____

C4：成就对应第 20、50、80、110R 题。　　　　　　　得分：_____

C5：自律对应第 25、55R、85R、115R 题。　　　　　　得分：_____

C6：谨慎对应第 30R、60R、90R、120R 题。　　　　　得分：_____

尽责性总得分：_____

第 **4** 章

人格的生物学基础

　　罗宾和她的伴侣辛迪一边看着她们的儿子韦德在生日宴会上玩耍，一边和另一位名叫莫伦的妈妈攀谈起来，莫伦是和她小女儿里拉一起来的。很快，三个人就从聊天中发现，韦德和里拉都是借助来自加州生殖中心的捐赠精子受孕成功的。"你们使用的精子捐赠号码是多少？"莫伦小心翼翼地询问。"48QAH。"辛迪回答道。这个听起来有些熟悉的数字一下子击中了莫伦，她说："真的吗？那个喜欢歌手萨拉·麦克拉克伦（Sarah Mclachlan）的医生？"原来，她们使用的精子来自同一个捐赠者，这使得她们两家的孩子拥有共同的生物学父亲，是生物学上同父异母的兄妹关系。两家人迅速变得亲近起来，并且随后还决定尝试找到精子捐赠者——这可不是一件容易的事情，因为大多数捐赠者都是匿名的。不过，令她们感到高兴的是，捐赠者愿意与她们取得联系。

　　48QAH 对应的捐赠者是马修·倪德纳（Matthew Niedner），他是一位在密歇根执业的儿科医生，代码 QAH 所代表的含义是"大块头"（英文 Quite a Hunk 的缩写）。当罗宾和辛迪看到倪德纳医生一段 60 分钟的个人介绍剪辑视频时，她们马上就感受到了熟悉的特质。"他充满活力，跟我们的韦德很像。"辛迪说。"你看看他的眉毛，"罗宾说，"和我们儿子的眉毛一模一样。"辛迪对此也表示同意。

　　我们都知道，身体特征如眉毛、眼睛的颜色、肤色来自遗传——是由我们生物学父母的 DNA 组合共同决定的。不过，韦德是一个开朗的孩子是源自倪德纳医生这个他从未见过的生物学上的父亲的遗传因素，还是源自他的父母在养育过程中的培养使得他具备了这种活泼的个性？

　　关于人格的生物学基础的研究就是要找出这些难题的答案。例如，是什么使你成为今天的自己？人格在多大程度上取决于遗传（即"天性"），又在多大程度上来自环境（即"教养"）呢？有关人格和生物学之间交互作用的研究探索还包括：人格在大脑中的呈现、欲望（性欲望等）如何深植于进化过程中、为什么一些人习惯早起而另一些人习惯早睡，以及激素对行为的影响。

在本章的开始，我们先明确一些概念。**遗传**（genetics）是指从精子与卵子结合受孕那一刻起就具有了的 DNA，是个体从生物学父母那里继承而来的。环境是除遗传以外的因素。从出生之时起，发生在你身上的任何事情都会对你和你的行为造成潜在影响。为了更好地理解遗传和环境的作用，科学家们经常会比较同胞兄弟姐妹之间的共享环境和非共享环境。**共享环境**（shared environment）是兄弟姐妹共有的家庭环境，他们在同一个家庭中被同一对父母抚养长大。**非共享环境**（nonshared environment）则是兄弟姐妹间独特的经历，如拥有各自的朋友、遭受个人伤害、参与不同的活动及个体经验。例如，本书作者简和她的哥哥一起长大，一

图中的三兄弟和他们共同的父母在一起，他们拥有成长的共享环境。

直与他们的父母共同生活在同一幢房子里——这是他们的共享环境。但是，他们却有很多不同的经历，如不同的朋友和老师、不同的课外活动——这些就是他们的非共享环境。

遗传、共享环境和非共享环境被认为是影响人格起源的三个主要因素。也就是说，在有关人格的个体差异方面，它们是被研究得最多的三个因素。不过这里至少有一个影响因素被忽略了，那就是文化。大多数研究在试图区分遗传与环境的作用时，都将人与人之间差异的比较放在了同一文化背景下（同一国家、同一时代），因此文化和代际变量没有被纳入这些研究中（我们将在第 11 章讨论文化因素对人格的影响）。

还有一点很重要，我们需要理解遗传和生物学不是一回事。**生物学**（biology）是一个广义的术语，包括在身体和大脑中所表现出来的一些特征，无论其源自哪里（遗传、环境或二者共同作用的结果）。例如，你的大脑是由遗传塑造的，但你的经历也会改变你的大脑。举个具体的例子，出租车司机的海马体后部较大，因为这是大脑中负责导航技能的区域。

我们已经掌握了一些基本概念，接下来我们就可以更深入地了解科学家如何理解人格特质的起源。假如你是一个高神经质的人，那么这取决于遗传因素还是环境影响？它们彼此之间又是如何相互作用的呢？

人格的遗传性：双生子研究

要解决有关遗传与环境的"天性－教养"问题，最常用的方法是**双生子研究**（twin study）——研究双胞胎分开养育和一起养育两种情况（更多内容请参考"回顾历史"专栏以了解双生子研究的起源）。最直接的双生子研究是针对那些被不同家庭收养并养大的同卵双胞胎。同卵双胞胎也叫单卵孪生子，他们拥有完全一样的遗传基因。这使得他们至少在理论上成为检测人格分别在什么程度上受到遗传和环境影响的最佳研究案例。如果人格更多地是由遗传因素决定的，那么被分开养育的同卵双胞胎应该具有相似的人格。相反，如果人格更多地受到家庭环境因素的影响，那么被分开养育的同卵双胞胎则应该表现出非常不同的人格。

回顾历史

双生子研究的起源

然而，双生子引起了我们的特别注意，这是因为他们的档案提供了一种研究方式，从中我们可以区分来自他们天生就有的倾向和后天特殊环境赋予他们的倾向二者所带来的影响的差别。

1883 年，在弗朗西斯·高尔顿爵士的书中，他以此作为"双生子研究的历史"一章的开头。换言之，双生子为研究"天性和教养"开启了一种特别的思路。高尔顿是一位科学家，他开始着手搜集有关双生子的数据，在当时除了医学界还没有人这样做过。

这样的研究即使在今天也是一项挑战，更不用说在高尔顿所处的时代了。他向他所能找到的全部双胞胎发出了一项包括 13 组问题的调查问卷。问卷的最后一个问题是，请受试双胞胎再提供另外一对可以联系到的双胞胎的名字。高尔顿写道："令人欣慰的是这样的方法不断地为我们找到更多的受试双胞胎，直到我积累到做这项研究所需的足够资料。"今天，我们把这种寻找研究对象的方法叫作"滚雪球抽样"。就这样，高尔顿最终搜集到了 35 对可能的同卵双胞胎的数据。

与现代的双生子研究不同，这项研究的结果更大程度上是用描述性的方式呈现的。其中一些发现包括：双胞胎个体小时候通常戴不同颜色的发带，这样他们的父母就可以把他们区分开；双胞胎经常利用他们相似的外表搞恶作剧，然后彼此责怪以逃脱惩罚；双胞胎的兴趣一般很相似；双胞胎还很容易同时生病，但又并不是彼此传染的，这说明他们的身体素质很相似。他还发现，双胞胎说起话来也非常类似，但唱歌的声调却不大相同。可见，双胞胎并非完全一样。高尔顿发现他们写字通常也不一样。

那么在人格方面呢？高尔顿发现 35 对双胞胎中的 16 对拥有十分相似的人格。其余的双胞胎的大部分人格也相似，但在自信和支配性方面有所不同。例如，双胞胎中的一个大胆、充满活力，另一个却胆怯、腼腆；一个热情，另一个冷静。

从高尔顿时代起，双生子研究越来越复杂。高尔顿是这项科学研究的开创者。

大部分研究使用**变量百分比**（percentage of variance）呈现报告结果，显示由遗传或环境因素所能解释的影响的占比。这个数值指的是一组人群中的变量，而非针对单独的个体而言。例如，人类身高变量的大约 90% 是由基因决定的，10% 由环境决定。因此，基因比环境因素对于身高有更大的影响力。但这并不是说一个人的身高有 90% 取决于基因，10% 取决于环境。其真正含义是，在一组人中，身高差异的90% 由遗传造成，10% 由成长环境造成（更多关于如何进行双生子实验的内容，请参考"回顾历史"专栏）。

那么，人格究竟是遗传性的还是环境性的呢？它们各自所能解释的变量百分比是多少？双生子研究发现，人群中人格特质差异的 50% 取决于遗传，其余 50% 则由非共享环境因素（如朋友、个体经历）和测量不精确产生的随机偏差所解释。共享环境——由同样的父母抚养——对人格几乎没有影响。所以，除了你从父母那里继承的 DNA 以外，父母对你的人格的影响可能还不及你的朋友。即使在动物群体中，如鱼类，具有相同基因又生活在相同环境下的鱼儿会表现出个性和行为上的差别，这揭示了非共享环境的影响。

这样的结论有些令人吃惊，让我们用被经济学家布赖恩·卡普兰（Bryan Caplan）称之为"交换命运"的思想实验来进一步理解这个问题。

假设你有一个双胞胎姐妹，但在医院被抱错了：一个护士偶然把你的双胞胎姐妹和另外一个家庭的婴儿交换了。这样你就和那个陌生人的孩子一起被你的亲生父母养大，而你的双胞胎姐妹则被陌生人养大。多年以后，医院发现了当年的错误，并安排了一次你们三人的会面：你、你的双胞胎姐妹及被意外收养的姐妹。

基于双生子研究，你和被意外收养的姐妹之间在人格上的相似度应该只比随机选择的普通人之间多一点点。如果你在外倾性上的得分较高，与你一起被父母养大但没有血缘关系的姐妹的外倾性不一定高于平均水平（她和其他任何人一样有各50% 的可能性高于或低于平均水平）。换句话说，成长在同一个家庭、由同一对父母抚养实际上对于外倾性人格没有什么影响。如果你在宜人性上得分较高，与你没有血缘关系的姐妹在宜人性上的得分高于平均水平的可能性只有一点（大约 57% 的可能性，相较于任何人 50% 的可能性而言要稍高一点）。很明显，父母对于孩子在宜人性的影响上要稍微高一点，但是这种影响也小于遗传所带来的影响。而你的双胞胎姐妹，即使你与她从未谋面，她在外倾性和宜人性方面都高于平均水平的可能性大约是 67%，这一定是遗传的影响，因为你们从未经历过共享环境。

也有一些研究发现共享环境对人格的影响更大一些。一段录像记录了 300 对成年双胞胎完成不同任务时的场景，让人们在观看之后对这些双胞胎的人格特质进行评分。这种他人报告的方法与大多数其他研究中所使用的自陈报告法有所不同。根据这种方法得到的结论是，共享环境的影响要大得多（26%，而通常的研究结果是 0 或接近 0），而遗传的影响则小一些（41%，通常的研究结果是大于等于 50%）。这说明，在进行人格评价时，家庭环境在他人评价体系中的重要性要高于其在自我评价体系中的重要性——这或许是因为人们在他人面前如何表现会更多地受到环境影响，而不仅仅是呈现本身的人格。我们还需要更多的实证研究的支持。

其他人格特质、行为和态度也有很强的遗传成分。**冲动**（impulsivity）——倾向于冒险、不做计划、寻求强烈的刺激，大致相当于低尽责性——同样有大约 50% 来自遗传。幸福感、传统主义和攻击性 50% 以上取决于遗传。甚至连政治观点也可能始于遗传，一些研究发现，遗传因素对社会保守态度有重要的影响，诸如支持死刑、反对同性恋等，或许这与关于结构和等级的潜在态度有关。遗传效应对诸如成就导向和社会亲密感等特质的影响较弱。

有些同卵双胞胎从出生就相互分离，直到成年才最终相见。有一个著名的案例，一对同卵双胞胎男孩分别在 1940 年被俄亥俄州两个不同的家庭收养。他们都被起名为吉姆，在学校里都喜欢数学和木工，而不喜欢拼写，并且都进入了执法部门工作。两个人都咬指甲，一支接一支地抽烟，还都在院子里的树木周围筑起了圆形长凳。最为巧合的是，他们分别与一个叫琳达的女人结婚，离婚后又都分别与一个叫贝蒂的女人再婚。

研究开始寻找哪些特殊的基因可能会对某些人格特质有影响。不可能只有一个基因影响所有的这些特质，但某些基因可能会影响某个特质。例如，一些研究发现外倾性、神经质、寻求感官刺激和抑郁与某个特殊基因相关联。总体而言，大多数证据表明，单个基因只能解释人格变量百分比中的一小部分，因此需要同时检验多种不同的基因。未来可能会有更多的信息关于某些特殊的基因如何共同作用于人格。从双生子研究到收养研究，我们已经知道了遗传对于人格的重大影响，但对于具体基因的作用的研究，我们还有很长的一段路要走。

兄弟姐妹之间为何会如此不同

对于有多个子女的家庭而言，家中每一个孩子的家庭经历都不尽相同，这也是为什么非共享环境效应要高于被相同父母抚养这样的共享环境效应。首先，兄弟姐妹通常想要表现出与其他人的不同，这被称作**对比效应**（contrast effect）。有兄弟的女孩对于女性化职业的兴趣高于有姐妹的女孩，这大概是由于有兄弟的女孩可以凭借女性化的特征在家中脱颖而出。年龄相近的兄弟姐妹间似乎需要更多的努力来凸显自己。本书作者简和她的哥哥只相差两岁半，简在乐团里做中提琴手，而她的哥哥选择在乐队里吹小号——简一直认为这是因为哥哥不想与她做一样的事（尽管也可能是因为他精心计算过乐团和乐队哪一个离家更远一点。）

 写作提示：了解自己

如果你有兄弟姐妹，你们之间有多大的相似度和多大的差别？你认为是什么原因造成了你们之间的差异和相似？如果你是独生子女，你觉得你从你的亲生父母那继承了什么品质？环境又在哪些方面对你的影响更大？

其次，出生顺序（最大的孩子、中间的孩子、最小的孩子或独生子女）会以不同的方式塑造人格，每个孩子对父母的感受都有些许不同。家中最大的孩子在最初的时间里可以独占父母的陪伴，这是他们的优势，但对应的劣势是初为父母养育第一个孩子缺乏经验。有一个老生常谈的笑话说，第一个孩子是"试验品"。最小的孩子在小时候得到的关注比较少，但等他们长大以后正好相反，会得到较多的关注，而中间的孩子好像从来都不会成为受关注的中心（我们将在第 9 章中对出生顺序和人格做更多的讨论）。

最后，同胞之间的不同也来自基因：同父同母所生的孩子之间仅有平均 50% 的基因是相同的（同卵双胞胎则是 100%）。可能在同一个家庭的兄弟姐妹中，一个人腼腆害羞，另一个人却开朗外向；一个人充满焦虑，另一个人却是乐天派。基因就是其中的原因之一。人们说，当有一个孩子的时候，你会相信父母教养的作用；当有了第二个孩子，你就会相信基因的力量。

兄弟姐妹间的基因仅有 50% 相同，并且会受到来自非共享环境的不同影响。

这就是作者简在自己家庭中的日常。每当她的女儿凯特看到垃圾车驶入门前的街道，她就会全力跑到窗前，大声喊"垃圾车！垃圾车来啦"，然后热情地朝司机招手。凯特的妹妹伊丽莎白却会经常咬着手指头躲起来，她不喜欢垃圾车吵闹的声音，奶声奶气地说"这些声音好可怕"。从大五人格理论来看，凯特是外倾性的人，而伊丽莎白是内倾性的人。以后当她们长大到十几岁的时候，凯特应该会喜欢热闹的派对，伊丽莎白则不然。虽然她们是同父同母的亲生姐妹，在同一个家庭中长大，却有着不同的基本人格，并且将来也会一直这样。

双生子研究的局限性

双生子研究并不完美，它的局限性在于，遗传对于人格变量的解释并没有期待的那么强大。第一，收养机构会对收养孩子的父母进行筛选，双胞胎通常会被类似的家庭收养。实际上他们都成长于稳定的中产家庭，收养他们的也都是已婚人士。这有时被称作"范围受限"，即双胞胎所在的家庭环境差别不大。双生子研究也不涉及文化，研究通常都是在同一个国家进行，也总是只在同一代人中实施（也叫作出生队列），因为双胞胎总是同时出生。这是另外一种形式的范围受限。同时，要找到分离的同卵双胞胎，并且他们之前从未有过任何联系，也绝非易事，因为彼此之间有过联系就会创造出一些潜在的相似性。

总之，双生子研究并没有回答人们最初提出的问题：人格在多大程度上由遗传决定？但却回答了另外一个问题：在同样的文化和时代背景下，假设处于一个相对稳定的、中产阶级以上的抚养环境中，人格在多大程度上取决于遗传因素？后者当然也是一个重要的问题，但却不是最初的问题。

我们要记住，非共享环境因素也很重要，个体的那些独特经历对于人格的影响似乎与遗传因素对人格的影响同样重要。然而问题在于，研究者无法精确地识别出这些非共享环境因素究竟是什么。元分析发现，非共享环境效应（包括朋友、父母不同的对待方式、出生顺序、老师）至多只能解释除遗传因素外 50% 变量中的 13%，即只能解释总体变量的 7%。大部分特殊的效应，如父母对待方式不同，只能解释变量的 2% 或更少。

　　双生子研究也无法排除混淆变量，这里的混淆变量是指双胞胎共享的可能对人格产生影响的其他因素。例如，同卵双胞胎长得很像，如果他们因为外表而被别人同样对待，这实际上是一种环境影响因素，但会被双生子研究者误认为是遗传因素造成的。举例来说，双胞胎姐妹艾拉和艾玛都是非常可爱的孩子，因此受到其他许多孩子和大人的积极关注，这是由于两个人长得一样所带来的同样经历，是一种环境影响。同卵双胞胎也会在母亲的子宫内经历一样的孕期环境，如母亲的饮食状况、怀孕期间的用药情况，这都是环境影响。新近的研究表明，孕期环境对胎儿的健康有着惊人的影响力，或许对于人格的影响也是一样。

基因－环境的相互作用与表观遗传学

　　虽然遗传影响和环境影响常常被冠以"天性－教养"之争，但实际上天性和教养在人格塑造的过程中是相辅相成、共同发挥作用的，这通常被称为"**基因－环境交互作用**"（gene-environment interaction）。基于此，许多双生子研究和收养研究都不完善，因为这些研究都假定遗传和环境是彼此独立的影响因素，也没有考虑遗传素质对环境的影响。例如，人们会寻找适合自己的环境。内向害羞的人会寻找那些安静的场所和活动，而外向开朗的人则寻求兴奋和社会交往，这会进一步增加他们的外倾性，并可能形成其他人格特质。一个高宜人性、令人愉快的孩子很容易交到朋友，而难以相处、焦虑不安的孩子在交友上却困难重重。这些经历会强化他们现有的人格特质，高宜人性的孩子变得越来越友好，难以相处的孩子则更加令人难以信任。

 写作提示：了解自己

　　你会寻找适合自己的环境吗？你是如何找到的呢？

　　父母和孩子之间的互动方式也造就了一种基因－环境的交互作用。一些人格特质受遗传因素的影响，反过来这些人格特质很可能会影响父母对待你的方式。如果你天生是一个精力旺盛、好斗的孩子，你的父母大概经常会因为你陷入尴尬的境地，因此常常责罚你；父母可能与你并不亲近，但你却因此得到了他们的大量关注。相反，如果你是一个懂事听话的孩子，你的父母会对你很放心，但你也因此时常被他们忽略，尤其是当你有一个淘气的兄弟姐妹占据了父母所有的关注时。

　　环境可以影响遗传因素是否在行为上得以表达。例如，在经常吵架的家庭中，很多人会表现出紧张和焦虑。但如果家庭和睦，神经质的基因变异更强，只有那些具有高度焦虑遗传倾向的人才会表现出焦虑症状。很多人的基因中都存在一些导致心理健康问题的易感性倾向，但这些倾向只在某些特定的环境下才有可能表现出来，如儿童期遭到虐待。这与生物学中的基因型和表现型之间的区别有些类似，基因型是遗传素质，表现型是机体实际表现出来的显性性状。在这里，表现型不是指机体的外观，而是指人格特质或行为，但意思是一样的：基因型只在一些时候才被表达为表现型。

信仰同样可以影响遗传因素是否在行为上得以表达。在没有宗教信仰的青少年中，遗传因素对吸烟的影响很大。然而，在那些有虔诚的宗教信仰的青少年中，遗传因素的作用很小。也就是说，对于有吸烟遗传易感性的青少年来说，如果他们在一个高度宗教性的环境中长大，他们就会较少表现出这种遗传倾向；反之，如果他们在非宗教环境中长大，吸烟的可能性就较大。

在太空中生活了一年之后，表观遗传学效应使得斯科特·凯利（右）的基因表达发生了变化，他与他的双胞胎兄弟马克·凯利（左）在基因表达上呈现出了7%的差别。

在经常争吵的家庭中，神经质的基因变异减弱。

科学家正着手研究表观遗传学，**表观遗传学**（epigenetics）研究的是由环境造成的、可遗传给下一代的**基因表达**（gene expression）的变化。基因和DNA本身没有发生变化，但它们在细胞中的转录方式和打开与关闭的方式发生了变化。例如，宇航员斯科特·凯利（Scott Kelly）在太空中待了一年，在他返回地球六个月之后，他的基因中有7%在基因表达上与他的双胞胎兄弟马克·凯利（Mark Kelly）呈现出不同。斯科特和马克还是双胞胎，太空旅行没有改变斯科特的DNA，但他在太空中的那段时间里，他的基因表达很明显地发生了一些变化。这些基因表达上的变化来源于表观遗传学。

表观遗传学的这种变化在地球上也会发生。大屠杀幸存者在与压力有关的基因表达上显示出变化，这种变化在他们的孩子身上也以不同的形式得以呈现出来。童年时期遭受虐待会改变调节大脑化学物质的血清素的基因表达，使人们更大程度地暴露于某些心理健康状况的危险之下。动物研究也显示了相似的结果。在一项研究中，幼鼠从一出生就被暴露于压力环境下，包括与母亲分离。幼鼠随后表现出社会性焦虑，不与其他幼鼠互动——这相当于在游乐场不和其他孩子一起玩耍，与神经质和内倾性类似。不仅如此，这些幼鼠的下一代和下下一代也都表现出社会性焦虑。它们的 DNA 并没有因为祖先的经历而改变，但某些基因表达的方式却发生了变化，造成了可遗传的行为改变。

遗传和环境不是两个独立运作的力量，相反，它们就像一对舞伴一样，在一同翩翩起舞时迸发出新的灵感。

人格生物学

到目前为止，你已经做过不少人格测试。这里有一个新的测试：把一根线系在一支双头棉签的中间，你做三次吞咽动作，然后将棉签的一端放在你的舌尖上停留 20 秒，之后在你的舌头下面滴 4 滴柠檬汁，再把棉签的另一端放到你的舌尖上停留 20 秒，最后把棉签从口中取出，用那根线提起。棉签会向第二次沾到你舌尖的那边倾斜吗？因为那边沾有更多的唾液。如果是这样，你可能是一个内倾性的人。如果棉签保持水平，则表明你是一个外倾性的人。

这个"柠檬汁测试"是有依据的。内倾性的人比外倾性的人对刺激更敏感，因此当他们的嘴里有柠檬汁时，会分泌更多的唾液，这样棉签的这一端就会更重一点（看看这与你在第 3 章中内外倾上的得分是否一致）。内倾性的人并没有更高的唤醒水平，内倾性的人和外倾性的人对无刺激和轻微刺激的唤醒水平相似。但是，内倾性的人对刺激的反应更大。内倾性的人对噪声更敏感。就像本书作者简的女儿伊丽莎白，她是一个内倾性的人，对垃圾车叮叮当当的噪声很反感。在一项研究中，当环境安静时，内倾性的人和外倾性的人在同一个测试中的表现都很好；而当有背景音乐时，内倾性的人的表现要差一些。

内外倾和反应之间的关联在很多学生每天都要做的一个选择中有所体现：去哪里学习。外倾性的人愿意在有许多人和活动的户外场所学习，内倾性的人更喜欢找一个安静的小房间。你的学习习惯与你在内外倾性上的得分情况一致吗？

这些研究说明，人格影响了我们的大脑对刺激的反应，这揭示了人格可以在大脑中找到其生理表现。来自早期神经学的一个故事可以说明这一点。1848 年 9 月的一天，铁路工人菲尼亚斯·盖奇（Phineas Gage）靠在一块石头上，用一根钢钎把炸药放进一个山洞里。结果炸药意外爆炸，被炸飞的钢钎从下往上击穿他的脸颊，从他的眼睛后面插进了大脑前部，并穿出了他的头骨顶部，飞到 20 米以外。令人吃惊的是，他从这场意外中幸存了下来，甚至还恢复了大部分认知功能。然而，他的人格却与之前大相径庭。他不再是从前那个可信赖的、友善的人，他变得不可靠、无法执行计划。他还开始经常骂人，他的医生曾写道："对工友一点也不尊重……变得非常执拗。"

大五人格和大脑

造成盖奇的人格发生转变的原因可能是他的大脑前部受到损伤，这个位置是**前额叶**（frontal lobe），负责计划、决策和调节情绪与行为。个体的前额叶受损，其自我控制能力就会受到破坏，导致低宜人性和低尽责性。

使用脑部扫描技术（通常使用功能性磁共振成像，将在第 7 章中涉及）的研究逐步发现了与某些人格特质相关的大脑区域。宜人性水平较高的人在前额叶显示出更多的激活状态，这很可能是因为他们擅长调节情绪。毕竟，与他人相处一般需要做到不轻易生气或难过。这可能是菲尼亚斯·盖奇在受伤后变得很难与人相处的原因。其他类型的伤害也会影响个体的人格特质和相关的心理症状。例如，脑部扫描常常会显示出遭遇过脑震荡的美国职业橄榄球联盟运动员的脑部损伤，以及损伤面积与该运动员抑郁水平之间的相关性。

在可实施脑部扫描技术之前的很长一段时间内，杰弗里·A. 格雷（Jeffrey A.Gray）曾提出一个理论，高神经质的人的大脑对新异信息更敏感。的确，现在的脑成像研究发现，高神经质的人的杏仁核反应更强烈，**杏仁核**（amygdala）是负责加工恐惧反应的区域。在暴露于恐怖环境后，高神经质的人需要较长的时间恢复正常。总之，神经质的人在与自我评价和恐惧有关的大脑区域表现更活跃。

三个与人格特质有关的脑区：前额叶、杏仁核、腹侧纹状体（见图 4.1）。

通过脑成像研究我们发现了外倾性、尽责性、神经质和宜人性四种人格特质在大脑中所对应的激活程度最高的区域（见图 4.2）。

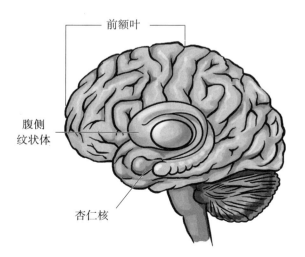

图 4.1　人类大脑的前额叶、杏仁核、腹侧纹状体部分

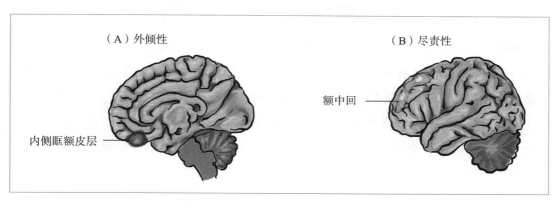

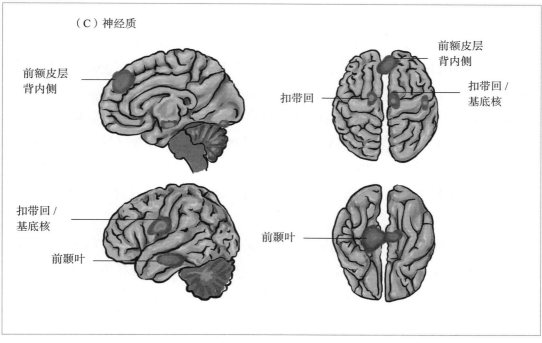

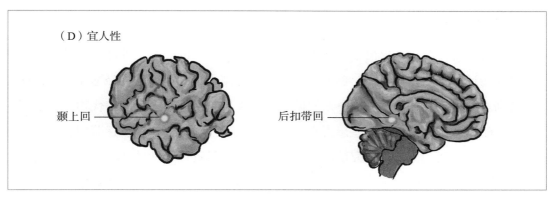

图 4.2　大五人格在大脑中的呈现形式

在神经质水平高的人的大脑中，与差异检测有关的区域显示出强烈的活跃性。**差异检测**（discrepancy detection）是指注意到非常规事物的能力。这一结果符合常识，焦虑的人总是能找到一些需要注意的事情，对他们来说，大多数环境中都充满着不同寻常的事情。在我们的祖先生活的年代，或许他们曾遇到过一只剑齿虎猛扑过来。如今，类似的情境可能是一辆汽车疾驰而至。无论哪种情况，神经质的人总会觉得这种迫在眉睫的灾难随时可能发生。中东地区经常会刮龙卷风，一旦变天，神经紧张的妈妈们就会把孩子带到室内。在少数龙卷风侵袭房屋的情况下，这样做当然是好的。不过，几乎每个夏日午后风暴都会聚集，每次都这样做就没有什么好处了，因为你还有很多事情要做。

害羞的人（通常是内倾性和中等程度神经质的人）在看过展现各种情绪的人脸照片之后，他们的大脑激活程度会增强。这些大脑的反应性倾向可能是人格的遗传基础之一。

低尽责性（也叫高冲动性）在大脑腹侧纹状体中呈现出高活跃度，腹侧纹状体是对诸如食物和金钱这类奖赏做出反应的大脑区域（见图 4.1 该区域在大脑中的位置）。这个脑区也是对吸毒反应最强烈的区域。冲动性水平高的人的大脑需要更长时间才能从负面情绪中恢复过来，并且大脑中总体的灰质较少，这说明他们缺乏高阶思考的能力。

开放性是大五人格特质中最抽象且最难定义的特质，其在大脑中的呈现也是如此。那些在开放性的创意构面上得分高的人具有更好的短期记忆能力，这表明他们善于处理复杂的想法。开放性也与创造性思维的脑区有关。总之，开放性和大脑中更深的皮层有关系，这些皮层负责记忆和认知。

神经递质

新近的研究进一步提出了特定神经递质和人格之间的关联。神经递质是在大脑突触间传递信号的化学物质。例如，低尽责性与高水平的多巴胺神经递质有关，携带较高水平多巴胺基因的人更喜欢冒险，包括性冒险在内。多巴胺替代物经常被用于治疗帕金森病的患者，有些患者在治疗之后出现冲动行为，如沉迷赌博、暴饮暴食、性行为过度。实验室研究试图找出多巴胺和低尽责性之间的关联，但得出的结果却不明确。另一项研究发现，与高水平多巴胺有关的基因和高开放性特质相关。

抗抑郁药可以提高血清素水平，这是一种似乎能够降低冲动性的神经递质。例如，当有行为问题的人使用可以增加血清素的药物进行治疗时，会表现出较低的冲动性。因此，高度自律和负责的人可能具有较低水平的多巴胺，而具有较高水平的血清素。未来有关人格特质和神经递质的研究应该可以提供更清晰的方向（见图 4.3 关于生物和人格的发展历程）。

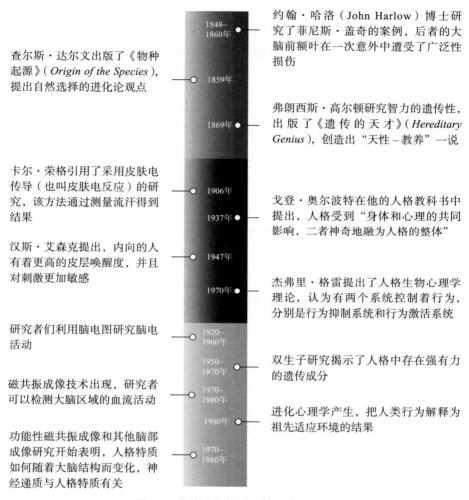

图 4.3　人格生物模型的简要发展历程

清晨型和夜晚型：了解你的昼夜节律

如果你可以安排自己的日程，你会选择什么时间睡觉、什么时间起床呢？人类有生物性的**昼夜节律**（circadian rhythm），并且影响着我们的睡眠和饮食。例如，黑暗引导我们睡觉和禁食（从睡觉到起床这段时间一般是我们不吃不喝的最长时间）。不过，是早起还是睡懒觉、什么时间感觉精力最充沛，个体之间存在着不同的偏好，而这些偏好与人格特质有关。请完成本章末尾的**清晨型 – 夜晚型**（morningness-evenningness）量表，从中你可以得出自己是清晨型的人，还是夜晚型的人，又或者两者都不是。

其实在完成问卷之前，你应该已经对自己是清晨型（百灵鸟型）还是夜晚型（猫头鹰型）有大致的感觉。是百灵鸟型还是猫头鹰型不仅仅在于你上床睡觉和醒来的时间，从工作日程到家务再到孩子，很多因素都会对此产生影响。本书的作者简是一个夜晚型的人，但因为她有孩子，孩子起床很早，所以她就没办法保持一个夜晚型的人的时间表了。她经常把自己描述为一个"康复中的夜行人"。所以清晨型 – 夜晚型测试强调的是你在什么时间感觉最好。尽管简经常很早起床，但她大多数时候还是在晚上精力更旺盛。夜晚型的人在傍晚和晚上头脑最清醒，清晨型的人则是在上午。

清晨型的人比夜晚型的人的尽责性要高，俗话说"早起的鸟儿有虫吃"（尽管很多夜晚型的人会说早起的鸟少了很多乐趣）。但这也说得通：尽责性的人擅于遵守日程，按时上床睡觉需要自制力，尤其当有许多食物的诱惑及还想再刷一集电视剧的时候。这本来也没什么，但我们这个世界是按照清晨型的人的时间表来运行的，这就给很多夜晚型的人带来了苦恼。有一个故事讲的是一个艺术家通常很晚才睡觉，但有一天他需要作为陪审团成员出庭，所以不得不早早地起床，他的助理想尽办法在早上 7：00 之前把他从床上拽起来。当他们走出门，艺术家看到街上忙碌的景象大吃一惊，问道："这些人都是陪审团成员吗？"

清晨型的人的宜人性水平较高，而其外倾性、神经质和开放性水平较低。一般情况下，清晨型的人更整洁，有更高的成就导向性、比较内向、焦虑感较少、乐于助人、倾向于保守。夜晚型的人相对凌乱、更加外向、焦虑、追求自由、愿意接受新思想。所以那个很晚才睡的陪审团成员是个艺术家就不足为奇了，艺术这个领域与开放性密切相关。

昼夜节律会随着年龄发生变化。很多青少年和年轻人是夜晚型的人，这显然是由于激素的作用。随着年龄的增长，大部分人开始变成清晨型的人，尤其是 50 岁以后。看来，美国连锁餐厅丹尼斯（Denny's）为老年人提供早鸟优惠价是有依据的。

清晨型的人和夜晚型的人错误搭配会导致矛盾发生。如果一个清晨型的人和一个夜晚型的人是室友，他们就会对彼此不满意。确实，在你昏昏欲睡之时，没有什么比你的

✎　**写作提示：了解自己**

在你认识的人中，有与你的昼夜节律相反的人吗？这会给你们的关系带来矛盾吗？

室友让你无法入睡更糟糕的了。

进化和人格

在人类漫长的历史中，大多数时间人们都生活在小团体中，靠打猎和采集野果为生。当时农业尚不存在，今天我们所熟知的农场动物，如牛、鸡，那时候还是野生原牛和原鸡。生育没有限制，孩子吃奶到至少两岁（经常是三岁），住所是洞穴、由树枝搭成的简单房子或泥土屋。

进化理论观察到，生物的进化是对环境的反应。生活在寒冷地区的动物依靠长出皮毛得以生存。鸟类的喙要能够敲碎栖息地的种子和贝壳，那些长着其他形状的喙的鸟类就无法得到食物，因而无法生存和繁殖。**进化心理学**（evolutionary psychology）提出，进化塑造了人类心理，如同进化塑造了动物和人类的身体一样。因为在历史上人类大部分时间都是狩猎采集者，没有技术，所以我们的许多欲望和偏好都被"卡"在了那个时期。进化心理学旨在发现人类的普遍偏好和需要，即我们共同的人格特质，但我们也会探讨进化对个体人格差异的解释。

生存和繁衍

进化心理学认为，人们会采取最有利于自己生存和繁衍的行为方式。例如，人们普遍喜欢有水的景色——享有水景的房屋、公寓和酒店客房都要贵一些。这是为什么呢？一般的看法是海洋和湖泊很漂亮。但这是一个循环论据：为什么它们很漂亮？

你想拥有这样的窗外风景吗？为什么？

一个可能的原因是人们生存需要大量的水，即使是不能饮用的海水一般也会有淡水流入，更不用说还有营养丰富的鱼类。如今，只要我们需要，随时都可以打开水龙头或到超市买鱼，但我们仍然热衷于看到有水的景色。我们再来看一个有点负面的例子，人们天生害怕蛇和蜘蛛。尽管在现代对人类来说汽车和枪支更加危险，但人类对于蛇和蜘蛛的恐惧是与生俱来的。

我们不仅受到自身生存的驱动，还会被繁衍及周围人的生存所驱动。设想一下，你在午夜惊醒，闻到了一股浓烟的味道，你意识到房子着火了，你感到非常恐惧。

你找到了一条逃生路线，但你只能救出一个人。你的家里住着来做客的亲戚、朋友，你会救谁？你的哥哥、表姐还是朋友？

当研究者向被试呈现这个场景，回答救出近亲（兄弟姐妹）的人比救出远亲（堂表亲）的人多。人们最不可能去救的是与自己没有亲戚关系的人（朋友）。年龄因素也会造成一些差别：在生死攸关的情况下，人们最可能救年龄最小的人，最不可能救的是年龄最大的人。

为什么人们最愿意去救那些和自己关系最近的人或年龄最小的人？进化心理学认为这是"自私基因"的作用，意思是说，我们的基因要保留它们自己。我们的基因有50%和我们的亲兄弟姐妹相同，12.5%和我们的第一代堂表亲相同，仅有极小的百分比和我们的朋友相同。人们更愿意救年龄小的人是因为年轻人更可能繁衍后代。

繁衍和性也受到了进化压力的影响。实行生育控制的时间很短，我们的大脑仍然本能地把性和繁衍联系在一起。比如，进化心理学认为，男人总是觉得年轻女性比年龄大的女性更具吸引力，因为年轻女性的生育能力更强。外表可能也是女性生

你在寻找什么样的伴侣？

育能力的体现之一，因此异性恋的男性对伴侣外表的重视程度要高于女性。另外，女性更看重赚钱的能力，这可能是因为这样的男性可以提供更好的条件来养育孩子。进化心理学还致力于对同性吸引的解释。一种理论认为，有时候那些看起来偏女性化的个性特征是女性在求偶中的优势（如体贴、身体吸引力），这就导致了对人口中这些特质的自然选择作用。在这些特质上水平很高的男性

就更有可能成为同性恋。另一种理论则指出，同性关系对大家庭有益，如果同性恋者没有自己的孩子，他们就会对兄弟姐妹的孩子投入更多的资源。

进化心理学预测，男性对于性和拥有很多性伴侣更感兴趣，女性对此则没那么感兴趣，因为女性必须在整个孕育过程中对孩子投入更多。你可以完成本章末尾的社会群体内性取向量表，更多地了解自己对于性的态度。

社会群体内性取向（sociosexuality）描述的是对非承诺性行为的态度。根据社会群体内性取向问卷的调查结果，有些人对非承诺性行为的接受度要高于其他人。进化理论预测，男性比女性更赞同非承诺性行为。然而，实际上，对比两种性别在

平均水平上没有差别，或许是因为异性恋男性必须要找到相应的有这种意愿的女性伴侣。

社会群体内性取向程度不同的人追求进化心理学家们所说的不同的"配偶策略"。一种策略是建立一种有承诺的一夫一妻关系，即长期配偶策略；另一种是进行很多短暂的非承诺性行为，即短期配偶策略。虽然社会群体内性取向表明，不同的人喜欢不同的偏好策略，但偏好可以随时间改变。很多人在年轻的时候追求短期策略，之后则使用长期策略。仅从外表猜测一个人的社会群体内性取向并不容易，一项研究发现，人们猜测化浓妆的女性对非承诺性行为更感兴趣，但实际上化妆与女性实际社会群体内性取向水平之间没有相关性。

在第 13 章我们将对关系做更深入的探索，在此我们只需要知道，人格特质与社会群体内性取向有关系。例如，自恋特质高的人（与高外倾性和低宜人性有关）更喜欢短期配偶策略。

归属的需要

几乎所有人都有归属的需要。这在你上学时就体现了出来，学生们加入各种社团让自己有归属感，或者尽一切努力在社交媒体上获得更多的关注和粉丝。当人们被团体排挤时，他们经常会做出不良反应。即使只是被一群陌生人否定或收到一个模糊的预示说他们可能终将孤独，也足以让人们对此充满愤恨，以至于不顾一切地吃垃圾食品或消极怠工。一项研究发现，被他人排斥会造成与生理疼痛有关的同一脑区的激活，因此研究者们将这种社会排斥描述为"社会性疼痛"。服用止痛药可以减轻被社会排斥的感觉，这再一次说明了排斥所造成的心理疼痛和生理疼痛之间的关系。被他人排斥会对个体产生如此大的影响，是因为在人类进化的早期，人们是成群结队地狩猎和采集食物。早期的人类如果被团队排斥在外，即使他们有足够的食物，也经常会饿死，同时人类也不可能独自繁衍后代。对归属感的广泛需要可以被认为是人类所共有的人格特质，当然我们对社会交往的喜爱程度是有差别的（外倾性的人比内倾性的人更喜欢社交）。

进化心理学家还认为，人类痴迷于人格差异的原因在于，理解人格的个体差异有助于人类在狩猎团体中生存和繁衍。毕竟，大五人格理论是从人们用以描述自身差异的大量词汇中发展出来的。外倾性告诉我们谁最

✎ 写作提示：了解自己

你觉得你对归属感有一种与生俱来的需要吗？评价一下你曾经所在的团体。当时你加入这个团体只是简单地因为觉得有趣，还是有其他原因？

适合担当领导者角色；宜人性告诉我们谁最善于合作，可以作为好朋友或照顾小孩；通过尽责性则可以看出谁会努力工作，不会不赴约；神经质则告诉我们当部落要为晚餐狩猎时，不要派谁去与动物搏斗；开放性指引我们找谁寻求可靠的建议。

进化具有普遍性，但人与人之间存在差异

进化心理学主要研究的是普遍性的规律，即人类一代代生存和繁衍下来所具有的共同偏好和行为倾向。人们认为外倾性、低神经质、高宜人性、高尽责性和高开放性总是有益的。但环境不是一成不变的，进化就是有足够变异能力的物种不断适应各种环境的过程。

最经典的例子是桦尺蛾，它们的颜色种类从白色到棕色应有尽有。当树木被白色真菌覆盖时，白色的桦尺蛾可以生存下来，真菌的颜色使白色桦尺蛾不会被它们的捕食者（如鸟类）发现；当真菌消亡殆尽，棕色的桦尺蛾就可以与棕色的树干融为一体，从而得以生存。人格特质的运作也是同样的原理。鱼缸中常见的那种色彩鲜艳、繁殖力强的孔雀鱼对捕食者的警惕性各有不同，这和人类的神经质特质类似。在遍布捕食者的环境中，小心翼翼的孔雀鱼有更强的生存能力，但在没有捕食者的安全环境中，这样的孔雀鱼生存下来的可能性就比较低。

"别亲我，我是一条谨慎的孔雀鱼。"神经质特质之所以得以延续，是因为神经质的人和动物从不过度冒险。

外倾性的个体之间的差异同样可能源于对不同环境的适应。比如，长途跋涉飞到远方探索环境的鸟类与人类中的外倾性的人很相似。当赖以生存的种子稀缺时，这些外倾性的鸟类比内倾性的鸟类的生存概率更高，因为它们可以到更远的地方觅食，并且在争夺食物的斗争中攻击力更胜一筹。但当种子丰沛时，那些甘于现状、不冒险、内倾性的鸟类就更容易生存和繁殖，因为外倾性的鸟类在外出时会被捕食者吃掉，或者因为太争强好斗而受伤或死亡。

这说明人类之所有具有不同的人格特质，是因为环境时而对这种类型的个性有利，时而又对那种类型的个性有利。如果物种想要持续存活下来，就需要个体具有不同水平的特质。至少从进化的角度来讲，这种"萝卜青菜各有所爱"可以帮助物种在不断变化中得以生存。这也是人格如此繁多的原因之一。

一方面，如果环境从不偏好某种特质，这种特质就会消亡。另一方面，如果总

是偏好某种特质，这种特质就会变得非常普遍。这是进化心理学关注的第二个重点：解释人类在生存、性和繁衍方面的普遍倾向。

对进化心理学的质疑

进化心理学启发了很多实验，也引发了诸多批判。会不会是文化期待导致了男性在择偶的时候看重外表、而女性重视资源呢？进化心理学家回应，这种性别差异的形式存在于 37 种不同的文化中。批判者却反驳，大多数文化都是父系制的，即男性占据统治地位，因此进化心理学家的说法不能证明差异就是由生物因素造成的，尽管在父权较弱的社会中也不一定就表现出较小的性别差异。

这种择偶偏好在性别方面的差异也符合进化理论，但一些人认为，无论男性和女性展现出任何择偶偏好，进化理论都可以这样解释。如果男性喜欢聪明的女性，进化心理学就会说，聪明的女性更可能生出聪明的孩子，并且她们的智慧可以提高孩子的生存率。但是，总体来说，男性在择偶时会把外表条件放在智力之上。进化心理学家则辩驳，外表之于繁衍的优势更明显。总之，批判者认为"这些偏好导致了进化"的结论无法得到证明。

有些人担心，进化心理学把不良行为合理化了。一个抛弃家庭、出轨的人可以说："我只是无法控制自己，这是我的基因使然。"进化心理学家对此提出反对意见，他们的工作是试图解释人们拥有某种欲望的原因，但并不是为这些行为正名。

激素和行为

新墨西哥大学的心理学系教授杰弗里·米勒（Geoffrey Miller）想要检验一个想法：女性在排卵期对男性的吸引力更大。他使用的样本是大部分研究者都不曾想到的：职业脱衣舞女郎。在排卵期期间，她们工作时收到的小费是 335 美元，而非排卵期收到的小费是 260 美元（不包括月经期间，月经期收到的小费更少）。服用避孕药物的女性（这样就没有排卵期）在整个生理周期的小费收入没有变化。

脱衣舞女郎在排卵期获得高收入的可能是因为她们的表现或笑容有所不同。后续研究发现，男性喜欢女性在排卵期散发出的体香。处于排卵期的女性说话声调比较高，这被男性认为是更有吸引力的表现。

有一项研究请女性对她们喜欢的不同类型的男性进行排序。一些男性被描述为拥有典型的男性化兴趣，如橄榄球、举重；另外一些则有更多的女性化兴趣，如服

我们对别人的吸引力在多大程度上受到激素变化的影响？

装设计、吹笛子。具有典型男性化兴趣的男性对排卵期的女性更有吸引力。当被问及她们会穿什么衣服参加夜晚的社交活动时，排卵期的女性会选择穿性感的衣服。女性会避免在排卵期碰到她们的父亲，这可能是乱伦禁忌的结果。所以即使女性（及她们周围的男性）没有意识到她们的排卵期会影响她们的行为和偏好，这种影响仍然存在，这是对于原始繁衍欲望的现代化表达方式。

你应该听说过**睾酮**（testosterone），这种激素在男性体内的含量高于女性，会导致人们的攻击性行为。例如，类固醇使睾酮增加，造成所谓的"固醇狂怒"。动物研究也支持了这种观点，尤其是在雄性中。具有较高水平睾酮的雄性猴子表现得更有支配欲和攻击性。两项元分析找到了人类睾酮与攻击性之间的弱正相关关系。暴力犯罪分子比非暴力犯罪分子的睾酮水平要高，注射了睾酮的女性在看到愤怒的表情时的表现更强烈。

这表明睾酮会造成攻击性。然而，这种因果关系也可能是相反的：是生活经历导致了睾酮水平的变化，而不是睾酮使人们按某种方式行事。当要与其他人竞争时，无论是否与性有关，男性的睾酮水平都会升高。如果获胜，睾酮水平会持续升高，如果失败，则会下降。当男性在社会团体中获得地位，甚至仅仅当他们喜欢的运动队或政客候选人获胜时，他们会经历睾酮水平的升高。这就是为什么获胜一方有时会发展到无法收拾的地步——在赢得超级碗的城市，我们经常可以看到睾酮高涨、喝了不少酒的年轻人砸碎车窗，制造出各种形式的骚乱。

睾酮导致攻击行为，但生活经历也会引起睾酮水平升高。即使只是在电视上观看自己最喜欢的团队的比赛，胜负结果也会引起睾酮水平的升降（这些家伙还不知道他们已经处于一触即发的状态）。

权力动机高的人想要控制他人（见第7章），在一对一的权力争夺中，他们的睾酮水平会随着成败而起伏。对于权力动机高的女性来说，无论成败，她们的睾酮水平都会增加，雌激素水平却只在成功后升高。然而，那些权力动机低的人在面对竞争时激素水平不会发生变化。换言之，人格可以影响激素反应——权力动机高的人十分在意竞争，他们的身体会发生相应的反应；权力动机低的人对竞争毫不在意，因此他们的激素也没有变化。

侮辱也可以影响睾酮水平。在一项实验中，研究者安排一位实验人员在走廊上排队，但有一个被试插队，然后当实验人员走过被试身边时，他会低声地辱骂。被侮辱者的睾酮水平会升高，但前提是他们觉得被激怒了。否则，如果他们觉得无所谓甚至有趣，睾酮水平就不会发生变化。

不论你有没有性伴侣，这都会影响你的激素水平。单身男女的睾酮水平高于有伴侣的人，这可能是因为睾酮有助于人们开启一段性关系。另一项研究发现，男性的睾酮水平在离婚前会增加，之后再婚后会降低。在单身人士中，睾酮水平与社会群体内性取向无相关。在有伴侣的人当中，社会群内性取向水平高的人的睾酮水平也较高。

人们在出生前接触到的睾酮水平也不尽相同，这在他们的大脑中有所体现。这种睾酮"基准"与人格和行为有关。无论你是否相信，你只需要一把尺子和一只手就可以大致测量出你在出生前所接触到的睾酮水平。测量一下你的右手食指和无名指的长度（从手掌折痕处到指尖），然后用食指的长度除以无名指的长度，研究术语称为 2D∶4D 比率（2D∶4D ratio），因为人们通常从拇指开始数手指，食指是第二个，无名指是第四个（见图 4.4）。一般情况下，睾酮水平高的人无名指较长，因此 2D∶4D 比率比较低。当然也会有细微的差别：在美国的一个大样本中，2D∶4D 比率的平均值是男性 0.985，女性 0.998。

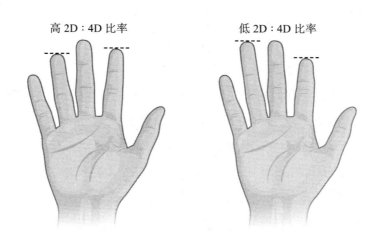

图 4.4　2D∶4D 比率

注：2D∶4D 比率是用食指的长度除以无名指的长度。这一比率越低，睾酮的水平越高。

根据你的右手食指和无名指的比率和个性倾向，你认为与你同性别的人相比，你的睾酮水平是高还是低？这对你的生活有什么影响？

2D∶4D 比率低的女性意味着她们在出生前接触的睾酮水平较高，她们更可能拥有果断自信的性格、对领导位置充满兴趣、喜欢寻找感官刺激和冒险行为，也更有可能被当作假小子养大。出生前接触更多睾酮的男性更愿意从事冒险活动，如跳伞、投资高风险的股票或在社交场合表达不受欢迎的观点。这一比率低的人往往在神经质和宜人性上的水平也较低。所以，一个睾酮水平很高的人，可能在周五从事投行的工作，周六早晨去跳伞，然后在当晚的宴会上大声与他人争论；而一个睾酮水平低的人，则可能把钱存入银行，觉得跳伞太疯狂，并且保留自己的观点不与别人交流。

虽然一些研究得到 2D∶4D 比率与攻击性有关的结论，但一项元分析发现并不总是这样。一项研究发现 2D∶4D 比率低（即睾酮水平高）的女性在挂掉陌生人的电话时更不客气，并且对后续收到的邮件也表示出更多的反感。2D∶4D 比率低的男性在足球比赛中更容易因为攻击性动作被红牌罚下。

一些研究还把 2D∶4D 比率和睾酮水平与数学推理能力、音乐能力、体育表现联系起来。

总结

我们的遗传基因、大脑结构、进化历程和激素水平都对我们的人格特质和行为产生了重要影响，许多人格差异都与大脑的特定反应相关。不过很显然，生物和遗传并不是全部。我们所在的环境和独特经历也塑造了我们，基因与环境通过复杂的方式进行着交互作用，而我们的研究才刚刚拉开帷幕。

这些研究结果并不意味着自由意志的终结，我们还是可以控制自己的行为。每个人都有自己的某种倾向和缺陷，也都有某些早期经历，但所有这些都既可以通往好的结局也可以通向坏的后果，既能够引导好的选择也能够造成错误的决定。有关非共享环境的研究表明，对于"是什么造就了今天的我们"这个问题，答案中几乎有一半的原因来自个体无法估量的、独一无二的经历。你是由遗传基因组成的，但你曾做过的一个个选择和经历过的一段段往事铸就了当下的你。

思考

1. 为什么双生子研究对于研究人格的遗传和环境性影响如此重要？

2. 基因和环境是如何通过交互作用共同塑造人格特质的？

3. 大脑的哪些区域与人格有关，神经递质在我们的感觉和行为中扮演了什么角色？

4. 进化心理学如何有助于解释人类倾向，又有哪些局限性？

5. 思考激素是如何影响我们的心情和行为的。

4.1：清晨型 – 夜晚型量表
（Morningness – Eveningness Scale）

指导语

请在下面的每一道题目中选出最符合你且最能描述你近几周状态的选项。

1. 如果可以完全自由安排，你大约几点起床？

  ○早上 5：00 至 6：30　　　　○早上 6：30 至 7：45　　　○早上 7：45 至 9：45
  ○上午 9：45 至 11：00　　　　○上午 11：00 至中午 12：00

2. 如果可以完全自由安排，你大约几点睡觉？

  ○晚上 8：00 至 9：00　　　　○晚上 9：00 至 10：15　　　○晚上 10：15 至 12：30
  ○晚上 12：30 至凌晨 1：45　　○凌晨 1：45 至 3：00

3. 如果你通常都需要在早晨的某一个时间起床，你有多依赖闹钟？

  ○一点也不　　　　　　○少许依赖　　　　　　○有些依赖　　　　　　○非常依赖

4. 你觉得早晨起床困难吗（如果没有意外醒来的话）？

  ○非常困难　　　　　　○有些困难　　　　　　○比较容易　　　　　　○非常容易

5. 早晨起床后的半小时里，你觉得自己有精神吗？

  ○一点也不精神　　　　○有点精神　　　　　　○比较精神　　　　　　○非常精神

6. 早晨起床后的半小时里，你觉得饿吗？

  ○一点也不饿　　　　　○有点饿　　　　　　　○比较饿　　　　　　　○非常饿

7. 早晨起床后的半小时里，你感觉如何？

  ○非常疲惫　　　　　　○比较疲惫　　　　　　○比较清醒　　　　　　○非常清醒

8. 如果第二天没有安排，与平时的就寝时间相比，你会在什么时间睡觉？

  ○很少或从来不会比平时晚睡　　　　　○比平时晚睡不到一小时
  ○比平时晚睡一到两小时　　　　　　　○比平时晚睡两小时以上

9. 你决定锻炼身体。一个朋友建议你每周锻炼两次身体，每次一小时，对他来说最佳锻炼时间是早晨 7 点到 8 点。不考虑其他因素，只根据你自己的生物钟，你觉得这个时间对你来说怎么样？

  ○很好　　　　　　　○合理　　　　　　　○困难　　　　　　　○非常困难

10. 你大概在晚上哪个时间段感到疲倦，需要去睡觉？

  ○晚上 8：00 至 9：00　　　　　　○晚上 9：00 至 10：15
  ○晚上 10：15 至夜里 12：45　　　　○夜里 12：45 至凌晨 2：00
  ○凌晨 2：00 至凌晨 3：00

11. 你想在状态最好的时间段参加一个考试，你知道这个考试将持续两个小时，很累人。如果你可以完全自主地安排你的日程，考虑你的生物钟，你会选择以下哪个时间段参加考试？

  ○早上 8：00 至上午 10：00　　　　○上午 11：00 至下午 1：00
  ○下午 3：00 至 5：00　　　　　　　○晚上 7：00 至 9：00

12. 如果你晚上 11：00 上床睡觉，当时你的疲劳程度会怎样？

　　○一点也不疲劳　　　　○有一点疲劳　　　　○比较疲劳　　　○非常疲劳

13. 由于某种原因，你比平时晚睡了几个小时，但第二天早晨你不需要在某个特定的时间起床。你最有可能是以下哪种情况？

　　○ 和平时一样的时间醒来，不会再继续睡
　　○ 和平时一样的时间醒来，然后再小睡一会儿
　　○ 和平时一样的时间醒来，但会继续睡
　　○ 直到自然醒

14. 如果你要在凌晨 4：00 至 6：00 之间保持清醒，并且这天你没有安排。以下哪种情况最符合你？

　　○ 6：00 之前不会上床
　　○ 凌晨 4：00 之前小睡一会儿，6：00 之后再睡觉
　　○ 凌晨 4：00 之前好好睡一觉，6：00 之后再小睡一会儿
　　○ 只在凌晨 4：00 之前睡觉

15. 你需要进行两个小时的身体锻炼。你可以完全自由地安排自己的时间，只考虑你的生物钟，你会选择在以下哪个时间段进行锻炼？

　　○早上 8：00 至上午 10：00　　　　○上午 11：00 至下午 1：00
　　○下午 3：00 至 5：00　　　　　　　○晚上 7：00 至 9：00

16. 你决定锻炼身体。一个朋友建议你每周锻炼两次身体，每次一小时，对他来说最佳锻炼时间是晚上 10 点到 11 点。只考虑你的生物钟，你觉得自己在这个时间段去锻炼怎么样？

　　○很好　　　　○合理　　　　○困难　　　　○非常困难

17. 假如你可以自主选择工作时间。如果你每天工作 5 小时（包括休息时间在内），你的工作很有趣，并且你的薪水根据你的表现而定。你会选择在以下哪个时间段开始工作？

　　○ 凌晨 4：00 至早上 8：00　　　　○早上 8：00 至 9：00
　　○ 早上 9：00 至下午 2：00　　　　○下午 2：00 至 5：00
　　○ 下午 5：00 至凌晨 4：00

18. 你通常在一天中的哪个时间段感觉最好？

　　○ 早上 5：00 至 8：00　　　　　　○早上 8：00 至上午 10：00
　　○ 上午 10：00 至下午 5：00　　　　○下午 5：00 至晚上 10：00
　　○ 晚上 10：00 至早上 5：00

19. 当你得知人分为"清晨型"和"夜晚型"，你认为自己属于以下哪种类型？

　　○ 完全的清晨型　　　　　　　○更偏向于清晨型
　　○ 更偏向于夜晚型　　　　　　○完全的夜晚型

计分

　　按照下面的标准针对每个选项计分，注意不同问题对应的分数不同。将每道问题的得分相加，得到总分。

1. 早上 5：00 至 6：30 = 5 分　　　　早上 6：30 至 7：45 = 4 分
   早上 7：45 至 9：45 = 3 分　　　　上午 9：45 至 11：00 = 2 分
   上午 11：00 至中午 12：00 = 1 分

2. 晚上 8：00 至 9：00 = 5 分　　　　晚上 9：00 至 10：15 = 4 分
   晚上 10：15 至 12：30 = 3 分　　　晚上 12：30 至凌晨 1：45 = 2 分
   凌晨 1：45 至 3：00 = 1 分

3. 一点也不 = 4 分　　　少许依赖 = 3 分　　　有些依赖 = 2 分　　　非常依赖 = 1 分

4. 非常困难 = 1 分　　　有些困难 = 2 分　　　比较容易 = 3 分　　　非常容易 = 4 分

5. 一点也不精神 = 1 分　　有点精神 = 2 分　　比较精神 = 3 分　　非常精神 = 4 分

6. 一点也不饿 = 1 分　　　有点饿 = 2 分　　　比较饿 = 3 分　　　非常饿 = 4 分

7. 非常疲惫 = 1 分　　　比较疲惫 = 2 分　　比较清醒 = 3 分　　非常清醒 = 4 分

8. 很少或从来不会比平时晚睡 = 4 分　　　　比平时晚睡不到一小时 = 3 分
   比平时晚睡一到两小时 = 2 分　　　　　　比平时晚睡两小时以上 = 1 分

9. 很好 = 4 分　　　　合理 = 3 分　　　困难 = 2 分　　　非常困难 = 1 分

10. 晚上 8：00 至 9：00 = 5 分　　　晚上 9：00 至 10：15 = 4 分
    晚上 10：15 至夜里 12：45 = 3 分　夜里 12：45 至凌晨 2：00 = 2 分
    凌晨 2：00 至凌晨 3：00 = 1 分

11. 早上 8：00 至上午 10：00 = 6 分　　上午 11：00 至下午 1：00 = 4 分
    下午 3：00 至 5：00 = 2 分　　　　　晚上 7：00 至 9：00 = 0 分

12. 一点也不疲劳 = 0 分　　有一点疲劳 = 2 分　　比较疲劳 = 3 分　　非常疲劳 = 5 分

13. 和平时一样的时间醒来，不会再继续睡 = 4 分
    和平时一样的时间醒来，然后再小睡一会儿 = 3 分
    和平时一样的时间醒来，但会继续睡 = 2 分
    直到自然醒 = 1 分

14. 6：00 之前不会上床 = 1 分
    凌晨 4：00 之前小睡一会儿，6：00 之后再睡觉 = 2 分
    凌晨 4：00 之前好好睡一觉，6：00 之后再小睡一会儿 = 3 分
    只在凌晨 4：00 之前睡觉 = 4 分

15. 早上 8：00 至 10：00 = 4 分　　　上午 11：00 至下午 1：00 = 3 分
    下午 3：00 至 5：00 = 2 分　　　　晚上 7：00 至 9：00 = 1 分

16. 很好 = 1 分　　　　合理 = 2 分　　　困难 = 3 分　　　非常困难 = 4 分

17. 凌晨 4：00 至早 8 上：00 = 5 分　　早上 8：00 至 9：00 = 4 分
    早上 9：00 至下午 2：00 = 3 分　　　下午 2：00 至 5：00 = 2 分
    下午 5：00 至凌晨 4：00 = 1 分

18. 早上 5：00 至 8：00 = 5 分　　　　早上 8：00 至上午 10：00 = 4 分
    上午 10：00 至下午 5：00 = 3 分　　下午 5：00 至晚 10：00 = 2 分
    晚上 10：00 至早 5：00 = 1 分

19. 完全的清晨型 = 6 分　　　　更偏向于清晨型 = 4 分
    更偏向于夜晚型 = 2 分　　　完全的夜晚型 = 1 分

你的总分：_____

根据你的总分，找出对应的类型：

70~86 分完全的清晨型；

59~69 分中等程度的清晨型；

42~58 分两种都不是；

31~41 分中等程度的夜晚型；

16~30 分完全的夜晚型。

4.2：社会群体内性取向量表
（Sociosexual Orientation Scale）

指导语

请如实回答下列问题。

1. 在过去 12 个月里，你和多少个不同的性伴侣发生过性关系？
   ○ 0 个   ○ 1 个   ○ 2 个   ○ 3 个   ○ 4 个
   ○ 5 个或 6 个   ○ 7~9 个   ○ 10~19 个   ○ 20 个以上

2. 你和多少个不同的性伴侣发生且只发生过一次性关系？
   ○ 0 个   ○ 1 个   ○ 2 个   ○ 3 个   ○ 4 个
   ○ 5 个或 6 个   ○ 7~9 个   ○ 10~19 个   ○ 20 个以上

3. 你和多少个不同的性伴侣发生过性关系，但并无意和这个人发展长期承诺性的关系？
   ○ 0 个   ○ 1 个   ○ 2 个   ○ 3 个   ○ 4 个
   ○ 5 个或 6 个   ○ 7~9 个   ○ 10~19 个   ○ 20 个以上

4. 无爱的性是可以的。

非常不同意   无所谓   非常同意

  1   2   3   4   5   6   7   8   9

5. 我可以想象自己对和不同人之间随意的性关系感到舒服并乐在其中。

非常不同意   无所谓   非常同意

  1   2   3   4   5   6   7   8   9

6. 在我确信和一个人拥有长期严肃的关系之前，我不想与这个人发生性关系。

非常不同意   无所谓   非常同意

  1   2   3   4   5   6   7   8   9

7. 你对一个承诺性的恋爱关系以外的人产生性幻想的频率是多少？
   ○ 从不   ○ 非常少   ○ 两三个月一次   ○ 大约一个月一次
   ○ 大约两周一次   ○ 大约一周一次   ○ 每周几次   ○ 几乎每天
   ○ 每天至少一次

8. 当你和一个承诺性恋爱关系以外的人接触时，你体验到性唤起的频率是多少？
   ○ 从不   ○ 非常少   ○ 两三个月一次   ○ 大约一个月一次
   ○ 大约两周一次   ○ 大约一周一次   ○ 每周几次   ○ 几乎每天一次
   ○ 每天至少一次

9. 在日常生活中，你对于刚刚认识的人不由自主地产生性幻想的频率是多少？
   ○ 从不   ○ 非常少   ○ 2~3 个月一次   ○ 大约一个月一次
   ○ 大约两周一次   ○ 大约一周一次   ○ 每周几次   ○ 几乎每天一次
   ○ 每天至少一次

计分

按照以下标准进行计分。

第 1 题至第 3 题，按照以下标准计分。

选项	得分
0 个	1
1 个	2
2 个	3
3 个	4
4 个	5
5 个或 6 个	6
7~9 个	7
10~19 个	8
20 个以上	9

第 4 题至第 5 题，根据你选择的数字计分。

第 6 题是反向计分项目，按照以下标准计分。

选项	得分
1	9
2	8
3	7
4	6
5	5
6	4
7	3
8	2
9	1

第 7 题至第 9 题，按照以下标准计分。

选项	得分
从不	1
非常少	2
两三个月一次	3
大约一个月一次	4
大约两周一次	5
大约一周一次	6
每周几次	7
几乎每天一次	8
每天至少一次	9

你的总分：_____

第 **5** 章
自我概念和自我过程

"哈利·波特"系列小说和电影的开篇剧情设定是，一个孤儿对自己的真实情况一所无知，并以此为前提展开了后续的故事。当然，他知道自己长什么样子，对自己的人格、态度、品位也有一点了解，但仅限于此。他的父母是谁？他有什么能力？在他小的时候发生过什么？哈利对于自己的认知像一个巨大的黑洞，就这样一点点地在后面的七本小说和八部电影中被慢慢地填补上。

我们以哈利·波特的例子引出人格和自我之间的关系。一方面，二者很相似，都是指个体之间的差异，都包括了人格特质，也都在心理学领域拥有一段漫长的历史。另一方面，二者又有区别，自我比人格的概念更宽泛，与文化和社会认同的关系更紧密。从我们的角度看来，自我（self）是关于一个人知识、评价和调节的整体系统。这里涉及三个深刻的问题：我是谁？我喜欢我自己吗？我可以维持现状或改变自己吗？

毫无疑问，心理学家们对自我进行了很多思考（见图 5.1）。威廉·詹姆斯在其经典著作《心理学原理》（*The Principles of Psychology*）一书中，用了整整一章的篇幅阐述有关自我的内容。西格蒙德·弗洛伊德在他的文章中使用了德语中有关自我的概念，后来被翻译为"自我"。伟大的人本主义心理学家卡尔·罗杰斯（Carl Rogers）认为，自我的改变是朝着更加诚实和理想的方向进行的，这也是心理治疗的核心。现代人格科学从众多思想源头中汲取了大量灵感。

我是谁？想要找到这个问题的答案，最简单的方法就是向别人询问（或者问自己），如完成 20 句测验（Twenty Statements Test，TST）。顾名思义，20 句测验就是一个包含了"我是……"的 20 项描述的小测验。它是心理学中最为简单的测验，提供一张写有 20 行字的纸，每行都以"我是"作为开头，要求被试把后面的内容补充完整。做这个测验在刚开始的时候会有些困难，不过一旦你投入其中，就会发现写

图 5.1 有关自我研究的简要发展历程

下 20 个自我描述很简单。你可以试试看，很快就能完成。

与你做过的其他问卷不同，这个测验需要你自己打分。它不像其他测验那样每道问题都对应一个具体的分数，不过，我们还是有相应的量化方法。

20 句测验的计分是这样的，首先将你的回答归类，每个回答归为下面 5 种类别中的一种。

1. 社会群体和分类：包括年龄、性别、教育水平、职业、婚姻状况、家庭关系、种族、所属民族、宗教团体、政治派别及各种正式和非正式社会团体。例如，"我是一个女人""我是一位兄长""我是一名明尼苏达大学的学生""我是非裔美国人"。

2. 意识形态和信仰：包括宗教、哲学或道德信仰的陈述。例如，"我过着正义的生活""我相信耶稣"（但如果说"我是一个基督徒"就属于第一个类别，因为这种陈述方式是强调归属于某个团体）。

3. 兴趣：如"我是个牛仔迷""我是一个游泳健将"。

4. 志向：包括追求成功的想法。例如，"我是医学预科生""我会拥有自己的公司""我要成为赢家"。

5. 自我评价：包括身体和心理上的态度、人格特质及其他特征。例如，"我长得很高""我为人友善""我很聪明""我正能量满满"。

假设一个人完成了 20 句测验，下面是她的前 7 个回答。

1. 我是一名学生。

2. 我是一个女生。

3. 我很友善。

4. 我是一个环保主义者。

5. 我是一个自行车车手。

6. 我长得很好看。

7. 我很成功。

你能把以上这些句子归到上面的 5 种类别中吗？在你对自己的测验打分之前，先在这里练习一下。有些句子并不是很明确地属于哪一种类别，你可以把这些句子称为自我评价。如果有一些句子确实无法归入任何一种类别，你可以把它们放入"其他"类。

关于 20 句测验的研究发现了一系列有意思的趋向。首先，人们经常会写出那些能体现自己与众不同的特点。如果课堂上的学生基本都是美国人，那么来自其他国家的学生就更可能把自己的国籍作为自我身份认同的一部分。同样，如果在场的大多是 18 到 21 岁的大学生，一名 40 岁的学生就可能倾向于把自己的年龄作为身份认同的一部分。你的自我常常与你的独特之处相联系。

20 句测验的回答也能透露出你是个人主义者还是集体主义者，这可能源自你成长所在的文化环境。如果在你的回答中，体现集体主义的句子较多，你就倾向于是一个集体主义者；如果体现集体主义的句子较少，那你的集体主义倾向就没那么明显。

个人主义（individualism）指推崇个人需要高于集体需要的文化系统，而**集体主义**（collectivism）提倡把集体需要放在个人需要之上。集体主义文化有时被看作"传统的"或"家族导向的"。个人主义者强调与众不同、独一无二，集体主义者则强调融入集体。美国是一个个体主义文化的典型，有一句美国谚语叫作"无声无息，亦无所得"。而在日本的集体主义文化环境下，有一句格言则告诫人们"枪打出头鸟"。起初，这个观点看起来有些奇怪：文化在某件事上的影响力如此之大，以至于可以改变一个人对自我的看法。但文化不是电视节目或不同的食物——我们在成长过程中习得了文化价值观，这些价值观最终深植于我们看待自己和看待事物的方式。我们将在第 11 章中对此进行深入探讨。

在本章，我们会对"我是谁"这个问题的各种答案进行检验。首先，我们来看一下自我概念——我们如何看待自己；接下来是有关自尊的话题——我们对自己的感受如何；最后，我们讨论自我调节——我们如何控制和指导自己。

自我概念

自我概念（self-concept）是你对自己的印象，这与别人如何看待你或你实际上是什么样子并非是一致的。这也是自我概念是一个"概念"的原因。20 句测验很好地对你的自我概念做出了一个概况反映，但并不是全貌。在这一部分，我们将讨论有关自我概念的四个方面的内容：物质自我、社会自我、精神自我和真实自我。首先，我们先思考一些充满挑战性的哲学问题，尝试将自我概念从观察者自我中区分出来。

写作提示：了解自己

自我概念中的哪些方面对你来说最重要？例如，你的社会角色比你的身体素质更重要。为什么？

主我和客我

威廉·詹姆斯是美国伟大的心理学家和哲学家，他在 1890 年写下了关于自我的经典分析，从此开启了有关这一主题的研究。詹姆斯首先提出一个看似很简单的问题：当你产生对自己的思考时，是谁在思考，又在思考谁。他意识到，自我的一部分在观察，而另一部分在被观察。他把观察者的部分称为"主我"，被观察者的部分称为"客我"。这很容易理解："主我"看到"客我"。

例如，当一个人完成 20 句测验时，他的"主我"在看着"客我"，他写下的所有内容实际上都是对"客我"的描述。再例如，思考一下关于"你是谁"这个问题：一部分你即"主我"像一个观察者，你观察的对象——你的特质或人际关系——则是"客我"。

当然，"主我"的性质实际上非常棘手——确切地说，我们在大脑中关于"我"的想法本质上是心理学家、哲学家和神经科学家争论的意识问题。詹姆斯总结，作为心理学家，他确信"思想本身就是思想者"。换句话说，他确信的其实是"客我"而非"主我"。对此我们不再深入探讨，那只会让我们大伤脑筋。

"客我"在某种程度上更容易理解，因为它是自我概念的基础。詹姆斯又把"客我"分为了三部分：物质自我、社会自我和精神自我，同时还伴随着非常重要的第四个我——真实自我，即你真正是什么样的人。

近年来，研究者开始思考"客我"或自我概念的认知表现，即**自我图式**（self-schema）。这是自我研究领域的一项重要突破性进展，因为心理学家现在可以利用其他领域的研究来理解自我。认知图式提出，你对自己的认知表现和你对世界上其他物体（如桌子、树木）的认知类似。你对自己的认知比对这两个事物的认知复杂得多，但自我图式并没有什么特别之处。

将自我作为一种图式来理解会引发一些有趣的发现。与其他图式一样，自我图式很难改变。例如，许多人对竞争对手存在刻板印象。在读高中时你认为自己很聪明，但等上了大学，你就发现周围有更聪明的学生，但你仍然会继续保留自己很聪明的认知图式。

自我图式与其他图式一样，可以帮助我们认知这个世界。如果我们把外表作为自我的核心方面，我们也倾向于将它看作世界上非常重要的东西。同理，如果我们把诚实作为自我的核心方面，我们也会将它看作这个世界上珍贵的品质。还是上面的例子，我们可能会通过外表评价一个人，努力改善自己的形象，通过杂志和视频学习美容小贴士。这同样会发生在诚实这个品质上。

最后，自我图式意味着，我们可以使用许多有趣的认知工具（如反应时测试）对自我进行学习。在后面的内容中你会看到，反应时方法已经成为自尊学习的核心。

物质自我

詹姆斯有关自我的第一个伟大洞见是，自我是从意识延伸到身体的，甚至延伸到我们的服饰。"身体是每个人'**物质自我**'（material self）最深层次的部分，我们身体的某一部分似乎与我们更为亲近，其次是着装。"

我们的着装对我们如何看待自己起到了重要作用（当然对别人如何看待我们也是一样）。当你身着商务西装，你会感到专业、受人尊重。相反，当你穿上旧毛衣，你会感觉放松，甚至有点懒洋洋的。只要你穿上某一套衣服，就可以从根本上改变自我感觉——这正是所谓的"购物疗法"的一部分诱惑力所在。

物质自我远不止于此。你的有形资产都可以成为你自我感觉的一部分。下面我们以汽车为例，你就可以清楚地明白这一点。对很多人来说，汽车是自身的一部分。

当你行驶在高速公路上，踩下油门，就感觉汽车好像已经成为你身体的一部分。同样，汽车也可以表达你的身份信息。例如，一个人驾驶一辆混合动力的汽车象征着他作为环保主义者身份的一部分，另一个人驾驶一辆宝马显示自己的运动和眼界。

一位有着高贵时尚的物质自我的绅士。

当财产受到损坏或威胁时，自我延伸到财产就愈加明显了。如果一个人在自己的车里并被他人强行闯入，他会觉得自己的人身安全受到了威胁。汽车与自我紧密相连。

想象一下你正在和背叛了你的恋人吵架。你会做些什么？诚然，你会以一种成熟体面的方式解决这个问题。但是，假设一个宜人性和尽责性水平都比较低的人处于你的位置，他可能会在对方的车身侧边用油漆喷涂一句骂人的话或用钥匙把车划伤。为什么要破坏对方的车？这是一种很伤人的情绪化表达方式，因为车是一个人自我的一部分。

社会自我

詹姆斯有关自我理论的第二部分是**社会自我**（social self）。这是他的第二个深刻洞察：自我不仅仅是一个单独完整的实体，每个人的自我都与其社会关系直接相连。我们引用詹姆斯在这个问题上的著名论述，"可以说，一个人有多少个认识他的人，就有多少个社会自我，这些社会自我就是认识他的这些人在意识层面形成的关于他的形象。"当你与不同的人互动交流时，你的自我的不同方面就会被激活（参见"回顾历史"专栏获取关于社会自我更多的历史视角）。

回顾历史

社会自我的历史视角

我是什么样的人？

我的朋友，请告诉我。

请不要犹豫，

哪怕只是安顿我的住处和同伴。

那答案不在字里行间，

因为理解才是更好的。

每个人都是彼此的镜子，

映照出对方的身影。

——拉尔夫·沃尔多·爱默生（Ralph Waldo Emerson）

这首爱默生的诗启发了心理学最伟大的洞见：我们通过观察别人对我们的反应认识自己。"每个人都是彼此的镜子。"爱默生写道，这意味着每个人都是另外一个人的一面镜子。如果别人对我们笑，我们知道他们喜欢我们；如果别人对我们皱眉，我们知道他们讨厌我们。如果别人表达恐惧，我们知道是我们让他人感到害怕；如果别人大笑，我们知道是我们让人感到有趣。如果你和一个人说话，这个人没有反应，你就会体验到没有对方的反馈是多么不舒服。

查尔斯·霍顿·库利借用爱默生的诗句创造出一个词叫作"镜像自我"。库利提出，自我的演化是通过观察别人的反应得出的。这在童年期极为重要，因为童年期的孩子是通过观察父母、其他养育者和兄弟姐妹对自己的反应来了解自己。

一些伟大的思想家借鉴库利的理论对社会自我进行了检验。詹姆斯·马克·鲍德温（James Mark Baldwin）更深入地引入一个新的社会单位——社会体。社会体就是指社会自我，即自我与他人交流或改变的结果。之后鲍德温更进一步地提出，整个社会实际上是一个原生质，个体从该原生质中出现，而不是个体决定了这个原生质的存在：

> 从基因角度考虑，社会不是独立个体的组合；相反，个体是整个社会原生质的分化。这个结论基于"社会结果而非社会单位"。我们都是彼此的成员。

但乔治·赫伯特·米德持不同的看法。他想要说明，是我们脑海中的声音告诉我们正在做什么，并且持续不断地评判我们的行动。他称这个声音为"概化他人"。设想一下，你正躺在床上思考你在考试中的表现，你的一部分可能在批评自己没有好好学习或庆幸自己考得很好。这种评判就是概化他人在起作用。米德写道：

> 自我有意识地把自己从其他自我中凸显出来，因此它就成为一个客体，一个与本人所不同的客体，这样他就可以听到自己的声音并与自己对话。因此，内省机制来源于人们对自己所形成的社会态度，同时，思维的机制甚至在社会互动中使用的象征性思维都只不过是内部对话。

以上这些有关社会自我的理论在自我的发展历史中占据着重要的地位。这些理论连同威廉·詹姆斯的理论一起，引导研究者不仅将个体作为一个单位看待，更把个体看成更大的关系网络中的一部分。

例如，你的一位朋友在餐厅做服务员勤工俭学。上班期间，他和善礼貌、专心工作，他也会这样看待自己。但到了晚上，他和几位朋友一起去酒吧玩，这时他会觉得自己开朗前卫、敢于冒险。他与不同的人在一起时会展现出非常不同的样子。等到周末他回家看望父母，他可能感觉自己更像一个少年甚至小孩子。他希望父母照顾他，不用像平时在学校里那样独立，他还会因为一件衣服和妈妈吵架，仿佛回到了 12 岁的时候。他也许不喜欢这样，但和妈妈之间的关系激活了他青春期的自我。对此，你可以去看望一下你的兄弟姐妹，比如你们在假期共处同一个屋檐下，你就会感同身受，并找回早年还不成熟的自己。

社交媒体让多重自我之间的关系难以调和。社交网站使人们不得不面对许多不同的社会团体表现出同一个自我。你有着庞大的社会网络，包括你的妈妈、你最好的朋友，还有很多你不熟悉的人。然而，你却无法对不同的团体表现自己不一样的方面，对你的大学同学、高中同学、同事、家庭等，你所展现出来的自己都是一个样。这就造成了很多问题，导致不同的自我与社会团体之间发生碰撞。你会成为一个对任何团体都适用的通用自我吗？你会创立多种互联网身份吗？你是不是屏蔽了你的父母和老板？

一个名叫杰西卡的女孩发布了一张新文身的照片，她那些时尚的朋友非常喜欢这个文身，但她的妈妈看到之后大为光火。前卫的杰西卡和女儿杰西卡发生了碰撞。

有些人比较擅长处理各种不同的社会情境。想象一下，杰西卡到一个时髦的乡村俱乐部，参加由她的同乡举办的慈善午餐会。她天生就易于适应各种社会环境，于是她就开始观察其他人是怎么做的：他们保持中等音量，使用正式用语，一直面带微笑。杰西卡想融入其中，所以她就让自己表现得和这些人一样。用人格的术语来说，杰西卡拥有高水平的**自我监控**（self-monitoring）特质，这表明她很快可以让自己的行为与情境要求相适宜。

不久，杰西卡的朋友阿什利也来了。与杰西卡不同，她的自我监控水平比较低，她不会过多地关注社会情境，相反，她的行为和她在与同龄人交往时一样。她会说很多俚语，有时还会说脏话、讲低级笑话。午餐会上的其他人都对她的行为表示震惊——她的行为不适合当下的社会情境。

高水平自我监控者努力适应不同的社会环境，低水平自我监控者则不会。请完成本章末尾的自我监控量表，看看你的得分情况，试试你能否分辨出哪些题目对应的是高水平自我监控、哪些题目对应的是低水平自我监控。

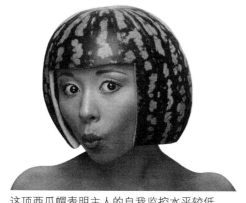

这顶西瓜帽表明主人的自我监控水平较低。

每当我们在课堂上让学生们完成这个测验时，都会讨论一下这两个截然不同的人格类型的优劣。高水平自我监控对适应不同的社会环境有利，缺点是你总是在变化，以至于有时你会想自己究竟是谁、自己想要的到底是什么。我们还会讨论有关誓言和自我监控这一话题。低水平自我监控者承认，写誓言很困难，即使是高水平自我监控者也常常会觉得比较困难。如果你曾经在小孩或你的祖母面前说错话，你就经历了低水平自我监控带来的缺点。

精神自我

詹姆斯认为，**精神自我**（spiritual self）是一个人的道德核心，同时也包括了"一个人的内在主观状态及心理能力或性格"。这里既有像外倾性、宜人性这样的经典人格特质，也涵盖了诸如智力和创造力这样的认知能力。例如，友好的人格特质就属于精神自我的一部分。精神自我还包括道德信仰，因此对于环保理念的推崇也应该归入精神自我。

詹姆斯把主我或观察自我纳入精神自我的范畴，精神自我是自我觉知和意识的所在。换言之，你对自己的身份甚至自我存在的认知都源自精神自我。这种思维方式已经从人格研究领域转向意识研究领域，科学家和哲学家依然在为之奋斗着。

真实自我

你究竟是谁？你最真实、最核心的一面是什么样子？这些都是有关**真实自我**（true self）的问题，真实自我也叫本真我。有一些人通过各种方式"探求真实的自己"，另一些人则从未思考过他们的真实自我。

真实自我在不同的人身上以不同的形式体现出来。对一些人来说，真实自我反映了他们的社会关系和角色。当与父母在一起度假时，杰西卡感觉自己最接近于真实自我，因为这样的生活让她觉得最真实。杰西卡的好朋友路易斯却相反，他在和辩论队一起研究项目时最接近真实自我，这个角色中的某些东西能激发出他最深层的潜力。然而，对于凯拉来说，她的真实自我出现在她沉浸于某一时刻之际，如晚上在酒吧跳舞、完全专注于当下正在做或正在经历的事情会让她感到特别真实。杰登在冲浪时呈现真实自我，尤其在黎明之前只有他一个人在大海中的时候。

现代人格心理学家测量过一个人与其真实自我之间距离的远近，这叫作**真实性**（authenticity），即人们在多大程度上是用真实自我面对生活。有些人的真实性要高于其他人（这并不是说他们就比其他人更真实，这只是他们所感觉到的真实性）。自我的真实性有四个组成部分。第一部分是**觉知**（awareness），你知道自己的动机、优势和劣势吗？真实的个体不仅知道自己的优势，而且还知道如何改进自己的不足。他们也知道为什么自己会在一天紧张的工作后暴饮暴食，或者在被他人批评并感到难过后大吃大喝。第二部分是**无偏见加工**（unbiased processing）。你能够对外界信息进行公平、直接、真实的处理吗？本真的人可以同时看到好和坏两方面，并且基于此制定决策。

第三部分是**行为**（behavior）。你的行为反映了你的真实情感、价值观和信仰吗？本真的人会尽可能地做出与真实自我一致的行为。第四部分是**真实关系**（authentic relationships）。你可以在人际关系中表达真实的自我吗？本真的人会努力建立让他们可以做自己的人际关系，而不是为了满足同伴的期待假装成他们喜欢的样子。无法感觉到真实自我的一种形式是**自我能力否定倾向**（imposter phenomenon），感觉自己像一个冒充者、骗子或虚假的人。想象一下杰西卡大学毕业后进入医学院，作为培训的一部分，她要在一家大医院的急诊室工作。杰西卡感觉自己有点像一个冒名顶替的人，她不知道自己究竟在做什么，总觉得别人能看出她的能力欠缺或她完全不适合这个职位。这就是自我能力否定倾向的典型例子。

人们在什么时候最可能感觉到不真实？这通常发生在人们从一个社会角色转换

到另一个社会角色时，尤其当他们需要做一些超出自己能力范围的事情时。本书作者基斯在刚刚担任心理系主任时，他的一个大学好友正好也在一所重点研究型大学里当系主任。他给基斯发了一封邮件，邮件里除了一首歌的链接外没有任何内容，这首歌的名字是"当疯子接管了精神病院"（*The Lunatics Have Taken Over the Asylum*）。很明显，他们两个人当时都有一点自我能力否定倾向。与之类似，很多大学高年级学生在穿上西装参加工作面试时会感觉怪怪的，特别是参加那些员工着装和举止都非常正式的大型传统公司的面试。毕竟，前一天他们还在聚会上穿着短裤和 T 恤。因此，当你第一次进入大学或研究生院、开始一份新工作、结婚、为人父母或经历任何的人生转变，你在最初都会感觉自己像一个冒名顶替者。一些人对此的经历会更多一些，这并不是什么坏事，这只是个人成长的一部分。

自我评价：自尊

你的自我感觉良好吗？你喜欢自己吗？你是一个有价值的人吗？以上这些问题都是在测量**自尊**（self-esteem）。自尊是一个人对自己的态度。与所有的态度一样，自尊也是一种评价："我喜欢自己"或"我不喜欢自己"。自尊与其他态度并没有根本上的区别，比如"我喜欢自己""我喜欢我的学校"和"我喜欢泰国菜"都是一种态度，但相较于其对学校和食物的态度，一个人对自己的态度要重要得多。请完成本章末尾的罗森伯格自尊量表，了解你的自尊水平。

评估自尊水平最常用的测验就是罗森伯格自尊量表（见本章末尾），这个测验共有 10 个项目，以一种非常直接明了的方式询问你的自尊水平。这个量表的最高得分是 40 分，最低得分是 10 分，中位数得分是 25 分。近些年，大学生的平均得分在 35 分左右。换句话说，大学生平均拥有较高的自尊水平，他们还是很喜欢自己的。实际上，我们将自尊量表上差不多中间位置的得分视为低自尊水平。你的得分情况如何？即使你的得分低于平均分，但由于平均分非常高，因此你的自尊水平还是很不错的。

自尊的高低与好坏

很多人会认为，自尊水平高当然好，自尊水平低则不好。但事情远比这要复杂得多。在几代人之前，自尊经常被视为一种不可靠的特征。过高的自尊水平令人生疑，因为骄傲自大会妨碍社会关系。

这样的情况在 20 世纪 80 年代开始发生转变，从那时起自尊被看作一种更加稳定的积极特质。你很可能听过有关重视自尊的建议，比如"相信你自己，没什么是不可能的""爱别人要首先学会爱自己"等。

那么，有什么研究结果吗？我们宽泛地回顾了一下相关研究，关于自尊主要有两个结论：第一，它让人感觉很好，并指引人们开始采取行动；第二，感觉很好可不是一件小事，低自尊感是抑郁症的一个症状，而且随着时间的推移会导致抑郁症。

然而，自尊似乎并不能引发其他一些积极的结果，如优异的学习成绩、良好的行为、更好地选择合作伙伴或在工作中表现得更好。这有点令人费解，因为自尊常常与这些积极的结果相关联。例如，处于健康关系中的人往往也具有较高的自尊水平。那么，为什么我们不能认为是自尊水平引发了这些积极结果呢？正如你在第 2 章看到的，相关不一定存在因果关系。首先，因果关系也可以反过来，即这些积极结果促进了高水平自尊。如果你在学校表现很好或交到了朋友，你的自尊水平就会提高。同样，在工作中也可能存在一些其他因素（混淆变量）促使高自尊和积极结果同时产生。同理，某种家庭背景可能会导致个体低自尊和较差的学业表现。一些研究发现了低自尊和犯罪或心理健康问题的相关性，但当引入第三个变量（如家庭背景），它们之间的关联就消失了。

获得一个参与奖奖杯就是基于自尊提升理论设置的。这样会有效果吗？

根据以上观点，如果自尊不一定引发好的结果，那提升自尊的项目还有什么意义呢？令人吃惊的是，在这些项目被广泛实施之前并没有研究对这一问题做过考察。不过，最近有一项研究检验了提升自尊在考试成绩上的效应。这个研究选取的是一些在心理学入门课程上成绩较差的学生——从理论上说，他们最需要提升自尊。这些得分是 C、D 或 F 的学生在学期内每周都收到一些研究问题，其中一些问题在结尾处包含了一段文字信息。三分之一的学生（自我责任组）收到的文字信息如下：

过去的研究表明，当学生回顾考试时，他们倾向于把低分归咎于外部因素，如"考试太难了""老师没有讲过"或者"题目太刁钻"。另外一些研究则表明，对考试分数承担起自己的责任的学生不仅能得到更高的分数，而且他们还从中明白了，他们可以控制自己的得分……最后一行字是"对你的成绩负起你的责任"。

另外三分之一的学生（自尊提升组）读到的内容是：

过去的研究表明，当学生回顾考试时，他们往往失去信心，他们会说"我完成不了""我真没用"或者"我不如其他同学"。另外一些研究则表明，那些拥有高自尊水平的学生不仅能得到更高的分数，而且他们还可以保持自信并确信……最后一行字是"抬起你的头，提升你的自尊水平"。

最后三分之一的学生（控制组）没有得到任何信息。

之后发生了什么？自尊提升组产生了事与愿违的结果（见图 5.2），考试成绩是 D 或 F 的学生在被分到自尊提升组后期末成绩更差了。不论分到哪一组，得到 C 的学生期末成绩与之前一样。

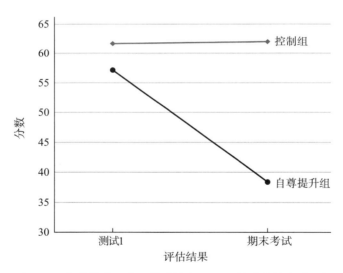

图 5.2　自尊提升组中之前成绩为 D 和 F 的学生的考试分数

这个研究还有另外一个耐人寻味之处。自尊提升组的学生的自尊确实得到了提升。在研究结束的时候，研究者对这些学生的自尊水平进行了评估，结果发现这些学生的自尊水平高于自我责任组的学生，虽然自尊提升组的学生的成绩变得更差了。

总之，自尊提升项目对提升自尊水平是有效的，但对于改善学习成绩却不是一个好方法。

外显自尊与内隐自尊

与大多数人格特质一样，自尊一般也使用自陈问卷进行测量，如你做过的罗森伯格自尊量表。但是，也许有一些人内心深处缺乏安全感，他们不愿意或不能对问卷中的问题做出如实的回答。这些内心深处的感觉叫作**内隐自尊**（implicit self-esteem），内隐自尊是你不一定能察觉得到的自尊。与之对应的是**外显自尊**（explicit self-esteem），即你可以觉察到的自尊。

那么如何测量内隐自尊呢？大部分内隐测试的原理是，我们会在自我和正面或负面事件之间建立一种无意识的关联。当你想到自己时，会想到一些正面事件，你就是拥有较高内隐自尊的人。反之，当你想到自己时，想到的是一些负面事件，那你的内隐自尊水平就比较低。

内隐自尊与正面或负面事件之间的这种关联可以通过计算机软件来测试，如内隐联想测验。想象一下你坐在一台计算机前，你看到屏幕上出现一个词"喜悦"，然后你需要以很快的速度判断这个词描述的是否是你，并按下按键（一个按键为"是我"，另一个按键为"不是我"）。接下来出现的词是"呕吐"，重复上述步骤。

如果你能很快判断"喜悦"描述的是你而"呕吐"不是，那么你的测验结果就是你拥有较高的内隐自尊。大多数外显自尊高的人也拥有较高的内隐自尊，但也有例外。

高外显自尊和低内隐自尊显示出一种"甜甜圈人格"—— 一个人对外在的自我感觉良好，但对内在自我却感到糟糕、空虚。对内隐自尊的研究还在继续，有关它的测量目前还存在争议。不过，这种类型的人格并不多见。

高外显自尊和低内隐自尊显示出"甜甜圈人格"：外表看起来很好吃，但中间却是空的。

自尊的维持

自尊对我们有多重要？根据近期的一项研究，大学生将提升自尊水平的排序放在了吃甜品、获得报酬、喝酒之前。由此可见，自尊对我们真的特别重要。

由于自尊让我们感觉很好，因此大部分人都努力维持自尊。其中包括**自我提升**（self-enhancement）和**自尊调节**（self-esteem regulation），前者是维持和提高积极自我概念的需要，后者是维持高自尊水平要采取的行动。

很多保持高自尊水平的策略简单且直接。其中最重要的是建立亲密的人际关系。拥有安全人际关系的人往往具有较高的自尊水平。人们还通过归属于某个社会团体来维持自尊水平。显然，自尊好像是衡量社会归属的标准，类似于车里的油箱表——感觉到归属感就像给油箱加油一样。根据**社会度量计理论**（sociometer theory），当一个人的归属感很弱时，其自尊水平就会下降，这

写作提示：了解自己

你是如何维持自己的自尊水平的？你的方法有效吗？

是一个预警信号，就如同油箱表灯亮起，你该去寻找一些人际关系了。当一个人归属感很强烈时，其自尊水平就会保持在较高水平。还有另外一个思考的角度是**孤独**（loneliness），或者实际拥有的关系少于需要的关系。孤独的人常常自尊水平较低。

另外一种维持自尊的方法是取得成功。如果你在学校、体育项目或工作中表现良好，你就可以保持和提高自尊水平。与人际关系一样，这种方法也是非常基础的。当我们做得好，我们的感受就好。

其他一些保持自尊的方法显然不是我们最想要使用的。最广为人知的是**自我服务偏差**（self-serving bias），即倾向于把成功归因于自己，拒绝为失败承担责任。设想一下你在考试中得到A，如果你把它归结为自己的智力和努力，你就会自我感觉良好。相反，如果你得到F，保护自尊最好的方法就是把失败归咎为自身以外的事物。因此你可能觉得测验不公平，或者认为测验结果只是由于"坏运气"造成的。

这就带来一个问题：如果一个人将成功归功于自己，将失败归咎于坏运气或其他人，他肯定会感觉良好，但却无法从失败中学到任何东西。当你失败的时候，最好的做法是找出失败的原因，如没有好好学习、使用的学习材料不正确或这门课不是你的长项。对失败负责虽然会让人感到不舒服，但你可以从中学习并在下一次做得更好——从长远来看，这才会让你在未来体验更好。

另外一个更为复杂的理解人际关系中自我提升的模型是**自我评价维护模型**（self-evaluation maintenance model）。这个模型检测的是自我提升的三个关键变量，分别是表现性（即任务完成的好坏）、重要性（结果对于你的重要程度）和紧密性（你和另外一个完成相同任务的人之间关系的紧密程度）。例如，任务是打篮球，这项任务很重要（你非常喜欢篮球），竞争者与你的关系紧密（你的哥哥）。如果你输给了你的哥哥，你的自尊就会受到伤害。根据自我评价维护模型，你可以改变三个变量中的任何一个来恢复你的自尊水平。首先，你可以提高自己的表现，在未来战胜你的哥

哥；其次，你可以降低篮球对你的重要性（如对自己说"我不觉得自己能成为一名篮球运动员，失败也没什么"）；最后，你还可以远离你的哥哥。

最后这个方式不太符合常理，因此我们可以进一步改变一下。如果你确实非常喜欢打篮球，而你的哥哥一直都比你打得好，事情就会比较棘手。你并不是不爱你的哥哥，但你总是感觉自己在和他竞争或活在他的阴影里。因此，为了保持你和哥哥之间的紧密关系，你可以转向其他领域寻求成功，如学习成绩或踢足球。如果你这样做，你会和你的哥哥更加亲密，并且还可以分享他的成功带来的喜悦；反过来，你的哥哥也可以为你的学习成绩感到骄傲。心理学家有时把这种通过与地位高的个体或团队建立联结从而获得自尊的方式叫作**"沾光"**效应（basking in reflected glory）。在这一章中我们学习了威廉·詹姆斯的理论，针对这一点他本人就是一个很好的例子。威廉是著名的心理学家和哲学家，他的弟弟亨利·詹姆斯（Henry James）是有名的小说家，他的妹妹爱丽斯·詹姆斯（Alice James）则以她的日记而闻名。兄妹三人在不同领域取得成功，因此彼此间拥有着紧密、支持性的关系，不会因为自尊而产生竞争。

自我关怀、自我效能感和自恋：自我评价的三种类型

在这一部分，我们要探讨在科学文献中广受关注的三个与自我评价有关的特征，分别是自我关怀、自我效能感和自恋。

自我关怀

自尊是有关一个人对自己的喜爱，**自我关怀**（self-compassion）则是对自己宽容有爱，像关怀其他人那样关怀自己。自我关怀有三个具体成分：自我友善、普遍人性和正念。

自我友善（self-kindness）是指对待自己友好和善，尤其是在犯错误的时候。假设你做了什么尴尬的事情，如在课堂上大声说出一个愚蠢的答案，自我友善就意味着你会像对待一个好朋友那样对待自己，你可能会对自己说："你搞砸了，但是至少你尝试过了，不用担心。"这让你可以从错误中振作起来，比沉浸于羞愧或其他负面情绪中好得多。

其次，自我关怀还涉及**普遍人性**（common humanity）——意识到人人都会有搞砸的时候。很多人都曾经犯过愚蠢的错误或感到害怕。痛苦和不完美本身就是人类

天性的一部分。所以，当你喊出一个愚蠢的答案时，告诉自己，这种经历尽管不愉快，但却是正常的。有这样糟糕的经历甚至会让其他人感觉和你更亲近，因为现在你也有了与大家一样的尴尬经历。如果遭遇一些更加消极的事情，如没有得到心仪的工作、失去爱人、遭遇一场意外，在经历过这些困难之后会让你对别人的痛苦感同身受。

此外，自我关怀还包括**正念**（mindfulness）。正念是个体觉知到自己的想法和感受但不依附于它们，活在当下而不踌躇于过去。当你喊出一个愚蠢的答案时，你感受到强烈的羞耻，但与被这种羞耻感占据并在当天余下的时间里一直想着它相比，更好的处理方式是简单地用正念的方法觉知它。这样你会感受到羞耻，但不会沉浸于这种情绪中。你会看到这种情绪升起来，然后又消散，最终你不用整天都想着它或努力不去想它。正念的练习源自佛教，可以通过正念冥想来学习。正念冥想是一种结构化的练习方法，让你在想法和身体感受发生时觉知到它们。

传统的冥想练习可以增强正念水平。

自我关怀水平高的人在经历生活中的消极事件和挫折后，不会变得被动、防御或沮丧。同时，他们还能从不幸的经历中有所收获，甚至利用这些不幸获得与他人更紧密的联结。

自我效能感

另外一个经常与自尊发生混淆的概念是**自我效能感**（self-efficacy）。自我效能感指一个人相信自己可以为实现目标高效努力地工作。例如，假设你下个月要做一次演讲：如果你的自我效能感比较高，你会相信自己可以做到；但如果你的自我效能感比较低，你就会怀疑自己的能力。自尊和自我效能之间的区别是高自尊水平的人会认为"我很棒，所以我可以很好地完成这次演讲"，而高自我效能感的人认为"如果我认真准备，我就可以很好地完成这次演讲"。

考虑一下自我效能感与目标设定之间的关系，我们似乎可以很合理地认为，自我效能感应该能够预测学业和工作表现。但研究结果是这样吗？

自我效能感的确可以预测学业表现。但是，二者之间显著相关的情况只针对成绩差的学生和基础性技能。同样，自我效能感也能够预测工作表现，但仅限于简单的工作任务。自我效能感对于更复杂的任务可以起到预测作用，但二者之间的相关性较弱。

与自尊相比，自我效能感在预测职业表现方面的效果如何？请记住，自我效能感是你认为自己可以高效地应对挑战，自尊讨论的则是关于你是否喜爱自己。正如你可能猜到的，自我效能感对于职业表现的预测效果比自尊高出两倍。

第二个问题更加复杂：在完成任务时，自我效能感会促使更好的表现吗？也就是说，如果我可以让一个人拥有更高的自我效能感，他会在学校里表现得更好吗？自我效能感在这个问题上很难给出明确的回答。当任务比较简单时，如握紧把手，高自我效能感似乎可以起到促进作用。然而，当面临复杂任务时，高自我效能感反而会让你失望。在一项研究中，人们进行一项复杂的分析性比赛，实际上那些高自我效能感的人做得更差，也许是因为他们对自己的能力过于自信，因此没有全身心地投入。

总而言之，具有高自我效能感的人看起来似乎拥有更好的表现，并且比高自尊水平的人表现得更好。但我们要注意，不能说高自我效能感是优异表现的原因，特别是对复杂和充满挑战性的任务。反之，自我效能感更像成功的一种产物。

自恋

在开始这部分内容之前，请先完成本章末尾的自恋人格量表，你的测验结果可以用到稍后的讨论中。

设想一下，你遇到一个人，她给你留下的初始印象是非常自信、迷人、可爱，她精心打扮，看起来很成功。你可能会被她吸引，如果她去参加政治竞选，你很有可能会投票给她。

但是，之后你听到一些关于她的负面消息。她没有好朋友（尽管她受人欢迎），她在过去的感情里有过不忠，她的道德品质受到质疑，总是把自己的利益放在别人的利益之上。当提到这些事情的时候，她会表现出愤怒。如何解释这种行为呢？简单地说，她是

我爱我自己。

一个自恋的人。

自恋（narcissism）作为一种人格特质，包括对自我非常积极甚至夸大的看法。自恋有两种主要形式：夸大型自恋和脆弱型自恋。其中有关夸大型自恋的研究比较多，并且大多数自恋的人也都属于夸大型自恋（如前面提到的例子）。夸大型自恋与高外倾性、社交大胆、自我中心、自我主义、虚荣、自大的人格特质有关。**夸大型自恋**（grandiose narcissism）的人专注于让自己比别人更好、更聪明、更有吸引力。

✎ **写作提示：了解自己**

你认为，大部分人会坦诚地面对自己的自恋水平吗？或者你认为大部分有自恋倾向的人会认同自己是一个自恋的人吗？你觉得自己是一个自恋的人吗？为什么？

相反，**脆弱型自恋**（vulnerable narcissism）和低外倾性、低自信心、高神经质、焦虑及抑郁有关。比如，一个 30 岁的人住在父母家的地下室，他不去工作，因为他觉得自己太聪明，没有什么工作适合他，也没有人能理解他的才华。他花费大量时间在网上模仿别人。他没有女朋友，因为他在现实世界里既内向又笨拙。虽然他认为自己很特别，但他的自尊水平很低。这种脆弱型自恋的表现常见于精神疾病中。

在这一部分，我们把重点放在夸大型自恋，当我们提到自恋时，专指夸大型自恋。夸大型自恋人格特质经常通过自恋人格量表进行测量，也就是你刚刚在本章末尾完成的那个测验。这个测验包括 40 对陈述，其中有一个是自恋型描述，另一个则不是。自恋人格量表的得分是所选择的自恋型陈述的总分，从 0 分到 40 分不等。这个量表测量的是自恋型人格特质，而非临床上自恋型人格障碍的诊断，虽然自恋型人格障碍的人往往在自恋人格量表上的得分比较高。但是，大量的自恋者（即自恋人格量表得分高的人）并不符合自恋型人格障碍的诊断标准，诊断标准要严格得多，并且包含一系列生活功能缺陷（更多内容请见本书第 14 章）。自恋人格量表对高分的界定不存在一个设定的临界分数，不过更高的分数与更自恋的行为相关。

夸大型自恋者一般在大五人格维度的外倾性特质上得分高，在宜人性特质上得分低。他们拥有积极的自我概念，而且大多数人在类似罗森伯格自尊量表这样的外显自尊量表上也会得到比较高的分数。但这可以说自恋型的人的自我感觉很好吗？他们是否有可能只是通过夸大自己来掩盖不安全感，而实际上其自尊水平很低呢？当自恋型的人完成一份由诸如"好"与"坏"这样的一般项目组成的内隐自尊测试时，他们会得到较高或中等的分数。因此，自恋不能简单地解释为掩盖不安全感。

自恋的人至少在一个重要的方面有别于高自尊水平的人：他们不会把自己描述为给予者。他们可以无所顾忌地承认，他们对深入、亲密的情感关系不感兴趣。他们可以迷人可爱、乐于社交，但那种基本的温暖互惠在他们身上并不存在。自恋的人浮夸，充满社会性自信，认为自己独一无二，享有特权。基本上，自恋者对自己的认知好于真实的自己，并且他们也认为自己好于其他人。

所以，自恋者会陷入困境。他们认为自己很好，但实际上他们没有那么好，他们就是自己心目中的传说。因此，他们需要不断地得到正面、提升自我的反馈。一个自恋的人可能会自吹自擂、沉迷浮华的物质财产、接受整容手术以让自己更有吸引力、抓住一切机会上镜或照镜子，还会不断地把话题引到自己身上。需要注意的是，仅仅是这些事情中的一件不足以说明你就是一个自恋的人，自恋者的特征是以上所有这些倾向的集合，当然还伴随着自我膨胀的感觉。自恋者明显表现出自我服务偏差，喜欢从朋友那里抢功。自恋者还会利用自己的人际关系获取自尊和社会地位，如得到模范伴侣或"游戏"于关系之中（见第 14 章）。

如果自恋型的人顺利地实现了这些，他们就会自我感觉良好，保持高水平自尊，不会感到抑郁。然而，如果他们无法实现这些，就会面临抑郁和焦虑的风险。问题就在于，自恋者不比其他任何人更漂亮、更成功或更聪明。自恋者也许看起来显得更成功，但他们的实际表现有时甚至比一般人还要差。至于漂亮，自恋和外表并无太大关联，漂亮更像他们注重外表所产生的结果，而非自身的素质。另外一项研究发现，自恋者相信自己比其他人更具有吸引力，但实际上其他人却并不这么认为。这项研究的题目对此做出了很好的总结："自恋的人觉得自己如此性感，然而事实并非如此。"

那么，自恋是好还是坏呢？如果用一句话来说，那就是好坏兼有。从消极的一面来看，自恋与错误的决策（如冒险、不能从错误中有所学习）有关，也与缺少承诺和情感亲密的人际关系有关。但从积极的一面来看（至少对个体来说是积极的方面），自恋对于开展一段关系是有利的。在一群人中，自恋者更能获得别人的喜爱。不过，随着见面次数的增加，人们对自恋者的喜爱就会减少。自恋的人在由陌生人组成的团体中更可能成为领导者。他们在网络上有更多的朋友，因为他们非常擅长建立浅层的、表面的关系，就像我们经常在网上看到的那些人一样（更多内容请见第 13 章）。

最后，自恋可能有助于一个人成为名人（见图 5.3）。马克·杨（Mark Young）和德鲁·平斯基（Drew Pinsky）曾经在德鲁医生的爱情热线上让名人做过自恋人格量表。结果显示，名人比普通人更加自恋，尤其是那些电视真人秀明星。所以，当你看电视真人秀时，你就是在观看一些更加自恋的人（吃惊吗？我们打赌你对此不会感到吃惊）。

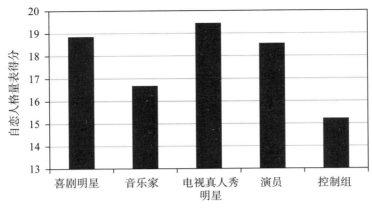

图 5.3　名人的自恋得分

自我调节

　　每个人的生活都涉及制定目标和设法达成目标。你的目标也许是成为优秀的毕业生、结识理想中的浪漫伴侣、渴望在经济上变得富有。换句话说，你希望自己变成你想要的样子。这个过程——指引你实现你所期待的状态——就是**自我调节**（self-regulation）。我们通过一个减肥的例子讨论自我调节的两个方面：可能自我和作为心理肌肉存在的自我控制。请注意，自我调节是比自我监控（我们在前面已经讨论过）更宽泛的概念。自我监控是在社会情境下对自我的管理，而自我调节则是在很多情境中都存在的对自我的一种管理。

可能自我

　　我们不仅对自己是谁不甚清楚，我们对自己可能会是谁也不知道。有可能成为的那个自己叫作**可能自我**（possible selves），这个词最初来自威廉·詹姆斯，后来又重新出现于现代心理学中。

　　你的可能自我是什么样子？可能自我可以是一个人对自我所期待的样子，比如"一个身体健康的学生"；也可以是一个人害怕成为的样子，如"一个体重超标的学生"。很多人都害怕孤独，尤其是在失恋前后——在那种绝望的情绪中，我们担心自己以后是否还能再谈恋爱。这种恐惧自我可以起到非常强烈的激励作用，但有时也会让我们陷入不良模式中（如明知对方不适合自己却还要在一起）。

可能自我与自我在情感和动机方面都有关联。当你想到渴望实现的自我，如"身体健康"，你就会朝着目标努力前进，如加强锻炼、合理膳食，并且在此过程中感觉良好。相反，当你想到恐惧自我，如"超重"，你就会感觉很糟糕，想方设法避开恐惧自我，如远离垃圾食品、锻炼身体。

关于可能自我研究得最多的两种形式是**应该自我**（ought self）和**理想自我**（ideal self），二者也是**自我差异理论**（self-discrepancy theory）的一部分内容。应该自我是我们认为我们应该成为的那个人，理想自我则是我们想要成为的那个人。如果你的妈妈总是唠叨你该减肥了，这就创造了一个应该自我——一个身材苗条的人。如果你的妈妈不在意你的体重，是你自己想减肥，你就拥有了一个理想自我——同样也是一个身材苗条的人。理想自我或应该自我与实际自我之间的区别就是自我差异理论中所说的差异。

应该自我与理想自我有着相同的目标，在上述例子中都是变得苗条，但二者给人的感觉却非常不同。如果你没能成为应该自我的样子，你可能会感到焦虑和担忧——想象一下你的体重增加 10 千克之后再次见到妈妈的场景。与之相对，如果你没有实现理想自我，你可能会感到抑郁——当你胖了之后照镜子时是什么样的感受。

实现应该自我与理想自我的感受同样有所不同。当你实现了应该自我，会感觉放松、平静，想象一下妈妈看到你瘦了下来的场景，你看到她的时候会觉得很冷静。而当你实现了理想自我，你一定会觉得开心甚至兴奋——你从镜子里看到了自己纤细的身材。你感觉很好，可能还会去买一些新衣服以示庆祝。不过，如果你的应该自我与理想自我不匹配，这将会成为一个挑战。你应该减肥以取悦妈妈，但实际上你想要的是像运动员那样的强壮身材。结果你的心理就会产生冲突，如果你实现了想要的运动员身材，你会感觉很高兴，但同时你也会为见到妈妈时再次提到塑身的问题感到焦虑。

自我控制

控制你的基本冲动——吃东西、大声叫喊、欲望及所有好的东西——通常是个不错的主意。设想你坐在你的房间里，你想减肥，而你正盯着一大块巧克力蛋糕，那是你的室友从一个生日宴会上带回来的。你很想吃一口（或者吃几口），但你记得你需要健康饮食，并且你的意志力作为你的一部分让你抵御诱惑，最终你成功地控制

婴儿是完全没有自我控制力的。

住了自己。在这个例子中，你看到了自己的意志力或者叫作**自我控制**（self-control）在起作用，你也感受到了控制自己的行为所要付出的努力。

作为一种人格特质，自我控制在不同的人身上表现不同，有些人比其他人有更强的自我控制力。自我控制能够预测从工作表现到人际关系处理等一些积极的行为。这在自我调节的语境下很容易理解：如果你缺乏自我控制，你就无法高效行动并实现长期目标。相反，你只会做当下觉得好的事情。是的，旷工和欺骗男朋友在当下让你感受很好，但从长远来看，这会导致被辞退和被抛弃的不良后果。

有一个有趣的理论提出，自我控制的运作机制与肌肉类似。想象一下你举起很重的东西（肌肉工作）和抵御巧克力蛋糕的诱惑（自我控制）。首先，举重和抵御巧克力蛋糕的诱惑都需要你付出努力，并且都很难做到。其次，肌肉的能力和自我控制能力都是有限的。你无法随心所欲地举起任何重物，如果你不经过训练就想要举起150千克的重物，那几乎是不可能的。你必须长时间进行大量的锻炼，不断地增加肌肉的强度。对于自我控制也是如此。如果你的健康饮食只进行了几天，你也许可以在一个晚上抵御一块巧克力蛋糕的诱惑，但假如你的室友带回来的是可以吃上一周的来自世界各地的巧克力甜品（有手指饼干、水果挞、巧克力慕斯、手工松露生巧克力）呢？如果没有足够的自控力练习，你很可能无法在一周的时间里抵御如此多美味甜点的诱惑。在一项研究中，人们通过在两个月的时间里开始并保持一个训练项目来提高自我控制能力。与控制组相比，训练组的自我控制能力在生活中的其他方面也得到了提升，如学习、消费、保持健康。通过在一个领域内的自我控制能力训练，训练组同样改善了自己在其他方面的自我控制能力。

根据这个理论，自我控制和肌肉都会在短期内疲劳。如果你做了50个俯卧撑，然后马上练习举重，你的肌肉会非常疲劳，无法举起更重的物体。这一过程也发生在自我控制能力上。如果你在一天中使用了大量的自我控制，如在餐厅做服务员时对粗鲁的客户保持微笑或参加了一个非常难的考试，当巧克力蛋糕摆在你面前的时候，你就仅存一点点控制力了。尽管你想拒绝，但你已经没有那么多意志力控制自己了。

研究者把这种自我控制能力的失去叫作**自我耗竭**（ego depletion），并在一些设计巧妙的实验中得以证明。有一项研究告诉学生们，在去实验室进行所谓的"味觉测试"之前的几个小时里不能吃东西。当学生们来到实验室，新鲜出炉的巧克力手指曲奇摆放在桌子上，曲奇的香气飘散在整个房间里。还有一盘胡萝卜放在曲奇旁边。低自我耗竭

写作提示：了解自己

描述你无法保持自我控制的一次经历。在我们所讨论的这部分内容中，有什么可以对此做出解释的吗？

的情况设置为，学生们被告知品尝曲奇，而不是胡萝卜，这很容易做到，不需要自我控制。高自我耗竭的情况则是，学生们被告知品尝胡萝卜而不是曲奇，这就需要用到自我控制了。

之后，这两组学生都被要求完成一道几何题目，但他们不知道的是，这道题目根本无法解出来。完成这样一个困难的任务需要花费大量的自我控制力。与研究者的预期一样，那些需要抵御曲奇诱惑的学生（因此而自我控制耗竭）更容易放弃解题（见图 5.4）。

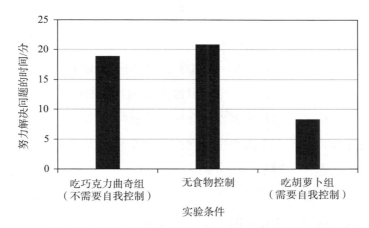

图 5.4　自我控制条件下，不同的被试在无法解决的问题上所花费的时间

然而，自我耗竭的影响比研究者之前预想的小。导致这一结论的争论可以作为有关科学该如何运作的绝佳案例。在进行许多个体研究之后，研究者综合所有的结果实施了元分析，得出了中等水平的自我耗竭效应。另外一些研究者认为这样的结果反映了发表偏见，只有效果很明显的研究才会被发表，因此夸大了真实结果。所以，另外一组研究者在许多实验室展开大量重复研究，结果只发现了很小的自我耗竭效应（不过和上面的理论一样，在疲劳者中自我耗竭效应更明显）。

因此，如果自我控制的运作机制与肌肉相似，我们该如何运用这一信息呢？第

一，如果你想抵御诱惑，就努力避开诱惑物。要避开一块就摆在你面前的巧克力蛋糕很难，但不要让巧克力蛋糕出现在你面前就容易得多了。这也是为什么健康饮食栏目和数据都告诫你不要从商店里买甜品——眼不见为净，至少如果你的冰箱里没有冰淇淋，你就不需要抵御冰淇淋的诱惑。第二，当你感到疲惫或受挫的时候，要特别警惕你的自我控制力。如果你已经工作了一整天，在各种诱惑面前你会非常脆弱（尽管关于自我耗竭模型的这一方面还存在争论）。第三，形成自我控制力练习的习惯。威廉·詹姆斯曾经谈到，要保持每天做一些你不想做的事情。不需要是多么讨厌的事，但需要运用自我控制，如即使只有你一个人吃饭也要保持良好的用餐礼仪。这会建立起你的自我控制力，就像去健身房可以增强你的肌肉一样。以后，当你真的需要控制力抵御一块巧克力蛋糕或在考试中解决一个数学问题时，你的自我控制力就会帮助你。

总结

你是谁？这一章可能并没有给你一个明确的答案，但应该可以帮助你将问题分解到更小、更具操作性的概念层面，让你对这个问题比之前有了更多的洞察。

现在你知道了，自我概念是一个可以被理解和测量的信念体系。自我概念会根据你和谁在一起或你拥有的物质而发生改变。这意味着你可以通过改变你的人际关系和外表来改变你自己。一个人在参加聚会的时候和作为学生身份的时候，所穿的衣服及结交的朋友是不一样的。

自尊是对自我的态度和评价。我喜欢自己吗，还是没那么喜欢？并非一定要追求高自尊，但拥有高自尊是有益的，尤其在对抗抑郁的时候。自我关怀与自尊有着类似的效果，是抵消有关自己消极感受更好的方法。

自我可以改变。自我调节可以推动我们朝着想要的方向努力，自我控制可以管理短期目标，避免我们偏离方向。你要尽可能地发展自己的自我控制能力。

更重要的问题是我的真实自我是什么样的？我为什么能完全意识到自我？真实自我似乎是我们可以发现和创造的，对很多人来说，这是生活中一项有益的挑战。但是，有关自我觉知的问题还没有答案。心理学家、哲学家、神经科学家、物理学家、麻醉学家、计算机工程师和其他很多人都在努力理解意识的问题。

理解你自己是贯穿整个人生的课题，答案也会随着你不断地成长和变化而发生改变。通过学习本章的内容，你在关于自我认识方面取得了有意义的进展。

***

思考

1. 描述主我和客我之间的差别，并解释组成自我概念的多种自我类型。

2. 讨论自尊的积极和消极方面，以及外显自尊与内隐自尊之间的区别。

3. 解释自我差异理论，详细说明可能自我是如何将情绪状态融入其中的。

5.1：自我监控量表
（Self-Monitoring Scale）

指导语

下列表述是有关你在不同情境下的个人反应。所有这些表述都完全不同，所以在作答之前请慎重考虑。如果一项表述符合或基本符合你的情况，请选择"是"；如果不符合或通常不符合，请选择"否"。

1. 我很难模仿别人的行为。	是　否
2. 在派对和社交聚会上，我不会努力做或说一些别人喜欢的事情。	是　否
3. 我只为自己相信的观点辩驳。	是　否
4. 我可以做即兴演讲，即使我对演讲的话题毫不了解。	是　否
5. 我想我会为了给别人留下深刻的印象或取悦他人而逢场作戏。	是　否
6. 我应该可以成为一个好演员。	是　否
7. 我很少成为人群中被关注的焦点。	是　否
8. 在不同的场景下或与不同的人在一起的时候，我常常表现得非常不一样。	是　否
9. 我不是很擅长让其他人喜欢我。	是　否
10. 我并非总是表里如一。	是　否
11. 我不会为了取悦别人或为了赢得他人的喜欢而改变自己的想法或做事方式。	是　否
12. 我曾经想当一个艺人。	是　否
13. 我从不擅长如伪装或即兴表演这样的游戏。	是　否
14. 我很难为适应不同的人和不同的环境而改变自己的行为。	是　否
15. 在聚会上，都是别人讲笑话和讲故事。	是　否
16. 我在公众场合有点尴尬，因此无法表现得如预期得那么好。	是　否
17. 如果是出于正当的理由，我能直视任何人的眼睛并一脸无辜地说谎。	是　否
18. 即使面对我很讨厌的人，我也能装出友好的样子。	是　否

计分

第 4、5、6、8、10、12、17、18 题，选择"是"计 1 分。

第 1、2、3、7、9、11、13、14、15、16 题，选择"否"计 1 分。

把分数相加，得到总分：_____

5.2：罗森伯格自尊量表
（Rosenberg Self-Esteem Scale）

指导语

请选择你对以下陈述同意或不同意的程度。

	非常不同意			非常同意
1. 我觉得自己是一个有价值的人，至少与其他人具有相同的价值。	1	2	3	4
2. 我认为我有很多优秀的品质。	1	2	3	4
3. 总体来说，我倾向于认为自己是一个失败者。	1	2	3	4
4. 我能和大多数人一样把事情做好。	1	2	3	4
5. 我不觉得自己有什么事值得骄傲。	1	2	3	4
6. 我对自己持积极的态度。	1	2	3	4
7. 我大体上对自己感到满意。	1	2	3	4
8. 我希望我能更加尊重自己。	1	2	3	4
9. 我确实时常觉得自己很没用。	1	2	3	4
10. 有时我觉得自己一点也不好。	1	2	3	4

计分

请按照以下标准进行计分。

把第 1、2、4、6、7 题的得分相加。

对第 3、5、8、9、10 题进行反向计分，并相加。

将上面两个分数相加，得到总分：_____

5.3：自恋人格量表

（Narcissistic Personality Inventory）

指导语

下面每道题目都有两个陈述，请从中选择你最同意的那个。每道题目只能选择一个答案，请不要漏掉任何一道题目。

1. [A] 我天生可以影响别人。 [B] 我不擅长影响别人。
2. [A] 谦虚不属于我。 [B] 我是一个很谦虚的人。
3. [A] 我做任何事情都很冲动。 [B] 我是一个比较谨慎的人。
4. [A] 当别人赞扬我的时候，我会感到尴尬。 [B] 我知道我很好，因为每个人都一直这样对我说。
5. [A] 统治世界的想法让我感到非常害怕。 [B] 如果让我来统治世界，世界会变得更好。
6. [A] 我通常可以按照自己的方式行事，不在意任何事情。 [B] 我努力接受自己行为的一切后果。
7. [A] 我喜欢待在人群里。 [B] 我喜欢成为被关注的焦点。
8. [A] 我会取得成功。 [B] 我对于是否成功不太在意。
9. [A] 我与大多数人差不多。 [B] 我认为我是一个特别的人。
10. [A] 我不确定我是否可以做一个好的领导者。 [B] 我认为自己是一个好的领导者。
11. [A] 我很自信。 [B] 我希望我能更自信一点。
12. [A] 我喜欢发号施令。 [B] 我愿意遵照指令。
13. [A] 我发现操纵别人很容易。 [B] 我不喜欢操纵别人。
14. [A] 我坚持获得我应得的尊重。 [B] 我通常会得到应有的尊重。
15. [A] 我不太喜欢炫耀自己的身体。 [B] 我喜欢炫耀自己的身体。
16. [A] 我对他人了如指掌。 [B] 有时候我很难理解别人。
17. [A] 如果我觉得自己可以胜任，我愿意承担制定决策的责任。 [B] 我喜欢承担制定决策的责任。
18. [A] 我只想开心一点。 [B] 我想要被这个世界关注。
19. [A] 我的身体没有什么特别的。 [B] 我喜欢看着自己的身体。
20. [A] 我不想做一个显摆的人。 [B] 只要有机会，我就会表现自己。
21. [A] 我总是很清楚自己在做什么。 [B] 我有时不确定自己在做什么。
22. [A] 我有时会依靠别人。 [B] 我很少依靠任何人。
23. [A] 我有时可以讲出好听的故事。 [B] 大家都喜欢听我讲故事。
24. [A] 我期待从别人那里得到很多。 [B] 我喜欢为别人做一些事情。
25. [A] 除非我得到一切我应得的，否则我不会满意。 [B] 我随遇而安，很容易满足。
26. [A] 赞扬令我感到尴尬。 [B] 我喜欢被赞扬。
27. [A] 我很渴望权力。 [B] 我对权力没有兴趣。
28. [A] 我不在意时尚潮流。 [B] 我喜欢引领新时尚。
29. [A] 我喜欢照镜子。 [B] 我对照镜子没有什么兴趣。
30. [A] 我非常想成为他人注意力的中心。 [B] 成为他人注意力的中心让我感到不舒服。
31. [A] 我可以随心所欲地生活。 [B] 人们并非总能按照自己想要的方式生活。
32. [A] 权威对我来说什么也不是。 [B] 人们似乎总是接受我的权威性。
33. [A] 我更喜欢做领导者。 [B] 是否成为领导者对我来说都一样。

34. [A] 我会成为一个伟大的人物。　　　　　[B] 我希望我可以取得成功。

35. [A] 人们有时相信我说的话。　　　　　　[B] 我可以让所有人都相信我说的话。

36. [A] 我是一个天生的领导者。　　　　　　[B] 领导能力需要经过很长时间的发展和锻炼才能获得。

37. [A] 我希望有朝一日能有人写下我的传记。　[B] 我不喜欢有人以任何理由打探我的生活。

38. [A] 当我外出的时候，如果人们没有注意到我，我会感到难过。　[B] 当我外出的时候，我不介意自己被淹没在人群中。

39. [A] 我比别人更有能力。　　　　　　　　[B] 别人身上有很多我可以学习的地方。

40. [A] 我很平凡。　　　　　　　　　　　　[B] 我是一个不同寻常的人。

计分

如果你的回答与下面的答案一致，就计 1 分；如果不一致，则计 0 分。将所有得分相加，得到你的总分。

得分		得分		得分	
1. A	_____	15. B	_____	29. A	_____
2. A	_____	16. A	_____	30. A	_____
3. A	_____	17. B	_____	31. A	_____
4. B	_____	18. B	_____	32. B	_____
5. B	_____	19. B	_____	33. A	_____
6. A	_____	20. B	_____	34. A	_____
7. B	_____	21. A	_____	35. B	_____
8. A	_____	22. A	_____	36. A	_____
9. B	_____	23. B	_____	37. A	_____
10. B	_____	24. A	_____	38. A	_____
11. A	_____	25. A	_____	39. A	_____
12. A	_____	26. B	_____	40. B	_____
13. A	_____	27. A	_____		
14. A	_____	28. B	_____		

你的总分：_____

127

第6章
心理动力学取向

    儿童读物中也有荒诞恐怖的内容。莫里斯·森达克（Maurice Sendak）的《野兽国》（*Where the Wild Things Are*）一直是本书作者基斯的心头所爱之一。故事的主人公是一个名叫麦克斯的小男孩，他因为表现不好被关在了自己的房间。他十分生气，于是乘船穿越大海，来到了一个野兽遍布的地方。刚开始，这些野兽很恐怖，不过麦克斯学会了如何控制它们，并且最终成了它们的国王。然而，故事的最后，麦克斯还是决定回到自己的家中。

    这个故事很吓人，也很荒谬——一个小男孩怎么会恼怒地离家出走，漂洋过海去统治一片蛮荒之地？一种解释是，这个故事在潜意识层面是合理的。麦克斯对他的妈妈感到愤怒，这些情绪是那么陌生且汹涌，让麦克斯感觉它们好像是来自异域的野兽，他需要穿越海洋（象征进入潜意识中）学会控制这些暴躁的情感。麦克斯做到了，他可以掌控自己强烈的攻击性想法，即野兽所代表的意义，这表现在麦克斯成为国王并且没有被野兽吃掉的情节中。一旦麦克斯可以面对并掌控自己潜意识里的愤怒，他就可以回到家，与家人恢复亲密的情感关系。这个篇幅短小的儿童故事实际上是在讲述意识和潜意识之间的冲突，这种冲突是心理动力学理论的一个标志性特征。**心理动力学理论**（psychodynamic theory）是一个统称，指那些把人格看作意识与潜意识的动机、思维和情感之间复杂且相互作用的模型。

    在本章中，我们将着眼于历史上最具影响力的心理动力学思想家，心理动力学理论的奠基人是西格蒙德·弗洛伊德，他发展出**精神分析**（psychoanalysis）模型——通过将潜意识的想法意识化，从而对潜意识进行分析。弗洛伊德就像一棵大树的主干，从这里出发，向许多新的和有趣的方向生长出了大量的枝干。那些拓展和挑战了弗洛伊德思想并在其基础上建立个人观点的思想家被统称为**新精神分析理论家**（neo-analytic theorists）。与弗洛伊德不同，新精神分析理论家不再强调性在心理冲突中的核心作用，同时，他们比弗洛伊德更加看重人际关系和社会情境。新精神分析理论家是一个复杂的群体，他们发展出了众多有关人类心理共性和个性的不同理论。我们首先关注的是卡尔·荣格，他发展出了**分析心理学**（analytical psychology）；之后我们要探索阿尔弗雷德·阿德勒和卡伦·霍妮的思想；最后我们将讨论客体关系理论。

心理动力学理论概述

关于心灵中陌生幽暗的部分是人格心理动力学取向的传统研究内容。心理动力学取向的不同流派有一些共识：他们都会涉及**潜意识**（unconscious）和**意识**（conscious），前者指我们觉知之外的部分，后者是我们能够觉知的部分。因为人格在很多方面都无法通过意识觉察获得，所以需要更深入地去挖掘。如果你问你的朋友："你能跟我说说你的潜意识吗？"他的回答一定是否定的。你需要用更加间接的方式了解对方潜意识的想法，如释梦、自由联想（说出任何出现在你脑海中的内容）、投射性人格测验（如罗夏墨迹测验）、测量对词语或图像的反应时、艺术创作或检验**移情**（transference）。

心理动力学取向关注意识与潜意识之间的互动和冲突，这也是心理动力学中"动力"的含义。例如，你的潜意识想要某个东西，但你的意识却想要另外一个东西。如果这个冲突足够严重——假设你的潜意识想要寻求认可，而你的意识却选择了一个不欣赏你的伴侣——你可能就需要接受治疗了。不过在大多数时候，冲突没有这么极端，这只是人类状况的一部分情形。

大部分心理动力学和新精神分析学的理论家都并非像今天我们这样研究人格科学。不同于当代人格研究者依靠实证数据，心理动力学理论使用一种"广袤图景"的方式理解人格，目标是发展出一套大的理论模型，用以解释各种各样的临床观察案例。而且，心理动力学理论中的许多概念也难以进行实证测量。你无法让人们说出他们没有意识到的内容。因此，与本书其他部分不同，本章的重点更多地放在理论和思想上，而不是研究和数据上。

那么，你可能会问，作为一个现代人，我需要了解这些内容吗？心理动力学思想不仅影响了人格心理学，它已经完全渗透到整个西方文化。如果让你说出一个有名的心理学家，绝大多数人都会说出弗洛伊德的名字。弗洛伊德的很多思想可能已经过时了（他在 1895 年出版了第一本书，1939 年离世），他并非严格意义上的心理

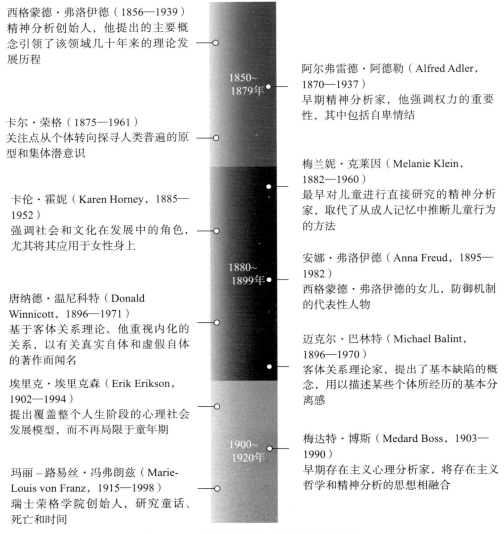

图 6.1　主要的精神动力学思想家简要介绍

学家，而是一名医生，而且如今几乎没有人格研究者会把他的理论作为研究的起点。但是，弗洛伊德的思想和新精神分析理论家的思想仍然非常重要，原因如下。

1. 心理动力学派包括很多拥有"广袤图景"的理论家（见图6.1）。在这种充满智慧的魄力中，有一些值得我们钦佩甚至可以效仿的地方，尽管如果有研究最终可以用数据来支持这些理论当然会更好。

2. 弗洛伊德和其他人所描述的许多思想在流行文化中随处可见。大量的文化触点——无论是《星球大战》（*Star Wars*）、《星际迷航》（*Star Trek*）、"哈利·波特"、《饥饿游戏》这样的电影，还是诸如赫尔曼·赫西（Herman Hesse）的《悉达多》（*Siddhartha*）这样伟大的图书——都与心理动力学和新精神分析思想有着直接的关联。如果没有一些相关的知识，在理解艺术和娱乐的时候就会遇到困难。

3. 弗洛伊德的工作是开创性的，这意味着他的工作引发了诸多研究。其中一些研究证实了他的理论，一些则没有。科学家想要的不只是答案，他们更想要问题——伟大的思想可以引发众多问题。事实上，弗洛伊德的很多学生及后来的心理动力学理论家在一些问题上与弗洛伊德持有不同的观点，但如果没有弗洛伊德奠基性的理论，他们就不可能发展出自己的思想。这也是我们对科学的期待——理论随着科学的进步得以发展。

4. 与之类似，许多现代研究主题，从自我控制到自恋再到依恋理论，都深深地根植于心理动力学理论中。弗洛伊德的著作对此产生了巨大影响：他的著作被学者们引用过 50 万次之多。仅作为对比说明，本书的两位作者发表过很多文章和出版过很多图书，但两个人加在一起被引用的次数仅仅有 5 万次。因此，如果有研究者说"弗洛伊德没什么了不起"，你就去谷歌学术查一下这位研究者的研究被引用的影响力，并把它与弗洛伊德的影响力进行比较。

5. 心理动力学和新精神分析思想家探索的理论很难用今天的技术进行实证测量。但这并不意味这些理论将来也无法被证实。我们会对神经成像和认知技术加以改进，使之超越有意识的自我报告的内容。例如，现在有一个充满吸引力的新兴领域是心理动力神经科学，它试图通过脑部扫描找到心理动力过程的证据。谁也无法预知下一个十年会发生什么。

弗洛伊德的意识模型

和许多伟大的思想一样，弗洛伊德的理论始于一个难题。作为一名医生，弗洛伊德见过很多女性病人有着无法解释的生理症状，如失明、昏厥或瘫痪，这种情况后来被称为**癔症**（hysteria）。弗洛伊德的其中一个病人叫安娜·欧，她无法移动自己的右侧手臂和右腿，并产生了可怕的幻觉，比如一条黑色的巨蛇攻击她生病的爸爸。弗洛伊德和另外一位医生约瑟夫·布洛伊尔（Josef Breuer）最初尝试用催眠揭示安娜·欧这些症状的潜意识源头，但他们失败了。之后，布洛伊尔要求安娜·欧只是简单地与他交谈，说出任何她想到的内容——这项技术被他们命名为**自由联想**（free association）。

安娜·欧最终没有被布洛伊尔和弗洛伊德的方法治愈，但这次尝试激发了弗洛伊德终生致力于对心理冲突如何引发神经性症状以及这些症状如何治疗的理解和探索。在此过程中，弗洛伊德发展出一些人类心理模型，并成为人格心理学领域的强大力量。

心理地形模型

某个周六，你计划开车回家看望父母。你打算早上 7：00 醒来，但你忘了设置闹钟，所以直到上午 10：00 才睁开眼。然后你开始像平常一样开车去父母家，可你走神了，最终开向了错误的方向。于是你决定返回，不去父母家了。那天晚上，你和朋友一起出去玩。晚上睡觉的时候，你梦见自己在一个房子里和童年时期的朋友们一起吃饼干，有两只笨拙的熊趴在窗户上。

第二天，你与一个正在学习人格心理学的朋友说起这件事。她指出，在潜意识层面你可能并不想去看望你的父母，相反，你想和朋友们待在一起。你在潜意识中想要避开父母的愿望使得你忘记设置闹钟并走错路。在梦中，你与朋友们享受美好的时光，而你的父母——由那两只笨拙的熊代替——却被关在了外面。你告诉你的朋友，你很爱你的父母，不同意她的说法。但后来你又仔细琢磨了一下，也许在心里某些隐秘的角落，那天晚上你的确想和朋友而不是父母在一起。

这就是弗洛伊德心理**地形模型**（topographical model）所讲的潜在冲突。我们的心理有三个主要层次：意识指我们觉知到的或容易被觉知到的内容，是我们赖以生存的基本现实；潜意识是心理的一部分，是我们无法觉知的，包括愿望、驱力，通常是与性和攻击有关的幻想；介于意识和潜意识之间是**前意识**（preconscious mind），指我们能够意识但几乎没有意识到的部分，它参与**审查机制**（censorship），即让潜意识的内容不被意识觉知。

潜意识通常受**快乐原则**（pleasure principle）支配：想要任何能带来快乐的东西，可以是食物、性或任何在脑海中闪现的东西。意识则相反，通常受**现实原则**（reality principle）支配：在现实中有效，食物、性或任何在脑海中闪现的东西不总是正确的选择。

我们的潜意识和意识经常发生冲突。我们希望快乐，但快乐会与现实相冲突。在上面的例子中，你的潜意识希望与朋友出去玩，意识却想去看望父母，二者就产

生了冲突。你的前意识保持潜意识愿望远离
意识，但这种愿望仍然在梦中和行为中（如
睡过头和走错路）出现。快乐－现实冲突通
常与性有关，这也是弗洛伊德对性如此强调
的原因之一。我们不能对每一次性冲动都付
诸行动，所以我们需要找到其他的方式管理自己的欲望。

　写作提示：了解自己

　　你能应用快乐原则和现实原则的概念
解释你曾经亲身经历过的一次冲突吗？

结构模型

　　弗洛伊德发现，地形模型无法解释全部心理冲突，不是所有的事情都是现实与
快乐之间的问题。意识中的另外一部分——弗洛伊德称之为超我——是非常严苛的，
就像父母坐在意识的后台指挥我们该怎样做。当你做了一件快乐的事情，比如迷恋
性活动或吃巧克力，你可能会感到愧疚。有时这种愧疚确实很痛苦（用比较流行的
说法就是"内心焦灼"），让人很难好好地享受快乐。有时，我们就是要让自己感觉
不好。

　　弗洛伊德的**结构模型**（structural model）有三个成分：**本我**（id）、**自我**（ego）
和**超我**（super-ego）（见图 6.2）。本我按照快乐
原则运作，驱使你寻求性、食物和攻击。本我
隐藏得很深，是一个人的原始本能，因此也叫
原始我。当你想吃生饼干面糊、朝你的室友扔
东西或者想与健身房里身材最性感的异性搭讪，
这都是你的本我在起作用。

　　自我按照现实原则运作，指引世界保持理
性。弗洛伊德将自我比作一个马车夫，他努力
控制着本我这匹狂野地奔跑着的马。有些人拥
有较强的自我，如那些高度尽责性的人可以控
制自己的本我冲动，让生活保持正轨。而有些
人的自我则比较虚弱，会被潜意识冲动击倒，
眼看着自己的生活失去控制。有时候，自我会
表现出临时性的虚弱。当你经过深思熟虑却说

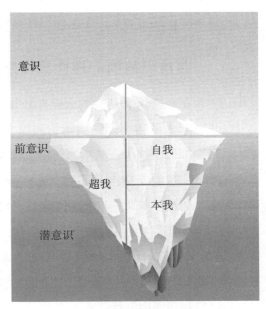

图 6.2　弗洛伊德结构模型的经典冰山图

错了话，这时就是你的本我在发声，也就是**弗洛伊德式的口误**（Freudian Slip）。如果
一个女孩在潜意识里还爱着她的前男友，她可能会在和现男友在一起时不合时宜地

说出前男友的名字。这令人尴尬的弗洛伊德式口误就是她的自我暂时性地对本我失去控制的表现。

超我是良知的所在地。超我就像你头脑中的一个声音，告诉你与在酒吧里认识的人回去或者在父母家里举办派对都是不正确的。与自我相反，超我经常伴随着痛苦。自我可能会指出你明天会对现在的行为后悔，但超我却会让你感到羞愧或焦虑。即使你的自我已经决定了这样做是可以的，你的超我也会使你感到非常羞愧和焦虑，让你无法安心。超我可谓是心灵的冷水。

超我从何而来？婴儿生来就有本我，但没有超我。儿童要学会分辨对错，但什么是对、什么是错在不同的地方、不同的时间有所不同。你所成长的文化中有各种各样的规则，它们组成了超我。现代人格科学着眼于儿童在冲动控制和社会化方面的发展，以此来解答以上问题（见第9章）。

对于以上三个成分，你能觉察到多少？在弗洛伊德早期的结构模型范式中（见图6.2），本我、自我和超我跨越了从意识到潜意识的全部水平。本我存在于潜意识，而自我和超我既存在于意识又存在于潜意识。想象一下你的闹钟响了，你需要准备去上课。你的本我或许会让你躺在床上继续睡觉（从短期来看是最快乐的），但你的超我却提醒你逃课所带来的愧疚感可不那么舒服。面对来自本我和超我两个对立的要求，你的自我决定去上课。从长远来看，去上课会给你带来最大的快乐和好处。

弗洛伊德的心理性欲发展理论

在本书作者基斯的大女儿还很小的时候，有一次他们和基斯的一个朋友及其女儿一起去动物园。刚到动物园没多久，朋友的女儿就开始啃水獭笼子上方脏兮兮、布满细菌的扶手。基斯当时的反应是"这是他能想到的最恶心的事了"。在回家的路上，那位朋友指向基斯的女儿——她坐在婴儿车里，把腿抬高，正在品尝自己的鞋底。朋友和基斯一致表示，吃鞋底比啃扶手还要恶心。

婴儿和学步期的孩子从咀嚼、啃咬和吮吸中获得如此多的乐趣，这是为什么呢？随着孩子年龄的增长，他们获取快乐的源头为什么会随之发生变化？换句话说，本我的欲望如何伴随生命周期而改变？弗洛伊德试图通过他的心理性欲发展理论对这些问题做出解释。

"力比多"：性能量 一些宗教和哲学专注于身体中流动的能量或生命力，如中医里的"气"、瑜伽中的"昆达利尼"。电影《星球大战》把它称为"原力"，蓝调音乐把它叫作"魔力"。弗洛伊德则把这种生命力视为**"力比多"**（libido），这是一个拉

口欲期

肛欲期

性器期

丁语术语，意思是"诱惑或欲望"。弗洛伊德相信，"力比多"从童年起就发挥作用，并塑造了一个人成年后的人格。"力比多"依附于一个客体，人们从中获得性愉悦，这个过程叫作**"贯注"**（cathexis）。设想一下，当一个销售人员在描述最新款的鞋子时，他看起来充满了性兴奋。你开始好奇，他的家里是否有满满一柜子的女式鞋，并且很多个晚上他都和这些鞋子一起度过。在这个例子中，鞋子就是这个销售人员的"力比多"所贯注的客体。

发展阶段　弗洛伊德把婴儿当作"力比多"的载体，他们有强烈的本我，但没有太多超我和自我部分。随着孩子的成长，在不同的**发展阶段**（developmental stages，见表 6.1），"力比多"依附于其身体的不同部位。弗洛伊德将早期的三个阶段分别命名为：**口欲期**（oral stage）、**肛欲期**（anal stage）和**性器期**（phallic stage）。这三个阶段之后，"力比多"进入一段休眠期（大约在 6 岁之后），弗洛伊德把这段时间称为**潜伏期**（latent stage）。最后，进入成人性成熟阶段，即**生殖期**（genital stage）。

表 6.1　弗洛伊德的发展阶段

年龄	发展阶段	标志性事件
婴儿期（0 ~ 12 个月）	口欲期	把所有东西都放入口中
学步期（1 ~ 3 岁）	肛欲期	如厕训练
学龄前幼儿期（4 ~ 6 岁）	性器期	俄狄浦斯情结和厄勒克特拉情结
学龄期（7 ~ 11 岁）	潜伏期	"力比多"进入休眠期
青少年期（12 岁及以上）	生殖期	成年性开始出现

口欲期与母乳喂养和吮吸有关，发生在个体出生后的第一年里。在这段时间，婴儿通过把物品放进嘴里获得巨大的满足。最主要的客体就是乳房或奶瓶，但安抚奶嘴、手指、拳头、脚、摇铃甚至钥匙也都是婴儿喜欢的。

在大多数情况下，"力比多"最终会从口欲期进入下一个阶段，但有时"力比多"固着在口欲期的行为上，这叫作**口唇固着**（oral fixation）。例如，不少父母对 3 岁的孩子还在用安抚奶嘴感到担忧。在成年人或大一些的孩子身上，口唇固着可能的表现形式有嚼口香糖、大吃大喝、抽烟等。电视剧《南方公园》（*South Park*）里的艾瑞克·卡特曼（Eric Cartman）看起来就属于口唇固着，用一个学生的话来说，"他忙于把自己的嘴巴用食物填满，汉堡、奶酪球、鸡肉派全都来者不拒"。

在出生后的第二年和第三年，儿童进入肛欲期，着重于如厕训练。在理想情况下，儿童顺利渡过这个挑战，平稳发展。但有时这个过程会出现偏差，一般会有两种形式。第一种情形是一些儿童从忍住不排泄中获得快感——当父母问他们是否需要上厕所的时候，他们会拒绝。这种权力和自我控制的早期体验会一直伴随这类儿童直到成年，形成一种**肛门控制型**（anal retentive）人格，热衷于整洁和秩序。这与高度尽责性和权力动机相似（有关权力动机的更多内容见第 7 章）。如果你曾经抱怨过你的老板或同事是肛门控制型人格，你很可能就是在说他过度控制。

第二种情形正好相反——一些人从排泄中获得快感，这叫作**肛门排泄型**（anal expulsive）人格。这可能源自儿童在有厕所的情况下不使用厕所，却在玩耍的时候排泄，之后继续玩耍。作为成人，肛门排泄型人格与肛门控制型人格正好相反，他们凌乱无序，类似于低尽责性。本书作者简的两个女儿就分别是这两种类型。凯特 2 岁的时候喜欢垃圾车带走她的脏尿布——她会高兴地说"便便拜拜"。可当简向伊丽莎白解释她的尿布的最终去处时，她睁大眼睛看着简，等下次垃圾车再来的时候，她严肃地说"它们把我的大便带走了"。如果弗洛伊德的理论是正确的，那么凯特可能会成为一个无序的人（肛门排泄型），而伊丽莎白则属于更有掌控感的人（肛门控制型）。

儿童早期的最后阶段是性器期，发生在 4 岁到 6 岁。根据弗洛伊德的理论，"力比多"转移到生殖器。在这个年龄段，儿童可能开始对不同性别的生殖器的区别感到好奇。性器期在弗洛伊德的理论中十分重要，因为其中包含了俄狄浦斯情结。这个名字来源于古希腊剧作《俄狄浦斯王》（*Oedipus Rex*）。在这部剧中，俄狄浦斯从小被收养，因此不知道自己的亲生父母是谁。长大之后，他在不知情的情况下杀死了自己的亲生父亲，爱上并娶了自己的亲生母亲。当他意识到自己的所作所为后，悲痛地弄瞎了自己的双眼。

 写作提示：了解自己

弗洛伊德的发展阶段理论在某些方面反映了你的成长经历吗？具体是怎样的？

这部古希腊剧作与一个 5 岁小男孩的心理性欲发展有什么关系吗？按照弗洛伊德的说法，小男孩在性方面会被母亲吸引，将父亲视为抢夺母亲的爱的对手。因此，小男孩想要杀死父亲以拥有母亲。但由于小男孩太小，而父亲很强大，这就引发了孩子的焦虑。他担心父亲如果发现了他的想法会把他阉割（男孩已经注意到女孩没有阴茎，所以他们相信阴茎可以被拿掉），这种焦虑就叫作**阉割焦虑**（castration anxiety）。

在理想的情况下，俄狄浦斯情结以一种心理健康的方式得到解决。男孩最终认同了他的父亲，想要成为像父亲一样强壮的男性。之后，男孩决心要找到一个像母亲那样的女人结婚。然而，如果俄狄浦斯冲突没有解决，男孩就会过度依赖自己的母亲，无法与女性建立健康的关系。

我们知道，这些听起来很荒谬，但是，从传统西方文学到美国流行文化，俄狄浦斯戏剧无处不在。在莎士比亚的《哈姆雷特》（Hamlet）中，哈姆雷特无法面对杀死了他父亲的人，从而导致了心理痛苦和死亡。在《星球大战》里，卢克的父亲达斯·维达（Darth Vader）砍掉了卢克的手，这可以被看作象征性的阉割。

那么对于女孩来说是怎样的呢？弗洛伊德的学生卡尔·荣格认为，女孩想要和他们的父亲结婚，他称之为**厄勒克特拉情结**（electra complex），也是源自古希腊剧作的名字。然而，据说弗洛伊德对此却表示否认。

弗洛伊德关于女孩的主要理论是，她们想要拥有阴茎，即所谓的**阴茎崇拜**（penis envy），这揭示出女性渴望成为男性的愿望。我们在后面将会看到，有人指出弗洛伊德并不理解女性，并且他的一些观点存在着深刻的性别歧视。

梦：我们如何通向潜意识

心理动力学取向的主要挑战之一是如何通往潜意识。你是如何理解那些你无法意识到的内容的？假设，在你的潜意识中，你的一个朋友对你产生了性吸引，或者你的口唇固着使你总是不停地咬铅笔。你怎样才能意识到这些呢？

弗洛伊德认为梦是理解潜意识的捷径，在梦里，潜意识愿望以伪装的形式得以表达。对梦的解析是关键，因此弗洛伊德的名著《梦的解析》（The Interpretation of Dreams）便以此得名。按照弗洛伊德的理论，梦不能从表面的内容即**显梦**（manifest content）去理解，必须透过表面寻找真实的意义，即**隐梦**（latent content）。

弗洛伊德相信，所有的梦都是潜意识中的**愿望达成**（wish fulfillment）。有一些愿望（如口渴需要喝水）是没有危险的，而另外一些（如和你的知心朋友发生性关系）则被严格禁止。在你睡着之后，如果潜意识中的愿望浮现出来，你就会醒过来（在第一个例子中你会起床喝水，在第二个例子里你的想法会让你惊醒）。为了保护睡眠，这些愿望会被伪装起来，将前一天发生的一些场景——**白日遗思**（day residue）——和梦的符号混杂在一起。经过伪装的梦不再如最初的愿望那么强烈，因此你通常可以继续睡觉（尽管愿望被伪装了，你仍可能从一个具有冲击力的梦中醒来）。然后，当你最终睡醒的时候，你常常会记不起梦中的细节，或者干脆忘记自己做梦了，这是梦的第二种伪装形式。

弗洛伊德曾经描述过自己的一个梦。

> 例如，有一个实验性的梦，我可以随心所欲地做这个梦。如果当天晚上我吃过凤尾鱼、橄榄或其他很咸的食物，我在夜里醒来的时候就会感到口渴。然而，每次醒来之前我都会做一个内容相同的梦，就是我正在喝水。我在长时间没有喝水的情况下大口畅饮，水的味道甘甜，就像嗓子干涸的时候喝下一杯冷饮的感觉，然后我就醒来了，并真的想喝水。我在醒来后发觉，这个梦的场景是口渴，喝水的愿望就是源于口渴，而在梦中我的愿望被满足了。所以，后来我猜想，这就是梦本身的功能。我的睡眠很好，一般不习惯因为身体的需要而醒来。如果这个喝水的梦成功地缓解了我的口渴，我就不需要醒来去喝水了。因此这是一个"提供方便"的梦。梦代替了行动，就像生活中的其他方面一样。

在这个例子中，弗洛伊德在睡眠中感到口渴。他想要止渴，但是为了保护睡眠，他梦到了喝水。有时候这些梦可以让他继续安睡，但有时候口渴的感觉是如此强烈，他不得不醒来喝水。

弗洛伊德坚持认为，许多梦的符号都是共通的。虽然没有任何科学数据支持自己的观察，但这些符号值得人们思考。

> 国王和王后一般代表做梦者的父母，做梦者本人则是王子或公主。
> 所有细长的物体，如棍子、树干、雨伞（可以与勃起相比较的伸展运动）、细长锋利的武器、刀、匕首、长矛都是男性的象征。通常，还有一个不易理解的符号是指甲锉，也象征着同样的意义。
> 小箱子、盒子、匣子、壁橱、壁炉代表女性。
> 走过一排房子的梦是身处后宫的意思。阶梯、梯子、楼梯或者在这些上面爬上爬下代表性交行为。

难怪人们说弗洛伊德的眼里全是性！

不过，很多梦的符号非常个人化。例如，你可能梦到过你戴着一顶时髦的帽子——弗洛伊德认为它代表阴茎——但在你的梦中，这顶帽子可能表达了渴望社会地位。弗洛伊德指出，自由联想是发现梦的含义的最好方法。

假设你做了一个梦，梦见一个好朋友戴着一顶时髦的帽子。弗洛伊德会问："这顶帽子让你想到了什么？"你回答说："我不知道。小时候我在学校里有一个朋友总是戴着这样一顶帽子去参加比赛，我很嫉妒她。我想我一直都想要一顶这样的帽子。"

仅仅通过这种漫无目的、不加限制的方法讨论你的脑海中出现的内容，可以发现重要的潜意识过程，甚至超越了**梦的解析**（dream interpretation）的范畴。弗洛伊德把自由联想作为**谈话疗法**（talking cure）的一部分，他让病人背对着他躺在躺椅上，目的是为了创造一种环境，可以让他们的思绪随意地游走，不受外界的限制。

弗洛伊德的躺椅。

弗洛伊德认为梦是通往潜意识的途径。他的想法正确吗？答案似乎非常模糊。没有充分的证据可以证明弗洛伊德关于梦是愿望达成的模型，不过弗洛伊德认为梦不是无意义的，这点我们可以确信：梦确实揭示了我们的人格。例如，高神经质的人容易做噩梦。相反，低神经质和高开放性的人更爱做与飞翔有关的梦。高宜人性的人会梦到很多人，高开放性的人会梦到陌生的、不同的人。高开放性的人还更容易记住他们的梦。

 写作提示：了解你自己

想一个你做过的有意思的梦。你会如何从弗洛伊德的观点对它进行解析？

防御机制

防御机制（defense mechanisms）是一种心理过程，它阻止我们将那些给我们带来痛苦的经历意识化。心理防御的概念是弗洛伊德著作的核心，但具体的防御机制则由他的女儿安娜·弗洛伊德在她的作品中给予了最好的描述。

你可能会对一些普遍的防御机制很熟悉，即使你并不了解它们的名称。或许你曾经试图与朋友谈论一个问题，但他却不承认这个问题，他或许会说那不是他的问题，而是你的问题。这就是心理防御在实际生活中的例子。心理学家给防御机制列出了一串长长的清单，在这里我们着重讨论那些最广为人知的内容。我们同样也会强调可以支持这些防御机制的现代研究结果。

否认

如果一个人表面上高度节欲，但实际上却有着强烈的无意识性冲动。这就会导致一个问题，指出他隐藏的性欲望会让他有负罪感或感到羞耻。

一种简单的防御方式是直接拒绝承认这种冲动："我对性不感兴趣。"这是**否认**（denial）的典型例子。否认随处可见。

从对缺乏天赋的否认到否认关于他人的真实感受，人们可以对各种各样的事情加以否认。还有很多人否认死亡，事实上，社会心理学发展出了一个叫作"恐惧管理"的完整分支领域，专门探索我们几乎无意识的死亡恐惧带来的后果。

反向形成

你的朋友约翰对男人有着无意识的性冲动。许多人猜测约翰是同性恋，但是他公开表明自己的恐同态度，表示自己反对同性性关系。当学校举办橄榄球比赛时，约翰站在一个角落里，拿着扬声器谴责同性恋。几年之后，约翰以男同性恋身份出柜了，这让所有人都大吃一惊。约翰最终与自己的潜意识冲动达成和解。

弗洛伊德会说，约翰在使用**反向形成**（reaction formation）的防御机制：把潜意识中的感受转化为意识中相反的行为。所以，约翰非但没有表现出对男同性恋的喜爱，相反表现出对他们的憎恶。这种防御保护他免受难以满足自己的愿望之苦。反向形成比否认要复杂，它不仅涉及对情感的否认，而且还会表现出相反的行为。

投射

很多人抗拒愤怒和攻击的冲动。例如，索菲亚在潜意识里对她的婆婆有负面和攻击性的情感。但是，在意识层面，她不能承认这些。相反，作为一种防御，她把她的厌恶投射到了她的婆婆身上。她将潜意识层面的"我讨厌你"转变为了意识层面的"她讨厌我"。这样她就不必处理自己的厌恶情感，反而还要费力地避开婆婆对她实际上并不存在的厌恶。

简单来说，**投射**（projection）是将自己的情感投射到其他人身上，就好像投影仪把电影投到屏幕上一样（你是投影仪，另外那个人是屏幕）。想象一下，你与一个人发生了争执，那个人愤怒地大喊："你凭什么对我发火？"而你实际上只是看着她而已。她很可能把自己的愤怒投射到了你的身上——明明是她很生气，但她却认为生气的人是你。

压抑

压抑（repression）是把潜意识冲动或愿望完全赶出意识。这和否认不同，否认是一个人知道冲动的可能性但不愿意承认，而压抑是人们对冲动没有觉知。但是，潜意识的冲动还是会以其他形式跑出来。从某种程度上说，压抑是全部防御机制的关键所在。

实证研究发现，人们在**压抑性应对**（repressive coping）这个特质上有所不同。压抑性应对是指不允许自己的焦虑被完全意识化。在马洛 – 克罗恩社会赞许量表中得到高分和在神经质项目上得到低分通常被定义为压抑性应对行为。你是否认识这样一个人，他说自己不太容易焦虑或难过，但他做的事情却显示出他很焦虑？例如，他信誓旦旦地说自己不害怕看恐怖电影，但却在看的过程中一直死死地抓住他的椅子坐立不安。这就是压抑性应对的证据。

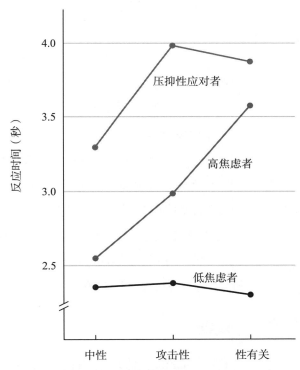

测量人们对存在潜在干扰的性和攻击语句的反应时可以揭示压抑性应对的倾向。让被试听到诸如"他的室友打他的肚子"这样的句子，句子一结束就马上让他们说出任何出现在他们脑海中的内容。与冷静的人和那些承认自己的焦虑的人相比，压抑性应对者需要的时间最长（见图 6.3）。当听到这些句子时，焦虑的人和压抑的人都表现出心跳加快。这表明压抑性应对者也在经历焦虑，虽然他们声称自己不易焦虑。

图 6.3　压抑性应对者、高焦虑者和低焦虑者分别对中性、攻击性和性有关的语句的反应时间

转换或置换

转换或置换（displacement）指把令人烦恼的冲动放到一个不同的、威胁性较小的对象上。转换或置换愤怒是最常见的。假设海莉今天的工作不太顺利，因为她的老板不公平，那她就很可能对她的孩子和宠物发脾气。她实际上想揍她的老板，但却让她的宠物当了替罪羊。她把自己的愤怒转移或置换到威胁性小的对象身上，即她的狗，毕竟她的狗不能解雇她。

升华

按照弗洛伊德的理论，将潜意识的冲动引导到工作中是一种相对健康的防御机制。**升华**（sublimation）就是把不被接受的愿望转化为可接受的、为人称颂的一种形式。例如，一个潜意识里想把人切开的人当了外科医生，一个想把东西到处乱抹的人成为艺术家。弗洛伊德认为，莱昂纳多·达·芬奇（Leonardo da Vinci）童年时期与母亲的关系以及他潜藏的同性恋倾向成就了《蒙娜丽莎》（*Mona Lisa*）这样伟大的艺术作品。

人类学家艾伦·邓兹（Alan Dundes）在考察橄榄球为何如此受欢迎时采用了弗洛伊德的方法。他观察到，这项运动只有男性参与。男人们身着紧身裤、运动上衣和肩垫，这让他们显得雄风十足。每场比赛开始的时候他们都会弯下腰，赛场上男人们互相拍屁股是一种应景的社交行为（千万不要在办公室里尝试）。接下来比赛开始，比赛目的简单说来就是要进入对方的禁区，但同时不能让对方进入本方的禁区。

换句话说，邓兹觉得，橄榄球是对同性恋占有竞争的升华，其目标是在保护自己的同时用性的方式侵入对方的领地。很自然，许多人不喜欢邓兹的理论，尤其在20世纪70年代之后，情况更是如此。他甚至收到过死亡威胁，他把这些当作对他的理论的支持性证据，因为这恰恰说明他让人们感到紧张——至少，当本书作者基斯在加州大学伯克利分校读本科的时候，邓兹在课堂上是这样说的。

幽默

幽默（humor）是另外一种比较健康的防御机制，至少在大多数时候是这样。幽默并非无害——对一个人来说是笑话可对另外一个人来说却是残忍的打击。很多笑话中都有一个替罪羊（如不同的种族、金发女郎、名人、胖子等）。但是，幽默也可以化解不舒服的场面，或者帮助人们应对消极经历。请完成本章末尾的幽默风格量表，看看你自己的幽默感如何。

弗洛伊德指出，幽默可以被用来释放潜意识和意识之间的紧张。这也是为什么很多幽默都涉及性和其他身体功能（如厕所幽默）。

幽默可以有多种目的和用途。你完成的幽默风格量表把幽默分为四种风格：亲和型幽默风格的人喜欢通过幽默让别人开心，把大家融入一起；自我提升型幽默风格的人用幽默为自己加油鼓劲；攻击型幽默风格的人通过幽默模仿或取笑别人；自我贬低型幽默风格的人利用幽默贬低自己。你在哪个幽默类型的得分最高呢？

写作提示：了解自己

你会使用防御机制吗？你是如何知道自己正在使用防御机制的？你能想到你的朋友采用的防御机制吗，即使你并没有亲自见到他们？

防御性悲观

一个现代研究领域利用防御机制作为中介找出一种比较新的人格特质：**防御性悲观**（defensive pessimism），或者叫作杞人忧天。在继续后面内容之前，请先完成本章末尾的防御性悲观量表。

防御性悲观并不是弗洛伊德的理论，而是从他的思想中延伸出来的。想象一下，你在日历上的某一天做了标记：这天你有一个重要的工作面试。你非常想获得这份工作，但你知道自己可能无法实现这个愿望。如果你是防御性悲观主义者，你会降低自己的期待，告诉自己你很可能不会成功。通过这种方式，如果你没有得到这份工作，你就不会太失望；如果你如愿得到了这份工作，那就是意外的惊喜。

但这并不代表你就不为面试做准备了。实际上，如果你是一个防御性悲观主义者，也许会做更多的准备，但仍然还会觉得自己无法获得这份工作。防御性悲观主义者在当下感觉糟糕或担忧，以此避免日后更加焦虑和苦恼——他们认为悲观情绪是为消极结果做准备的。研究者朱莉·诺伦（Julie Norem）把这种现象称为"消极思维带来的积极力量"。充分准备是这一策略的关键，如果没有任何准备，单纯的悲观一定会导致失败。一旦有所准备，在面对焦虑时，防御性悲观则会带来更大的成功。你在防御性悲观量表上的得分可以告诉你，与其他人相比，你对于这项策略的使用情况如何。

防御机制的实证性证据

防御机制的概念有一些实证支持。问题是，防御机制经常以不同的名称出现在研究文献中，以一些不同于弗洛伊德所假设的方式运作。具体来说，有大量的证据支持反向形成和否认机制，也有一些证据支持投射机制，但支持转换或置换和升华的证据则非常少。

概括起来，罗伊·鲍迈斯特（Roy Baumeister）及其同事总结道，比起防御无意识驱力，防御机制更多的是用来保护自尊。换言之，人们变得具有防御性是为了让自己感觉更好（或者至少感觉没那么糟糕）。例如，**错误共识效果**（false consensus effect）在某种程度上与否认机制类似，一个人高估与自己想法一致的人的数量，是为了对自己的想法更加认同。这种自尊心驱动的防御性在孩子身上很常见（其实在成年人身上也是如此）。本书作者基斯的两个孩子过去常常互相嘲讽，一个人说"你这只臭猴子"，另外一个人反击"哼，你是超级臭猴子"或者"你像个臭鼬猿"。姐妹俩都保护着自己的自尊，直到最后以互不相让的"你是！你才是！你！你！"无果而终。

对弗洛伊德理论的挑战及该理论在现代心理学中的应用

多年来，弗洛伊德的理论一直被不断地剖析和评论——有很多人批评他的观点。一方面，弗洛伊德的理论很难被证实或证伪。看起来完全相反的例子可以通过对这些观点的重新应用得到解释。例如，弗洛伊德告诉他的病人，所有的梦都是愿望的达成。有一个病人和他说，她梦到自己和婆婆一起去度假，但她讨厌她的婆婆，很明显这个梦不是愿望达成。那么，她对弗洛伊德的质疑可以说明不是所有的梦都是愿望达成吗？弗洛伊德对此的回应是否定的，因为病人实际的愿望是希望弗洛伊德是错误的，"她的梦完成了这个愿望"。看起来弗洛伊德可以解释一切。

对弗洛伊德理论的第二个主要挑战来自我们如今对潜意识的科学理解。弗洛伊德在某种程度上把潜意识视为初级、情绪化的。然而，大多数研究者不再同意他的看法，而是从更加认知化的角度看待潜意识，认为潜意识是由想法组成的。潜意识现在被看作一个广泛的连接网，连接了想法、行为脚本、记忆和日常化的中性情绪。例如，激活理想自我的潜意识想法可能会让你难过，但比起真实的失败和无法达成预期的理想，这种难过似乎要好一些。

研究者发展出了简单的方法来激活潜意识想法。**启动**（priming），也叫激活潜意识认知网络，可以通过有意识或无意识的方式完成。

关于弗洛伊德的思想，还有另外一个主要问题，这些理论晦涩难懂。例如，弗洛伊德主义的精神分析家可能会说吸烟是对幼年期缺乏母乳喂养的补偿，可这也许仅仅是因为尼古丁令人上瘾。心理学甚至科学领域的一个普遍原则是，简单的解释胜过复杂的解释，即奥卡姆剃刀效应。如果你感到头疼，你不需要去做磁共振检查一下脑部是否有肿瘤，导致头疼最常见的原因是噪声，如邻居家传出的尖叫声。如果噪声消失

写作提示：了解自己

你认为弗洛伊德对于人格心理学最大的贡献是什么？你认为，在他的理论中，最有争议的地方是什么？

之后你的头还是疼，那可能是由于疲劳或压力造成的。弗洛伊德受到批评还有一个无可辩驳的原因是，他的理论无法通过实验证明。正如我们先前提到的，他的思想对现代研究的诸多领域都有启发。例如，超我概念是现代自我控制研究的核心（见第 5 章）。弗洛伊德有关自恋的观点启发了现代对自恋的研究（见第 5 章）。他提出童年时期的关系影响成年亲密关系，这直接引发了现代依恋理论（见第 9 章）。因此，同所有杰出的思想一样，弗洛伊德的理论具有开创性价值。

的确，弗洛伊德的理论激发了其他理论家的灵感，从而发展和改进了多种心理动力学模型。作为弗洛伊德后继者的新精神分析理论家在质疑弗洛伊德的同时又扩展了他的思想，包括关注更深层次的无意识过程、内化关系、认知和动机模型以及有关当下与过去的探讨（如存在主义精神分析模型）。接下来，我们将探索后弗洛伊德主义的模型。我们把重点放在四个主要的新分析性理论上。我们会花费较多篇幅介绍卡尔·荣格的理论，他对于现代思想的重大影响不仅在人格心理学方面，在宗教、故事和艺术方面也都有所体现。我们同样会关注阿尔弗雷德·阿德勒的观点，他提出了包括自卑情结在内的一些概念；其后是卡伦·霍妮，她从一种更加女性化的视角看待精神分析的思想，并发展出一种重要的人格模型；最后是客体关系学派，其着眼点是关系，尤其是早年的关系。

荣格

卡尔·荣格是来自瑞士的一名精神科医生，也是弗洛伊德的早期弟子，尽管他最终对无意识的探索要比弗洛伊德更加深入和广泛。荣格创立了一套关于人类心理的复杂观点，其中包括弗洛伊德的一些思想，但远不止于此。

原型

荣格认为，弗洛伊德的本我和超我是**个人潜意识**（personal unconscious），

与之相对应的是更大层面上的人类潜意识，他称之为**集体潜意识**（collective unconscious）。集体潜意识里充满着跨文化和跨时间的普遍心理结构，即**原型**（archetypes）。举例来说，根据荣格的理论，原型既出现于印尼的部落神话、艺术和宗教里，也体现在现今的美国电影中。荣格最著名的原型包括阴影、阿尼玛和自性。

回顾历史

荣格的"房子梦"

　　精神分析历史上重要的事件之一就是西格蒙德·弗洛伊德和卡尔·荣格之间的决裂。荣格敬仰弗洛伊德，把他看作自己的导师和父亲。然而，荣格关于潜意识与弗洛伊德大相径庭的观点使他远离了弗洛伊德。

　　与心理动力学观点相吻合，这次思想上的决裂在荣格的一系列"梦"中大量地呈现出来。其中最著名的是"房子梦"，荣格在他的自传《回忆·梦·思考》（*Memories，Dreams，Reflections*）里描述了这个梦。

　　在梦中，他身处一座两层的房子里。二层是让他觉得很舒服的华丽的洛可可风格，他很好奇，想去房子的其他地方看看。他走下楼梯，发现这是一座古老的房子。

　　　　再往下走，我发现自己置身于一个漂亮的拱形房间里，这个房间看起来非常古老。我查看墙壁，发现普通石块中夹有砖层，砂浆里面混合着砖块缺口。一看到这些，我就知道了这面墙壁属于罗马时代。

　　之后，他在地板上看到了一个圆环。拉起圆环，他发现房子还有一个隐藏的地窖。他沿着楼梯走下去。

　　　　我……走进了一个低矮的岩洞。地板上布满了厚厚的灰尘，并且散落着骨头和破碎的陶器，好像是原始文化的遗迹。我发现了两个人类头骨，很明显时间非常久远，已经有一半碎裂了。之后我就醒来了。

　　荣格把这个梦告诉了弗洛伊德，弗洛伊德让荣格把这个梦解读为一种死亡愿望。他问荣格希望哪两个人死去——很显然，那两个头骨是两个人。荣格回答说，那两个头骨代表的是他的妻子和妻子的妹妹。

　　弗洛伊德赞同这个回答，因为这符合他关于梦的理论，即梦是伪装了的愿望。但荣格却认为这个梦有更深层的含义，它并不是一个伪装的愿望，而是与自己在更原始水平上的一种交流。

> 对我来说，梦是自然的一部分，没有必要隐藏，它在尽可能地在表达一些东西，就像一株植物在成长或一只动物在尽力寻找食物。

这个梦表示，在潜意识中，有比荣格和弗洛伊德已经发现的更深的层次。房子的地窖代表了集体潜意识，荣格认为人类有一些共有的象征性的潜意识。他写道：

> 我的梦给了我答案。它很明显地指向了文化历史的源头——连续不断的意识层的历史。我的梦因此组成了人类心理的结构化图解；它假定了心灵之下有一些共有的、非个人化的东西。

这个梦激发了荣格对历史、人类学和神话的钻研，并催生了他的集体潜意识的理论。

阴影（shadow）原型是对自我"阴暗面"的拟人化表达，它和弗洛伊德的本我（充满了阴暗、性、攻击的地方）有部分重叠。你的"阴暗面"可能是你通常的自我形象的反面，比如你通常是个外倾性的人，而你的"阴暗面"是内倾性的人。

许多文化故事中都有一个相对常规化的主角（自我）及其阴暗的一面（阴影）。阴影使这个人做出各种恐怖、负面、令人胆战心惊的事情，这会造成很大的伤害，但假如可以直面阴影和挑战，故事的主角最终会变得更加强大。

经典小说《化身博士》（*The Strange Case of Dr. Jekyll and Mr. Hyde*）就是阴影击败了主人公的例子。杰基尔博士（Dr. Jekyll）服用的药水将他变成一个原始凶残的生物——海德先生（Mr. Hyde）。在这个故事中，自我（杰基尔博士）和他的阴影（海德先生）没有整合成一个完整的人格。最后，杰基尔博士消失了，阴影海德先生取得了胜利。

与阴影和解的美好结局发生在电影《宿醉》（*The Hangover*）中。斯图（Stu）是一个外表整洁的牙医，或许也是世界上最无聊的人。经历了宿醉和错误地选择同伴，他的阴暗面浮现出来。他拔掉自己的牙齿，在脸上纹了刺青。最终，斯图接纳了自己的阴影，这给了他面对未来岳父的勇气并赢得了他的尊重。

阿尼玛或阿尼姆斯（anima/animus）是荣格关于灵魂原型的术语。在荣格看来，阿尼玛或阿尼姆斯是一种意象，象征着我们身体内部存在的另外一种性别。因此，男性拥有女性化的灵魂（阿尼玛），女性也拥有男性化的灵魂（阿尼姆斯）。

对男性而言，与阿尼玛联结就是荣格认为的"触碰女性化的一面"；对女性来

电影《化身博士》 电影《宿醉 II》

说，阿尼姆斯则赋予了她们男性化的特征。阿尼玛（作为男性心中的女性原型）以富有女性同情心的宗教形象出现。

阿尼姆斯（女性心中的男性原型）经常由一个英雄形象所代表。他通常是一个典型的充满男性气概的形象，如瑞安·戈斯林（Ryan Gosling）在电影《亡命驾驶》（*Drive*）中的角色。

不过，阿尼玛和阿尼姆斯可不总是正面形象。黑暗的阿尼玛也出现于一些"致命女人"的角色中，她们利用美色勾引并加害男性——这是过去 20 年里电影中老套的情节，如《福尔摩斯》（*Sherlock*）系列里的艾琳·阿德勒（Irene Adler）、《黑金杀机》（*The Counselor*）里的玛尔金娜（Malkina）、《消失的爱人》（*Gone Girl*）里的埃米·埃利奥特（Amy Elliot）以及《007》（*James Bond*）系列的多位女主角。在《暮光之城之破晓》（*Twilight*：*Breaking Dawn*）的小说中，吸血鬼家族三姐妹引诱男人，把他们杀死，再吸食他们的血。

自性 弗洛伊德将自我视为心灵的中心，但荣格却认为自己的**自性**（self）原型才是核心，弗洛伊德的自我围绕自我运作（见图 6.4）。这种区别类似于：在过去，宇宙的模型认为太阳围绕着地球转，而现代模型修正了这种观点，指出是地球在围绕着太阳转。荣格是这样看待自我的——自我的确很重要，就像地球一样，但他的自性原型概念，如同太阳，处于核心

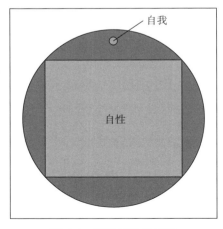

图 6.4 自我与自性原型

位置。

图 6.4 选自荣格所著《人及其象征》(*Man and His Symbols*)，这幅图描绘了自性和自我之间的关系。正如你所看到的，自性位于集体潜意识的中心位置，自我则处于外部。在荣格的观点中，自我是心灵中较小的、次要的方面，自性才是最重要的。

自性以人类或非人类的形式出现在宗教、神话和虚构故事里。常见的自性形象是智慧的老者——一个受人尊敬的人物形象，他无所不知，并且不吝赐教，帮助年轻人。电影《星球大战》里的尤达大师(Yoda)和欧比旺(Obi-Wan)、"哈利·波特"里的邓布利多(Dumbledore)都是智慧的老者形象。

一个有名的非人类化自性形象是方圆结合的**曼陀罗**(mandala)，常见于藏传佛教中。曼陀罗是充满力量的自性意象，它代表了一种对立圆满（正方形和圆形相结合）。

曼陀罗

自我、自我的态度和功能

荣格关于自我的观点与弗洛伊德相似。然而，荣格认为，自我可以分成不同的态度和**自我功能**(ego functions)——人们觉知世界并与之交流的方式。这些态度和功能是由对立的两面组合在一起成对出现的。两种态度是外倾对应内倾，四种功能是思维对应情感、直觉对应感觉。

很多人做过迈尔斯-布里格斯类型人格问卷，它建立在荣格的思想模型基础上。它还有一些修订版本，如凯尔西气质类型测验。这些测验经常用于商业领域，帮助人们理解他们如何看待世界，并与其他人进行比较。这些测验以荣格的研究为基础，但加入了另外一项独立的自我功能：判断对应知觉。如果你听到诸如"工程师一般是 INTJ（内倾、直觉、思维、判断）类型"这样的描述，这就是在谈及荣格的人格理论。请完成本章末尾的荣格类型测验，它是迈尔斯-布里格斯类型问卷的变体，你会从中了解自己的四种人格类型是什么。那么，这四种类型意味着什么呢？

外倾对应内倾　在荣格的模型中，外倾类型的人乐于与人建立联系，内倾类型的人不喜欢与人打交道。这与大五人格理论对于外倾性的定义有所不同，大五人格理论中的外倾性还包括积极情绪和果断自信。不过，如果你的大五人格测验的结果是外倾性的人，你在荣格类型测验中很可能也是外倾类型的人。

假设你今晚要去参加一个大型聚会，那里有一些你认识的人，但大部分都是陌生人。你的感觉如何？如果你属于外倾类型，你会感到兴奋，活力满满。聚会结束后你可能还流连忘返，接着参加第二场小聚。但如果你属于内倾类型，一想到这个聚会，你就会感觉筋疲力尽。聚会结束一回到家，你只想呆坐在电视机前或赶紧直接睡觉。社交活动已经把你的精力耗尽，即使这是一个美好的夜晚。

思维对应情感　从名字你就可以看出，思维类型的人遇事喜欢思考，情感类型的人则依靠情感。设想一下，你的朋友蒂凡尼和菲斯正在努力帮你决定是否与男朋友分手。思维类型的蒂凡尼会说："用 T 字表。""什么？"你问道。"在一张纸上画个 T 字表格"，她回答道，"然后把他的优点写在左边，缺点写在右边。把左右两边各自相加，如果右边列出来的比左边多，就和他分手。"

情感类型的菲斯对这个方法表示震惊，她询问你对男朋友失望的感受。"遵从你的内心，"她说，"如果你爱他，就和他在一起。"

在荣格看来，这两种方式都非常合理，也都很理智。但却是面对同一问题时完全不同的解决方法。

直觉对应感觉　直觉类型的人关注事物的模式，即使逻辑上存在缺陷；感觉类型的人注重具体的联系。

关于分手一事，假设你的朋友伊莎贝拉和桑贾伊也来帮你出谋划策。直觉类型的伊莎贝拉聆听你的描述，并问了一些问题，然后她说："分手。"你问她为什么，她寥寥数语只说分手是必须的。伊莎贝拉根据直觉对关系做出一些跳跃性的思考，最终得出这个结论，但却说不清结论从何而来。感觉类型的桑贾伊让你继续和男朋友相处，把关系中的问题拿出来一一分析，然后再做决定。

同样，这两种方式都合理，尽管它们非常不同。直觉类型的方式让你直接得到答案，但你并不知道答案是如何得到的；感觉类型的方式提供非常具体的步骤，但并不提供答案。

判断对应知觉　判断对应知觉是迈尔斯 – 布里格斯类型问卷在荣格的原型上增加的一组自我功能。判断类型的贾马尔喜欢把事情提前计划好并安排妥当，知觉类型的保罗倾向于随性和临场发挥。所以贾马尔可能会让你迅速地做出一个明确的决定，但保罗会提议你和男朋友见上一面，看看事情如何发展。你或许已经发现了，判断类型和高尽责性有相同之处。

现实中的自我功能　近年来，有关荣格提出的四种功能（思维、情感、感觉、直觉）的典型例子在很多电视节目和电影中都有体现。在《星际迷航》中，四位主角分别代表了荣格的四种人格类型：思维类型的斯波克（Spock）、情感类型的麦考伊（McCoy）、直觉类型的柯克（Kirk）和感觉类型的斯科特（Scotty）。在故事情节安排上经常出现斯波克带着逻辑严谨的计划出现，柯克凭直觉行事，麦考伊遇到事情冲动地大叫，斯科特努力地让飞船复原。"哈利·波特"系列中的角色也涵盖了这些自我功能。赫敏很明显是思维类型，哈利（Harry）是直觉类型，罗恩（Ron）是情感类型，海格（Hagrid）则是感觉类型的最佳人选。

荣格相信，一个人身上存在全部这些功能。很多人有时偏重思考，有时偏重情感。荣格还提出，一个人既有初级功能，也有次级功能。例如，思维类型的人可能同时是直觉类型的，他会首先按步骤通盘考虑问题，但也会遵循模式，做出一些跳跃性的思考。这是一件好事：荣格认为扩展自己在薄弱功能领域的能力是人类成长的最佳途径。

个体化过程

荣格对**个体化**（individuation）的过程，即成为一个独立个体，做了大量论述。在弗洛伊德的理论中，个体化发生在童年早期，如俄狄浦斯冲突的解决。荣格认为，个体化非常复杂，需要花费更长时间，因为它与原型和集体潜意识有关。

 写作提示：了解自己

想一个你最近看过的电影，用荣格的自我功能分析一下这部电影。电影中的角色分别属于荣格的四种功能（思维、情感、感觉、直觉）中的哪一类型？

简单来说，个体化涉及内心世界的核心完成从自我到自性的转变。沿用前面天文学的例子，这就像从地心说到日心说的观念转变。

荣格的个体化经常出现在英雄之旅的故事中。作家约瑟夫·坎贝尔（Joseph Campbell）对此做了深入研究。主人公离开家，踏上探险的旅程，来到传说中另外一个世界，最后带着一份礼物返回。"哈利·波特"第一部就是一次英雄之旅：哈利从正常的生活轨迹被带到魔法的冒险世界，还在学校的地牢里和一个魔鬼般的人物发生了战斗。"哈利·波特"第一部也叫作《哈利·波特与魔法石》（*Harry Potter and the Philosopher's Stone*），魔法石可以点石成金，对应了荣格理论中个人转变的过程。英雄之旅见诸于许多史诗故事，从《指环王》到《星际大战》，再到《饥饿游戏》，都可以从中找到。

这对你意味着什么呢？荣格认为，一个人的成长至少在某种程度上意味着开启一段英雄之旅。同弗洛伊德一样，他认为这个过程包括了梦、艺术和神话。他还认为，当一个人经历集体潜意识的时候，一些奇怪的事情就会发生。例如，大多数人的生活中都发生过一些有意义的巧合，荣格称之为**同步性**（synchronicity）。很多人把不止一次地偶遇同一个人赋予更深的含义，认为他们"注定要在一起"。

本书作者基斯有过一次神奇的同步性经历。当他计划要在学校的心理学大楼里创建一间新会议室的时候，他询问系史研究员，想要以一位女性心理学家的名字为这个房间命名。他提议用西莉斯特·帕丽什（Celeste Parrish）的名字，她开创了美国南部第一个心理学实验室。之后他和两个秘书一起走进房间，想看看装修之前是否有需要挪动的物品。其中一个秘书打开房间的壁橱，看到里面有一个被卷起的木制物体放在最上层，她把它拿出来，发现是著名的西莉斯特·帕丽什的画像。他们几个人汗毛直立，基斯把这幅画像拿给系史研究员，他确定这确实是出现在 1916 年的新闻故事里的画像。这幅画像现在就挂在新会议室里——这真是现实中的同步性。

阿德勒、霍妮和客体关系理论

现在，我们将关注点从卡尔·荣格身上转向其他新精神分析理论家。虽然我们想向你提供这些优秀的思想，但也不希望你淹没在茫茫的信息中，所以，我们只选择几位加以介绍。具体来说，我们选择了阿德勒，他关于权力的观点在文化意义上有着重要作用；我们还选择了霍妮，她很早就提出了具有影响力的人格模型，并且想要挑战弗洛伊德有关性和发展阶段的思想；最后是客体关系理论，这些理论在发展心理学领域产生了广泛的影响（尤其是第 13 章将要介绍的依恋理论）。

阿尔弗雷德·阿德勒

阿尔弗雷德·阿德勒是弗洛伊德早期的同事，但弗洛伊德更多地关注性冲动，阿德勒则更多地关注驱力。这里我们介绍的是他的两个与驱力有关的著名理论。

你是否听过这样一些表述："小男人综合征""矮人疾病"或者"拿破仑情结"？也许你有这样一位朋友，他身材矮小、身体虚弱，但却会抓住一切与别人发生冲突的机会，以此证明自己有多么强壮。一个很好但极端的例子是《权力的游戏》（*Game of Thrones*）中的乔弗里·拜拉席恩（Joffrey Baratheon），他是一个十足的失败者——矮小、软弱、怯懦，然而他却成了渴望权力的暴君，得到了戏剧性的补偿。

根据阿德勒的观点，每个人都有追求权力的动机，但每个人在表达这种权力时也都面临挑战——在某些情况下，这可能会造成巨大的问题。想象你是一个小孩，有一只畸形的手臂或严重哮喘。其他孩子都能参与喧闹的运动，但你就只能待在屋子里。有这样经历的一些孩子长大后会更加害羞、谨慎，他们甚至发展出**自卑情结**（inferiority complex），相信自己低人一等或不如别人。

　　然而，另一些人通过表现得好像自己很强壮有力从心理上补偿或对抗这种自卑。例如，一个不如别人的孩子长大后变得勇敢无畏。众所周知，西奥多·罗斯福（Theodore Roosevelt）小时候体弱多病，但成年之后却身强体壮、富有冒险精神。

《权力的游戏》中的乔弗里·拜拉席恩

　　很遗憾，现代研究对这个话题的关注不多。但是，在有关攻击性方面，有一个研究强有力地说明一个自我安全感不足的人在受到挑战时会变得很暴力。

　　阿德勒对**出生顺序**（birth order）也很感兴趣，出生排行——最大的孩子、中间的孩子和最小的孩子——对一个人有着不同的影响。阿德勒相信，兄弟姐妹的关系与彼此及与父母的权力斗争有关。例如，最年长的孩子会因为拥有凌驾于弟弟、妹妹之上的权力而变得比较专横，最小的孩子则可能非常具有竞争性，因为他们要不断地和哥哥、姐姐对抗。我们将在第 9 章讨论有关出生顺序的现代科学发现。

卡伦·霍妮

 写作提示：了解自己

　　你是否认识某个人在克服自身弱点之后变得强大？这符合阿德勒的补偿理论吗？

　　弗洛伊德的思想大多建立在以男性为中心的视角。这很正常，他生活在维多利亚时代的欧洲，那时的文化把女性看作弱势性别。精神分析对女性理论家的接纳要早于其他职业对女性的接纳，但它仍然是由男性主导的。新精神分析思想家卡伦·霍妮既质疑了精神分析的男权思想，也对它强调把童年作为神经症的原始来源提出不同的看法。

　　霍妮对弗洛伊德思想最著名的批判就是阴茎崇拜，她认为这一论断过于夸大。相反，她提出，其实男性对某种只有女性才具有的能力有着强烈的渴望，那就是生育。依据这些论点，她平衡了心理动力学中的某些性别偏见。

　　霍妮同样发展出一套人格模型，这套模型关注人们在应对焦虑时所使用的三种方法。

- 接近：通过与他人建立联系来缓解焦虑。例如，马克参加社会和社区团体来远离焦虑。

- 对抗：用一种特权或攻击性在竞争中获得掌控感。例如，莫莉不相信这个世界，认为这个世界很危险。她通过开公司、把竞争对手赶出市场努力征服并控制她的世界。

- 回避：通过避免与人接触和逃避冲突试图找到一份宁静。马利克不相信这个世界，他尽力逃离，在独自冥想和艺术创作上花费了大量时间。

霍妮认为，只要不是很极端，这些人格类型就是适应性的：

> ……每一种对他人的基本态度都有积极的价值。接近型的人努力为自己营造友好的关系氛围，对抗型的人让自己可以在充满竞争的社会里生存下来，回避型的人希望得到某种完整和从容。

霍妮的观点在现代人格科学中广泛流传。她强调的性别平衡促使研究者思考各种观点，尤其在临床心理学领域。她在人格类型方面的工作也出现于众多人格过程的讨论中。例如，霍妮的模型对理解领导和员工如何在压力下工作很有用。更多有关人格在工作中的运用详见第 12 章。

客体关系理论

和其他新精神分析理论不同，客体关系理论不是某一位主要理论家的观点，而是与多位理论学家有关，包括罗纳德·法尔贝恩（Ronald Fairbairn）、梅兰妮·克莱因、唐纳德·温尼科特和迈克尔·巴林特。虽然他们各自发展的理论有所不同，但他们都强调早年关系对成年后人格的影响。**客体关系理论**（object relations theory）通过观察人们如何看待他人来理解个体。这个学派着重于理解与他人的关系，并以此作为心理和人格的主要内容。

在这一理论中，**客体**（object）是对另一个人的内部心理表征。例如，如果你正想着你的妈妈，你的头脑中有关她的形象就是一个客体。客体关系理论家认为，理解你与妈妈之间的关系会有助于了解你的人格。

例如，比尔是一个 35 岁的男性，他在建立亲密关系上存在困难。他可以与女性亲近，一旦双方的关系变得认真起来，他就会疏远并跑掉。弗洛伊德会把重点放在理解比尔童年时期的性和攻击冲动上：他当时经历过来自母亲的性吸引吗？他害怕被父亲阉割吗？他在潜意识中想过伤害甚至杀死他的父亲吗？

客体关系理论家关注**客体整合**（object integration），即他们是否认识到人是复杂的、多元的。一个很好地整合了客体关系的人会认识到，尽管他爱的那些人通常都关心他人、品行端正，但他们也会犯错，也会做一些伤害别人的事情。

不过，有些人对朋友和家庭的看法过于简单。安娜爱她的妈妈，但当妈妈忘记回复她短信的时候，她认定妈妈自私、可恶。没过几天，她又觉得妈妈特别伟大，因为妈妈请她吃晚饭。这种对客体过于非黑即白的想法叫作**分裂客体意象**（split-object image）。学会把这些分裂的意象整合起来是心理治疗和成长过程中的主要挑战。

总之，客体关系理论强调早年关系对成年个体心理有长期的影响。迈克尔·巴林特提出，如果一个孩子感觉到自己不被爱或与母亲没有联结，就会出现**基本缺陷**（basic fault）。孩子带着这种缺陷长大，伴随一些内在缺失感，成年后在建立亲密关系方面会存在困难。换句话说，我们早年与父母的关系影响成年之后的关系。

客体关系理论对现代人格科学有重要影响。在一些研究中，客体作为有重要心理效应的认知结构被检验。例如，激活一个人对生活中某个特定个体的想法，如一位敬爱的阿姨或严格的音乐老师，会激发这个人的情绪（如喜爱、焦虑）和自我信念（高自尊、低自尊）。客体关系学派也引发了人们对关系中依恋理论的巨大研究兴趣。我们将在第 13 章讨论这些重要的领域。这一理论还与涉及分裂客体关系的人格障碍（如边缘型人格障碍）的治疗有关，我们会在第 14 章讨论。

总结

与所有人格模型一样，心理动力学和新精神分析模型存在一些问题，并且它们对科学心理学的直接贡献也在日益减少。但重要的是，我们不能抛弃这些观点。心理动力学和新精神分析取向给我们提供了一个有关自身经历和人类状态的宏观、复杂的视角。它帮助我们看到早年关系如何影响成年后的关系。它们向我们展示，意识自我不是宇宙的中心，甚至不是自身心理的核心。它让我们意识到，我们所做的很多事情并不是经过充分推理或有意为之。它还告诉我们，冲突的发生不足为奇。生活是复杂的，我们经常想拥有一些从长远来看并非最佳选择的东西。我们要学会平衡这些需要，当我们做了一些不明智的事情时，要对自己和他人充满关爱。我们也要明白，无论好坏，我们当下的关系与过去的关系是彼此相连的。心理动力学取向还教我们欣赏潜意识的愿望和隐藏的关系，并把它们意识化。否认司空见惯，但我们可以学会顺其自然。

思考

1. 解释弗洛伊德关于人格的地形模型。

2. 弗洛伊德和荣格的理论在哪些方面是相似的？又在哪些方面有所不同？

3. 描述荣格的自我功能及之后在迈尔斯 – 布里格斯类型测验中的应用。

4. 分别列出并解释阿德勒、霍妮和客体关系理论家的一项理论贡献。

6.1：幽默风格量表

（Humor Styles Scale）

指导语

请选择你对以下表述同意或不同意的程度。

1. 我通常不笑，也不和别人开玩笑。

完全不同意			中立			完全同意
1	2	3	4	5	6	7

2. 当我感到沮丧的时候，我一般可以通过幽默的方式让自己振作起来。

完全不同意			中立			完全同意
1	2	3	4	5	6	7

3. 当别人犯错误时，我常常嘲笑他们。

完全不同意			中立			完全同意
1	2	3	4	5	6	7

4. 我允许别人过分地嘲笑我或拿我寻开心。

完全不同意			中立			完全同意
1	2	3	4	5	6	7

5. 我比较容易让别人发笑，我似乎天生就是一个有幽默感的人。

完全不同意			中立			完全同意
1	2	3	4	5	6	7

6. 即使当我独处的时候，我也时常会因为生活中荒诞不经的事情而自娱自乐。

完全不同意			中立			完全同意
1	2	3	4	5	6	7

7. 人们从不会被我的幽默感伤害或冒犯。

完全不同意			中立			完全同意
1	2	3	4	5	6	7

8. 我常常为了让家人和朋友发笑而忘乎所以地贬低自己。

完全不同意			中立			完全同意
1	2	3	4	5	6	7

9. 我很少通过讲述自己的笑话让别人发笑。

完全不同意			中立			完全同意
1	2	3	4	5	6	7

10. 如果我感到难过或不开心，通常会试着想一些好玩的事情让自己的心情变好。

完全不同意			中立			完全同意
1	2	3	4	5	6	7

11. 当我讲笑话或说一些好玩的事时，我一般不太在意别人怎么想。

完全不同意			中立			完全同意
1	2	3	4	5	6	7

12. 我经常通过说一些自己的弱点、蠢事和错误让他人喜欢或接受我。

完全不同意			中立			完全同意
1	2	3	4	5	6	7

13. 我常常和亲近的朋友开玩笑。

完全不同意			中立			完全同意
1	2	3	4	5	6	7

14. 我对生活充满幽默的看法让我避免陷入过度的悲伤或抑郁。

完全不同意			中立			完全同意
1	2	3	4	5	6	7

15. 我不喜欢人们把幽默作为批判或贬低他人的手段。

完全不同意			中立			完全同意
1	2	3	4	5	6	7

16. 我通常不会用幽默的方式贬低自己。

完全不同意			中立			完全同意
1	2	3	4	5	6	7

17. 我一般不喜欢讲笑话或逗别人开心。

完全不同意			中立			完全同意
1	2	3	4	5	6	7

18. 假如我独自一人时感到不开心，我会努力想一件好玩的事让自己开心起来。

完全不同意			中立			完全同意
1	2	3	4	5	6	7

19. 有时当我想到一件特别有趣的事时就会情不自禁地说出来，尽管当时的场合可能不太合适。

完全不同意			中立			完全同意
1	2	3	4	5	6	7

20. 当我讲笑话或努力表现得有趣的时候，我经常会过分地贬低自己。

完全不同意			中立			完全同意
1	2	3	4	5	6	7

21. 我很喜欢逗人开心。

完全不同意			中立			完全同意
1	2	3	4	5	6	7

22. 当我伤心、难过的时候，往往会失去幽默感。

完全不同意			中立			完全同意
1	2	3	4	5	6	7

23. 我从不取笑别人，哪怕我所有的朋友都在跟着起哄。

完全不同意			中立			完全同意
1	2	3	4	5	6	7

24. 当我和家人、朋友在一起的时候，我似乎常常是那个被拿来寻开心的对象。

完全不同意			中立			完全同意
1	2	3	4	5	6	7

25. 我通常不和朋友们开玩笑。

完全不同意			中立			完全同意
1	2	3	4	5	6	7

26. 以我的经验，想想某个情景中有趣的方面常常是处理问题的一种有效方法。

完全不同意			中立			完全同意
1	2	3	4	5	6	7

27. 我经常以幽默或嘲弄的方式贬低我不喜欢的人。

完全不同意			中立			完全同意
1	2	3	4	5	6	7

28. 我经常用玩笑的方式掩饰自己的问题或不开心，因此即使是最亲近的朋友也不知道我的真实感受。

完全不同意			中立			完全同意
1	2	3	4	5	6	7

29. 当和别人在一起的时候，我常常想不出什么好笑的事情。

完全不同意			中立			完全同意
1	2	3	4	5	6	7

30. 我不必和别人在一起才能感到快乐，我独处时通常也能找到好玩的事情。

完全不同意			中立			完全同意
1	2	3	4	5	6	7

31. 如果会冒犯其他人，即使是我觉得特别有意思的事情也不会拿来开玩笑。

完全不同意			中立			完全同意
1	2	3	4	5	6	7

32. 允许别人拿我开玩笑是我用来让家人和朋友开心的方式。

完全不同意			中立			完全同意
1	2	3	4	5	6	7

计分

第 1、3、7、15、16、17、22、23、25、29、31 题是反向计分项目。选择"1"计 7 分，选择"2"计 6 分，以此类推，选择"6"计 2 分，选择"7"计 1 分。

根据下面的规则，把此问卷分为几类，每一类的总分等于该类题目的得分相加。

亲和型幽默风格

将第 1、5、9、13、17、21、25、29 题的得分相加，总分：_____

自我提升型幽默风格

将第 2、6、10、14、18、22、26、30 题的得分相加，总分：_____

攻击型幽默风格

将第 3、7、11、15、19、23、27、31 题的得分相加，总分：_____

自我贬低型幽默风格

将第 4、8、12、16、20、24、28、32 题的得分相加，总分：_____

6.2：防御性悲观量表
（Defensive Pessimism Scale）

指导语

想象一个场景，可以和你的工作有关，也可以和生活或任何目标有关。在这个场景中，你希望自己竭尽全力做到最好。在回答以下问题的过程中，设想你会为这个场景做什么样的准备，针对每项的描述选择符合你的情况。

完全不符合我   完全符合我

| 1 | 2 | 3 | 4 | 5 | 6 | 7 |

1. 我经常从一开始就预想到最坏的结果，尽管我很可能会做得不错。　＿＿＿＿＿＿

2. 我对结果感到担忧。　＿＿＿＿＿＿

3. 我谨慎地考虑所有可能的结果。　＿＿＿＿＿＿

4. 我经常担心无法实施自己的计划。　＿＿＿＿＿＿

5. 我花费大量时间思考会在什么地方出错。　＿＿＿＿＿＿

6. 我会设想如果事情进展不顺利的话，我的感觉如何。　＿＿＿＿＿＿

7. 我尝试想象如果发生意外，我会如何解决。　＿＿＿＿＿＿

8. 我小心翼翼地让自己在这些情况下不要过度自信。　＿＿＿＿＿＿

9. 在这些场景发生之前，我会花大量时间制订计划。　＿＿＿＿＿＿

10. 我会想象如果一切顺利的话，我的感觉如何。　＿＿＿＿＿＿

11. 在这些场景中，有时候我担心自己看起来像一个傻瓜，这种担心多于对自己是否能做好的担心。　＿＿＿＿＿＿

12. 考虑有什么会出错有助于我更好地做准备。　＿＿＿＿＿＿

计分

将所有选项的得分相加即为总分（无反向计分项目）。

你的总分：＿＿＿＿＿

6.3：荣格类型测验

（Jung Type Indicator）

指导语

请选择以下描述中符合你的选项。

	非常 不准确		大约 50% 准确		非常 准确
1. 我容易交到朋友。	1	2	3	4	5
2. 在行动之前，我会制订具体的计划。	1	2	3	4	5
3. 我经常等到最后时刻才开始行动。	1	2	3	4	5
4. 我喜欢细节胜过整体。	1	2	3	4	5
5. 我是一个喜欢制订计划的人，不擅长临场发挥。	1	2	3	4	5
6. 我需要长时间独处来休整。	1	2	3	4	5
7. 与抽象相比，我更倾向于实践。	1	2	3	4	5
8. 我很健谈。	1	2	3	4	5
9. 我经常依靠感觉做决定。	1	2	3	4	5
10. 我是一个内向的人。	1	2	3	4	5
11. 我特别热情。	1	2	3	4	5
12. 我重视公平胜过感情。	1	2	3	4	5
13. 我喜欢超现实的东西。	1	2	3	4	5
14. 与分析和推理相比，我更重视同情。	1	2	3	4	5
15. 我更倾向于脚踏实地，而不是心高气傲。	1	2	3	4	5
16. 带有感情的观点比冷静理智的观点对我的影响更大。	1	2	3	4	5
17. 我会客观、批判性地分析问题。	1	2	3	4	5
18. 与当下的现实相比，我更关注可能性。	1	2	3	4	5
19. 我是一个善于自我反省的人。	1	2	3	4	5
20. 我是一个古怪的人。	1	2	3	4	5
21. 我对思维的关注多于感觉。	1	2	3	4	5
22. 与内心相比，我更相信头脑。	1	2	3	4	5
23. 我十分外向。	1	2	3	4	5
24. 我避免不必要的社交。	1	2	3	4	5
25. 我很开放。	1	2	3	4	5
26. 我很主动。	1	2	3	4	5
27. 我做事情经常没有具体日程或计划。	1	2	3	4	5

	非常 不准确		大约 50% 准确		非常 准确
28. 我特别情绪化。	1	2	3	4	5
29. 我觉得自己很难接近别人。	1	2	3	4	5
30. 我基于逻辑和事实做决定。	1	2	3	4	5
31. 我认为规则是必要的。	1	2	3	4	5
32. 我经常会突发奇想。	1	2	3	4	5
33. 我的人生目标是基于灵感的启发，而不是逻辑。	1	2	3	4	5
34. 我喜欢社交。	1	2	3	4	5
35. 我喜欢井井有条。	1	2	3	4	5
36. 我极其重视独处。	1	2	3	4	5
37. 我对抽象的观点非常感兴趣。	1	2	3	4	5
38. 与同情相比，我更看重能力。	1	2	3	4	5
39. 我喜欢保持事物的开放灵活。	1	2	3	4	5
40. 我喜欢保持空间整洁。	1	2	3	4	5
41. 我有些混乱。	1	2	3	4	5
42. 与和不认识的人在一起相比，我感觉和认识的人在一起更舒服。	1	2	3	4	5
43. 我喜欢结构化的环境胜过无结构化的环境。	1	2	3	4	5
44. 与秩序相比，我更喜欢随意。	1	2	3	4	5
45. 我更现实，而不是停留在理论层面。	1	2	3	4	5
46. 我十分喜欢陌生感。	1	2	3	4	5
47. 与理论模型相比，我更喜欢实际的案例。	1	2	3	4	5
48. 与人在一起我感觉很舒服。	1	2	3	4	5

计分

按照以下方法进行计分。反向计分项目是第 3、6、9、10、11、13、14、16、18、19、20、24、26、27、28、29、33、36、37、39、41、44、46 题。选择"1"记 5 分，选择"2"记 4 分，选择"3"记 3 分，选择"4"记 2 分，选择"5"记 1 分。其余题目，选择的数字即为分数。

分别计算下面四种类别的得分。

外倾对应内倾

第 1、6、8、10、19、23、24、25、29、34、36、48 题，得分：_____

直觉对应感觉

第4、7、13、15、18、20、32、37、42、45、46、47题，得分：_____

思维对应情感

第9、11、12、14、16、17、21、22、28、30、33、38题，得分：_____

判断对应知觉

第2、3、5、26、27、31、35、39、40、41、43、44题，得分：_____

和大多数人格测验不同，这个量表是根据得分高于或低于量表中点把人们进行分类。例如，如果你在外倾对应内倾的项目上得到36分及以上，你就被归为外倾型的人；如果你的得分为35分及以下，你就被归为内倾型的人。其他类型也是如此。

第 **7** 章
动机

有关心理动机的研究探索的是人与人之间在目标及如何实现目标上的差异。动机试图解答人格研究中的一个关键问题：你最想要的是什么？换言之，是什么让你早晨从床上爬起来？动机不像人格特质（如大五人格特质）那么稳定，但它却能抓住一些极为重要的方面：人们为什么会这样做？完整地了解一个人的人格可以帮助我们找出是什么"让他如此行事"——即理解他的动机是什么。

有关动机的研究有着漫长的历史（见图 7.1），心理学家曾经使用过大量不同的术语描述人类的动机。我们从目标这一术语讲起。**目标**（goal）是一个人想要的具体结果。例如，你的目标是取得学位，哈利的目标是在两年内结婚，黛丝媞妮的目标是完成她的第一次马拉松比赛。**动机**（motives）是一种心理实体，它推动着人们以有助于目标实现的方式行动。沿用上面的例子：你有接受教育的动机，激励你取得学位；哈利的动机是遇到一个女人，与她建立正式关系以实现结婚的目标；黛丝媞妮的动机则是接受马拉松训练以达到她的目标。正如这些例子所显示的一样，动机的强度因人而异。一些人对获得教育更感兴趣，一些人对职业成功、婚姻或运动更感兴趣。人与人之间的差别是动机在人格心理学中作为一个重要话题的原因之一。另外还有一些动机对全人类而言都非常普遍，没有什么不同。例如，进食的动机使人们满足吃饭的目标。

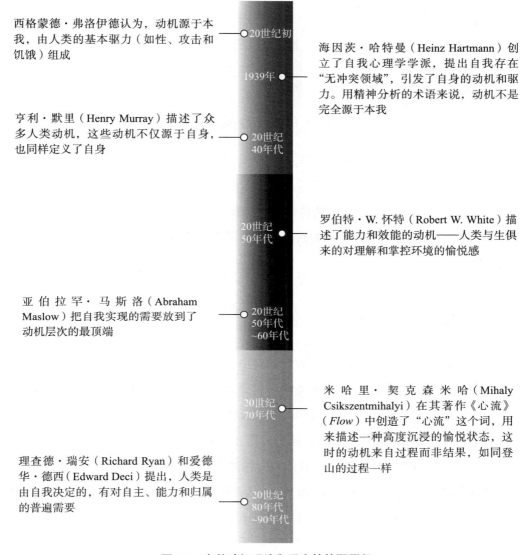

西格蒙德·弗洛伊德认为，动机源于本我，由人类的基本驱力（如性、攻击和饥饿）组成

20世纪初

1939年　海因茨·哈特曼（Heinz Hartmann）创立了自我心理学学派，提出自我存在"无冲突领域"，引发了自身的动机和驱力。用精神分析的术语来说，动机不是完全源于本我

亨利·默里（Henry Murray）描述了众多人类动机，这些动机不仅源于自身，也同样定义了自身

20世纪40年代

20世纪50年代　罗伯特·W. 怀特（Robert W. White）描述了能力和效能的动机——人类与生俱来的对理解和掌控环境的愉悦感

亚伯拉罕·马斯洛（Abraham Maslow）把自我实现的需要放到了动机层次的最顶端

20世纪50年代～60年代

20世纪70年代　米哈里·契克森米哈（Mihaly Csikszentmihalyi）在其著作《心流》（Flow）中创造了"心流"这个词，用来描述一种高度沉浸的愉悦状态，这时的动机来自过程而非结果，如同登山的过程一样

理查德·瑞安（Richard Ryan）和爱德华·德西（Edward Deci）提出，人类是由自我决定的，有对自主、能力和归属的普遍需要

20世纪80年代～90年代

图 7.1　有关动机理论和研究的简要历程

　　动机建立在**需要**（needs）的基础上，需要是生存和发展所必需的。或者可以说动机源自需要（见图 7.2）。哈利对一段承诺性的关系有需要，这驱动他去约会并最终进入婚姻，以达到他的目标。黛丝媞妮的需要是感受到个人力量，这激励她接受马拉松训练，圆她完成马拉松比赛的愿望。这对基本需要同样适用。安吉拉有进食的需要，当她没有东西可吃的时候，就会去采购食物。在人格心理学的历史中，需要和动机这两个词在某些时候可以互换使用，因为二者之间的概念非常接近。我们认为，需要和动机是在迅速转换过程中相继发生的两个事件：你对某件事物产生了需

要，之后产生了实现它的动机。

图 7.2　需要、动机和目标

　　需要和动机的范畴从基础到复杂，从普遍到个人。本章涵盖了广泛的研究和理论内容，但所有这些内容都由一个主题联系起来：我们为了满足自己的需要和动机及实现目标把自己从床上拽起来的各种各样的原因。我们从人们如何看待目标开始，你是努力获得成功还是尽力避免失败？我们将看到，这其中的区别是理解人格心理学的基础。

趋近动机和回避动机

　　艾弗里就读的是中产阶级街区的公立高中，但他被重点大学录取了。面对周围背景更好的同学，他害怕自己学业失败。艾普利尔就住在艾弗里的楼下，她也来自一所不太好的高中。但她不仅不害怕失败，反而还很期待成功。她想象着，不管自己背景如何，如果能获得优秀学生的称号，她和她的父母会为此感到骄傲。

　　你面对挑战会做何反应？人一般分为两种类型：像艾普利尔这样期待成功的人，被称为**趋近动机**（approach motivation）；像艾弗里这样担心失败的人，被称为**回避动机**（avoidance motivation）。趋近导向型的人注重成果，就像艾普利尔期待成为优秀学生那样。回避导向型的人看重惩罚和负面反馈，就像艾弗里担心失败一样。趋近和回避是心理学和行为领域最基本的概念。即使是单细胞生物体也会接近食物和远离掠食者。对于人类心理来说，关键的问题是哪种方式对你的激励效果更大——是向着目标前进（趋近）还是远离危险或失败（回避）。请你完成本章末尾的趋近-回避气质量表。

　　另外一种测量趋近和回避动机的方法是列出你日常生活中的个人目标。如果你写下的是"在课堂上尽力做到最好"或"寻求新鲜刺激的经历"，你可能就属于趋近导向型；如果你写下的是"避免拖延"或"努力远离孤独"，你可能就属于回避导向型。

趋近和回避与大五人格理论的内容有相似之处。趋近导向的人基本都是高度外倾性的，因为外倾性强调积极情绪；回避导向的人一般是高度神经质的，因为神经质的人专注于负性情绪。不过，趋近动机和回避动机都更重视内部心理过程（如对成果更加敏感），而像外倾性更注重对行为的预测（如预测在宴会上和人交谈的行为）。

 写作提示：了解自己

你更倾向于趋近导向型还是回避导向型？这种导向类型的优缺点分别是什么？

趋近和回避也和深植于进化过程中的基本特质有关，即"或战或逃"的选择。设想一下交配季节的两只雄鹿，当它们为一只雌鹿而战的时候，它们雄壮的鹿角纠缠在一起，每只雄鹿都面临着选择：它可以和另外一只雄鹿展开战斗，赢得与雌鹿交配的机会；它也可以逃跑，避免被对方杀死。趋近导向型的人更有可能选择"战斗"以寻求积极成果，回避导向型的人则更可能通过"逃跑"远离消极后果。有一些实验安排让老鼠走迷宫，把它们放入趋近和回避两种观念模式中。趋近型的迷宫帮助老鼠找到通往奶酪的路，回避型的迷宫帮老鼠逃回洞里以避开捕食的鸟类（见图 7.3）。一个经典的趋近 – 回避动机的例子是，你要不要看望感冒的朋友——你是更多地受趋近动机的驱使去看望和陪伴朋友，还是更多地受回避动机的驱使决定不去看望他，以免自己被传染上感冒？

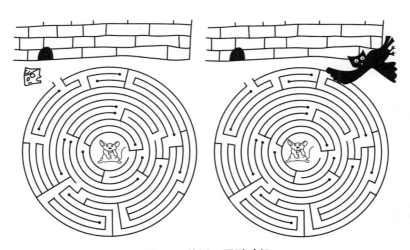

图 7.3 趋近 – 回避动机

注：找到通往奶酪的路的老鼠拥有趋近动机，而仓皇回洞以避开捕食者的老鼠拥有回避动机。

在本书第 3 章出现过的追风者里德就是趋近导向的——他专注于目睹龙卷风给他带来的刺激，包括肾上腺素飙升和拍摄珍贵的视频。同行的那个脸色惨白的朋友斯蒂芬是回避导向型，他所有的心思都是怎么逃离现场，让自己别受伤或死于龙卷风。想一下，如果教练用趋近导向的话语鼓舞士气："加油，今天是你们的！得分！要赢！"你会感到信心倍增，全力以赴地投入比赛。但如果教练说："别懈怠。不要让对手得分。一定不能输！"你就会开始感到焦虑了。

了解自己是趋近导向还是回避导向，也可以预测你的课堂态度，如上面提到的艾普利尔和艾弗里的例子。趋近导向的学生认为"对我而言，与班级里的其他人相比，我做得好非常重要"，回避导向的学生则会说"我只是不想在课堂上表现不好"。不出所料，那些想要避免失败的学生在考试中表现得更差。总体而言，回避导向的人自尊水平较低，对生活也表现出较低的满意度。不过，由于回避导向的人关注避免失败，他们非常适合需要专注于发现错误的职业，如会计、航空管制员等。

因此，回避动机在一些场景中很实用，但想到失败会阻碍人们在复杂任务上的表现。例如，一个趋近导向模式的指导语会说：沿着黄砖路走，穿过森林，不要停，最后你就会抵达翡翠城。回避导向模式则会说：找到黄砖路，注意飞猴，警惕奇怪的生物，如果你非常小心的话，翡翠城就在终点。在这个例子中，趋近目标应该会带你更快地到达目的地，而回避目标只会让你很快就看到飞猴。这是一种权衡。不过，考虑到现代生活在大多数情况下并没有什么太大的危险，趋近动机通常更加实用。但如果你生活在危险的环境中，如在战区清除爆炸装置或真的看到了飞猴，采用回避导向会更好。如果你正在备考、写庭审案情摘要或准备新产品的演示说明，趋近导向有助于你取得成功。有些任务同时需要趋近和回避两种导向，比如外科医生既要警惕危险的并发症（回避）也要尽力专注于手术又快又好地完成（趋近）。

趋近–回避动机在不同的情境下可以相互转化。在一个实验中，研究者要求被试把手臂朝向自己的方向弯曲——当我们接受一个物品的时候经常这样做——呈现趋近导向并专注于事物的积极方面，如认为巧克力非常美味。另外一些被试则被要求把手臂向远离自己的方向伸展——拒绝的姿势——他们会把一些像腰子肉这样奇怪的食物评价为令人反胃。

即便情境中的细微变化也会影响行为表现。在一项研究中，学生们参与一个认知表现测验，课程编号用墨水笔写在第一页上，三种颜色的墨水（红色、绿色、黑色）随机分配。这个细微的差别产生了令人惊讶的结果：看到红色墨水字的学生在测验中的表现比看到绿色或黑色墨水字的学生要差。为什么会这

"不，谢谢，我一点都不想吃腰子肉。"在一个实验中，那些向身体相反方向伸出手臂的人更倾向于把食物评价为难吃。

样呢？红色启动了回避动机，因为红色与红笔、负面反馈和红色禁止标识有关联。至少在西方文化中，红色与回避有着强关联。甚至听到自己属于"红队"或在考试中读到"红色"这个词就会减弱学生的认知表现。

当人们看到其他人（如摔跤比赛中的对手）身着红色也会影响自己的表现。比如，在拳击、跆拳道和摔跤比赛中，穿着红色服装的参赛者更有可能取得胜利，这可能是由于他们的对手看到红色之后启动了回避动机。对英国的足球队来说确实是这样：那些身着红色队服的队伍更可能获得冠军。当然，这也可能是因为红色衣服增强了支配性，从而促使更好的表现。不管怎样，颜色影响表现是一个有趣的视角。

红色并不是在所有情况下都是负面的。男性看到穿红裙子的女性的照片时（以同一个女性穿着蓝色裙子的照片作为对比），会认为她们更有吸引力，更可能和她们约会。女性也将身着红色衣服的男性视为更有吸引力，很明显这是因为红色显示了男性地位。但是，关于颜色的心理效应还需要更多的研究来确保与这些效应对应的策略可以稳定地应用于现实生活中。

生活经历同样可以改变回避动机。例如，当身处威胁之中时，人们更重视回避消极后果。这也显示了动机比人格特质更加易变，会随着环境的变化而发生转变。

马斯洛需求层次理论

思考一下你的生活目标，以及你每天为实现目标都做了些什么。然后再考虑一下，假如你没有足够的食物，或者完全被其他人孤立了，这些目标对你还重要吗？答案应该是否定的，这就是亚伯拉罕·马斯洛的需求层次理论的核心（见图 7.4）。马斯洛是**人本主义心理学**（humanistic psychology）的倡导者，人本主义心理学关注自由意志、创造力，并且从整体"全人"的角度理解人类心理的一场运动。因此，与第 6 章介绍的心理动力学相比，人本主义心理学聚焦意识思维、积极情绪和生活经验。马斯洛提出，人类必须按照某种顺序满足自己的需求。这种顺序或层次一般用金字塔形式呈现，最基本的需求位于底部，每一个更高级的需求都建立在其基础之上。

图 7.4　马斯洛的需求层次

主要需求

马斯洛对这些需求做了如下定义。

- 生理需求，如呼吸、食物、水、住所、衣服和睡眠。如果你连这些需求都没有得到满足，就很难想其他任何事情。有很多电影和现实生活中的故事都着眼于当人们突然陷入要为曾经以为理所当然的生理需求满足而费尽周折的境地时会发生什么。例如，当人们从空难事件中生还、在荒野迷失或面临饥饿时，生理需求就变得迫在眉睫。

- 安全需求，如健康、工作、财富和社会稳定。如果你的安全需求得到了满足，说明你的身体很健康，有一份可以付得起房租的工作，生活在没有（太多）暴力和战争的地方。这些也是基本的需求——假如你生病了或处于危险之中，除了康复和安全以外你就很难再想其他事情了——它们如同呼吸和饮食一样。

- 爱和归属需求，包括友谊、家庭、亲密关系和联结感。一旦生理需求（或多或少）得到了满足，人类就需要与其他人建立关系，获得归属的感觉。有一个颇具影响力的回顾总结道，归属感是人类的基础动机。例如，拥有众多社会关系的人的身体更健康。相反，被别人拒绝和排斥的人，即使很短暂，也会让人感到疏离和难过，并且他们很可能会伤害别人和不愿意帮助别人。即使对关系持悲观态度的人，当他们被别人接受时，也会觉得开心。这和自我决定理论中对归属的需求类似。对归属感的需求激发了与别人保持归属的动机。

- 自尊需求，包括自信、成就、被人尊重。马斯洛的自尊概念比第 5 章中的自尊概念宽泛一些。对马斯洛而言，自尊指在工作中感到自豪（不一定是付薪酬的工作，志愿者工作或养育孩子也完全可以）。自尊还包括来自他人的羡慕和尊重。马斯洛相信，来自实际成就和行为的自尊是最好的，或者"应得的"，比受之有愧或通过欺骗和夸大获得的自尊更好。

在一项历经 35 年、在 88 个国家展开的研究中，发展中国家的情况更符合马斯洛的需求发展次序，像食物这类基本需求（生理需求）排在最前面，接下来是安全需求，其次是归属需求，继而是政治民主的自尊需求，等等。然而，在这些层次发展的过程中，后一个层次开始发展时，前一个层次的发展并没有停止。一般来说，生活在安全、富裕国家的人们比生活在基本需求难以得到满足的国家的人们对成就和意义更感兴趣。

 写作提示：了解自己

你认为马斯洛把爱和归属的需求作为比自尊更基础的需求合理吗？

自我实现和人本主义心理学

位于马斯洛的"金字塔"最顶端的是**自我实现**（self-actualization）需求，即实现或将你独特的天赋和能力变为现实的需求。马斯洛曾写下一句名言："人类是什么样的人，他们就一定会成为什么样的人。"人们必须忠于自己的本性。我们把这种需求称为自我实现。

人们很难做到自我实现。你也许知道你想成为什么样的人，但通往目标的路遍布荆棘，而且还经常与他人和社会作对。假如你想当一位音乐家，这是你发自内心的想法，你就应该命中注定是一位音乐家。到这里，一切都还好。但随后，社会需要摆在你的面前。你的父母认为你应该学会计，这样你就能找到一份工作。你想拥有一个家庭，但你知道音乐家的生活（熬夜和旅行）会让此变得非常困难。另外，贫穷和音乐家这两个词经常被放在一起。

自我实现占据金字塔顶端的一小块位置，这是因为它很难达到。一部分原因在于（按照马斯洛的说法）其他需求必须先得到满足，另外一部分原因是自我实现通常需要一定的社会地位，而这种社会地位只有少数人才能实现。马斯洛相信只有极少数人能得以完全自我实现。他列举了莫汉达斯·甘地、埃莉诺·罗斯福（Eleanor Roosevelt）和乔治·华盛顿·卡佛（George Washington Carver）作为自我实现的例子，不过自我实现者并不需要被众人周知。

另一位人本主义心理学家卡尔·罗杰斯相信，自我实现不仅仅是一少部分人的事。他认为，当人们经历过**无条件积极关注**（unconditional positive regard）之后，他们距离自我实现就会更近一步。无条件积极关注是指对一个人不带附加条件地接纳和爱。例如，父母不应该说"你收拾好屋子我才爱你""你考了高分真是个好孩子"或者"你是个坏小子"。相反，他们应该告诉孩子，他们喜欢或讨厌孩子的行为，但无论发生什么他们都会爱孩子。同样，治疗师应该对来访者表示无条件积极关注，永远不否定他们。罗杰斯确信，当治疗师在经历积极的自我关注和对来访者的共情，并且来访者也反馈了相同的感受时，治疗对来访者人格的改变和成长是最有效的。也就是说，如果一个对改变保持开放的人（来访者）与另一个有着同理心和无条件积极关注的人（治疗师）在一起，改变和成长就有可能发生。

一份自我实现问卷测量的项目包括时间能力（活在当下）、自我接纳（包括缺点）、亲密关系涵容、自主性和内部导向性（如"我不会因为自己没有按照别人期待的那样做而感到不适"）。这种对外部标准的无视与自恋性质的自我中心无关，而是一种对更高级的道德标准的接纳。获得自我实现的人被看作充满激情、适应性强、乐于给予和谦逊的人。相反，那些没有获得自我实现的人是严苛、恐惧、拘谨、混乱的。简言之，自我实现的人是受到自我驱动的。所以，在这里我们就要考虑一个任务：如何成为一个更加具有自我实现精神的人？（等我们了解了生命意义之后，会在本章的结尾重新回到这个话题。）

内隐动机

内隐动机位于自我实现之下、接近马斯洛需求层次的归属和自尊的需求。一旦基本生理需求得到满足，人们就转向对这些动机的关注。那么，哪一种动机对你更重要，是自尊还是归属感？你对自己的动机完全了解吗？

依据精神动力学的传统（见第 6 章），亨利·默里提出，人们在大多数时候受到潜意识动机——**内隐动机**（implicit motives）——驱使。按照这个理论，你对自己行为背后潜藏的动机并不了解。由于人们无法得知自己

主题统觉测验（TAT）要求人们根据如图的图片写下相应的故事。

的潜意识动机，研究人员通常通过看图讲故事的方式测量人们的内隐动机。这种测量方法最初被称为主题统觉测验，近来也被叫作图片故事练习。这两种都属于**投射测验**（projective measures）（我们在第 2 章讲过），其依据是你将自己的动机投射到故事中的角色身上（尽管有些人对这些测验的信度和效度提出质疑）。为了能把人们的故事用于研究，心理学家围绕普遍的动机发展出了标准计分体系。两个或更多的评分者阅读被试所写的故事并找出每句话或每个段落所表达出的动机。下面，我们看一下这些动机都是什么。

三种主要内隐动机

默里曾列出来 27 种内隐动机，不过，迄今为止，大多数研究都集中在三种动机上：**权力动机**（power motive）、**成就动机**（achievement motive）和**归属动机**（affiliation motive）。这些动机在命名之初曾被称为需要（如同"成就需要"一样）。权力动机和成就动机与马斯洛需求层次理论中的自尊有部分重合，归属动机则与归属需求类似。

一般情况下，高成就动机的人希望独立做事，不借助别人的帮忙。他们喜欢中等难度的任务——既不会太困难以致无法完成，也不会过于简单使得他们体会不到成就感。例如，他们对竞技运动的兴趣要高于其他人。

高归属动机的人重视与他人之间的关系。他们希望和身边的人在一起，尤其当他们被接纳和感到快乐时。在谈判或争执中，他们喜欢通过让步终止冲突。他们更可能拥有满意的工作和家庭生活，而且能够很好地应对压力，也更有可能信仰宗教。他们不见得拥有高外倾性（外向、自信），因为归属更注重一些亲近的关系，这对外倾性的人和内倾性的人同样重要。系列电影《暮光之城》

希望影响他人想法的人拥有高权力动机。

（Twilight）中的人物爱德华（Edward）和贝拉（Bella）都是高归属动机的人，他们非常在意他们之间紧密的关系。一项元分析发现，女性普遍比男性的内隐归属动机更高。

高权力动机的人想要影响别人，而不喜欢被别人影响。他们不一定更加自信或不讨人喜欢，但他们通过微妙的方式影响别人的信念，如表现得很有能力和说服力。

那些把自己的名字贴在宿舍门上、常常与人争论或参加学生会竞选的人很可能拥有高权力动机。拥有高权力动机的男性喜欢依赖自己的伴侣和比他们地位低的朋友。

✎ **写作提示：了解自己**

在以上三种内隐动机中，你认为自己在哪方面的动机最高？请举出一个生活中的例子来说明。

内隐权力动机较高的人更有可能在网络上自我夸耀，把自己的商务照或正装照发到网上。高权力动机的大学生更渴望成为企业家或经理人。如果高权力动机的人没有如愿获得他们想要的地位或控制力，他们就会显示出承受压力的表现，如肌肉紧张、高血压。

美剧《办公室》（*The Office*）中的德维特（Dwight）是一个高权力动机的人，他对掌控感有着深入而持久的渴望。在电影《神偷奶爸》（*Despicable Me*）中，格鲁（Gru）想要偷月亮，这听起来也像是一种权力动机。

现在，你已经了解了三种主要的内隐动机。我们看一看人们针对同一幅图片写出的几个故事（见表7.1），这幅图展现的是"在结冰的河的附近有一条长凳，上面坐着两个人"。每一个故事都是一个典型的例子，分别对应三种动机中的一种。你能看出它们之间的对应关系吗？

表 7.1　理解动机

故事一
两个年轻人坠入爱河。时间仿佛停滞了。当他们坐在一起，在冰雪的晶莹之美中轻声交谈时，时光悄然流逝。任何人都能从他们脸上闪耀着的幸福中看出，他们完全沉浸在爱情里。他们神秘地微笑着，交换着充满理解的目光，一起憧憬着未来。然而，他们的未来不如他们期待的那般确定。空气中到处弥散着战争的紧张气息。他们不知道自己能否看到下一个冬天。所以，他们躲进自己的世界中，在那里，没有人会出现；在那里，他们可以幻想和计划，感受安全、保护和希望
故事二
这名女性是一所知名大学的杰出科学家。她旁边的男性是她的同事。他们出色地完成了工作，逐渐向着他们治愈癌症的目标又迈进了一步。今天，他们正在进行一次十分重要的实验，再过几个小时他们就能得到结果了。但一些仪器出现了故障，这让他们失去了耐心。因此，他们在河边午休一下，想找出解决办法。事实上，他们两个人都很兴奋，希望可以获得一个伟大的发现，但同时他们也要保持冷静。他们担心会在这个节点上犯错误
故事三
这名男性是臭名昭著的秘密间谍，他伪装成革命团体成员。女性是这个团体里的一个激进分子。她起先因为愤怒加入这个团体，就是在她的母亲（一位有名的领导人）被政府迫害并逮捕之后。如今，她想继续起义。警察一直在追查她。这个间谍假装想加入这个团体，但实际上，他急切地找机会在她身上安装一个窃听器

内隐动机和外显动机如何影响行为

根据定义，内隐动机大多是潜意识的。这使得它区别于**外显动机**（explicit motives）——人们可以意识到的动机，并且可以通过回答问题来测量它。例如，问卷会询问一个人想要与他人亲近的程度，这可以与他们在图片故事练习中呈现出来的归属动机进行比较。令人惊讶的是，一个人的外显动机和内隐动机常常大相径庭。一个在故事描述中显示出高归属动机（内隐测验）的人，但在问卷中完全没有认可这一目标（外显测验）。不过，也有人在内隐动机和外显动机上保持较高的一致性。例如，自我监控水平低的人在不同情境下的自陈报告没有太大变化，他们在有关动机的内隐测验和外显测验上很可能得分相同。同样，那些内隐动机和外显动机相似的人拥有的自我决定水平也较高，他们知道自己想要什么。与之相反，对其他类型的人来说，外显和内隐测验的结果就不那么稳定了，如那些很容易接受别人观点的人。

内隐动机测验和外显动机测验还可以预测出不同类型的行为。内隐成就动机高的人在认知任务上比其他人表现得好，但在主动领导团队方面就不一定了。外显成就动机高的人则表现出相反的模式：在认知表现上没有差别，但他们却更有可能想要成为领导者。如果你有高内隐而非外显权力动机，你应该是电子游戏的高手，你的分数可以刷新之前玩家的纪录。但是，如果你只是外显权力动机高，那么你会说你想得到高分，但你的实际表现却一般。总之，内隐动机更能预测表现结果（由意识和潜意识因素共同决定），外显动机可以预测选择和评价（主要在意识层面）。

内隐动机从何而来？大多数研究都关注家庭环境，特别是亲子关系。受成就驱动的人很可能是因为他们的父母鼓励独立，如提早、严格的如厕训练。更强烈的归属动机可能来自父母在孩子婴儿时期没有快速回应他们的需要。如果父母允许孩子有更多攻击性的行为，孩子就很容易拥有较强的权力动机。

回顾历史

儿童读物中的成就动机

人格的研究涉及个体动机。例如，在本章，你对主题统觉测验中的卡片做出回应，从你的叙述中可以估计你的动机。

但是，如果让你给社会性故事打分，并测量社会动机呢？故事中的动机能预测出经济成果吗？这正是心理学家戴维·麦克莱兰（David McClelland）在大量历史研究中努力要做的事情，这些研究在他的《成就社会》（*The Achieving Society*）一书中有所描述。

麦克利兰决定收集来自各个工业化国家从 1925 年（大萧条之前）到 1950 年（第二次世界大战结束之后）期间的学校儿童读物。这是一项极具挑战性的工作，麦克利兰需要给各个国家的教育部写信。最终，他找到了 23 个国家从 1920 年到 1929 年间以及 40 个国家从 1946 年到 1950 年间的学校儿童读物。之后，他从每个国家中选出了 21 个故事，把它们翻译成英文，并将其中的人名改为典型的美国式名字（如玛丽、鲍勃等），这样就看不出故事的发源地。

麦克利兰又邀请评分者对每个故事所表达出来的成就需求进行评价。因此，讲述渴望成功的故事就被评为高成就需求。

然后就到了有趣的部分。麦克利兰考察了成就分数是否可以预测经济进展，尤其是在电力生产方面。通过对所有国家的综合分析，1925 年的儿童故事中体现出的成就需求可以正向预测 1925 年至 1950 年之间的经济增长（相关系数为 0.25）。但反之则不然，1950 年的儿童故事中体现出的成就需求不能预测 1925 年至 1950 年间的经济增长情况（相关系数为 -0.10）。这是一个振奋人心的发现，这意味着图书中的成就动机可以预测未来的经济增长，但经济增长却无法预测成就动机。这表明成就动机可能推动经济增长。

自我决定理论

自我决定理论（self-determination theory）指出，有三种需要——自主性需要、胜任力需要和归属感需要——可以解释人类的大部分行为（见图 7.5）。这三种需要与默里的三种主要内隐动机有部分重合：权力动机对应自主性需要，成就动机对应胜任力需要，归属动机对应归属感需要（见图 7.5）。这两种理论是在不同时期使用不同方法发展出来的，但它们提出的三种基本需要或动机非常一致。二者最大的差别在于，自我决定理论着眼于外显动机（人们可以意识到的动机），默里则注重内隐动机（人们并非总是可以意识到的动机）。自我决定理论还将这三种需要视为人类功能的本质，而有关内隐动机的大部分研究专注于人与人之间的差异。

图 7.5　自我决定理论的三种需要与内隐动机之间的关系

请完成本章末尾的心理需求平衡测验，了解你的心理需求是如何彼此平衡的。

自主性（autonomy）指可以掌控自己的行动和生活。如果失去了自主性，你会感到自己被一种陌生的力量控制，这种力量可能是外部的（如其他人），也可能是内部的（如无法控制的欲望和冲动）。比如，儿童常常为获得独立自主而抗争。成年人总是告诉他们要做什么，他们的情绪会让孩子不知所措。成年人通常有更大的自主性，有些职业的自主权会更大一些。跟随一个处处都要管、事事都要过问的领导工作，会让你感觉到自主性受到限制。

胜任力（competence）就是可以高效地发挥自己的能力并学习新技能。例如，一些工作可以提供持续学习新本领的机会，进而实现胜任力需要。相反，如果你不断地重复做同一件事，你就无法满足自己的胜任力需要。

归属感（relatedness）是与其他人联结的感受，无论是个人间的联结还是社会间的联结。对归属感的需要可以通过花时间和家人在一起、帮助朋友、照顾孩子或者做义工来获得。

这些需要都是基本需要。当这些需要被满足时，人们就会感到健康愉快；反之，如果这些需要没有被满足，人们就感到悲伤难过，出现心理健康问题。满足了这些需要的人在工作中表现得更好，与同伴的关系也更好。例如，当两个亲密的朋友互相倾听、支持对方的自主性时，他们会对彼此之间的关系感到更满意。这对感受朋友间的相互支持尤为重要。

自我决定理论认为，这三种需要是人类在跨时间、跨文化背景下所共有的。可以肯定的是，有一项同时在八个国家展开的测量这三种需要的研究发现，这三种需求可以预测人生的意义及个人成长，其预测作用在这八个国家都很好。不过，有些文化在满足这三种基本需要上做得更好。例如，在一些文化中，如印度，有着更紧密的家庭结构和社会纽带，他们把归属感需要看得更重。有些文化不允许有太多的自主性。生活在亚洲文化中的人报告了较低的自主性和胜任力。如果一个文化或经济体系不能很好地满足上述中的一种或多种需要，这个文化就有可能经历变革甚至革命。

这三种需要可以被看作三个不同的方向，对某一个人来说，每种需要的重要程度不同。正如内隐动机一样，有些人强调权力动机，有些人强调归属动机。对这三种需要，有些人对自主性需要的重视程度高于归属感需要，反之亦然。这些个体差别和某些研究结果相关。例如，高自主性的人具备自我觉知和驱动能力，他们知道自己想要什么并且努力去实现。所以，他们更喜欢自己的工作，在节食方面取得的效果更好。你完成的心理需要平衡测验可以告诉你，对你来说，哪种需要更重要。

三种需要可以帮助人们以不同的方式实现同一个目标。例如，有三个学生都想取得好成绩（目标），但他们的目的（需要）不同。安娜拥有高自主性需要，她想得到高分是因为她希望规划自己的人生，她知道学业可以给她带来更多的职业选择，帮助她梦想成真。查尔斯拥有高胜任力需要，他也想学有所成，但他的目的是发展和提升自己的聪明才智。劳尔拥有高归属感需要，他努力学习是因为这能让他和荣誉项目中的同学建立稳固的关系，并最终可以赚钱赡养他的父母。

 写作提示：了解自己

你在学校里好好表现背后的动机是什么？请你在接下来阅读有关内部目标和外部目标的内容时思考你的答案。

外部目标和内部目标

我们在本章开头已经了解到，目标是理解动机的核心。例如，埃米莉知道她想要什么样的生活：富有、出名、漂亮。伊恩的目标是希望了解自己，和家人、朋友保持亲密，并且可以让这个世界更美好。很显然，埃米莉和伊恩有着完全不同的生活目标，他们的目标驱动并反映了各自的价值观。埃米莉的愿望都是**外部目标**（extrinsic goals）：财富、成功、声名显赫、外貌吸引力。伊恩的梦想则是**内部目标**（intrinsic goals）：个人成长、亲和力及社群情感。与默里的内隐动机和自我决定理论的外显动机一样，内部－外部目标理论也在试图理解人们在价值观以及价值观如何影响行为方面的差异。请完成本章末尾的抱负指数

 写作提示：了解自己

你觉得哪种目标更能够激励你？你可以提供一个生活中的例子吗？

问卷，了解你更看重哪种类型的目标。

内部目标指那些我们应该看重的事物，如帮助他人。然而，美国流行文化常常更提倡外部目标。狗仔队一般不会追踪那些和睦爱家的人。

哪一种目标更能让你开心

虽然现代西方文化强调外部目标，但像埃米莉这样看重金钱、名誉和外在形象的人更容易遭受焦虑和抑郁，更容易感到不幸福。他们也更有可能患上头疼和胃痛等疾病。一系列的研究发现，较少关注物质的年轻人（因此降低了外部目标的重要性）拥有较高的健康水平。获得财富、拥有名气、变得漂亮都不容易，即使这些目标最终得以实现，人们有时还会感到空虚。中彩票的人并不比其他人开心，至少从长远来看是这样。像伊恩这样看重人际关系、努力做出一些不一样的事的人之所以更幸福，很可能是因为这些事情做起来并不难，并且这些事情常常可以提供一种深入的满足感和意义感。用自我决定理论的专业术语来说，这些目标更能够满足人类对自主性、胜任力和归属感的需要。

目标在跨文化领域中的异同

相同结构的目标和结果在 15 个不同的文化中都有体现。对内部目标的强调对国家和整个世界有利。

一种文化对这些目标的强调也会影响其国民的健康水平。在那些较多人关注外部目标的文化中，孩子的健康水平较低——如更多的孩子生活在贫困中。在富裕国家中，瑞典和荷兰的儿童的健康水平很高，而美国和英国则较低。

目标对思维方式的影响

一想到金钱，哪怕只是闪念而过，似乎也会改变人们的心态。当人们想到金钱——哪怕只是看到大富翁游戏中的钱或读到一篇关于如何变得有钱的文章，就会既不愿意求助别人也不乐于帮助别人（见图7.6）。对物质追求较高的人（看重金钱并拥有财富，这是外部目标的关键部分）较少支持环保政策。总之，高度追求物质让人使用更多的资源，更容易负债，健康水平较差，对人际关系的满意度较低。

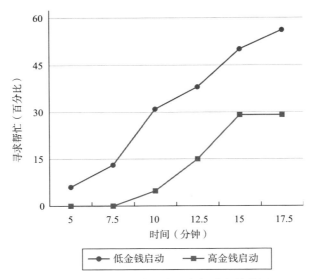

图 7.6　金钱启动致使在寻求帮助上的差异

　　总体而言，对一种类型目标的关注会降低对另一种类型目标的关注，二者之间此消彼长。在一项研究中，学生要么关注如"野心""胜任""成功"这类有关成就的词语，要么关注如"谅解""帮助""诚信"这类有关助人方面的词语。成就导向型的被试在填词游戏中表现得更好，但较少愿意做志愿者工作。助人导向型的被试在填词游戏中表现较差，但更愿意当志愿者。

　　换句话说，成就取向的人或许无法再兼顾关心他人。这对我们的生活会产生重要影响——这是否意味着我们不能"什么都想要"？或许是的，至少我们可能无法同时都拥有。如果你特别在意好成绩，你就很难再花很多时间与你的恋人在一起。

哪一种目标更好

　　按照定义，外部目标指本身之外的目标。追求金钱、名气和外在形象与你因为父母答应你如果获得好成绩就资助你旅行而好好学习并无二致。你不是出于自身的兴趣而学习，出于自身的兴趣才是内部动机。诸如金钱和认可之类的外部奖励听起来不错，但它们实际上也降低了追求卓越的内部动机。事实上，内部目标和外部目标的分类最初来自对动机的经典研究——是什么激励人们做某些行为。正如你能猜到的，**外部动机**（extrinsic motivation）从自身外部而来（如金钱、来自他人的表扬），**内部动机**（intrinsic motivation）从自身内部而来（如在活动中获得快乐）。

　　我们来试一个思维实验：有一天，你的老师说"如果你看完心理学教材，我就给你写一封完美的推荐信"。你照做了，于是按照约定，你的老师给你写了一封推荐信。那么，问题来了：从此之后，你在空余时间是更愿意还是更不愿意看心理学教材呢？

　　令人惊讶的是，答案是后者。外部奖励会降低内部动机。在一项研究中，喜爱画画的学龄前儿童被告知，如果他们画一幅画，就会得到一个有大大的金色星星和红色丝带的奖状。另外一些孩子也画了一幅画，但他们没有得到任何奖励或得到了一份意料之外的奖励。一星期之后，实验人员返回观察孩子们在自由游戏时间里选择的活动。得到预想中的奖励的孩子（即那些受到外部动机驱动的孩子）花在画画上的时间只有那些没有得到奖励或得到意外奖励的孩子的一半（见图 7.7）。为了外部奖励去做一件事会毁灭我们的内部动机。

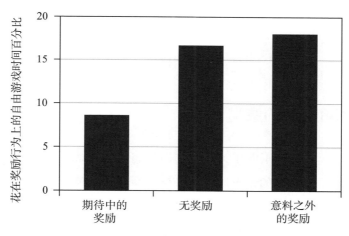

图 7.7　外部奖励和动机

　　这项经典研究在大众媒体上得到了广泛报道，因此生于二十世纪七八十年代的父母都知道，最好不要对孩子的成绩进行奖励（这很令人失望）。从那时起，研究不断显示，奖励孩子的学习成绩只在短期内对某些孩子有效。金钱和其他外部奖励有激励作用，但当它们被撤销时，激励效果也随之消失。总之，无论是对孩子还是成年人，从长远来看，来自内部的驱动力才有更强的激励作用。只是为了赚钱而从事一份工作通常都是一件悲惨的事情。

　　有关能力的信念也会对动机产生重要的影响。在一项实验中，成年人因为孩子在遇到困难问题时的良好表现而对他们进行了表扬，表扬的说法是"你一定很聪明，能解决这些问题"，而不是"你一定很努力才做出了这些题目"。那些被表扬"努力"的孩子在后续一个更困难的任务上完成得更好——或许是因为努力是他们可控的因

因为努力得到表扬的孩子的成绩比那些因为聪明而得到表扬的孩子更好。

素。如果他们得到"聪明"的表扬，他们就会担心在下一次任务上失败，因为一旦他们失败了，他们就可能不再聪明了。得到父母"努力"夸奖的学步儿在四年级时的成绩更好。另外一项研究告诉大学生，他们在一个任务上失败了；之后，要求这些大学生继续完成这个任务或进行另外一个任务。美国学生把更多的时间用于进行另外的任务，日本学生则花费更多的时间在原本失败的任务上，

这可能是因为日本学生认为自己的成绩可以得到提升。这也许是亚洲人和亚裔美国人考试成绩普遍较好的原因之一。总而言之，相信能力是可塑的（"如果我努力就会做得更好"）比认为能力不变（"我要么聪明要么不聪明"）能促进更高的动机和更好的表现。

正念、心流和生命的意义

到目前为止，你已经了解了人们如何看待自己的目标（趋近目标和回避目标）、人类的基本需求（马斯洛的需求层次理论和自我决定理论）以及需求和目标的个体差异（内隐动机和内部 – 外部目标）。这些内容解决了一个重大问题，即人类借助于实现自己的需求并专注于可以给自己带来幸福的目标，从而得到生存和繁盛。关注人类是如何蓬勃发展的，吸引了人本主义心理学家对整体的全人概念的关注，也让研究者把重点放到了**积极心理学**（positive psychology）领域，即研究是什么可以让我们生活得更好、更幸福。在这部分内容中，我们要着重介绍三种可以帮助你更多地投入生活中的积极正向的激励体验，分别是正念、心流和生命意义。在开始接下来的学习之前，请先完成本章末尾的正念专注觉知量表。

正念

你可能还记得我们在第 5 章曾经提过正念，**正念**（mindfulness）是一种当下的觉知状态，觉知自己的思维和感受但不依附于它们，也不评价它们的好坏。正念练习可以追溯到早期的佛教心理学。这种不加评判的专注同样适用于思维和情感。人们可以在某些场合练习正念，如当你感到焦虑和有压力的时候。正念与人格有关，是

因为有些人在大多数时候都可以保持比其他人更专注的状态。用大五人格理论的术语来说，低神经质和高尽责性的人在正念练习中的表现会比较好。正念可以帮助人们更好地觉察自己的内隐动机，追求对自己最为重要的目标。正念专注觉知量表有助于你发现自己是否已经拥有了正念体验，还是可以更进一步地靠近正念状态。

正念听起来很容易，但练习起来很困难。尝试一个简单的冥想练习：闭上你的眼睛，努力专注于你的呼吸。当你的思绪飘走时，慢慢地回到对呼吸的专注上。你很可能会发现，你的思绪向着各种各样漫无边际的方向飘散。你想到工作，想到你的男朋友，又想到电影《黑豹》（Black Panther）中的男主角，之后想到美味可口的大比萨，不过很快你就想到自己总是吃那么多，真是太令人讨厌了。好的，现在回到你的呼吸上吧。思绪实在是一团乱。

正念练习不仅让一团乱麻的思绪放慢速度，也让你感觉更好、更幸福，甚至还能帮助治愈很多心理问题，如焦虑障碍、暴饮暴食和无节制赌博。对于正念为什么可以改善心理健康目前人们还不完全清楚，但是正念可以降低神经质水平，这可能是通过减少对消极事件的心理反应实现的。正念还可以建立自制力，这是尽责性的主要成分。因此，当不幸的事情发生时，假如你的女朋友和你吵了一架或你没有通过考试，正念可以帮助你保持冷静，正确地处理问题。

最常见的正念练习方法是正念冥想，即不带评判地专注于你的感受和想法。但是，对那些一坐下来注意力就很容易分散的人来说，还有其他练习方法可以选择。例如，瑜伽把身体姿势和呼吸及专注力联系在一起，目的是提升正念倾向或在各种场合下能更容易地保持专注。本书作者基斯开始练习瑜伽时发现，像很多 40 岁以上的人一样，他已经无法弯腰碰到自己的脚尖了。但经过几年的练习之后，他觉得自己有了更好的专注力和更多的力量、灵活性及平衡感。此外，他还能和他的女儿一起做侧手翻，但在不久之前做侧手翻足以让他摔得不轻。

高峰体验和心流

正念可以达到**高峰体验**（peak experiences）——人们超越自己、与世界融为一体的状态。这种状态可能发生在当你完全沉浸于一项活动时，如攀岩、绘画、演奏或听音乐和经历灵感闪现的时刻。在体育运动中，这被称为"进入状态"。实际上，技艺精湛的冲浪者和经常练习的冲浪者更容易定期体验到流动的感觉。其他运动也能产生同样的感受。有一天早晨，本书作者基斯正在滑雪，他发现新鲜的粉状雪像钻石一样晶莹闪亮。一个滑雪者说："这好像一场梦幻之旅。"这句话生动地描述了那种超越自然的体验。一般而言，感受到与大自然的联结可以提高正念体验和高峰体验。

✎ **写作提示：了解自己**

想一个你体验到心流状态的时刻。那时你在做什么？那种感受如何？你认为，这个活动为什么引发了你的心流状态？

高峰体验常常会引发**心流状态**（flow state）——当你完全沉浸于当下的活动中时，那种时间悄然流逝的心理体验。达到高峰体验的过程充满挑战，一点也不容易，但这很值得，因为进入心流状态要求高度专注，这种专注可以让我们日常繁杂的思绪安静下来。有趣的是，与休闲活动相比，人们更可能在工作中感受到心流体验。心流和正念有一些相同的地方，二者都涉及专注于当下。但心流更可能在活动中发生，而正念更可能在安静的冥想状态下出现，心流有更大的能量。

契克森米哈在焦虑（当一件事太难的时候）和无聊（当一件事过于简单的时候）之间识别出一种"心流通道"（见图 7.8）。想象一下你和拉菲尔·纳达尔（Rafael Nadal）打网球。当他瞄准第一发球，球以每小时 160 千米的速度朝你飞来，你是什么感受？那绝不可能是心流状态，那一定是濒临恐惧边缘的焦虑感。现在，再想象一下你和一个 10 岁的初学者一起打网球。这也不可能是心流感受，这会很无聊。那么，如果你和一个水平相当或者水平稍高一点的人一起打网球，会是什么样呢？这会让你全身心投入，最有可能产生心流状态。电子游戏让你如此痴迷的原因就是游戏的设计可以保持你的心流状态，持续不断的挑战既不简单也不是无法解决。

图 7.8 **心流通道**

如果你处于心流通道中，你自然会把当下的事情做好。所以，如果你和一个合适的对手一起打网球，你的技能水平自然会随着练习而提高。你会逐渐需要更具挑战性的对手来保持这种心流状态。电子游戏也是一样的，如果你要保持心流状态，你就要不断地尝试更难的挑战和更高的级别。

生命的意义和目的

大部分人想通过拥有生活目标并把时间和精力用在实现重要目标上找到**生命意**

义（meaning in life）。生命意义可能来源于宗教、个人关系、保持与信念一致的行为方式或自我提升。无论是学生还是职场人士都同意，认为自己的人生有意义的人拥有美好的生活，生命意义的重要性要远远高于财富。这和有关内隐动机价值与心理健康状态之间关联的研究结果一致。

一种常见于好莱坞电影中的情节是，一位野心勃勃、努力进取的富翁在遭遇危机时发现生命中还有更多重要的东西。一个经典的例子是根据狄更斯（Dickens）的小说改编的电影《圣诞颂歌》（*A Christmas Carol*）中的斯克鲁奇（Scrooge），当未来之灵告诉他，他终将面对孤独和绝望的，他重新审视了自己的生活重心。这些文化故事说明，仅仅实现自己的目标并不够，你还需要找到这些目标的意义和完整性。这通常意味着你需要确保你的目标符合你的人格。例如，当目标很有趣时，看重亲和的人会感到最快乐。当你的朋友谈论她对于"激情"的追求时，她可能是在说努力实现对她有意义的目标。

找到了自己生命意义的人会更幸福，反之更幸福的人又会找到更多的生命意义。感受幸福和找到生命意义二者之间可以转换。许多人应对负性情绪和事件的方法就是专注于可以从中得到的有意义的方面。因此，无论在什么时候，找到意义感都很重要。大学毕业、结婚、生孩子和其他开心的事情之所以重要，是因为它们可以带来人生的意义和目的。挂科、经历一次分手和失去爱人也可以让我们通过从中学习如何处理负面事件或更加了解自己和自己的选择来创造意义，尽管这个过程需要时间。从生活事件中找到意义经常会让人重新思考自己的人生目标和动机，更经常发生的是，他们最终发现人与人之间的关系是最重要的。就像我们之前提过的，这些目标通常与健康之间的关联度最高。

总结

让我们回到本章开头的问题：是什么让你每天早晨从床上爬起来？哪些目标对你来说是最重要的？人们给出的答案千差万别，其中既有人格的因素，也有情境的影响。在贫困和战争时期，人们起床劳作只是为了生存。在条件好一些的时代和地方，当我们实现了自己的目标，生活就充满了意义——当然哪些目标最重要因人而异。自我决定理论和默里的动机理论都指出，这些目标很可能包含成就、掌控感以及有质量地陪伴在朋友和家人身边。有关趋近-回避动机的研究增加了另外一种视角，我们看待目标的方式——是趋近于取得成功还是避免失败——也存在个体差异。

动机理论认为，有一些需求是普遍的需求，不过人们在需求和动机的强度上有所不同。每个人都渴望感受到某种归属（自我决定理论中的归属感），但对一些人来说，这种需求对他们的重要性要远高于其他人（默里的内隐动机中的归属动机）。每个人都希望在生活中有所成就（自我决定理论中的胜任力），但一些人更容易被挑战和梦想驱动（默里的内隐动机中的成就动机）。每个人都想掌控自己的生活（自我决定理论中的自主性），但有一些人除了掌控自己还想控制别人（默里的内隐动机中的权力动机）。

思考

1. 定义目标、需要和动机并解释它们之间的不同。

2. 讨论趋近动机与回避动机二者的差别。

3. 马斯洛的需求层次理论是什么？根据马斯洛的理论，最理想的状态是什么样的？

4. 比较本章讲到的三种内隐动机和自我决定理论的三种需要。这些需要和动机在哪些方面有共同之处？又在哪些方面有所不同？

5. 定义内部目标和外部目标，并解释每种目标与动机之间的关系。

6. 正念与心流有什么关系？

7.1：趋近 – 回避气质量表

（Approach Versus Avoidance Temperament Scale）

指导语

请选出你对以下表述同意或不同意的程度。

1. 我是一个天生就非常紧张的人。

非常不同意			中立			非常同意
1	2	3	4	5	6	7

2. 想到我渴望的东西让我充满了活力。

非常不同意			中立			非常同意
1	2	3	4	5	6	7

3. 我容易感到担忧。

非常不同意			中立			非常同意
1	2	3	4	5	6	7

4. 当我发现有机会做我喜欢的事情时，我马上就兴奋起来。

非常不同意			中立			非常同意
1	2	3	4	5	6	7

5. 我容易感到激动和受到鼓舞。

非常不同意			中立			非常同意
1	2	3	4	5	6	7

6. 我感到深深的焦虑和恐惧。

非常不同意			中立			非常同意
1	2	3	4	5	6	7

7. 我对糟糕的经历反应非常强烈。

非常不同意			中立			非常同意
1	2	3	4	5	6	7

8. 我总是在寻找积极的机会和经验。

非常不同意			中立			非常同意
1	2	3	4	5	6	7

9. 如果可能发生不好的事情，我有强烈的逃避意愿。

非常不同意			中立			非常同意
1	2	3	4	5	6	7

10. 当好事降临，我会受到很大的影响。

非常不同意			中立			非常同意
1	2	3	4	5	6	7

11. 当我渴望什么东西的时候，我就会有强烈的得到它的欲望。

非常不同意			中立			非常同意
1	2	3	4	5	6	7

12. 我很容易想象坏事降临到自己的身上。

非常不同意			中立			非常同意
1	2	3	4	5	6	7

计分

此量表没有反向计分项目。对以下两个分量表分别计算得分。

趋近气质：第 2、4、5、8、10、11 题。得分：_____

回避气质：第 1、3、6、7、9、12 题。得分：_____

7.2：心理需求平衡测验
（Balanced Measure of Psychological Needs）

指导语

请仔细阅读以下描述，选择在过去几个月中最符合你情况的选项。

	不同意		有些同意		非常同意
1. 我觉得要与在乎我和我在乎的人保持联系。	1	2	3	4	5
2. 我成功地完成了困难的任务和项目。	1	2	3	4	5
3. 我可以随心所欲地按照自己的方式做事。	1	2	3	4	5
4. 我是孤独的。	1	2	3	4	5
5. 我经历了某种失败或无法做好某件事情。	1	2	3	4	5
6. 我有很多不必要的压力。	1	2	3	4	5
7. 我和对我而言重要的人关系紧密。	1	2	3	4	5
8. 我擅长完成困难的挑战。	1	2	3	4	5
9. 我的选择是真实自我的表达。	1	2	3	4	5
10. 我感到一个或几个重要的人不喜欢我。	1	2	3	4	5
11. 我做了愚蠢的事情，这让我觉得自己无能。	1	2	3	4	5
12. 有人告诉我该做什么。	1	2	3	4	5
13. 我和我花时间在一起的人有着紧密的亲密感。	1	2	3	4	5
14. 即使在困难的事情上我也做得很好。	1	2	3	4	5
15. 我确实在做自己感兴趣的事情。	1	2	3	4	5
16. 我和日常相处的人发生了分歧或冲突。	1	2	3	4	5
17. 我在自己擅长的事情上遇到了麻烦。	1	2	3	4	5
18. 我需要做一些违背自己意愿的事情。	1	2	3	4	5

计分

反向计分项目是第 4、5、6、10、11、12、16、17、18 题，选择"1"记 5 分，选择"2"记 4 分，选择"3"记 3 分，选择"4"记 2 分，选择"5"记 1 分。

其他项目选哪个数字就计几分。

把以下三类中的项目得分分别相加。

归属：第 1、4、7、10、13、16 题。得分：_____

胜任：第 2、5、8、11、14、17 题。得分：_____

自主：第 3、6、9、12、15、18 题。得分：_____

7.3：抱负指数问卷
（Aspirations Index）

指导语

以下是有关你的未来目标的描述。根据每个目标对你的重要程度，选出相应等级的数字。当你选择时，请考虑整个等级的范围，即一些回答位于等级的下端，一些回答位于中间，一些回答位于分数较高的部分。

1. 我很高效。

一点也不重要		有一点重要		中等		非常重要		极为重要
1	2	3	4	5	6	7	8	9

2. 别人觉得我的外表很有吸引力。

一点也不重要		有一点重要		中等		非常重要		极为重要
1	2	3	4	5	6	7	8	9

3. 我会不求回报地帮助有需要的人。

一点也不重要		有一点重要		中等		非常重要		极为重要
1	2	3	4	5	6	7	8	9

4. 不被生活裹挟，我的事情我做主。

一点也不重要		有一点重要		中等		非常重要		极为重要
1	2	3	4	5	6	7	8	9

5. 大家和我彼此表达爱意。

一点也不重要		有一点重要		中等		非常重要		极为重要
1	2	3	4	5	6	7	8	9

6. 我可以拥有许多昂贵的东西。

一点也不重要		有一点重要		中等		非常重要		极为重要
1	2	3	4	5	6	7	8	9

7. 我能实现我一直以来想成为的样子。

一点也不重要		有一点重要		中等		非常重要		极为重要
1	2	3	4	5	6	7	8	9

8. 有很多人羡慕我。

一点也不重要		有一点重要		中等		非常重要		极为重要
1	2	3	4	5	6	7	8	9

9. 我可以感觉到有一些人真正地爱我。

一点也不重要		有一点重要		中等		非常重要		极为重要
1	2	3	4	5	6	7	8	9

10. 我感到自由。

一点也不重要		有一点重要		中等		非常重要		极为重要
1	2	3	4	5	6	7	8	9

11. 我可以做些什么让其他人生活得更好。

一点也不重要		有一点重要		中等		非常重要		极为重要
1	2	3	4	5	6	7	8	9

12. 许多不同的人都听说过我的名字。

一点也不重要		有一点重要		中等		非常重要		极为重要
1	2	3	4	5	6	7	8	9

13. 无论我真实的样子是什么，我生活中的某个人都可以接受我。

一点也不重要		有一点重要		中等		非常重要		极为重要
1	2	3	4	5	6	7	8	9

14. 我可以卓有成效地应对生活中的问题。

一点也不重要		有一点重要		中等		非常重要		极为重要
1	2	3	4	5	6	7	8	9

15. 人们经常会评论我长得有多好看。

一点也不重要		有一点重要		中等		非常重要		极为重要
1	2	3	4	5	6	7	8	9

16. 在挣钱方面我会取得成功。

一点也不重要		有一点重要		中等		非常重要		极为重要
1	2	3	4	5	6	7	8	9

17. 认识我的人都喜欢我。

一点也不重要		有一点重要		中等		非常重要		极为重要
1	2	3	4	5	6	7	8	9

18. 我对自己的能力感到满意。

一点也不重要		有一点重要		中等		非常重要		极为重要
1	2	3	4	5	6	7	8	9

19. 我能够成功地掩藏岁月的痕迹。

一点也不重要		有一点重要		中等		非常重要		极为重要
1	2	3	4	5	6	7	8	9

20. 我有足够的钱可以买下我想要的一切。

一点也不重要		有一点重要		中等		非常重要		极为重要
1	2	3	4	5	6	7	8	9

21. 我可以向对我有特别意义的人表达我的爱意。

一点也不重要		有一点重要		中等		非常重要		极为重要
1	2	3	4	5	6	7	8	9

22. 我能应对生活中的挑战。

一点也不重要		有一点重要		中等		非常重要		极为重要
1	2	3	4	5	6	7	8	9

23. 我对自己做的事情有洞察。

一点也不重要		有一点重要		中等		非常重要		极为重要
1	2	3	4	5	6	7	8	9

24. 我可以帮助这个世界变得更好。

一点也不重要			有一点重要		中等		非常重要		极为重要
1	2	3	4	5	6	7	8	9

25. 我会有一段忠诚的亲密关系。

一点也不重要			有一点重要		中等		非常重要		极为重要
1	2	3	4	5	6	7	8	9

26. 我有一份收入颇丰的工作。

一点也不重要			有一点重要		中等		非常重要		极为重要
1	2	3	4	5	6	7	8	9

27. 我的穿着和发型紧跟潮流。

一点也不重要			有一点重要		中等		非常重要		极为重要
1	2	3	4	5	6	7	8	9

计分

此问卷没有反向计分项目。按照以下 6 个分类将相应题目的分数相加，再除以对应的项目数得到平均分。

金钱（第 6、16、20、26 题），将分数除以 4，得分：_____

外表（第 2、7、15、19、27 题），将分数除以 5，得分：_____

名气（第 8、12、17 题），将分数除以 3，得分：_____

自我接纳（第 1、4、10、14、18、22、23 题），将分数除以 7，得分：_____

人际亲和（第 5、9、13、21、25 题），将分数除以 5，得分：_____

社会（第 3、11、24 题），将分数除以 3，得分：_____

7.4：正念专注觉知量表
（Mindful Attention Awareness Scale）

指导语

下列是有关你日常生活的一些描述。根据提供的数字，选出这些情形发生的频率。请依据你当前生活的实际情况作答，而不是你希望你的生活如何。每道题目之间都是彼此独立的。

1. 在经历某种情感的时候，我在当下是意识不到的，直到后来才意识到。

几乎总是	非常频繁	比较频繁	比较少	非常少	几乎从不
1	2	3	4	5	6

2. 我因为粗心大意、不留神或想着其他事情而打坏一些东西。

几乎总是	非常频繁	比较频繁	比较少	非常少	几乎从不
1	2	3	4	5	6

3. 我发现自己很难对当下发生的事情集中精力。

几乎总是	非常频繁	比较频繁	比较少	非常少	几乎从不
1	2	3	4	5	6

4. 我急于抵达目的地，不会留心路上发生了什么。

几乎总是	非常频繁	比较频繁	比较少	非常少	几乎从不
1	2	3	4	5	6

5. 我努力不去注意身体的紧张和不舒服，直到这种感觉无法忽略。

几乎总是	非常频繁	比较频繁	比较少	非常少	几乎从不
1	2	3	4	5	6

6. 当别人第一次告诉我他们的名字时，我几乎立马就会忘记。

几乎总是	非常频繁	比较频繁	比较少	非常少	几乎从不
1	2	3	4	5	6

7. 我似乎是"自动运行"的，不需要过多地意识到自己在做什么。

几乎总是	非常频繁	比较频繁	比较少	非常少	几乎从不
1	2	3	4	5	6

8. 我匆忙完成活动，而没有真正关注活动。

几乎总是	非常频繁	比较频繁	比较少	非常少	几乎从不
1	2	3	4	5	6

9. 我对想要实现的目标极为专注，因此忽略了过程。

几乎总是	非常频繁	比较频繁	比较少	非常少	几乎从不
1	2	3	4	5	6

10. 我自动地完成工作和任务，不需要意识到自己正在做什么。

几乎总是	非常频繁	比较频繁	比较少	非常少	几乎从不
1	2	3	4	5	6

11. 我一边听别人说话，一边做其他事。

几乎总是	非常频繁	比较频繁	比较少	非常少	几乎从不
1	2	3	4	5	6

12. 我在无意识中开车到一个地方，然后想自己为什么会到那里去。

几乎总是	非常频繁	比较频繁	比较少	非常少	几乎从不
1	2	3	4	5	6

13. 我沉浸于未来或过去中。

几乎总是	非常频繁	比较频繁	比较少	非常少	几乎从不
1	2	3	4	5	6

14. 我发现自己做事心不在焉。

几乎总是	非常频繁	比较频繁	比较少	非常少	几乎从不
1	2	3	4	5	6

15. 我吃零食时都不知道自己在吃些什么。

几乎总是	非常频繁	比较频繁	比较少	非常少	几乎从不
1	2	3	4	5	6

计分

此量表没有反向计分项目。

把所有题目的所选数字相加得到总分，你的总分：_____

第**8**章

学习如何塑造行为

丹·弗里德曼（Dan Freedman）坐在博物馆的长凳上，才走了 10 分钟他就已经筋疲力尽，肌肉酸痛，他的哥哥不得不去帮他找一把轮椅。丹也曾经身体健康、充满活力，但这些年来他的体重逐渐增加。去博物馆的那天，他的体重已经达到了 200 斤，他还被诊断患有糖尿病并伴有早期心脏病的症状，而他才 50 岁。

现如今，丹的体重减到了 150 斤，而他并不是通过治疗、服药或过度运动。相反，他只参与了一个行为奖励项目。每天早晨，他都用一个特殊的秤测量体重，这个秤会通过推特把信息传送给这个项目的其他参与者。如果他的体重有所减轻，参与者们就会祝贺他，反过来也是一样，当其他人体重降低时，他也会送出自己的祝贺。他使用一个计算机程序计算每餐的卡路里数量，并记录自己每天走路的时长，让自己清楚目标实现过程中的进展情况。

这样做为什么可以奏效呢？简单来说，这是因为人们会做可以得到奖励的事情，并避免做遭到惩罚的事情。这个对丹来说富有成效的减肥项目是基于**行为主义**（behaviorism）原理——行为主义是心理学的一个分支，它（相对）强调对外显行为做出简单的解释，而不关心意识的内部运作。这和心理动力学理论截然相反，后者把潜意识作为核心内容。行为主义要证明，我们的人格建立在奖励和惩罚的基础上，即行为是通过学习获得的。同样，这也是改进儿童行为、治疗成瘾和改善睡眠项目的基础。

行为是人格的一个关键基础。外倾性的人喜欢聊天，宜人性的人乐于助人，神经质的人爱哭，开放性的人愿意尝试新鲜事物，尽责性的人为实现目标而高效地工作。行为主义探索行为的学习过程，并由此帮助我们理解环境如何塑造人格。这可以通过

强调奖励的减肥项目更加有效，这符合行为主义的原则。

195

直接的奖励或惩罚实现，也可以通过**社会学习**（social learning）——从观看他人的行为中学习——获得。从行为主义的角度来说，人格的个体差异源于环境（包括文化、同伴和家庭环境）中的社会学习。著名的行为主义学家 B.F. 斯金纳（B. F. Skinner）相信，人格是一个人经验学习的结果。例如，一个在大五人格理论宜人性指标上得分高的人或许曾经因为帮助别人而得到奖励，并且在她没有这样做时遭受了惩罚。有了许多次这样的经历之后，她学习到如何做一个高度宜人性的人。这里顺便提一下，在本章我们经常用到宜人性和尽责性的例子，因为与其他人格特质相比，这两种特质受到家庭环境的影响比较大。

虽然严格意义上的人格行为主义流派已经不再是主流人格科学的核心，但这些理论在理解人格的建立和形成机制上仍然非常有用。学习塑造行为，而行为模式又是人格的主要方面。例如，被溺爱的孩子（永远只获得表扬而没有约束）很可能会发展出自恋特质。那么，学习究竟如何塑造了行为，进而又塑造了人格呢？

操作性条件反射：让人和宠物按照你的指令行动

一名身穿绿色潜水服的女性魔法般地出现在水面上，仔细一看，原来她是站在一只海豚的鼻子上。海豚载着她在巨大的水池里迅速地游来游去，从你的面前掠过，直到这名女性跳上岸站到观众面前。

海豚为什么会做出这样的行为？人们是如何让它载着鼻子上的训练员一起游泳的呢？答案很简单：就是桶里那些鱼。在过去的几个月里，训练员和海豚待在一起，训练它完成这样的动作技巧。如果海豚按照训练员的要求做，或者在刚开始训练的时候只要接近正确的动作，它就可以得到它最喜欢的食物作为奖励。

海豚特别聪明。有一个科幻小说作者曾经幻想，海豚最终会建造它们自己的宇宙飞船，离开地球，并留下一张便签，上面写着："这么长时间了，感谢所有的那些鱼。"不过，海豚可不是因为聪明就去学这种戏法，它们并不是唯一可以被训练的动物。老鼠学会了按压杠杆获取食物，马被训练得以最快的速度绕赛道奔跑，狗可以掌握技巧（尽管第一轮表演通常是教会它们在屋子里放松下来）。实际上，很多动物都能学会一些简单的行为。不过，对我们而言，最重要的问题是人类是怎样学习的？

假设你希望你的孩子、室友、男朋友或女朋友、配偶或伴侣按照某种方式做事，奖励给他们鱼肯定不起作用。那么，该如何激励他们呢？**操作性条件反射作用**

（operant conditioning）是指通过奖励或惩罚来塑造行为。例如，你的父母可能通过奖励的方法教育你要具备较高的宜人性，当你帮助别人的时候就会得到奖励；与之类似，他们还教你要有竞争精神，当你赢得了足球比赛，他们会亲吻你作为奖励。

海豚通过操作性条件反射作用学会表演技巧，这是用奖励来塑造它们的行为。

行为矫正的四种方法

行为可以通过四种方式得到矫正：正强化、负强化、正惩罚和负惩罚（见表 8.1）。我们应该首先明确，"正"和"负"不像通常情况一样代表"好"或"坏"。相反，"正"意味着增加某种刺激，无论这个刺激的好与坏。例如，一个奖励（作为强化的积极刺激）或打屁股（作为惩罚的消极刺激）都是正向的。"负"意味着撤销某种刺激。例如，不想做的家庭作业（拿走一件消极刺激作为强化）或一段萧条的时期（取消一项积极刺激作为惩罚）。这听起来有些令人困惑，我们会更深入细致地学习每一种方式。现在，只要放下好与坏的思维，每当你听到"正"和"负"这两个词的时候，忘掉好与坏的评价！

表 8.1　四种行为矫正的方式

	积极的刺激	消极的刺激
增加 / 给予	正强化（奖励：金钱、糖果）	正惩罚（打屁股）
减少 / 撤销	负惩罚（没收玩具、面壁思过）	负强化（不再要求一项讨厌的家务活）

正强化　对好的行为进行**正强化**（positive reinforcement）——也叫奖励或激励——通常是塑造行为最有效的方式。当我们的孩子或其他重要的人做了一件如我们所愿的事情，我们就会给予他们一些他们喜爱的东西。对狗和猫来说，这一般指食物，任何食物都可以。小孩子也喜欢食物，不过他们要挑剔得多（糖果可以，菠菜可不行）。男朋友或女朋友就更加复杂了，但他们常常喜欢得到赞扬、特别的一餐或恭维的话（当你的男朋友用吸尘器打扫房间的时候，试试告诉他，他看起来很性感）。

斯金纳的经典动物实验就是基于正强化。斯金纳箱中的动物学会了按压杠杆来获取食物。

在更复杂的实验中，通过奖励逐步接近期待的行为，动物学会了弹玩具钢琴或推动小购物车。一头猪最初由于靠近购物车而得到奖励，后来因为后腿站立而得到奖励，再后来因为站起来并将前腿放到购物车的把手上而得到奖励，直到最终能够直立行走推动购物车。相似的技术也用于训练公园里的海豚。这种逐步强化的过程叫作**塑造**（shaping）。

据说，在学习过操作性条件反射作用之后，一些学习心理学的学生们决定对他们的教授做一个实验。这些传闻很难被证实真伪，但大部分故事的情节是这样的：

学生们凑在一起，商量他们希望教授展示出哪种行为——例如，站在教室的右侧，而不是站在中间。当教授站在教室中间讲课时，学生们就都低着头假装睡觉、不注意听讲；当他稍微往右边走动了一点，学生们开始提起精神、看起来兴趣满满；他越往右走动，学生们就越专心听课。用不了几周，他就会站到门口讲课。当问及他为什么要站在那里时，他会回答："哦，那儿的灯光比中间好多了"或者其他一些听上去合理的理由。学生们后来承认了他们的这次非正式的实验。

要学会推购物车，这只狗会因为越来越接近于目标行为的表现而得到奖励，这个过程就叫作塑造。这次它买了菠萝和鸡蛋，那么，下一次让我们训练它去买狗粮吧。

同样的流程对奖励更复杂的行为也适用，如帮助别人（宜人性的一部分）。假设阿尔伯特帮助他的妹妹爬楼梯，妈妈表扬了他并给了他一个拥抱。如果她不断地对阿尔伯特的利他行为做出奖励，阿尔伯特就很可能会成为一个具有高度宜人性的人。如果妈妈没有对此做出奖励甚至没有注意到他的这种行为，他或许就不再帮助别人了。

斯金纳认为正强化比惩罚有效，因为正强化关注人或动物做得好的行为，而不是不良行为。这对孩子来说更是如此，持续做一个期待的行为要比学会偏差行为容易得多。即便是口头表扬也是一种奖励，因此发现孩子好的表现并给予表扬是一个不错的主意。这有些困难，因为人们习惯性地关注消极事件，但这种方法确实更加积极有效。那些只有在表现不好时才被关注的孩子很快就学会了如何更频繁地表现出不良行为，而因积极行为被关注的孩子则乐于向他们的父母展示他们可以做得有多好。

当被用于奖励好的行为时，正强化是一项很好的技术，但它也可以强化不健康的行为。有些人对酒精、药物、烟草和甜食上瘾，因为这些物质对快乐的感觉有正强化作用。他们饮酒后感觉很好，所以就会再次饮酒。他们吃过甜品之后很喜欢那个味道，于是就想吃得更多。时间一长，获得同样的感觉所需要的量就越来越多，从而造成过量使用。高尽责性和自我控制的人明白，抵御短期强化（如酒精）是为了更好地获得今后的长期强化（不要宿醉）。

负强化 负强化（negative reinforcement）也是对目标行为进行奖励，但不是通过给予一些积极的刺激，而是撤销一些消极刺激。假如你的孩子正在补牙——嘴大张着，里面满是电钻，一点也不好玩。"如果你安安静静地坐好，很快就能结束。"你这样对孩子说。你的意思是，孩子表现得越好，不舒服的事情就会越快结束（这也是自我控制和高尽责性的例子）。动物可以学会按压杠杆来停止电击——为数不多的可能比补牙还要难受的事情之一。在一项早期的行为实验中，爱德华·桑代克（Edward Thorndike）把猫关在了"迷宫箱"里。当猫按下杠杆或拉动一根绳子时，箱门就会打开，猫可以逃脱并得到食物奖励——这是负强化（逃脱箱子）和正强化（食物）的结合运用。猫慢慢地学会了做什么可以逃离箱子，然后重复这种行为。

正惩罚 你怎样处理不良行为？最好的方法是奖励好的行为，让不良行为从一开始就不发生。但有时我们无法做到，这时就可以使用惩罚。惩罚有两种形式。一种是**正惩罚**（positive punishment），即在不良行为之后给予讨厌的刺激（这里的正不是好的意思，而是施加令人讨厌的刺激，并非把好的刺激撤销）。正惩罚的经典例子是身体疼痛。现在我们知道了惩罚，尤其像打屁股、打板子这样的身体惩罚，不是最有效的纪律措施，这只会暂时改变行为，并导致孩子更加具有攻击性。

即使是非身体惩罚也必须遵循非常严格的原则才会有效。首先，惩罚一定要在不良行为之后马上实施。如果在小动物或小孩子翻垃圾桶几个小时之后才惩罚他们，他们就不知道自己为什么受到惩罚。其次，惩罚要前后一致。否则，每次不良行为发生时，如小狗或小孩子还会犯错，但他们只是尽力不被发现。要想让惩罚没那么严厉，有一种方法是提前做出口头警告："我数到五，乖乖坐在你的椅子上。"只要孩子知道你是认真的——通常因为过去你接下来会实施惩罚，这样的口头警告就会极大地减少后续惩罚的使用。

更有效的惩罚是**自然后果**（natural consequences）。例如，一个四岁的孩子故意把牛奶倒在地上，她就必须得帮忙清理。再例如，摸热炉子的后果是会被烫到。大自然本身就是承担自然后果的绝佳例证。例如，冲浪的过程充满了自然后果，如果你不小心犯错，就会被卷入水中。

负惩罚　惩罚的另外一种形式是**负惩罚**（negative punishment，也叫面壁思过），指通过撤销喜爱的事物终止不良行为（这里"负"的意思不是不好，而是和正惩罚中施加一种刺激相对应，负惩罚指撤销一种刺激）。父母不让孩子吃晚饭就是通过撤销食物的方法使用了负惩罚。救生员让不好好游泳的孩子离开泳池，也是运用负惩罚——那些把别人按到水里的孩子失去了在泳池里游泳的乐趣。如果你十几岁的时候曾经被父母关在家里，你就经历过禁足的惩罚，父母拿走了你和朋友们在一起的时间。同样，没收一件珍贵的物品，如手机、玩具、计算机，也是一种有效的负惩罚方法。

对年纪较小的孩子来说，负惩罚通常是在一个无聊的房间里冷静地待上几分钟，并且不能和其他人有任何互动。孩子都想与父母、兄弟姐妹在一起，因此面壁思过让他们失去了渴望的社交互动。这听起来不会起作用，但事实上却很有效——尤其是如果能够正确地执行，在冷静时期父母不和孩子说话。

随着孩子日渐长大，他们学会了对自己实行这种惩罚，这说明他们开始内化规则——这是人格受到条件作用影响的早期信号。在本书作者简的女儿凯特两岁的时候，有一天她说："奶奶走开！"奶奶回答："这可不好。"于是凯特拿起她的毛绒玩具猴子，到她的冷静小屋里坐下来。"我们冷静一下，"她对着她的小猴说道，"我们这样可不好。"等凯特长大一些，她好奇那些"坏家伙"被警察抓走之后发生了什么。当她得知他们被送进监狱之后，她问道："这是送大人去冷静一下吗？"从本质上说，是的。把一个人送进监狱就是剥夺了他的自由和很多生活乐趣，所以这也是一种冷静的形式或负惩罚。

同其他方法一样，类似面壁思过这样的负惩罚也对人格有塑造作用。如果孩子打人或有言语暴力（如大喊"我恨你"），很多父母会自动让孩子冷静下来。通常，父母对孩子低宜人性和低尽责性的行为做出惩罚，是希望孩子能够学会控制自己的暴力冲动。至少，在还不那么费力的时候，父母希望现在把孩子送去面壁思过可以避免他们将来永远面壁思过（进监狱）。

强化时间表

强化不仅仅是给予奖励，把握**强化时间表**（reinforcement schedule）——在什么时间给予奖励——同样重要（见表8.2）。假设你想对某人的适当行为给予奖励，比如你希望你的伴侣经常倒垃圾。起初，你可以使用连续强化时间表：每次他去倒垃圾，你都给他一个吻。最后你可以调整为四种部分强化时间表中的一种：固定比率强化

（每倒 2 次垃圾给他 1 个吻，即固定数量）、可变比率强化（不能预期或随机次数之后给他 1 个吻，即随机数量）、固定间隔强化（每 3 天 1 个吻，即固定时间）和可变间隔强化（任意每隔 1～5 天给他 1 个吻，即随机时间）。如上可见，固定－可变是指确定时间和随机时间，比率－间隔是指奖励在行为之后发生还是间隔一段时间后再发生。

表 8.2　四种强化时间表

	固定	可变
间隔	在固定时间（如每 3 天）之后稳定地给予奖励	在随机时间（如 1～5 天不等）之后给予奖励
比率	在行为发生的固定次数（如每倒 3 次垃圾）之后给予奖励	在行为发生的随机次数（如 1～5 次不等）之后给予奖励

想象一下，你正在赌场里，坐在老虎机前面。你不断地拉动拉杆，但大多数时间，除了屏幕变化，其他什么都没有发生，你的钱全部都输掉了。不过每隔一段时间，伴随着令人兴奋的音乐，屏幕亮起，钱从机器里掉出来了。这就是可变比率，这尤为让人痴迷，你一直重复这一行为，因为你永远不知道你什么时候可以得到回报。你不断地把钱投进老虎机，即使没有得到回报，你觉得只是自己手气不佳，并相信下次一定会赢。出于这个原因，可变比率时间表一般可以使期待行为得到最大幅度的增加。有意思的是，在科学期刊上发表文章使用的也是这套的奖励体系。论文被接受的频率是高度可变的——大多数时候，它们是被拒绝的，但偶尔会被接受。要预测会发生什么十分困难。结果，科学家只能不断地递交论文。高冲动性（与低尽责性类似）的人对可变比率时间表尤其敏感，行为保持时间更久——如坐在老虎机前面的时间更长。

当然，情境也很重要，有时使用其他强化时间表效果会更好。很多工作是按照固定间隔时间表发放报酬的：每两周发放一次工资。这种强化时间表保证你每天上班，但不会得到更多。

还有一些工作是为你的特定行为支付报酬。这些固定比率时间表在销售工作中很常见。例如，你每卖出一件衣服都会得到佣金。这种强化时间表的确可以激励行为，但也会使得有的人只关注销售，而忽视了工作的其他方面。

使用固定比率时间表的佣金制还有另外一个弊端，一旦固定强化（佣金）被取

 写作提示：了解自己

如果你想让你的男朋友、女朋友或亲近的朋友做一件事，你会使用哪种强化时间表？

消，相应的行为（不断努力销售）就会停止。可变比率强化时间表，正如赌场中使用的那样，更能在较长的时间里保持某种期待的行为。当比率可变时，你永远不知道什么时候才能得到回报，所以你就会持续地做出这种行为。这样更能够激发销售人员的内在动机（自身的一部分），而不仅仅停留在外在动机上。

社会化和交互决定论

如果你去购物中心、机场、商店或餐厅，你会看到小孩子从他们父母的身边跑开，大声喊叫，乱扔东西，嘴里还塞满了吃的，不断地把柜子里的物品拿出来。与之相反，大人们（至少大部分是）却可以安稳地坐着，不吵不嚷地交谈。多年来，他们经由操作性条件反射作用——因合适的行为得到奖励、因不良行为接受惩罚——已经学会了控制自己的冲动。这个过程被称为**社会化**（socialization）或教化：孩子渐渐学会如何成为社会中成熟的一员及习得所在文化的规则。当然，不同文化对可接受行为的定义不一样，这也是我们将要在第 11 章中讨论的文化差异来源之一。不同的家庭对社会化也有着不同的标准。有一些家庭认为喊叫和反驳是可以接受的，所以孩子们不会因此受到惩罚，相应地这会造成他们的宜人性水平较低。

另外一个例子是，操作性条件反射作用增强了由文化决定的性别差异（将在第 10 章讨论），如哭泣行为。在婴儿期，男婴和女婴哭泣的次数是一样的，但成年男性哭泣的次数一般远少于女性。男孩更多地被禁止哭泣（"立马停止哭泣！男子汉不许哭"），女孩则不然（"宝贝，没关系，我来抱抱你"）。穿着打扮更能说明操作性条件反射作用在性别角色上的影响。如果哪个男孩对此有所质疑，只需穿上一条裙子去上学就明白了。

不过，大多数男孩并不需要别人特别地告诉他们不能穿裙子或不要哭。他们会通过观察其他男性和他们的行为学到这些，也会看到其他人由于做出某此行为而受到奖励和惩罚。我们在前面提到过，这被称为社会学习，是基于阿尔伯特·班杜拉的理论和研究结果。传统的操作性条件反射作用包括通过奖励和惩罚塑造一个人的行为，也包括人们在观察别人的过程中学习到。在一个著名的实验中，学龄前儿童观看一位成年女性反复殴打一个波波娃娃（一种受到击打后会弹回的大型塑料玩具），她一边打一边说："你这个俘虏，就打你的鼻子""太棒了，蹲下"。接下来，有些孩子看到的是这个人受到赞扬并得到了糖果；另一些孩子看到的是她被人用一本卷起来的杂志打了，并警告她不要再打娃娃；还有一些孩子只看了上述视频，没有后续后果。与那些看到女性受到了惩罚的孩子不同，看到女性因为攻击行为受到奖励和没有看到后续后果的孩子更可能模仿她的行为。他们也会打波波娃娃，一般还会使用同样的话"太棒了"。

换句话说，孩子（有时成人也是如此）会看榜样是怎么做的。例如，高中生可能会观察班里受人喜爱的孩子穿什么衣服，然后尝试穿同一个品牌或类型的衣服。他们还会模仿明星的着装风格。总之，现代媒体为人们找到一个榜样提供了大量的机会，使得社会学习更加普遍和频繁。

与波波娃娃的实验结果相呼应，观看暴力电视节目和玩暴力电子游戏的孩子表现出更强的攻击性——这可能是因为电视上的攻击行为很少受到惩罚，甚至在电子游戏中攻击行为还会得到积分奖励。其中部分研究具有相关性——这意味着攻击型的孩子玩暴力的电子游戏。在这样的例子中，攻击性更强的孩子被暴力性更强的媒体吸引。另外一些外部因素，如家庭环境，也会导致孩子接触暴力媒体和出现更多的攻击行为。研究人员将人们随机地分成观看暴力媒体和观看非暴力媒体两组，同样也得出了暴力媒体造成攻击行为的结论。游戏也可以通过奖励向人们示范良好的行为：如果人们在电子游戏中因为亲社会行为（如助人）而得到奖励，将来他们在现实生活中也可能帮助别人。用人格心理学的术语来说，电子游戏既可以造成低宜人性也可以促成高宜人性。就像道格·金泰尔（Doug Gentile）和克雷格·安德森（Craig Anderson）总结道：电子游戏是出色的老师。

班杜拉认为，行为主义强调环境对行为的塑造有点过于简单了。他提出，人的行为也会作用于环境，他把这种观点叫作**交互决定论**（reciprocal determinism）。根据这一理论，人们不仅仅是环境的被动产物，也通过自己的行为塑造了环境。班杜拉的父母从东欧移民到加拿大阿尔伯特省，他们在那建造了自己的家，还把树林改造

为农田——这就是人们影响环境的真实例子。

班杜拉还提出了一种人格理论，他认为人格源于环境对行为的影响、行为对环境的影响以及人们处理经验的方式。按照他的观点，人格与行为、环境互为因果（见图 8.1）。比如，班杜拉的父母移民到加拿大的时候，他们的人格帮助他们做出

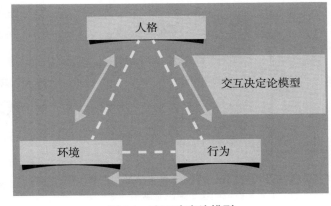

图 8.1 交互决定论模型

了行为选择，他们的行为（远离故乡、开垦土地）也塑造了他们的人格（或许使得他们更加尽责）。有些学生远赴异乡求学，也有些学生留在本地上大学，他们的人格可能存在着差异。与此同时，他们之间不同的离家经历也可能反过来塑造了他们的人格。他们的人格也会影响他们所在的环境，在异地学生比较多的学校里和本地学生比较多的学校里，学生们所创造出的校园文化是不同的。班杜拉的理论把这些影响融合在一起，超越了简单的行为主义，包含了个体的行动。

行为矫正：操作性条件反射作用的实际应用

操作性条件反射作用的实际应用有无穷无尽的例子。使用操作性条件反射作用改善行为称为**行为矫正**（behavior modification）。行为矫正也包括一些复杂的个案，如拒绝上学的孩子、精神障碍患者、药物成瘾者、沉迷于暴力的青少年等。一项研究发现，在患有注意缺陷／多动障碍的孩子中，接受行为矫正治疗的孩子后来因重罪被捕的数量比没有接受相应治疗的孩子少一半。此外，行为矫正技术也适用于特定人群。如果你试图利用操作性条件反射作用调整某人的行为（或你自己的行为），你就是在使用行为矫正技术。例如，你想变得更加平易近人和尽职尽责，行为矫正技术应该可以帮助到你。

行为矫正如何运作

行为矫正技术背后的逻辑是，只对可接受的行为进行奖励。例如，一些精神病院采用**代币制**（token economy）——对好的行为给予代币奖励，代币可用于交换如散步等特权。一些学校和父母也对孩子使用类似的制度。在本书作者基斯的女儿朱莉娅的幼儿园里，表现好的孩子可以在周五的时候从"百宝箱"里面选择一样东西。一个叫作"积极父母"的项目教父母奖励良好行为，对不良行为使用"冷静下来"的方法。至少从父母的反馈来看，在使用行为矫正技术之后，孩子们取得了明显的进步。

如果你表现得好，就可以从百宝箱里选择一个奖品！（这样的奖品对于四岁的孩子来说充满了诱惑！）

治疗抑郁最好的疗法是行为激活。行为激活是鼓励抑郁患者做一些具体的、对他们有重要价值的事情，并因此得到奖励。例如，假如你想接受更多的教育，你会向朋友寻求关于学校的建议，还会写一个申请入学的计划。这种技术帮助抑郁患者重新专注于可以带来奖励的行为，把他们从导致不良后果的懒散无为状态中解救出来。

对于成瘾行为（药物、酒精、烟草），有多种行为矫正方法。例如，当酒精中毒者饮酒的时候，让他们服用会产生恶心呕吐感觉的药物，这样他们非但没有获得兴奋，反而还受到了呕吐的惩罚（当然，前提是他们得服药才行）。吸毒者也可以通过"保持清白"获得奖励。在一项研究中，对每周通过药物测验的瘾君子给予报酬，并且报酬逐渐提高，就算是顽固的可卡因成瘾者，他们远离毒品的可能性也会翻倍。另外一种技术的重点在于改变导致吸毒的日常线索。许多康复项目要求人们居住的场所不仅试图消除他们对毒品的接触，还要消除那些使他们想"嗨"的场景。渐渐地，他们就学会了从其他事情上得到乐趣。

行为矫正听起来像常识——人们理所当然地会奖励好行为、惩罚（或至少忽视）不良行为。但实际上它可能没有你想的那么常见，部分原因来自同情心的误导。想一想贾斯珀猫的真实故事，它躲在厨房的桌子下面，用爪子去抓经过的人。它的主人伊莎贝拉把它抱起来，温柔地说："哦，可怜的贾斯珀，怎么了？"伊莎贝拉对贾斯珀的不良行为给予了奖励（她提供了正强化），这会让贾斯珀更有可能再次抓伤人们的脚踝。尽管看起来伊莎贝拉对贾斯珀充满同情，但她实际上是在助长它的不良行为，这对于被抓伤的人和对贾斯珀都没有好处。从长远来看，如果它持续这种行为，人们就不会让它再待在屋子里了。伊莎贝拉应该忽略或使用正惩罚（也许用水枪往它的毛上喷点水——猫讨厌湿漉漉的感觉，这样每次贾斯珀把爪子伸进别人的脚踝时，它就会立马感到不舒服的潮湿感觉）来对待这种行为。她也可以通过实施正强化，用拥抱或小点心奖励贾斯珀安静地待在桌子下面的行为。

行为矫正技术在养育孩子方面尤为重要，孩子最终以其他人为行为对象，而不仅仅是父母。例如，幼儿喜欢在超市结账处抓糖果。大多数时候，妈妈都会说"不可以"，然后把糖果放回去。有时候，孩子会放声哭泣，大喊着要买糖果。这时候妈妈的反应十分关键——她会屈从孩子吗？如果她这样做，就是在奖励孩子的不良行为。孩子从中明白，如果他想要什么东西，就可以大声哭喊。妈妈也可以忽略孩子的脾气——这在当时会很困难，但从长远来说却更好，因为孩子知道了哭喊是没有用的。妈妈必须坚强一点，后退几步，让孩子哭闹直到他决定放弃。这样的话，孩子就会通过自我控制发展出尽责性和宜人性，因为他学会了礼貌地询问比喊叫好。

通过提供激励（经济学家用以描述奖励的术语）引发想要的行为并不像看起来

那么简单。想一下一个在日托中心和幼儿园都很普遍的问题就知道了：接孩子迟到的家长。以色列的一家日托中心决定对迟到的家长施以 3 美元的罚款解决这个问题。然而罚款起到了相反的作用：更多的家长开始迟到、晚接孩子。很显然，3 美元减轻了他们先前因迟到产生的愧疚感，但不足以构成一种经济上的制约。如果日托中心施以 100 美元的罚款，同样也不会起作用——金额太高了，即使会减少迟到人数，也会引发家长的仇恨心理。所以日托中心需要在 3 ~ 100 美元选择一个合适的金额，这个金额可以激发最好的行为。这让人想起一个商业领域普遍存在的问题：如何对商品进行定价，让商品显得不会太便宜也不会太贵，既可以保持市场竞争力又能盈利？总之，实际上激励非常复杂。

行为矫正的自我实践

你可以利用行为矫正改变自己的习惯。假设你不想再吃过多的垃圾食品。如果你可以在一周之内实现这个目标，就奖励自己一件与食物无关的好玩的东西，如你一直想买的东西或一直想看的电影。或者参加一个像丹·弗里德曼加入的那样的活动，持续跟进自己的进展，并且得到其他人的支持。这样做的基本理念是提升你的自我控制力，这也是大五人格理论中尽责性最重要的一个方面。

如果你常常自我批判，想尝试改变你的内在声音，当你圆满地完成一件事情的时候，多表扬自己，而不是盯着消极的方面。这种内在表扬需要具体、真实（"很好，我保持了冷静"），而不是泛泛夸大的那种（"我是最棒的"）。前者是自我关爱，可以带来诸多好处；后者则是自恋，一点好处都没有。

另外一种改变行为的方法是考量你的习惯。你每天所做的事中几乎有一半不是当下的选择，而是出于一种习惯。假如你想改掉一个坏习惯，如每顿饭后都要吃甜品的习惯。

✎ **写作提示：了解自己**

想一个你希望改变的不良习惯。你会如何运用行为矫正技术消除或减少这个不良习惯？

惯。首先，你需要找出是什么原因让你想吃那块饼干或蛋糕。在这个例子中，吃饭是必须的。既然你无法停止进餐，你就必须专注于把橱柜里的甜品一扫而空之前改变自己接下来要做的事情。如果你在饭后做些其他的事情，并对疏忽大意保持警觉，你就可能改掉这个坏习惯——但一定是一个习惯（你经常做的事情）而不仅仅是一个诱惑（在当下让自己感觉好的事情）。经过一段时间，这种自动化的冲动就会消退，坚持让你的身体更健康的计划也会变得更加容易。如果甜品是一种诱惑而不是习惯，

你只是偶尔想吃罐头里的糖霜。如果最终你只吃了之前20%的量，这也是巨大的进步。高尽责性的人不只抵抗冲动，他们还会重塑环境，避免诱惑自动产生。

戒掉每餐之后吃甜品的习惯，这种自动化的冲动会离你而去。

针对不同的习惯要采取不同的策略。一项针对大学生的研究表明，最常见的不良习惯是熬夜（23%），其次是吃垃圾食品（17%），排在第三位的是拖延（10%）。因此，如果你昨晚熬夜，一边吃比萨一边打游戏，上课睡觉，发现还没为明天的考试做准备，你不是个例。但是，你应该尽快对自己实施行为矫正。

行为矫正的未来发展趋势

约翰·华生（John Watson）曾经写道："给我一打健全的婴儿，让我在特定的世界里把他们抚养长大，我保证能把其中任意一个婴儿培养成医生、律师、艺术家、商人或厨师，当然还有乞丐和小偷。"换句话说，华生提出，无论基因如何，他都可以通过环境把孩子塑造成任何他想要的类型。与之类似，斯金纳也写过《瓦尔登第二》（*Walden Two*）和《超越自由与尊严》（*Beyond Freedom and Dignity*）等著作，阐明行为矫正可以用来创造一个乌托邦式的社会，那里没有攻击和暴力行为。

然而，如同你在第 4 章看到的，人格的多样性是由基因决定的。因此，华生和斯金纳关于人类只是由环境塑造的观点是不现实的。不过，你可能也会回忆起，基因只能解释一半的人格变量。所以，人们天生具有某些特质，但是他们的行为仍然在很大程度上取决于所受到的奖励和惩罚，并且这些奖励和惩罚通常是由文化、个人经历和家庭环境决定的。因此实际情况常常是，真相介于二者之间：我们天生拥有一些特质，我们所处的环境（包括奖励和惩罚）同样塑造着我们的行为。

此外，人们还常常选择他们所处的环境并改变环境，这是我们之前讲过的班杜拉的交互决定论中的部分观点。例如，当索菲亚加入高中游泳队的时候，她因为正确的泳姿和在练习中跟上别人的速度而得到奖励。如果就她一个人，她很可能只是在泳池中玩，而不会在泳道上练习。她还有其他几种选择——但她把加入游泳队放在了第一位。索菲亚也会在练习中改变自己所处的环境。如果她赢了一场比赛，其他队员就会输。她帮助弟弟完成家庭作业与她因练习游泳晚回家，她的家庭互动方式也会有所不同。

期望和控制点

传统的行为主义不需要考虑人类（或动物）的想法。思维不是必要条件，因为有机体会自动地按照曾经有效的方式行动。不过，也有一些研究者，如朱利安·罗特（Julian Rotter），认为这种观点过于简单了。尽管有很多行为不需要思维的过多参与，但人们的确每天都在为自己的行动进行思考和做出决定。

假设你决定是否去参加朋友即将举办的一场派对。你会想，过去你是不是曾在派对上度过了美好的时光、这场派对是不是你喜欢的类型以及你会不会遇到有趣的人。罗特等人把这些考虑称为**期望**（expectancies）。我们的期望建立在过去那些得到奖励的经验之上——正如行为主义学家所预测的那样，但期望也同样涉及思维和思考。我们的期望也可能是错误的：或许你从未在派对上体验过乐趣，但却乐观地认为这次会有所不同，因为这场派对是你的朋友主办的。

我们的决定也基于不同情境下的强化效价（这里的强化与之前正强化中的强化是一致的）。如果你前一天晚上刚参加过一场派对，那么与你很长时间都没有参加过派对相比，新派对的强化效价要低一些。如果你已经处于恋爱关系中，认识新朋友的强化效价就比你在单身、寻找伴侣的状态下低。我们的人格和动机会影响我们最看重的奖励是什么。如果你拥有较高的成就动机，你就不会在有课的晚上去参加派对。如果你的归属动机比较高，你就会决定去参加派对，因为这会让你的朋友感到开心。

你还需要对你从未遇到过的情境做出决定。纯粹的行为主义不会对新情境中产生的行为做出预测，因为你不知道什么样的行为会得到奖励、反之什么样的行为会遭受惩罚。在派对的例子中，你可以使用罗特说的**"普遍期望"**（generalized expectancies），即你认为你的行为通常受到奖励或惩罚的概率如何。例如，你决定该为即将到来的工作或研究生面试付出多少努力。有些人对此的泛化期望是觉得准备与否都一样，他们认为，那些得到工作和考取研究生的人远非运气的问题，而是取决于权威人士的主观判断。罗特将此称为外控点。例如，外控型的人认为，一个人对避免被传染感冒是无能为力的——要么被传染，要么没被传染。有些人则认为，行动一定有效果，这些人具有内控点的特征。内控型的人觉得，洗手、保持距离、摸门把手时戴手套会让自己远离流感。因此，人们的控制点是不同的，这对于理解他们的人格来说非常重要。请完成本章末尾的诺维奇控制点量表，看一看你的控制点属于内控还是外控。

内控点能强有力地预测学习成绩。在少数族裔的孩子中，内控点是最有效的学业成就预测指标。个体相信学习的重要性会引发学习行为，从而取得更好的成绩。

另一方面，外控型的人更容易焦虑和抑郁，并且伴有低尽责性和低自我控制能力。

也许外控点是对消极生活状况的反映：遭遇不良经历的人会放弃并认为自己对人生结果无能为力。这使得他们对不良学业表现、焦虑、抑郁更加敏感，形成恶性循环。

20 世纪 70 年代初期，罗特在年轻人中观察到更多的外控心理和疏离感，这种趋势一直持续到 2000 年左右。"我们的社会有诸多重要问题亟待解决，迫切需要尽可能多的内控型的成员积极主动地参与其中。"罗特的这段文字在今天仍然适用。"如果外控、疏离、无能为力的情绪持续增加，我们可能将要面临一个停滞的社会——每个人都安于现状，袖手旁观。"

写作提示：了解自己

你是内控型还是外控型？其优缺点分别是什么？

如果你是一个外控者，你也许会觉得愤世嫉俗在现代社会中是合理的——只要看看我们的问题有多严重、一个人想要拥有影响力有多么困难。但是，考虑到外控点和失败之间的关系，人们在自己的生活中付诸行动总是更好的。当然，糟糕的运气可能会让你前功尽弃，但这不意味着你就不再需要为下一次机遇而努力了。

经典条件反射作用：如何让人（及宠物）流口水

伊万·巴甫洛夫（Ivan Pavlov）本未打算改变心理学。19 世纪 90 年代，他开始了对狗的研究工作，那时他在研究消化，他想弄清楚狗在进食的时候分泌多少唾液。他凭借这项研究获得了 1904 年的诺贝尔医学奖。

然而，就像科学领域时常会发生的那样，这项消化实验并没有完全如巴甫洛夫预期的那样。他原以为狗会在进食的时候分泌唾液，但实际上它们在进食之前就开始流口水了，甚至有时在它们看到食物之前就已经开始了。例如，它们可能在看到经常喂养它们的

我又听到了开罐头的声音！

实验员（我们在这里叫他伊格）的时候就开始流口水了。狗习得了把伊格和食物联系在一起，因此当它们一看到他就开始分泌唾液。声音也起到同样的作用：如果伊格总是在喂食之前摇一个铃铛，狗就会在听到铃声之后很快分泌唾液。如果你养了一只吃罐装食物的狗或猫，你应该会发现，当你打开一瓶罐头的时候，它们就会跑过来。这叫作**经典条件反射作用**（classical conditioning），即把两个通常无关的事物联系起来。

在上述几个例子中，动物的食物是无条件刺激物，这种无条件刺激物会自然引发动物流口水的无条件反射。但是，后来你的宠物开始把打开罐头的声音和食物联系在一起，所以打开罐头变成了条件刺激物，从而引发了你的宠物流口水的条件反射（见图8.2）。在两种情况下，分泌唾液都是反射，但在无条件刺激物的作用下，它只是对食物的自然反射，而在条件刺激物的作用下，则是对通常与食物无关的其他因素（如伊格、铃铛、开罐头的声音）的反射。

图 8.2　猫罐头是无条件刺激物，引发猫流口水的无条件反射。开罐头的声音是条件刺激物，最终也引发了猫流口水的条件反射

经典条件反射和恐惧

经典条件反射远不止分泌唾液这么简单，它可以应用于任何两个可以互相联系的事物。最出名的例子是约翰·华生和罗萨莉·雷纳（Rosalie Raynor）两人关于小阿尔伯特（Little Albert）的实验。最初，小阿尔伯特看到小白鼠并不害怕。但后来，每当小阿尔伯特看到小白鼠，华生和雷娜就弄出很大的令人难受的噪声（两个金属物体相互撞击的声音）。没过多久，小阿尔伯特一看到小白鼠就放声大哭。小阿尔伯特的恐惧还变得**泛化**（generalized）——对相似的事物也表现出条件反射：他开始害怕白色的兔子、白色的狗甚至白色的皮毛外套。即使这些东西没有和噪声联系在一起，他的恐惧也会泛化。但愿他的妈妈当时没把他抱到圣诞老人的膝盖上。

不幸的是，华生和雷娜没有对小阿尔伯特去条件化。他们没有用条件反射作用消除他的恐惧，这个过程叫作**去条件化**（deconditioning）。去条件化的过程最初是**分化**（discrimination），在小阿尔伯特感到安全放松的时候不断地向他展示白色物体，并且不出现吵闹的噪声，这样可以让恐惧的范围变小。之后，再向他展示小白鼠，同样是在他冷静的时候，并且不伴随噪声。最终，这个过程可以**消除**（excinction）小阿尔伯特对小白鼠和恐惧之间的联系，使他不再害怕白色的物体。从伦理上来说，华生和雷娜应该这样做。阿尔伯特很有可能终生都会对毛茸茸的白色物体感到恐惧。然而，即使他经过了去条件化，将来如果小白鼠和任何恐怖的事物再次联系在一起，他的恐惧马上就会回来，一旦习得了这种联系，再次学习就会变得非常迅速，这种现象被称为**自发恢复**（spontaneous recovery）。

回顾历史

约翰·华生的丑闻

约翰·华生在 1920 年达到了他的事业巅峰。他关于小阿尔伯特的经典条件反射研究震惊了世界，同时他还担任美国心理学会的主席。他就职的约翰·霍普金斯大学也大幅提升了他的薪酬。然而，随后他为爱失去了一切。华生与他的学生罗萨莉·雷纳陷入了一段关系。他因此离开了他的妻子，离婚的消息见诸报端。这种轻率的行为和不良的媒体影响导致华生被约翰·霍普金斯大学解雇。

华生最终和雷纳结了婚，但是受到丑闻的影响，他无法再找到一份教书的工作。之后，他搬到了纽约市，开始从事广告工作。华生是一个成功的广告主管，甚至据说他还想出了"茶歇"（coffee break）这个词推广麦斯威尔之家的咖啡。

然而，真正的丑闻是华生的故事是如何被心理学教科书所掩盖的。自 20 世纪 70 年代起——华生被约翰·霍普金斯大学解雇 50 年之后—— 一些教科书的作者开始美化华生的故事。一些人声称，华生参与了与雷娜共同进行的秘密的性研究，这是他被解雇的原因。根据詹姆斯·弗农·麦康奈尔（James Vernon McConnell）和 200 本心理学教科书中的描述：

约翰·华生是研究性反应心理方面的最早的美国人……他想要了解人类在性交压力下会产生哪种生理变化。

根据一份详细的历史证据回顾，这项指控实际上没有支持材料。华生不是一个忠诚的丈夫，但关于他的花边故事却并不准确。

在创伤性事件或不愉快的经历之后，经典条件反射作用的联系发生在日常生活中的每一天。如果你在吃过三文鱼汉堡之后又吃了一份水果冰沙，一小时后，你就会趴在马桶上呕吐。你很可能没办法再吃三文鱼汉堡和冰沙了，甚至当你在上学的路上经过果汁店和冰沙店的时候就会感到恶心，尤其当你闻到冰沙的味道时。如果你是一个神经质水平比较高的人就更会如此，并因此更容易受到恐惧和消极经历的影响。

关联是创伤后应激障碍背后的主要机制之一。一位退伍老兵不仅仅对导致他恐惧的炮火声和爆炸声感到害怕，他还会对其他所有大的噪声感到畏惧。减轻创伤后应激障碍需要学会如何在面对这些压力时保持冷静。一些治疗创伤后应激障碍的新疗法使用虚拟现实技术将退伍老兵置于压力情境下。例如，有一个项目创设了"虚拟伊拉克"，让退伍老兵在可控的安全环境中重新经历压力源，通过这种方法，他们逐渐学会了把压力源和放松相关联，以取代压力源和恐惧之间的联系。

我们也可以把不舒服的感觉和一些人关联在一起。在一项研究中，一位短发、戴眼镜的女士对一个向她提问的学生很不礼貌。后来，当这些学生接触其他人的时候，他们会尽力避免接触短发、戴眼镜的女士，而接触长发、不戴眼镜的女士。尽管另外一位短发、戴眼镜的女士与之前那位女士毫无关联，学生还是会不自觉地将她的外表和一些负面事件联系在一起。然而，当研究者问起这件事时，学生们并没有意识到自己是由于外表而避免接触后面那位女士。现在你知道了，你会远离某个朋友、老师或同事，可能是因为那个人长得像你高中时一个自私的女同学。

习惯化

在经典电影《蓝调兄弟》（*The Blues Brothers*）中，一列高速行驶的火车从埃尔伍德（Elwood）房间的窗外轰隆隆地驶过，发出震耳欲聋的声响。杰克（Jake）问道："这些火车多久经过一辆？""一直经过，只是你没有注意到。"埃尔伍德回答说。

埃尔伍德说的正是**习惯化**（habituation）——已经习惯了环境中的某一事物，不再做出强烈的反应，这一现象与经典条件反射作用有关。在这个紧挨铁轨的房间里，埃尔伍德很可能第一晚无法入睡，不过时间一长，他就会习惯了。居住在机场附近或繁忙的高速公路旁边的人通常会有类似的经历。你也会对感觉习惯化。例如，大多人不会注意到衣物摩擦皮肤的感觉。这是有益的，因为如果我们觉察到这种感觉，就会从其他更重要的事情上分心。

这可能就是习惯化最初进化的原因，它可以帮助我们注意到最重要的事情。有一些事反复发生或总是如此，那它们就没有那么重要了。可如果剑齿虎冲出丛林，

我们就需要做好准备了。也许正因为如此，
习惯化也发生在像蠕虫这样低等神经系统的
动物身上。对于神经质水平较高的人来说，
对恐惧刺激的习惯化相对较弱，因为神经质
的人对负面信息会更加敏感。

　　习惯化在对婴儿的研究方面非常有用。
婴儿对新鲜刺激的注意时间比对熟悉事物的
注意时间要长。例如，婴儿首先对放在桌上
的玩具习惯化，然后他们不再注视这个玩具，

时间长了，住在这些房子里面的人就习惯了飞机从头
顶掠过的噪声，这个过程就是习惯化。

但当这个玩具被挪到另外一个地方时，他们又开始重新注视这个玩具。因为物体被
挪动，他们对这个物体去习惯化，这表明婴儿注意到了玩具的位置发生了变动。

睡眠反射作用：你昨晚睡得怎么样

　　许多人都希望睡得更好——迅速入睡、保持整晚睡眠、神清气爽地醒来。拥有良
好睡眠的秘诀之一就是简单的经典条件反射作用：把你的床与放松和睡眠联系起来。
这对于神经质水平较高的人（他们更容易失眠）尤为有益。

　　玛利亚经常坐在床上学习、做课后阅读和练习，一直到睡前。不学习的时候，
她也坐在床上和她的男朋友打电话或发短信，有时候他们还会吵架。等到睡觉的时
间，她就会睡不着，睁着眼睛躺在黑暗中。即使她的手机仍然开机（万一她的男朋
友发来道歉短信）对睡眠也没起到什么作用。

　　玛利亚已经把睡眠空间和清醒、需要专注力的任务联系在一起了，有时还伴随
着焦虑和愤怒。她将床和紧张不安的感觉相
联系。经过几周糟糕的睡眠之后，玛利亚开
始在课堂上跟不上进度，并且更频繁地和男
朋友吵架。她真的太累了。

　　于是她决定使用经典条件反射作用解决
自己的睡眠问题。她知道她需要学会把床和
睡觉联系起来。因此她打算在厨房的桌子上学习，不在卧室里和男朋友打电话或发
短信，她还尝试在睡前放松至少半小时。起初，她仍然很难入睡，但经过几晚之后，
一躺在床上她就开始觉得很疲惫，她的睡眠状况得到了改善。

　　由经典条件反射作用建立起来的联系同样可以解释为什么不要在床上辗转反侧

✍ **写作提示：了解自己**

　　你晚上临睡之前一般做些什么？你会
应用经典条件反射作用放松身体帮助自己
入睡吗？

太长时间，因为此时你已经开始把床和失眠联系在一起了。如果躺下后半个小时还没有睡着，你就该起身去其他地方做 15 分钟让你感到放松的事情，之后再重新尝试入睡。

谁会料到，一个基于狗流口水的想法竟然可以有助于你的睡眠。

恐怖症及其治疗

你是否认识某个畏惧飞行、恐高或怕蛇的人？这种现象的专业术语叫作**恐怖症**（phobia），即对某种特定事物的深深的恐惧感（毫无疑问，恐怖症在神经质水平高的人中更加普遍）。恐怖症有很多拗口的名字，有些是你知道的，如恐高症、幽闭恐怖症，还有很多你不了解的，如 13 恐怖症、继母恐怖症。

幸运的是，恐怖症是可以被治愈的，治疗方法通常是采用某种形式的经典条件反射作用和习惯化。其中一种技术叫作**系统脱敏**（systematic desensitization），是经过许多小的步骤来减轻恐惧。例如，让我们尝试治疗哈利·波特的朋友罗恩·卫斯理对蜘蛛的恐惧。首先，罗恩要闭上眼睛，深呼吸，把身体放松下来。这通常被称为渐进式放松，是一种在压力之下保持冷静的十分有效的技术。即使你的头脑正处于惊慌失措的状态，你的身体也可以放松，这样最终你的意识也会放松下来。放松的同时，罗恩想象某种有点像蜘蛛的东西——或许是一块黑色的墨渍。之后，他拿起这种有墨渍的纸、拿起玩具蜘蛛、从远处观看一只真的蜘蛛、再近一点观看直到最终触摸蜘蛛。也许他还是不允许一只毒蜘蛛爬到他的手臂上，但他不再害怕蜘蛛了。

治疗恐怖症的另外一种疗法是**满灌疗法**（flooding）—— 一个人完完全全地直面自己最深的恐惧，然后发现什么也没有发生。假设一个人害怕坐飞机，她会强迫自己（或者让另外一个人强迫自己）坐飞机。当飞机平稳飞行，安全到达目的地后，她会发现飞行没那么可怕。罗恩也可以通过径直触摸蜘蛛治疗他的蜘蛛恐怖症。满灌疗法比脱敏疗法更令人苦恼，但是它的疗程更短。

总结

我们过去的经历和从中学到的经验对我们的行为和人格产生了极大的影响。操作性条件反射作用指出，我们会做曾经得到奖励的事情，并避免做那些曾经受到惩罚的事情。经典条件反射作用描述了我们如何学会把一件事物和另一件事物关联起来的过程。行为主义为日常问题指明了实践解决方案，包括对成瘾、抑郁更好的治疗方法，以及如何影响动物和人类行为的更加明确的方式。它还提供了更深层的理解人格特质的背景，如对尽责性（着眼于长期奖励而非短期奖励）的理解。行为主义并不能解释一切人格和行为，但了解学习的过程是理解自己和他人的强有力的工具。行为主义的方法可以帮助你克服不良习惯、改善睡眠状况、成为更好的父母以及训练你的宠物。也许你的狗不能够做精彩的特技，但至少它不会在地板上小便。

思考

1. 说明并描述四种不同的行为矫正方法。
2. 什么是强化时间表？举出每种强化时间表在实际生活中应用的例子。
3. 描述经典条件反射作用的过程及其在日常生活中的应用。

8.1：诺维奇控制点量表

（Nowicki Locus of Control Scale）

指导语

请回答以下问题。答案没有对错之分，请不要在任何一道题目上花费过多的时间，只需要完成所有题目即可。在作答过程中你可能遇到既想选择"是"又想选择"否"的问题，这种情况很少发生，如果确实有，选择那个你更倾向的答案（哪怕倾向性只有一点点）。例如，你有 51% 的倾向回答"是"，49% 的倾向回答"否"，那么就选择"是"。

1. 你相信只要自己保持诚实，大多数问题都可以自行解决吗？　　　　　　　○ 是　　○ 否
2. 你认为你可以阻止自己感冒吗？　　　　　　　　　　　　　　　　　　○ 是　　○ 否
3. 确实会有人天生幸运吗？　　　　　　　　　　　　　　　　　　　　　○ 是　　○ 否
4. 大多数时候，你觉得考取好成绩对你很重要吗？　　　　　　　　　　　○ 是　　○ 否
5. 你经常会因为并非你的过失而受到责备吗？　　　　　　　　　　　　　○ 是　　○ 否
6. 如果一个人学习足够努力，他可以通过任何科目的考试吗？　　　　　　○ 是　　○ 否
7. 你是否觉得绝大多数情况下努力是没有回报的，因为事情永远没有正确的结果？　　　　　　　　　　　　　　　　　　　　　　　　　　　　○ 是　　○ 否
8. 如果在早晨事情进展顺利，无论你做些什么，这一定会是美好的一天？　○ 是　　○ 否
9. 大多数时候，父母都会聆听孩子说话吗？　　　　　　　　　　　　　　○ 是　　○ 否
10. 你相信许愿可以让好的事情发生吗？　　　　　　　　　　　　　　　○ 是　　○ 否
11. 当你受到惩罚的时候，通常这些惩罚看起来根本没有正当的理由吗？　○ 是　　○ 否
12. 在大多数情况下，你发现改变朋友的想法很困难吗？　　　　　　　　○ 是　　○ 否
13. 你认为喝彩比运气更能帮助一个团队取胜吗？　　　　　　　　　　　○ 是　　○ 否
14. 你觉得改变父母的想法基本不可能吗？　　　　　　　　　　　　　　○ 是　　○ 否
15. 你认为父母应该允许孩子尽可能地为自己做决定吗？　　　　　　　　○ 是　　○ 否
16. 当你做错事的时候，你觉得自己非常无能为力吗？　　　　　　　　　○ 是　　○ 否
17. 你相信大多数人天生就擅长运动吗？　　　　　　　　　　　　　　　○ 是　　○ 否
18. 你的同龄人大多比你强壮吗？　　　　　　　　　　　　　　　　　　○ 是　　○ 否
19. 应对大多数问题最好的方法就是不要理会它们。　　　　　　　　　　○ 是　　○ 否
20. 在你选择朋友的时候，你有很多选择吗？　　　　　　　　　　　　　○ 是　　○ 否
21. 假如你找到了一片四叶草，你相信它会给你带来好运吗？　　　　　　○ 是　　○ 否
22. 你经常觉得做不做家庭作业与成绩无关吗？　　　　　　　　　　　　○ 是　　○ 否
23. 当一个同龄人对你生气的时候，你感到束手无策吗？　　　　　　　　○ 是　　○ 否
24. 你有过幸运符吗？　　　　　　　　　　　　　　　　　　　　　　　○ 是　　○ 否
25. 你认为别人是否喜欢你取决于你的行为吗？　　　　　　　　　　　　○ 是　　○ 否
26. 如果你向你的父母求助，他们通常会帮助你吗？　　　　　　　　　　○ 是　　○ 否
27. 你觉得人们通常没有任何缘由地对你生气吗？　　　　　　　　　　　○ 是　　○ 否
28. 大多数情况下，你认为你今天做的事情可以改变明天要发生的事情吗？○ 是　　○ 否

29. 如果坏事要发生，无论你做什么，它终究都会发生。 ○ 是　　○ 否
30. 你认为只要锲而不舍就一定能找到自己的方法吗？ ○ 是　　○ 否
31. 大多数时候，你发现在家里尝试按照自己的方式行事是没用的。 ○ 是　　○ 否
32. 你觉得好事是因为努力而降临的吗？ ○ 是　　○ 否
33. 如果一个和你年纪相仿的人要与你为敌，你无法做点什么来改变这件事吗？ ○ 是　　○ 否
34. 你觉得让朋友按照你的想法做事容易吗？ ○ 是　　○ 否
35. 对于在家里吃点什么，你通常没有想法。 ○ 是　　○ 否
36. 如果一个人不喜欢你，你没什么可以做的。 ○ 是　　○ 否
37. 你经常觉得在学习方面努力根本没有用，因为其他大多数孩子都比你聪明。 ○ 是　　○ 否
38. 你是那种相信预先准备会让结果更好的人吗？ ○ 是　　○ 否
39. 关于你的家庭的决定，你在大多数情况下都没什么可说的。 ○ 是　　○ 否
40. 你认为聪明或幸运会更好吗？ ○ 是　　○ 否

计分

按照以下答案计分，如果你的回答与答案相同，则计 1 分；如果不同，则计 0 分。

1. 是	9. 否	17. 是	25. 否	33. 否
2. 否	10. 是	18. 是	26. 否	34. 是
3. 是	11. 是	19. 是	27. 是	35. 是
4. 否	12. 是	20. 否	28. 否	36. 是
5. 是	13. 否	21. 是	29. 是	37. 是
6. 否	14. 是	22. 否	30. 是	38. 是
7. 是	15. 否	23. 是	31. 是	39. 是
8. 是	16. 是	24. 是	32. 否	40. 否

你的得分：_____

高分代表外控，低分代表内控。

Applying Personality Psychology in the Real World

第三部分

人格心理学在现实生活中的应用

人格既关系到一个人的内在世界，也关系到现实世界——它决定了我们与真实生活之间的互动方式。在这一部分，我们看一看人格在各种各样的现实领域中是如何运作的，这些领域涵盖发展、性别、文化、工作及情绪和心理健康。

　　第 9 章关注的是人格在整个人生阶段的变化过程。随着年龄的增长，人格是保持一成不变还是会发生一些变化？第 10 章和第 11 章着重介绍人格的性别差异和跨文化差别。在那些不同的群体中，人格最重要的相似之处和不同之处分别是什么？第 12 章的重点是工作领域。是什么造就了一位优秀（或糟糕）的员工、同事或领导？第 13 章探讨人际关系。我们将讨论人格怎样从早期人际关系中萌芽，又如何影响成年后的人际关系。当然，如今的网络人际关系也是我们的话题之一。第 14 章着眼于人格在心理健康中的重要作用。我们将找出人格和心理障碍之间的关联，如抑郁和物质滥用。我们还将花大量篇幅讨论如何理解人格障碍。最后，第 15 章讲述人格和身体健康。哪种人格特质预示了长寿健康的人生？哪种特质又造成了疾病和不适？纵观这一部分的内容，人格在生活中诸多最重要的方面都发挥了重大的作用。

第**9**章
人格的毕生发展

安吉丽娜·朱莉（Angelina Jolie）曾经是一个情绪多变的问题少女。15岁那年，她和男友开始了一段虐恋。"年轻，喝醉了酒，躺在床上，事情就这样发生了。"她后来这样看待这件事。她的第一段婚姻发生在她20岁的时候，当时她穿了一件男士衬衫，上面用血迹写着她丈夫的名字。在第二段婚姻中，她和丈夫两个人都把装有对方血液的小瓶子戴在脖子上，还都在身上文了对方的名字。

再往后，27岁时，安吉丽娜·朱莉收养了一个柬埔寨男婴，给他起名为马多克斯（Maddox）。她和第二任丈夫比利·鲍勃·松顿（Billy Bob Thornton）离婚了。朱莉开始从事慈善事业，探访难民营，还被指派为联合国特别大使。她开始与布拉德·皮特（Brad Pitt）约会，并最终成为六个孩子的母亲。

朱莉认为，收养马多克斯让她从一个虐恋少女转变为一个与之前有天壤之别的全球人道主义者。"对我而言，做母亲改变了一切。"她说道，"我生活的重心发生了转变。我的人生完全不一样了。"2017年，她和布拉德·皮特离婚，朱莉的人生和生活重心仍在不断地变化。

从一个戴血瓶的叛逆少女到六个孩子的母亲：安吉丽娜·朱莉走向成熟的历程。

安吉丽娜·朱莉的故事激起很多有关人格和变化的有趣话题。人格在多大程度上伴随着个体年龄增长和不断成熟而变化？成为父母或拥有一段不同的人生经历可以改变你的人格吗？童年和青春期铸就的人格会贯穿你的整个人生吗？

近年来，研究者终于拥有了广泛的数据和必要的计算工具，得以找出人格是如何变化的，有关这些问题的人格研究开始涌现。在本章，我们把探索人格在整个生命周期中的发展作为开端。我们还会考虑童年经历的影响，其中包括出生顺序（独生子女、第一个孩子、中间的孩子、最小的孩子）对人格的塑造。

跨时间测量人格的方法

假设你想知道，在一般情况下，与 60 岁的人相比，20 岁的人的神经质水平是更高还是更低？你会如何进行这个实验设计？你有两种选择。首先是纵向研究的方法，即长期追踪同一群体，随着他们年龄的增长进行研究。这样做的优点是你可以比较同一个体在 20 岁和 60 岁的情况，缺点是这需要花费很长的时间，因此费用昂贵、耗时太长。耗时最长的纵向研究始于 1921 年，当时被试只有 10 岁，研究从那时一直持续到他们离世。就连开启这项研究的研究者也于 1956 年去世了，后来由年轻的同事继续推进这个项目。其他纵向研究的时间没有那么长，如有些研究只追踪大学生在校 4 年的情况。不过，实现我们这项研究目的（20 岁和 60 岁的神经质水平差异）的纵向研究需要进行 40 年。

因此研究者有时会使用第二种方法，**横断面研究**（cross-sectional study）是在同一时间收集并比较来自不同年龄群体的数据。这种方法的劣势在于年轻人和老年人分属不同的群体，因此他们之间的差异可能不仅仅来自年龄。例如，他们代表着不同的时代，所以他们的人生经历不同（如成长于 20 世纪 50 年代的人和成长于 21 世纪的人非常不同）。他们在其他方面也存在着差别，如教育水平和计算机使用技能。如果横断面研究发现老年人神经质水平低，这可能是源于年龄，但也可能由代际或其他因素造成。纵向研究也存在问题：纵向研究揭示出的变化也可能是时代（影响全部年龄段的人的历史性变化）的原因，但至少纵向研究的对象是同一年代的同一群人。

当描述人格的年龄差异时（如人格在 20 岁与 60 岁时有何不同），我们会尽可能

 写作提示：了解自己

请你以自己为对象，进行一项快速的横断面分析。你觉得你在生活中的一些观点与你的父母、你的祖父母有何不同？

地依赖纵向研究。但因为纵向研究很难实施，所以，在某些情况下，如果纵向研究的数据无法取得或不完整，我们就使用横断面研究（在同一时间对不同群体进行研究）。我们先来看人格在童年期和青春期的改变，之后再探索人格在青年期和老年期的变化。

童年期和青春期的人格

接下来我们要探索一个突出的人格转变阶段，即从童年期到青春期。我们还将介绍出生顺序对人格的影响。

儿童气质

三岁大的艾顿是一个活力十足、快乐幸福的孩子。他对新环境的适应性很好，并且比同龄的许多男孩更小心谨慎一些。有时候他也会哭泣，但通常只要他的父母安抚他一下，他就能够很快地冷静下来。

我们可以用大五人格的术语描述艾顿的人格吗？例如，他是高度外倾性的，神经质水平低，尽责性程度高？或许可以，不过童年期的人格不如成年后那么清晰可见，部分原因在于，像艾顿这样的儿童年龄还太小，无法回答有关人格的问题。过去，众多研究者转向研究儿童的**气质**（temperament），即那些在幼儿甚至婴儿身上可见的、基于遗传基因的行为倾向。例如，有些婴儿紧张，有些婴儿平静，还有一些婴儿可以更快地适应作息时间。这些行为比较容易被旁观者或父母观察到，这对测量还不会说话的婴儿的人格十分重要。

随着孩子长大和人格形成，气质开始稳固下来成为人格。

 写作提示：了解自己

你的照料者会如何评价你小时候的气质？你小时候的气质和现在的人格一致吗？你的哪些生活经历或许可以解释二者之间的异同？

新生儿的气质就像一团黏土，随着他们从一个个小小的婴儿逐渐成长为幼儿、学龄前儿童、直到青少年，这团黏土慢慢地成型。在很多方面，儿童气质缓慢出现的过程和他们的身体发育很相似。新生儿刚出生的时候脸色通红，眼睛也是眯着的。等到三个月左右，他们开始变得可爱，但直到蹒跚学步的时候，他们的脸上仍然有婴儿肥。随着年龄的增长，他们成年后的脸型开始逐渐形成，与此同时他们的人格也开始展现。要想了解你童年时的气质，邀请你的父母或保姆完成本章末尾的儿童气质评定测验——父母版，让他们回忆一下你8岁时候的样子，或者你也可以凭借自己对当时的记忆完成这份问卷。

气质和大五人格 许多儿童气质模型与大五人格特质有部分重合。外倾性、尽责性和神经质与绝大多数气质都有重合——这些在儿童身上最容易观察到和得以描述。外倾性常常以积极情感的方式呈现，尽责性是自我控制，神经质则是负面情绪。宜人性和开放性在年龄较小的儿童身上不太能清晰地表现出来，但这些特质也可以用来描述儿童（见表9.1）。从童年晚期到青春期，儿童的人格特质开始更明显地与成年人常见的大五人格结构趋同。一项研究发现，大五人格特质在12岁孩子的身上只能略窥一二，但到了16岁，他们就和成年人的大五人格结构几乎完全一致了。

表 9.1　大五人格与对应的儿童气质结构

儿童气质结构	成年人人格特质（大五人格）
积极情感（微笑、开心）	外倾性
人际亲和（喜欢和别人在一起）	宜人性
努力控制（行为控制）	尽责性
负性情感（哭泣、悲伤）	神经质
定向敏感度（警觉）	开放性

气质可以预测人格吗 儿童的气质因子可以比较好地预测其青年早期的人格。针对儿童群体的一个纵向研究发现，儿童在4岁半时的气质能够预测他们18岁时人格变量的三分之一。另外一项纵向研究调查的是新西兰一些在3岁时控制力不足（与低尽责性和冲动类似）的孩子，等到青年时期，他们在寻求危险、攻击性和冲动性上得分较高。即便到了30岁出头，那些儿童期控制力不足的人更容易滥用酒精和药物，也更可能陷入财务问题。还有一项研究发现，有着相反倾向（控制过度）的3岁儿童在他们23岁时更可能支持保守政治立场。所以，抑制、容易内疚和喜欢确定性的学龄前儿童倾向于保守主义——这是开放性水平低的一个构面。通过本章末尾的气质问卷，你的父母或保姆对你的气质进行了怎样的描述？和第3章中你在大五人格问卷上的得分相比，结果如何？

总之，儿童气质可以预测成年后的人格，但效果远非完美。控制力不足的学龄前儿童更有可能成为冲动的成年人，不过也有一些人和普通人的冲动性是一样的。

回顾历史

Q 分类法：建立面向未来的人格量表

实施跨越年代的纵向研究面临的最大挑战是，找到一种合适的人格测量方法。如果研究者使用现今人们感兴趣的方法，他们怎么知道三四十年后的研究者是否仍然对这些方法感兴趣呢？由一种无人问津的方法得到的30年的数据又有什么作用呢？此外，万一在 30 年间有些关于人格新的方面被发现，你还会想用这些数据进行分析吗？

人格心理学家杰克·布洛克（Jack Block）提出了一个创造性的解决方案。布劳克和他的妻子开启了一项著名的研究，他们对 100 个儿童进行了数十年的追踪。布劳克的方法就是 Q 分类法。

Q 分类法邀请专家在采用诸如直接观察等方法了解个体的行为之后，基于 100 个人格项目对个体进行评分。这 100 个项目被写到卡片上，专家把与被评分者相关程度最高和最低的卡片进行归类处理。如下是几个项目示例：

批判，怀疑，不易被打动
对他人奉献
兴趣广泛

不允许评分者对一个人在全部项目上都给予高分或平均分。相反，评分者必须按照正态分布的要求分配这些卡片：5 张卡片在最低端，5 张卡片在最顶端，18 张卡片位于中间位置。整体分布大概如下：

5、8、12、16、18、16、12、8、5

Q 分类法之所以不同寻常，是因为它不仅仅是某种特质的测量方法，它还可以全面地描述一个人的人格。是否将这种描述解读为具体的测量方法则取决于研究者。所以，假设一位研究者想要测量好奇心，她可以采用 Q 分类卡片描述一个好奇的人。接下来，她将好奇心的概貌与研究中每个人的资料相关联，结果得到每个人的相关性——充满好奇心的人得到正相关系数，好奇心弱的人则得到负相关系数。这些相关系数就是她对每个人好奇心的测量。这使得 Q 分类法无可替代地适用于纵向研究，因为研究者能够测量在研究之初未知的新的特质和概念。

童年期和青春期大五人格特质的改变

一般情况下，人格在童年期会发生什么样的改变（见图 9.1）？概括地说，儿童的人格伴随着他们学会如何更好地控制自己的情绪和行为趋于成熟。儿童从 18 个月成长到 9 岁期间，他们的情绪化水平和活动力降低，害羞程度升高。随着年龄的增长，儿童也变得更加克制（与高尽责性大致相当），尤其在 4 岁到 9 岁之间。很多父母注意到，如果不提醒孩子，他们会把外套落在幼儿园，但等到他们上了三年级，他们就可以很好地照管自己的物品了。本书作者基斯曾经在女儿5岁时用便笺纸与她的老师沟通，他把便笺纸别在女儿的衣服后面，孩子努力记得要把便笺纸交给老师，但常常忘记。

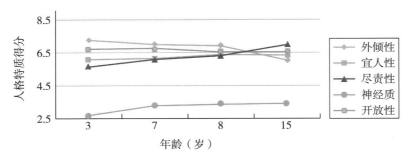

图 9.1　童年期大五人格特质的一般性变化

青少年时期的大五人格特质会发生很大的变化，因为儿童经历了青春期，至少在身体上开始接近成年人。人格同样也会发生变化，尽管这些变化可能不如你想象的那么多（见图 9.2）。三项纵向研究和两项横断面研究都发现，无论男孩还是女孩，他们的开放性都在 11 岁到 18 岁期间有所增加。许多青少年开始接触知识和智力性的观念——与朋友们辩论政治立场、探索宗教思想、设法解决哲学问题。青春期的孩子拥有更强的理解抽象事物的能力，这使得他们的人格变得具有更多质疑性和更少约束性。这就是为什么儿童常常接受规则，而青少年却首先质疑规则存在的理由。

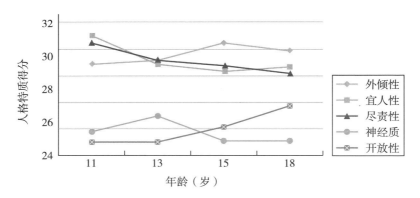

图 9.2　青春期大五人格特质的一般性变化

在荷兰、德国和澳大利亚进行的纵向研究表明，尽责性从青春期到青年期有所增加。荷兰的男孩和女孩从 12 岁到 22 岁期间都变得更具宜人性。因此，随着青少年长大，他们也变得更有尽责性和宜人性，换句话说，他们变得更有责任感、更加友善。

童年期和青春期自尊的改变

你小时候很可能非常自信。像大多数 6 岁的孩子一样，你喜欢宣称自己的侧手翻（或画画、无法辨认的泥塑）是最棒的。之后，等你长到十一二岁的时候，奇怪的事情开始发生。你的脚最先开始发育，之后身体的其他部分也进入了发育期。你还长了青春痘。比你大一点的青少年开始在学校的过道里手拉手。你还感觉不错，但或许也并没那么好。之后你的身体发育速度赶上了你的脚生长的速度，你开始感觉到自己长大了。你对自己的感觉更好了，一直到你从高中毕业进入大学都是这样（见图 9.3，关于人生阶段的命名）。

| 婴儿期
0~12
个月 | 幼儿期
1~2 岁 | 学龄前期
3~4 岁 | 学龄期
5~10 岁 | 青春早期
11~13 岁 | 青春中期
14~16 岁 | 青春后期
17~18 岁 | 青年期 /
成年早期
18~29 岁 | 中年期
30~59 岁 | 老年期
60 岁之后 |

图 9.3　人生阶段

大部分关于自尊水平变化的研究都符合图 9.4 的描述。自尊程度在小学期间处于中等水平，在青春早期降低，之后又在高中和成年早期提高。这和我们的日常经验是一致的。自信的孩子在十一二岁左右变得尴尬、害羞，这时的他们戴着牙箍、身体和四肢比例失调。不过用不了几年，他们又恢复了自己本来的样子，他们拿掉了牙箍，那种天生的可爱又重新回来了，他们的自信心也随之提升。尽管，有发现指出，女孩的自尊水平会在青春期骤降，但自尊水平在中学期间的小幅度降低对男孩和女孩都十分相似。不过，在中学和高中时代，女孩自尊水平的提升不如男孩快，这造成了在这段时间自尊水平更大的性别差异（见图 9.4）。在这一点上，研究存在分歧：一项大型元分析发现，男生在大学期间的自尊水平略高于女生；但一项对 104 人追踪了 20 年的

中学以后，自尊水平在男孩和女孩中都有所提高。

纵向研究显示，在 23 岁时男性的自尊水平显著高于女性。我们将在第 10 章中进一步探讨男性自尊水平更高的原因。

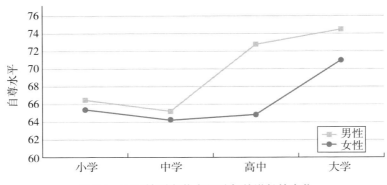

图 9.4　不同性别自尊水平随年龄增长的变化

出生顺序和人格

"嘿，我们今晚去个新地方吧。"利娅建议道，"去这条街前面的意大利餐厅怎么样？"

"不，我不想去那。"奥莉薇亚坚定地说，"我们还是吃我们一直去的那家寿司店。来吧，我开车。"

"你太霸道了，而且你总是想做同样的事情。"利娅说，"一眼就能看出来你是老大！"

那么，利娅说得对吗？奥莉薇亚霸道又保守是因为她是家里最大的孩子吗？

有些童年经历会影响一个人的一生，出生顺序——你是家里最大的孩子、中间的孩子、最小的孩子或者独生子女——似乎就属于这样的童年经历之一。作为家中最大的孩子、中间的孩子或最小的孩子会在多大程度上影响人格呢？

每当我们在课堂上讨论出生顺序时，本书作者简的学生们常常相信他们的人格是由出生顺序决定的，或者主要是由出生顺序决定的。最大的孩子被认为强势、有责任感，最小的孩子则娇生惯养、充满创造力甚至桀骜不驯。一项名为"特殊儿童计划"的早期研究得出结论，独生子女无法合群。阿尔弗雷德·阿德勒曾就此做过大量论述，他同样认为独生子女的行为适应不良（见第 6 章）。

那么数据显示的实际情况是什么样的呢？事实上，出生顺序对人格只存在很小的影响。想想我们在第 4 章中得到的结论，基因可以在 40%～50% 的程度上解释人们在大五人格特质上的个体差异。出生顺序至多占其中的 4%。一项针对 377000 名美国高中生的大型研究发现，出生顺序对人格差异的解释程度还不到 1%。同时，另一项对 20000 多名美国人和欧洲人的研究也只找出了出生顺序对人格微弱的影响力。所以，在遗传基因对人格的影响效应中，出生顺序的效应最多占十分之一，很可能接近五十分之一。此外，很多出生顺序效应都是不可重复的研究，这意味着有些研究发现了出生顺序带来的差异，有些则没有。

但是，不少研究还是发现了一些小的差异。例如，后出生的子女在开放性上的得分较高，特别是在与风险有关的构面上。在《天生叛逆》（*Born to Rebel*）一书中，弗兰克·萨洛韦（Frank Sulloway）提出，最大的孩子更能够持续维护父母和社会的信念，而小一些的孩子则更可能挑战这些信念。萨洛韦还指出，变革性的思想家，如查尔斯·达尔文、尼古拉·哥白尼，都是家里最小或接近于最小的孩子。萨洛韦认为，只有最小的孩子才能像哥白尼那样，敢于挑战父母所提供的知识，提出一套完全不同的宇宙结构理论。

一些研究结果支持萨洛韦的观点：年龄较小的子女更加勇敢无畏。在同样都参加美国职业棒球大联盟的兄弟中，弟弟更愿意做出像盗垒和投球击中这样的高风险行为。总之，年龄较小的子女参与危险运动（如足球、高山滑雪、赛车）的概率要高于 50%。年龄较小的子女被逮捕的可能性也较高。在没有过经商经历的家族中，年龄较小的子女更可能做生意，并由此在家族中占据突出的位置。按照这个理论，最大的孩子已经在父母那里找到了自己的位置，但小一点的孩子必须要表现得叛逆才能显示出自己的位置。不过，萨洛韦也承认，出生顺序带来的差异并不大，只有大约一半的研究发现了由出生顺序引发的开放性或风险承担的差异，而且如果从智力或文化的维度测量开放性，年幼子女的得分低于他们的哥哥或姐姐。

第一个出生的孩子在尽责性和神经质水平上的得分略高一点，最后出生的孩子在宜人性程度上较高，后一个结论在不同研究中获得了一致的结果（这在研究中并不多见）。因此利娅可能说得对，奥莉薇亚是长女因此很霸道——尤其是当她说姐姐完全不在意她的想法时。后出生的孩子习惯于服从哥哥或姐姐，所以宜人性更高。

哥哥或姐姐在支配别人方面很强势，这是外倾性的一个构面。他们也更自信，这在成为领导者方面起到了一定作用。在最近的 10 位美国总统中，有 6 位是家里最大的孩子（至少在母系血亲里是最大的孩子）。

作为最大的孩子、中间的孩子还是最小的孩子只对人格有微弱的影响。

中间的孩子是什么样呢？如果你是中间出生的孩子，你很可能不会对我们才提到你感到惊讶。然而，令人吃惊的是，只有极少的证据显示中间出生的孩子与其他兄弟姐妹存在不同，这表明父母对待所有孩子或许都是一样的。少数研究发现，中间出生的孩子与父母的关系没有那么紧密，但其他研究并没有得到这样的结论。有一项研究指出，中间出生的孩子的尽责性水平较低。

有关独生子女的问题反复被提出。虽然很多人认为独生子女自私、适应不良，但是却没有研究支持这一结论。一项元分析发现，在领导力、成熟度、合作、自主、自律、交流、同伴关系和外倾性等方面，独生子女和其他人并没有区别。这可能是因为独生子女与父母的关系更好，弥补了没有兄弟姐妹的缺憾。独生子女和其他有同胞的孩子相比，最大的差别在于：他们的父母更有能力负担他们的教育费用，他们也更有可能从父母那里继承更多的财产，但这点差别与人格之间的关系甚微。

✎ **写作提示：了解自己**

你在家中排行第几？按照研究结果，你的人格特征符合你的出生顺序特点吗？

从青年期到老年期的人格

很显然，人格从婴儿期到青春期发生变化是由于人格在这个阶段得以形成。不过，当我们长大成人之后，人格还会发生多大的改变呢？在下面的内容中，我们将看到，大五人格特质和自我观从青年期到老年期会发生变化，也就是说，人格跨越很长的一段时间发生系统性的变化。

从青年期到老年期大五人格特质的改变

由安吉丽娜·朱莉的故事引出一个问题：随着人们完全成熟，他们的人格会变得柔和吗？大部分研究对此给出肯定的回答：一般情况下，随着年龄的增长，人们从青年期进入中年期的同时，神经质水平降低、尽责性程度提高（见图9.5），并且神经质水平直到老年期一直持续降低。尽责性程度的提高尤为引人注目：一项横断面研究发现，一般情况下65岁的老人比85%的青春期早期的少年更加自律，其中尽责性程度增长的一大半都发生在成年早期之后。也有一些研究只发现了较小的变化，并因此认为成年人人格的多数变化在30岁时完成——虽然这种观点也接受显著的变化在20多岁时发生。

换言之，与20岁的人相比，40岁的人不太可能玩弄刀，却更有可能制订计划、控制自己的冲动、不纠结于小事。

神经质水平的降低的确是一个好的发展方向，神经质的人面临心理和身体健康问题的风险（我们在第 14 章和第 15 章会对心理和身体健康做更多的讨论）。但是，有些成年人回顾自己青春期时的喜怒无常还带有一丝惆怅。在电影《早餐俱乐部》（*The Breakfast Club*）里，其中一个角色说："等你长大之后，你的心就死了。"或许这过于戏剧化了，但也准确地描述出，当你还年轻时，一切都是大问题，但等到成年之后，一切又都没那么重要了。其他的人格特质如何呢？从青少年期到 40 岁之间，很多人的自信心增强了，这是外倾性的一个构面。从儿童期到 50 岁，宜人性的平均水平有一些提升，之后在 50 岁至 60 岁期间，宜人性水平更高（见图 9.5）。开放性在 18 岁至 22 岁期间增长，这可能是因为很多人在此时进入大学，激发了他们对更多的思想保持开放的心态。从 60 岁至 70 岁，开放性水平降低。

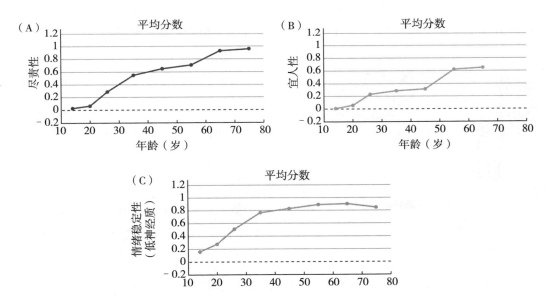

图 9.5　尽责性、宜人性和情绪稳定性（低神经质）在不同年龄的变化

人格在什么时期转变最大？你可能已经猜到，人格在儿童期的发展和变化最大，在 40 岁和 50 岁时人格的稳定性最强。最明显的例外是宜人性，宜人性在 50 岁以后增长得更多。

人格在较短的一段时间内是如何变化的呢，如在高中毕业后的一段时间里？有两项研究发现，在高中毕业后的第四年（通常是大学的最后一年），人们的宜人性、尽责性和开放性水平都更高，神经质水平更低，外倾性则保持不变。在另外一项研究中，有三分之二的大学生在大学期间至少有一个大五人格特质发生了显著的转变。其中排名第一的是神经质，有四分之一的学生神经质水平比大一时有所降低。但只有 7% 的人在开放性方面有所增加，13% 的人在尽责性上有所增加，14% 的人在宜人性上有所增加，这表明这些人格特质更加稳定。

✏️ **写作提示：了解自己**

你如何评价自己在大学期间的人格？你的人格在哪些方面发生了变化？哪些方面保持不变？

迄今为止，我们所有讨论的内容都基于平均水平的变化，即随着年龄发生转变的平均得分。不过，一个人的变化与其他同龄人有关吗？一个在青少年时期情绪更加多变的人到中年以后会比其他大多数中年人更加冷静吗？这种把一个人和同龄平均水平相比较的想法叫作**等级一致性**（rank-order consistency）。

假设一个极为情绪化的青少年位于神经质水平的 95 百分位上。等到中年以后，神经质的平均水平降低了，但她的神经质水平还会是前 5% 吗？大多数研究表明，她的神经质水平仍然比平均值高，即便她不一定是前 5%。人格有着高度的等级一致性，其相关系数均值约为 0.5。这意味着，一个人从前 5% 变为后 5% 是极为罕见的，一个在青少年期神经质水平高于平均水平的人，在 40 岁时其神经质水平高于平均值的概率很高。但在青少年时期处于 60 百分位（略高于平均值）水平的人可能在 40 岁时位于 40 百分位（略低于平均值）。一些研究（尤其是使用他人报告法的研究）发现了更强的人格稳定性，

如果你年轻时的神经质水平比其他人高，你很可能在年老以后也仍然比其他人的神经质水平要高。

特别是在 30 岁以后。不过在一些研究中，人格稳定性到了老年期会下降，老年人的生活经历会更加多变。总而言之，人们确实在变化，只是大多数时候改变没有那么彻底。

从青年期到老年期自尊和自恋的改变

随着我们逐渐成熟，会对自己感觉更舒服吗？大多数研究的结果是肯定的，虽然这种舒服的程度并不太高：从 20 岁到 60 岁，人们的自尊水平有少许增长。之后，自尊水平呈现下降趋势，原因可能是退休和收入减少。我们在成年期投入了大量时间用以建立家庭、人际关系和事业，当这些身份认同在老年期变得不再那么重要时，

自尊水平就开始降低。例如，退休老人在退休 5 年后自尊水平下降。老年期的健康问题似乎也会导致自尊水平降低——当你的身体状况不太好的时候，你很难对自己感觉良好。横断面研究也发现了相似的情况，即从青年期到中年期自尊水平增加，到了老年期自尊水平又小幅降低。由于没有任何一项研究追踪超过 12 年，因此老年人自尊水平降低也可能是因为他们这一代人没有接触过强调自尊的文化（我们将在第 11 章讨论）。

还没有哪项纵向研究测量过从青年期到中年期的自恋水平，但有些研究表明，自恋水平随年龄增长而下降。一项研究发现，过度敏感型自恋（特权和憎恨批评）从 38 岁到 58 岁显著降低。来自美国、新西兰的横断面研究揭示，自恋随年龄增长而降低：青少年的自恋水平最高，其次是 20 多岁时，以此类推，年纪最大的人往往显示出最低的自恋水平，尽管这也可能是由于代际差异造成的。在这些研究中发现的年龄 / 代际差异大约是自恋的代际间差异的两倍，这说明这些研究中关于自恋差异的结论至少有一部分取决于年龄。不过我们还需要用纵向研究来证实这一点。

在不同的人生阶段，自恋带来的优劣有所不同。对一个年轻人来说，自恋的感觉很好也很适合——人际关系转瞬即逝，一切都很有趣，以自我为中心的后果还没有显现出来。但是，随着年龄的增长，自恋者很容易付出代价。更有可能的是，他的人际关系会分崩离析，导致其将来焦虑和抑郁。年轻人自恋的表现可以是炫耀自己浮夸的汽车、精心涂抹的发胶和名牌衣服，但中年人自恋地摇晃着掩饰谢顶的发型和显示自己的跑车可就没那么酷了，不过在这一点上，人们自己也很清楚。

重大人生经历和社会投入理论

在前面的内容中，我们已经看到了人格的长期改变。如果在相对较短的一段时间里，如由于生活经历引起的转变，人格又是如何变化的呢？每当本书作者简向学生讲授人格心理学的时候，学生最早提出的问题常常是"一个人的人格在他经历过车祸、恋爱、生子、截肢、搬去国外或成名之后会完全改变吗？"这是一个有意思的想法：在个体经历过某些生活事件之后，人格会发生改变吗？

考虑到人格稳固的遗传基础，即便在遭遇创伤或转折性的生活事件以后，一个人的人格也不太可能发生急剧的转变。研究者们据此作为共同的前提假设，因此对于具有某些人格特征的人是否更容易发生车祸的研究远多于车祸对于人格影响的研究。根本性的人格改变——**量子变革**（quantum change）——是极少发生的，就像一个长期酗酒的人清醒过来了一样。

然而，更普遍的生活经历却以不可思议的方式切实地影响着人们的人格。按照心理学家布伦特·罗伯茨（Brent Roberts）的**社会投入理论**（social investment theory），青年人格的成熟伴随着他们承担起重要社会角色（如开创事业、建立家庭）的过程。成熟绝不仅仅是简单的年龄增加和生理变化，它意味着长大成人的责任感和人际关系。一项对 70000 名网络用户语言使用情况的研究清楚地揭示了这些年龄差异：高中生发布的内容是与学校有关的事情，大学生则是有关学习、决心；20 岁左右的人写和工作有关的事情，过了 30 岁的成年人则是有关家庭关系的事情。我们在第 12 章和第 13 章会看到（关于工作和人际关系），冷酷而非宜人、冲动而非尽责、神经质而非情绪稳定都会让工作和人际关系变得更困难。研究者还把更加尽责、宜人和少一点神经质列为**人格成熟**（maturation of personality）的模式，这是因为这几个人格特质与成长、成熟相一致。也就是说，通过稳定的人际关系和持续的工作，年轻人的人格随着他们对生活和更广阔的社会的投入而成熟。让我们来逐一探索这些生活变化。

开始全职工作

高中毕业不仅是人生重要阶段的一个标志，同时也是做出重大决定的时间节点。很多人在 5 岁到 18 岁期间都和同龄人一起读书，但 18 岁之后就各自走上了自己的道路。一些人继续读大学，一些人进入工作培训项目或当学徒，还有一些人直接就开始工作了。你们可以通过网络保持联系，但这和之前有所不同。毕业后不同的经历是如何塑造人们的人格的呢？

在德国的高中毕业生中，那些开始工作的人和继续读大学的人相比，前者在尽责性上的提升速度较快。虽然有时我们的感受并非如此，但组织松散、时间只是偶尔被占满的大学生不需要像在工作中那样严守时间表。一项针对芬兰青年人的研究发现，那些在 20 岁就开始工作的人到其 23 岁时尽责性水平更高。

即便是青年期以后，那些在事业上取得成功的人在自信心、支配性和遵守规则（类似于尽责性）方面有更大增长，并且神经质水平有较大幅度的下降。另外一项研究指出，晋升为经理或领导者的人在开放性方面有所提升。工作，尤其是持续不断地投身于事业中，造就了人格的积极改变，这是因为人们在自身以外有所投入。

近年来，由于年轻人开启严肃的职业生涯需要花费更长的时间，所以人格这方面的改变发生得比之前晚。在 20 世纪晚期以前，大多数年轻人在 20 岁出头就已经安定下来——工作、结婚、生子。但最近几代人却不一样了，许多年轻人在 20 多岁的时候还在探寻更多不同的职业选择和恋爱对象，将传统意义上长大成人的标志推到更晚。有些人相信，如今在青春期和成年期之间还存在一个新的人生阶段，叫作**成年初显期**（emerging adulthood）。

如果说青年期人格成熟的原因是承担起成人角色，那么按照社会投入理论，现今的年轻人推迟了他们的成熟时间。可以肯定的是，在一些年轻人较早承担起成人角色的国家中（如巴基斯坦、墨西哥），人格成熟的时间要早一些，而在那些较晚才开始工作和生育孩子的国家中（如美国、荷兰），人格成熟的时间则要晚一些。

建立一段认真的关系或进入婚姻

恋爱是一件美好的事情。一切似乎都变得更加明媚，烦恼一扫而光。即使已经过了最初的甜蜜期，知道自己有一个人可以依靠也是很不错的。

陷入爱河并且开启一段认真的恋爱关系会改变你的人格吗？一项研究用了 4 年时间追踪了 18 到 30 岁之间的德国青年（见图 9.6）。那些拥有稳定恋爱关系的人尽责性水平提升，神经质水平降低。保持单身的人没有太大变化。又过了 4 年，在此期间找到伴侣的人神经质水平也出现下降。同样的现象也发生在密歇根，当人们进入第一段长期的恋爱关系之后，他们的神经质水平下降。在青少年和青年人中，开启一段恋爱关系还可以促进自尊水平的提升。

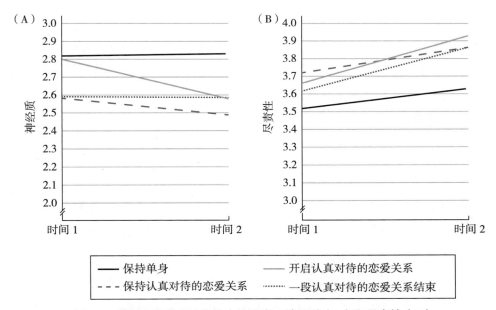

图 9.6　长期恋爱关系引发的人格改变：神经质（A）和尽责性（B）

即便是老年人，进入一段伴侣关系也可以降低神经质水平。在一段以 12 年为周期的研究中，已婚或再婚中年男性神经质水平降低的速度高于未婚男性。无论处于任何年龄，拥有一个稳定的伴侣似乎都可以降低人们的神经质水平。

处于稳定恋爱关系中的人神经质水平较低。

人格成熟的思想与某些经典理论是一致的，如埃里克·埃里克森的发展阶段理论（见表 9.2）。例如，埃里克森提出，年轻人的核心冲突是亲密感对孤独感。在关系中安定下来是朝向亲密感的方向上解决冲突的一种方式。根据埃里克森的说法，接下来的阶段是繁衍感对停滞感——生育子女、从事有意义的工作或教导下一代。埃里克森关于发展阶段更加理论化的观点与实证研究相联系，说明了恋爱关系确实对人格发展具有积极的影响作用。

表 9.2　埃里克森的发展阶段

年龄	核心冲突	常见人格发展
婴儿期（出生至 1 岁半）	信任对怀疑	发展出对照料者的信任
幼儿期（1.5～3 岁）	自主对羞耻	学习独立
学龄前期（3～5 岁）	主动对内疚	学会依靠自己
学龄期（5～12 岁）	勤奋对懒惰	感到有能力胜任
青春期（12～18 岁）	自我同一性对角色混乱	了解自己并建立起身份同一性
成年早期（18～40 岁）	亲密对孤独	发展有意义的成年关系
成年中期（40～65 岁）	繁衍对停滞	养育孩子或对社会做出贡献
老年期（65 岁以后）	自我完满对绝望	保持社会角色随年龄变化的统一性

成为父母

"成为父母，"作家吉尔·斯默克勒（Jill Smokler）写道："同时交织着脏乱、可怕、美好、艰辛、创造奇迹、精疲力竭、吃力不讨好、喜悦、沮丧。那可以是一切。"这本斯默克尔的畅销书名为《我不是完美妈妈》（*Confessions of a Scary Mommy*）。

她也许不是完美妈妈，但她说的对。养育可能是特别积极的，也可能十分消极，或者介于二者之间的任何情形。不过，这会从根本上改变一个人的人格吗？

一项研究跨越了 9 年时间追踪芬兰成年人在成为（或未成为）父母后社会性（类似于外倾性）和情绪性（类似于神经质）的变化，有两个或两个以上孩子的人的神经质水平上升了，原本神经质水平就比较高的人尤为如此。所以，父母的确有更多的担忧（或者更准确地说，容易担忧的人在成为父母之后更担忧了）。

社会性方面的效应有些复杂。这些效应只在男性身上出现，并且似乎加强了已有的倾向：那些本身社会性程度较高的人的社会性水平提高，而本身社会性程度比较低的人的社会性水平降低。这在某些方面讲得通：如果你是外向、乐于交朋友的人，在运动场合孩子是你同其他父亲交谈的绝好理由。如果你属于腼腆的类型，看孩子则是待在家里或不和别人交谈的好借口。不过，另外一些研究发现，在成为父母的转折期，人格特质并没有什么差别。令人吃惊的是，在两项纵向研究中，从准父母期到真正成为父母之后，尽责性和神经质没有发生显著改变。

经历积极或消极的生活事件

马特一直都是一个容易焦虑的人。当他的妹妹遭遇了一场严重车祸并在医院住了好几周后，马特突然间发现自己还有更多的事情要担心：他的妹妹会好起来吗？她还能重新工作吗？如果是他自己遭遇了车祸会怎么样？

马特的经历引发了关于特定生活事件对人格特质的影响这一问题。毫无疑问，像马特一样，大学生在经历了消极事件（如朋友去世、家庭成员生病）之后神经质水平升高。而那些经历了积极事件（如开始一段新的关系、职位晋升、出国旅行）的人的神经质水平降低，外倾性、宜人性和尽责性水平升高。不过，这些改变的程度相对较小，这说明不同的人对生活事件的反应方式不同。

这种因果关系反之亦然：人格特质可以预测生活经历。例如，高神经质的人更容易离职；外倾性的人更有可能经历积极事件，如开始一段新关系或出国旅行；高尽责性的人更可能赢得奖学金、获得职位晋升、成功戒烟；高开放性的人会经历更消极和更积极的事件，很显然，开放性会带来更多的体验，这些体验既有可能是好的也有可能是糟糕的。

 写作提示：了解自己

想一个你曾经经历过的重大生活事件：获得一份工作、开始一段认真对待的恋爱关系、出国留学、失去一个心爱的人、成为父母等。这些经历改变了你的人格吗？是如何改变的？

针对四五十岁的人的另一项研究发现，消极经历对人格的影响作用可以忽略不计，虽然那些说自己生活显著恶化的人神经质水平有所升高。这说明了生活事件的作用部分在于你如何看待它们，不过也存在一些持续不断的例外。首先，长时间失业似乎可以引发显著的人格改变，会导致女性的宜人性水平和男性的尽责性水平都下降。其次，自然灾害可能导致神经质水平升高。

在一项针对大学生的研究中，人格特质对生活事件的预测作用大于生活事件对人格特质的预测。这是人格基本稳定性和内在天性的另一项指标，同时，这也是自由意志存在的证据。当然，有时我们作为受害者，事件超出了我们自身能够控制的范围。但很多时候，是你选择了让什么事情发生，选择了拥有什么样的生活事件，也选择了如何应对它们。

生活结果

假设有两个孩子：艾玛是一个容易相处的孩子，她善于控制自己的情绪，与人为善；迪兰则难以相处，他一团混乱又争强好辩。更进一步说，艾玛具有较高的尽责性和宜人性，而迪兰则相反。这些人格类型会对他们的生活产生什么样的影响呢？

一项研究追踪了被试从 10 岁到 30 岁的情况，发现尽责性和宜人性高的孩子（如艾玛）更有可能完成大学学业并取得事业上的成功。在外倾性的自信心和支配性两个构面上得分高的孩子更容易拥有令人满意的朋友和恋爱关系。生活经历同样塑造了人格：学习成绩差或表现出攻击行为的孩子在 10 岁到 20 岁期间经历了更多的负面情绪（神经质）。

你应该还记得在第 1 章中，人格心理学在 20 世纪 60 年代因为不足以预测人们的行为而受到批判。但在接下来的几十年里，情况大有改观，其中部分原因是纵向研究调查了儿童期的人格特质是否能够预测成年后的生活结果。

 写作提示：了解自己

思考一下你所认识的人的人格。你觉得他们的人格和生活结果之间有相关性吗？举例说明你的观察结果。

我们面临的挑战是，这些研究具有相关性，但我们不可能像真实的实验那样，随机地把人们分配到不同的人格组，再对他们的生活结果进行测量。回忆一下我们在第 2 章中讲过的，结论一共有三种可能性：人格改变生活结果，生活结果改变人格，以及存在第三变量（如社会经济地位或家庭环境）改变了以上二者。纵向研究先测量人们在儿童期的人格特质，再检验他们长大之后的生活结果，这有助于剔除上述第二种可能性，因为人格的测量先于生活结果的发生。第三变量永远无法被完全消除，但有一些变量（如社会经济地位）在可控的前提下可以进行分析（即把它们的影响用统计学的方法剔除）。

严格遵循这些步骤的研究发现，人格可以显著地预测重大生活结果，如健康、长寿、拥有完满的婚姻、成功的事业和学习成绩优异。在大五人格特质中，高尽责性是健康、长寿和学业及工作表现最好的预测指标。低神经质和高宜人性是维持婚姻、避免离婚最好的预测指标。

即使那些与人格之间存在微小但惊人的相关因素（如面部表情）也能预测生活结果。想象一下你正在翻阅大学毕业相册中朋友们的照片，有些人笑得很灿烂，有些人却绷着脸或只露出一丝笑容。有两项研究发现，毕业相册中笑得更灿烂的学生更可能拥有幸福的婚姻，即使在 30 年后依然如此。另外一项研究发现，发布在社交平台上的照片上笑得更开心的大学生在入学第一个学期拥有更好的人际关系。因此，哪怕是一本俗套的毕业相册或社交平台上的照片也能预测生活结果，这可能是因为笑容与有关积极情绪的人格特质相关，如外倾性和宜人性。

或者我们考虑一下这个问题：要想在工作中取得成就，哪方面是最重要的？家庭的社会经济地位、智商还是人格？正确答案是智商，其相关系数为 0.27。人格的相关系数紧随其后，为 0.18。家庭社会经济地位的相关系数最低，仅为 0.09。因此，"优秀"的人格对事业成功所起到的作用大于富裕或受过良好教育的家庭。

不过，这些效应足够对生活结果或人格产生影响吗？大多数情况下，人格特质（如高尽责性）与重要生活结果（如长寿）之间的相关系数不超过 0.25。这意味着人们寿命的变量仅有 6% 取决于尽责性，其余 94% 与尽责性无关。像迪兰这样难以相处的孩子可以长出一口气了。

但是当然，活得更长一些，尤其在保持健康的状态下活得更长一些，的确是件大事。并且其他许多重要效应的影响也出人意料地很小。二手烟和肺癌之间的相关系数大约是 0.03，公共场所禁烟的法令只避免了几百人或几千人死于肺癌。而尽责性的效应则是其两倍。

更好的消息是，尽责性的某些方面可以通过学习获得。在第 15 章中，我们会讲述增加尽责性的最佳策略。高神经质水平也可以被改变。在一项针对广泛性抑郁症患者的研究中，他们的神经质水平在使用心理疗法和抗抑郁药物治疗后显著降低，在宜人性、尽责性和开放性方面有所提升。所以人格特质可以被改变，至少在某种程度上是这样，通过正确的步骤改变人格反过来也会重塑你的命运。

总结

　　当你回顾自己的人生，你会同时看到人格的稳定性和变化性。人格的某些方面保持不变，某些方面却会发生显著改变。安吉丽娜·朱莉在成为母亲后安定下来，但她仍然保留了自己冒险和开放的天性。

　　本书作者简和她的哥哥丹就是诠释生命历程中变与不变的很好的例子。从一开始，他们两个人就有着不同的人格和兴趣。他们在达拉斯郊外一所简朴的房子里长大，他们的卧室是相连的两个房间，如果其中一个人大声播放音乐，另一个人就会敲墙壁。小时候，简精力旺盛，喜欢到处跑来跑去，丹则喜欢安静地坐着玩自己的袜子。当他们一起拼乐高房子的时候，简希望一直不停地创作他们的作品，而丹却想用想象中威力十足的龙卷风把房子吹垮，这样他们就可以重新开始。简把零用钱用来买书，丹却喜欢攒钱并且看着他的钱不断累积。相应地，简现在写书（并且希望它们可以留存下来），丹在投资银行工作（在那里钱多得只是一个数字而已）。

　　然而，他们童年期人格的其他方面却以迥然不同的方式赋予他们成年后的生活。简在高中时惧怕当众演讲，如今却参与很多大型讲座。丹总是无休止地看电视，好像长在了电视前，以至于把倒垃圾的任务一拖再拖，直到他们的父亲第五次催促他。丹离开家上大学的前夜，简问他想学什么专业——他喜欢什么？"电视。"他说。"那你可以学媒体专业。"简建议说。"不！"丹回答，"我不想学媒体专业，我只是喜欢看电视。"可是，他现在长时间投身于工作中，他的公寓里甚至都没有电视机。简总是把这个例子作为人们确确实实可以改变的证据。

　　你的生命旅程仍在不断推进，请记得：你永远都是你自己，尽管你也会发生改变。

思考

1. 研究人格毕生发展的两种主要方法是什么？请描述它们各自的优缺点。

2. 请描述从童年期到老年期人格毕生发展的大致变化。

3. 解释社会投入理论及生活事件对人格的影响。

4. 人格可以预测哪些方面的生活结果？请举出两种人格特质和与之有关的生活结果。

9.1：儿童气质评定测验——父母版

（Temperament Assessment Battery for Children，Parent Form）

指导语

请让你的父母或照料者回忆你 8 岁左右时的情况，并据此完成这份测验。最好可以邀请父母中的一方做这份测验，如果实在不行，就根据你的记忆，由你自己来完成。如果父母能够配合完成，这份测验的结果的准确性会更好。

请父母选择每道题目中最符合自己孩子在 8 岁时的表现的选项。

	几乎 从不						一直 如此
1. 我的孩子与成人在一起时很腼腆。	1	2	3	4	5	6	7
2. 当我的孩子开始一项活动时（如拼图），他会专注于此直到完成。	1	2	3	4	5	6	7
3. 在家庭聚餐时，我的孩子可以全程安静地坐着。	1	2	3	4	5	6	7
4. 当给孩子制定一项家庭规则时，他很快就会适应这项规则。	1	2	3	4	5	6	7
5. 孩子声嘶力竭地哭喊，满脸通红。	1	2	3	4	5	6	7
6. 第一次见到新朋友的时候，我的孩子会羞怯。	1	2	3	4	5	6	7
7. 在展示自己或表演时，我的孩子感觉不舒服。	1	2	3	4	5	6	7
8. 去别人家几次之后，我的孩子就会很放松和随意了。	1	2	3	4	5	6	7
9. 当面对一项难过或令人气恼的任务时，我的孩子会短暂地哭泣，而不是大哭大闹。	1	2	3	4	5	6	7
10. 我的孩子每次都跑跑跳跳地进门或出门，而不是正常地走着。	1	2	3	4	5	6	7
11. 如果户外活动不得不推迟，我的孩子一整天都闷闷不乐。	1	2	3	4	5	6	7
12. 我的孩子喜欢运动性的游戏，如跑步、跳高等。	1	2	3	4	5	6	7
13. 如果我的孩子抗拒某件事（如剪头发），他会抗拒至少好几个月的时间。	1	2	3	4	5	6	7
14. 如果把孩子从他喜欢的一个活动中带走，他会强烈地反抗。	1	2	3	4	5	6	7
15. 如果我答应了孩子一件事，他会持续不断地提醒我。	1	2	3	4	5	6	7
16. 我的孩子会与陌生的孩子交流并加入他们的游戏。	1	2	3	4	5	6	7
17. 当我的孩子面对一个陌生的成年人很害羞的时候，他很快就会适应。	1	2	3	4	5	6	7
18. 我的孩子在讲故事或听故事的时候坐得笔直。	1	2	3	4	5	6	7
19. 当我的孩子生气的时候，很难转移他的注意力。	1	2	3	4	5	6	7

	几乎 从不						一直 如此
20. 在学习一项新技能时（如骑自行车），我的孩子会花很长时间练习。	1	2	3	4	5	6	7
21. 我的孩子可以马上适应新环境。	1	2	3	4	5	6	7
22. 如果购物时我不给孩子买他想要的东西，他就会哭喊。	1	2	3	4	5	6	7
23. 孩子伤心的时候很难被安抚。	1	2	3	4	5	6	7
24. 当我的孩子被限制在家，他会到处跑来跑去，无法开心起来。	1	2	3	4	5	6	7
25. 我的孩子对不认识的成年人可以立即表示友好并接近他们。	1	2	3	4	5	6	7
26. 去看医生的时候，我的孩子很难管。	1	2	3	4	5	6	7
27. 遇到困难的游戏，我的孩子很快就转向其他活动。	1	2	3	4	5	6	7
28. 进入一个新环境时，我的孩子经常在过一段时间后仍然感到不舒服。	1	2	3	4	5	6	7
29. 虽然我的孩子讨厌一些生活琐事的程序（如剪指甲），但如果与此同时让他看电视或逗他玩，他可以很容易地完成这些事。	1	2	3	4	5	6	7
30. 如果我的孩子拒绝穿某件衣服，他会大声争论。	1	2	3	4	5	6	7
31. 当面对一个比较难的拼图或积木结构时，我的孩子很容易放弃。	1	2	3	4	5	6	7
32. 如果日常生活中出现什么改变，我的孩子可以很快地适应变化。	1	2	3	4	5	6	7
33. 当坐着的时候，我的孩子抖腿、坐立不安或双手不停地动来动去。	1	2	3	4	5	6	7
34. 第一次被留在新环境中时，我的孩子很伤心。	1	2	3	4	5	6	7
35. 如果我的孩子开始玩一样东西而我想让他停下来，他的注意力很难被转移到其他地方。	1	2	3	4	5	6	7
36. 我的孩子可以沉浸在安静的活动中，如做手工或看电视。	1	2	3	4	5	6	7
37. 第一次和他人在一起的时候，我的孩子会很自然地笑。	1	2	3	4	5	6	7
38. 如果让我的孩子做点别的事情，他可以停止纠缠。	1	2	3	4	5	6	7
39. 如果有一个孩子喜欢的玩具或游戏，他可以很开心地坐一个多小时的车。	1	2	3	4	5	6	7

计分

依据下列标准计分。

反向计分项目为第 3、16、17、18、21、25、27、31、36、37 题；其他题目按照

所选选项的数字计分。按照下面分量表对应的项目，将所有题目的分数相加，得到分量表的得分。

社会抑制

第 1、6、7、16、17、21、25、28、34、37 题。得分：＿＿＿＿

负性情绪化

第 5、11、13、14、15、19、22、23、26、30、35 题。得分：＿＿＿

适应性

第 4、8、9、29、32、38、39 题。得分：＿＿＿＿

活动水平

第 3、10、12、18、24、33、36 题。得分：＿＿＿＿

目标导向

第 2、20、27、31 题。得分：＿＿＿＿

提示：目标导向与尽责性类似，负性情绪化与神经质类似，活动水平和适应性与高外倾性有部分重合，社会抑制与低外倾性（内倾性）类似。

第**10**章
性别与人格

2003 年，诺拉·文森特（Norah Vincent）做了一整年的男人。她并没有做手术，她只是通过一件紧身运动文胸和一些胶粘的胡子茬把自己的外表改变成足以被当作男人的样子。作为一个女同性恋者和一个天生的假小子，诺拉一开始认为，做男人会是一件很自然的事情。她没费什么力气就让人相信她是一个男人，但在这一年的尝试过程中，她从来没有体会过做男人完完全全的舒适感。

有一次，她尝试和一位男性朋友一起去单身酒吧，据她回忆，"那个朋友不断地在桌子下面踢我，但我还一直停地用手势交谈，有时候还涂起我的女士无色唇膏"。她用了足够长的时间加入一个全男性的保龄球联队，也结交到一些朋友，但几个月之后她还是决定让他们知道她的秘密。起初，这些人并不相信她。最后，她的朋友吉姆说："我得说，她胆子可真大……不是吗，我猜。哇哦，你这个奇怪的小妞！难怪你的声音这么好听。"

诺拉觉得做男人让她筋疲力尽。"我真正担心的并不是被人发现我是一个女人，而是别人觉得我不像一个真正的男人。我怀疑很多男人一辈子都会受到这个问题的困扰……总有人对你的男性气概指指点点。"

在现今这个性别平等（或者相对平等）的时代，做男性还是女性有多重要？本书作者简经常在课堂上提出这个切中核心的问题：假如你只能生一个孩子，你想要男孩还是女孩？盖洛普民意调查就这个问题从 1941 年起

诺拉·文森特用了一年时间装成男人。性别还重要吗？

对美国人进行过 10 次调查。你的回答是什么？同时，更重要的是，你为什么这样回答？有关这个问题的答案涉及许多有关性别的观点。

当我们在课堂上讨论"要男孩还是女孩"的问题时，学生们常常把体育运动作为生男孩的原因（尽管很多人指出，女孩现在也可以从事体育运动）。女性通常会说她们想要女孩，这样她们就可以去做一些"女孩子的事情"，如买衣服。那么，不可避免地，年轻的男性就会说："我不想要女孩，因为我知道有些男孩是怎么对女孩想入非非的。"刚开始教学的时候，简对这个观点大为吃惊，但当她和她的丈夫得知他们的第一个孩子是女孩的时候，这给了她一些必要的准备。她丈夫的第一反应是"哇，如果她是个热辣的女孩可怎么办？"

如今的性别角色比以前灵活得多，尤其像在美国、加拿大和澳大利亚。男人给孩子换尿布，女人在法庭上辩论，我们也不再认为女人不能从事体育运动或男人不能做护士和空乘。然而，在盖洛普 2011 年的调查中，40% 的美国人说他们想要一个男孩——和 20 世纪 40 年代的调查结果差不多（那时有 28% 的人想要女孩，26% 的人认为无所谓）。性别仍然很重要。在本章中，我们想提出的问题是，对人格而言，性别重要吗？

 写作提示：了解自己

如果你像诺拉·文森特一样伪装成另外一种性别，哪些习惯或行为最有可能使你暴露？你觉得自己伪装成另一种性别会做得怎么样？

性和性别

在开始性别和人格的讨论之前，我们先定义一些相关术语。虽然我们经常把性和性别作为同义词使用，但在社会科学中，**性**（sex）通常把男性和女性看作两种不同的生物类别，它基于染色体、生殖器和第二性征，如女性的乳房和男性茂盛的面部毛发，而**性别**（gender）指由源于生物、文化或二者共同作用的角色和行为，如认知能力、性别行为、头发长度、衣着和职业偏好等。性别是与两性都有关的属性和活动，如女性购物、男性观看体育节目；性只是简单的生物类别。一个女人在身体上是女性（性），但她也可以如诺拉·文森特一样，穿着和行为像一个男人（性别）。即使她没有装扮成一个男人，诺拉也喜欢留短发、行为果敢、喜欢运动等传统意义上男性的性别角色。但她生物上的性始终是女性。

这里有一个故事可以诠释性和性别的不同。性别学者桑德拉·贝姆（Sandra Bem）教会她的儿子和女儿理解男人和女人（性）之间的生理差别，并允许他们可以不理会文化对男孩和女孩（性别）通常的期待去探索他们喜欢的任何事物。有一天，贝姆的儿子杰瑞米要戴着发夹去幼儿园。当另外一个男孩告诉他只有女孩才戴发夹时，杰瑞米郑重地对他的朋友说，他仍然是一个男孩因为他有男性生殖器。那个男孩却反驳说："那才不是呢。每个人都有男性生殖器，但只有女孩才戴发夹。"

男孩还是女孩？在大部分文化中，性别是通过衣着、头发长度和外表的其他方面显现出来的。但只有解剖结构才是判断一个孩子的性的唯一正确指标。

当然，杰瑞米说得对。拥有男性生殖器是性的标志，戴发夹是性别的特征。

性与性别的这种差别有时也被应用于性差异和性别差异这两个术语上，这暗示性差异来自生物因素，性别差异源于文化因素。不过，大部分差异其实是由生物因素和文化因素之间复杂的相互作用造成的，因此我们无法决定哪一种术语更能准确地描述造成差异的本质。我们究竟是该使用性差异还是性别差异？在我们看来，**性差异**（sex differences）更准确一些，因为大多数研究都基于生物类别来比较男性和女性之间的差别。但这并不意味差异仅由生物因素引起，它们可以由生物因素、文化因素或二者（大多数情况是这样）共同造成。让我们以攻击性为例，这是一种与低宜人性类似的不利于他人的有害行为。如果说男人的攻击性高于女人，那么性差异也许根植于生物因素（可能像睾酮这样的激素）、文化因素（女孩更多地因为攻击行为受到惩罚，而男孩却因此得到奖励）以及它们之间的相互作用（文化更多地把男孩放在竞争性情境下，这提升了他们的睾酮水平）。实际情况可能比这复杂得多。

有关男性与女性仍持续不断的争论常常集中在天性和教养的问题上。例如，就在不久之前，女性还被认为天生不如男性。现在我们知道了，情况当然不是这样，不信的话让男人生个孩子试试。但是，基于生物因素的性差异的确存在，文化也对男人和女人之间的性格差异具有重要影响。如今，重要的是，我们对实际存在的性差异及其大小有了准确的看法。

生物、文化及二者的交互作用：性别差异的起源

当同卵双胞胎布莱恩和布鲁斯 8 个月大的时候，一位医生建议给他们做包皮手术。手术过程一塌糊涂，布鲁斯的阴茎受到了严重损伤，无法通过手术进行修复。

在咨询过心理学家约翰·莫尼（John Money）之后，这对双胞胎的父母决定把布鲁斯当作女孩来养育，并给他重新取名为布兰达。玛尼出版过不少有关布兰达成功变为女孩的记录，这些记录显示，布兰达具备女孩所需的一切人格特质和对外表的兴趣。他应用布兰达的妈妈的话，"她看起来更精致了。让我大为吃惊的是，她真的如此女性化"。玛尼提出，没有人能猜到这个孩子曾经是

布鲁斯·詹纳（Bruce Jenner）生为男性，他还赢得了 1976 年奥运会十项全能的金牌。很多年以来，她一直觉得自己是生在男人身体里的女人，这种出生性别和性别认同错适的经历在跨性别者中是非常普遍的。2015 年，她改名为凯特琳·詹纳（Caitlyn Jenner），开始以女人的身份生活。

一个男孩。多年来，这个案例被用作说明性别纯粹是文化的产物。

但事实并非如此。布兰达一直不开心，与别的女孩也合不来。在她 14 岁的时候，她的父母最终把事实告诉了她，然后一切就突然都解释得通了。她改名叫大卫，决定重新像一个男孩那样生活。他接受了睾酮的治疗和手术，还在 1990 年和一个女人结了婚，成为三个孩子的继父。不幸的是，大卫的故事没有等到一个美好的结局。2004 年 5 月 5 日，他自杀了。

这个极为悲伤的故事带给我们的教训非常清楚：性与性别无法随意改变，它们也不是纯粹的文化产物。很显然，两性差异有着一些生物学的根源。其中大部分是性别认同：感觉到并了解一个人是男性还是女性。大多数情况下，性别认同与出生时的性别一致。布鲁斯从没有完全成为过布兰达。性别认同和生物学性别相符的人被称为**顺性别者**（cisgender）。有些人发现自己的性别认同与生物学性别不同，这些人是**跨性别者**（transgender）。觉得自己应该是女性的男性和觉得自己应该是男性的女性都属于跨性别者。跨性别者对自己的身体做出各种不同的选择，决定自己像男人还是像女人一样生活。有些人选择了性别转换手术（过去叫"变性手术"），以生物学上另外一种性别身份生活。有些跨性别者以生物学上另外一种性别的身份生活，但没有通过手术改变自己的身体或只是部分地改变了身体。2007 年，"孕夫"托马斯·比提（Thomas Beatie）轰动全美。他生来本是女性，后来以男人的身份生活，但保留了女性生殖器官并怀上三个孩子。

性别角色的起源

有关性别角色、一系列更复杂的行为、人格特质和兴趣又是怎样的呢？找出这些领域中性别差异的起源很困难。女孩是天生就更加乖巧、喜欢布娃娃、待人温柔吗？还是后来习得的这些行为？男孩喜欢玩卡车、把身上弄得脏兮兮的、打架是与生俱来的吗？

幼年时的富兰克林·德拉诺·罗斯福（Franklin Delano Roosevelt，未来的美国总统），摄于1884年。当时，不论男孩女孩，儿童基本都穿着白色的连衣裙。

将遗传基因从环境中分离出来的方法是研究由不同父母抚养长大的同卵双胞胎。但这对于研究性别差异并不奏效，因为同卵双胞胎的性别通常都是相同的。就算是像布鲁斯/布兰达这样天生性别和养育性别不同的孩子，他们的大脑和身体也已经在出生之前就受到了性激素的影响。这使得把激素影响从纯粹的遗传影响中分离开是一件非常困难的事情。正如我们在第4章讲过的，遗传影响与生物影响是不同的。遗传是DNA生物体在受孕时即形成的，而生物属性是由遗传和环境结合或二者之间交互作用的产物。

有关性别差异的新闻报道普遍使用遗传解释，如"数学基因"的观点。然而，没有哪种基因可以决定数学能力（或人格心理性别差异）。实际上基因的性别差异微小，男性和女性在遗传上仅有一处不同：女性有两条X染色体，男性有一条X染色体和一条Y染色体。只有一种名为睾丸决定因子的基因可以决定性别，这是因为它指导胎儿早期的睾丸发育，睾丸随后开始分泌雄性激素，如睾酮。这开启了两性之间基于生物学的差异化进程。

在子宫里时，男孩的大脑被睾酮所塑造，差异化由此开始并一直持续到出生之后，在这个过程中睾酮可以激发更强的攻击性和支配性（与低宜人性和外倾性的自信心构面有关）以及对事物和人的兴趣。男孩另一次睾酮旺盛的时期是青春期。不过，睾酮在攻击性中所起到的作用（至少是直接作用）尚不明确且存在争议。大多数研究发现，好斗或暴力分子的睾酮水平较高。但是相关研究无法确定，究竟是睾酮造成了攻击性，还是攻击性导致了更高的睾酮水平。研究经常发现，睾酮水平高是愤怒、操作武器、喜欢的运动队或政治候选人获胜之类的经历所带来的结果。因此，虽然高水平的睾酮可能是男性比女性攻击性强的原因之一，但情境同样起到重要作用。

另外一个问题是，鉴于生物学和进化，性别差异是不可避免的，还是在不同社会环境中有所不同？某些性别角色显然具有文化意义。例如，男人是否穿裙子、留长发、穿某种颜色的衣服或佩戴珠宝，这在不同的文化中和不同时期千差万别。其他一些差别，如女性更擅长照顾孩子、男性更有攻击性，在各种文化中都非常普遍。

进化和文化的作用

进化心理学指出，人格和性取向的众多性别差异是由繁衍方面的根本差别造成的。生育孩子对女人来讲需要投入很多，她们必须怀胎九月并且至少哺乳一年或更长的时间。所以，女性对随意的性更加谨慎。进化心理学家还认为，这些倾向性是与生俱来的。人格特质上的性别差异同样根植于繁衍中：支配性和攻击性可以帮助男性与情敌竞争，宜人性和人际导向有利于女性照顾孩子和吸引身体强壮的男性。

如果性别差异出现在诸多文化中，那它似乎更有可能源于生物因素。如果性别差异在一种文化中存在，在另一种文化中不存在，那么它就是文化性的。然而，真实情况比这复杂得多。事实上，所有的社会都把男性放在社会权力的位置并且对男性和女性做出不同的角色分工。其结果就是，跨文化间性别差异的相似性代表的可能是男性社会权力而非进化差别。

传统意义上的性别社会角色常常基于两性的生物学差异，但却不一定是生物性别本身。例如，在早期人类社会中，女性和男性分别负责采集食物和狩猎，这是因为对女性来说，在怀孕、哺乳和照顾孩子的同时兼顾采集食物相对轻松一些。这些角色分工在社会中变得根深蒂固，并从孩子很小的时候就在文化层面鼓励他们遵循这种角色分工。例如，男孩发展狩猎所需的技能（如团队协作、承担风险、通盘计划），女孩学会采集和照顾孩子需要的技能（如人际合作、小心谨慎、复杂语言等）。男性更强壮的身体力量导致了父系制（男性占支配地位的文化体系）成为最普遍的社会制度。因此，在大部分社会中，女孩玩布娃娃、被鼓励性格顺从，而男孩摆弄武器、被鼓励具有支配性。

性别差异中的文化改变和跨文化变量

当文化发生改变，性别也应该随之发生改变——事实也的确如此。1960 年，美国女性获得学位的人数中学士学位只占 35%、硕士学位占 32%、博士及专业学位占 11%。而到了 2015 年，这一比例分别上升到 57%、60% 和 52%。19 世纪时，很多人认为女性不能胜任医生或律师等工作，换言之，人们觉得女性的人格对这些职业而言过于温柔友善。然而，过去这些对女性职业的限制很明显来自文化的影响，并非基于生物因素。

男性的性别角色也发生了转变。例如，男性开始从事那些传统意义上属于女性的职业，如护士、空乘、小学老师等。家庭角色也发生了巨大的转变：父亲在照顾孩子上所花的时间是 1960 年的三倍。本书作者简的叔叔生于 20 世纪 30 年代，他有三个孩子，他吹嘘自己从未给孩子换过一次尿布——这在今天是无法想象的。我们尚不了解这对男性的人格有什么影响，但很显然，如今男性可以自由地表达自己在照顾他人方面的特质。

✏ **写作提示：了解自己**

想想你的行为和兴趣，哪些符合你所属性别的典型特征？关于这些行为或兴趣，你是直接还是间接习得的？或者你认为它们来源于生物因素本身吗？

一些跨文化研究报告称，在性别更加平等的国家里，性别差异化程度低或不存在性别差异。例如，男性通常比女性更擅长在头脑中旋转物体，即男性的空间能力更胜一筹。不过，在有更多女性领导者的印第安村落里，空间能力的性别差异很小或完全不存在。

不过，现代化、个人主义的文化不一定就代表更少的性别差异。有三项研究发现，在更加现代化和工业化的国家中，人格特质的性别差异更大。或许生活在传统文化中的人只会将自己与同性别的人做比较，因此缩小了性别差异。戴维·施米特及其同事指出，生活在集体主义文化中的男性更接近于生活在工业化国家中的女性的标准——如宜人性更高——这缩小了性别差异。他们还认为，这些发现可以作为证据反驳社会角色影响人格性别差异的观点。

这留给我们一些什么思考呢？有些性别差异——如男性拥有阴茎、上肢力量更强、长得更高——很明显起源于生物因素，来自遗传。而有些差异，如服饰、休闲兴趣或许还包括数学能力，更多地根植于文化。但大多数性别差异似乎还是由遗传、生物学、社会角色和文化之间复杂的交互作用共同造就的。

两性比较

我们都很熟悉**刻板印象**（stereotypes），即人们对某个群体普遍持有的信念，有时这些刻板印象反映了真实的情况。有些刻板印象似乎是正确的，但仍需要进行全面研究。例如，女性更爱结伴去洗手间。其他有些刻板印象已经被证实，如女性比男性更频繁地哭泣、男性更具有攻击性（有关性别差异的研究历程见图 10.1）。

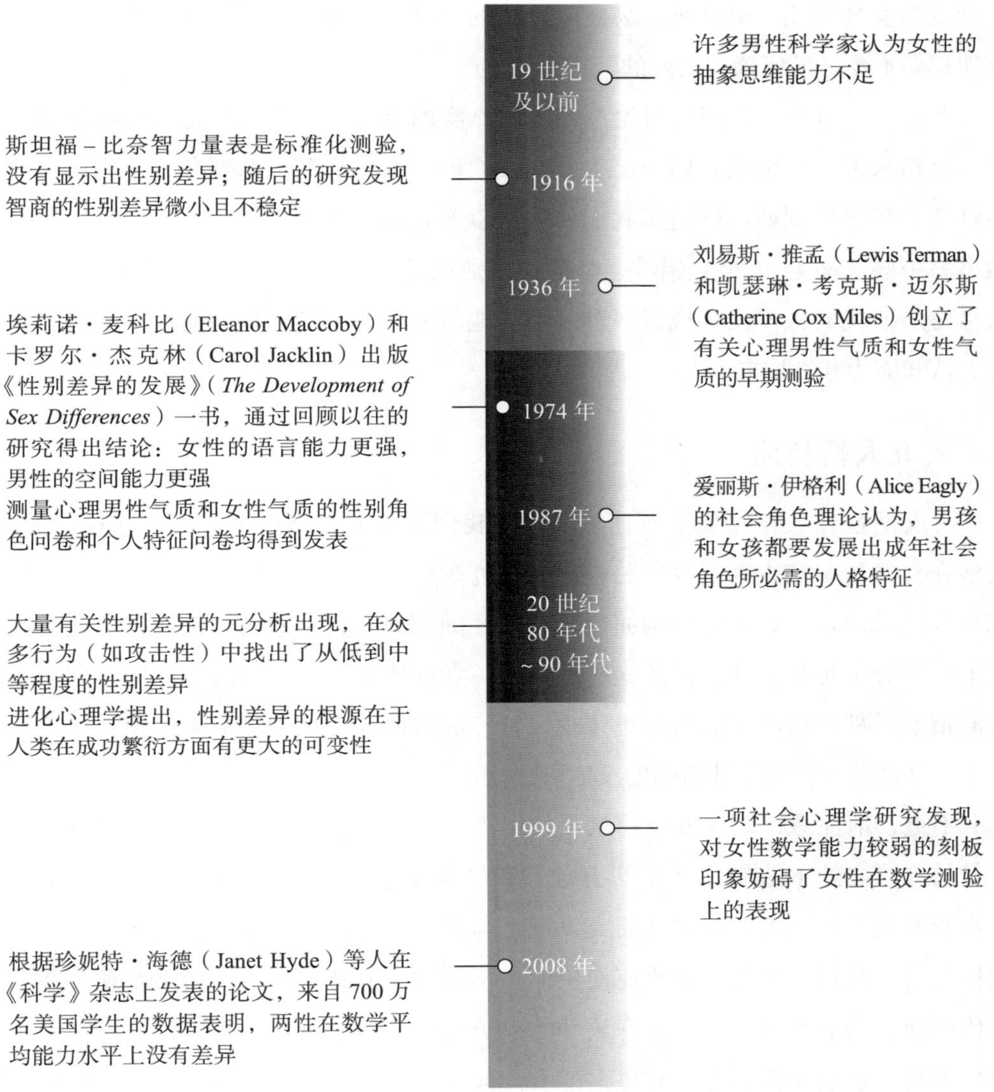

斯坦福－比奈智力量表是标准化测验，没有显示出性别差异；随后的研究发现智商的性别差异微小且不稳定

埃莉诺·麦科比（Eleanor Maccoby）和卡罗尔·杰克林（Carol Jacklin）出版《性别差异的发展》（*The Development of Sex Differences*）一书，通过回顾以往的研究得出结论：女性的语言能力更强，男性的空间能力更强
测量心理男性气质和女性气质的性别角色问卷和个人特征问卷均得到发表

大量有关性别差异的元分析出现，在众多行为（如攻击性）中找出了从低到中等程度的性别差异
进化心理学提出，性别差异的根源在于人类在成功繁衍方面有更大的可变性

根据珍妮特·海德（Janet Hyde）等人在《科学》杂志上发表的论文，来自 700 万名美国学生的数据表明，两性在数学平均能力水平上没有差异

19 世纪及以前 ○ 许多男性科学家认为女性的抽象思维能力不足

1916 年 ●

1936 年 ○ 刘易斯·推孟（Lewis Terman）和凯瑟琳·考克斯·迈尔斯（Catherine Cox Miles）创立了有关心理男性气质和女性气质的早期测验

1974 年 ●

1987 年 ○ 爱丽斯·伊格利（Alice Eagly）的社会角色理论认为，男孩和女孩都要发展出成年社会角色所必需的人格特征

20 世纪80 年代~ 90 年代

1999 年 ○ 一项社会心理学研究发现，对女性数学能力较弱的刻板印象妨碍了女性在数学测验上的表现

2008 年 ●

图 10.1　有关性别差异和心理男性气质或女性气质研究的简要历程

不过，并不是所有的刻板印象都是对的。一项大型研究发现，总体而言，男性实际上比女性说话更多。其中最大的差别体现在"平均谈话时长"——也就是说，当男性交谈时，他们谈话的时间更长。其他研究发现，女性在与他人合作时说话更多，而在无结构情境中两性没有差别。女性对情感支持谈论更多，这种谈话被称为人际会谈。有意思的是，情侣在约会时，女性说得更多，但在夫妻关系中，男性说得更多。不管怎样，两性在谈话方面不存在或只存在很小差异的结果与我们通常对喋喋不休的女人和沉默寡言的男人的刻板印象相去甚远。

谁会是更好的司机呢？一般的性别刻板印象都认为是男性。但如果事实如此，为什么与女性相比，男性更容易发生严重的交通事故呢？如果连安然无恙地抵达目的地都做不到，又何谈"更好的"司机呢？

在这一部分中，我们要讨论两性之间真实的差异，而不仅仅是刻板印象那么简单。概括来说，性别从我们一出生就在我们的生活中扮演了重要角色。因此，我们很难完全理解性别如何塑造了我们的人格以及它如何让我们做出一些选择（和没有做出另一些选择）。人格是错综复杂的，性别也是如此。所以，我们不能单纯地只看人格特质，我们也要拓宽视野，看一看其他与人格产生交互作用的性别差异，如兴趣、认知能力和性取向。

大五人格特质

男女两性在人格特质上有何差异？让我们从大五人格理论开始探索这个问题。女性在神经质和宜人性上的得分较高，在外倾性上的得分略高。其中最大的差异体现在神经质的焦虑和易感性构面以及宜人性的利他行为和同情心构面，女性在这四项上的得分都更高一些。因此，一般而言，女性比男性更加温暖、外向、焦虑及富有同情心。神经质方面的差异也体现在神经成像研究中，神经成像发现，在平均水平上，女性的大脑对负性情绪的反应更强烈。

不过，请注意，这些差异都是平均水平上的差异——男性和女性之间还是有着大量的共同之处（见图10.2）。以开放性和尽责性为例，这两方面的性别差异取决于样本和测验。一项大型跨文化研究发现，与男性相比，女性的尽责性得分略高，开放性上得分略低。另外三项研究使用的是不同的大五特质测验，结果发现，性别差异依构面不同而不同。女性在开放性的审美构面上得分更高，而男性在思想构面上得分更高，这说明我们应该有更多的女性艺术家（审美构面）和更多的男性哲学家（思想构面），而事实也的确如此。女性在开放性的情绪化构面上也得分更高，这表明她们对情绪探索的开放程度更高。外倾性在不同构面上的性别差异也有所不同。女性在温暖和乐群两个构面上得分更高，男性在自信心和寻求刺激（包括寻求感官刺激和冒险）构面上的得分更高。这或许可以解释为什么男人比女人更喜欢追逐龙卷风和跳伞，为什么男孩比女孩更喜欢从屋顶上跳下来。

用统计学的术语来说，这些差异从低到中等程度不等。要弄清楚这究竟意味着什么，我们需要花点时间了解一下统计学知识（或回顾本书第2章的内容）。还记得标准差吗？在正态分布（该曲线也叫钟形曲线）中，有大约三分之二的数据位于平均数一个标准差之内。设想有两条这样的钟形曲线：一条代表男性，一条代表女性

（见图 10.2）。我们先考虑一个性别差异较大的特征：身高。男性比女性高出 1.41 个标准差（通常写作 $d=1.41$，d 代表标准差的差异），也可以说，有 92% 的男性的身高高于女性的平均身高——即在 100 对男女随机组合中，有 92 对是男性高于女性。

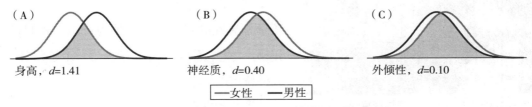

（A）　身高，$d=1.41$　（B）　神经质，$d=0.40$　（C）　外倾性，$d=0.10$

—— 女性　—— 男性

图 10.2　两种性别在三种性别差异上的重合部分

大五人格特质上的性别差异显著低于身高的性别差异。一项大型研究涵盖了来自 55 个国家和地区的男性和女性，结果显示两性之间最大的差异是神经质水平（$d=0.40$），女性的神经质分数更高。所以只有约三分之一（34%）的男性在神经质上的得分高于女性的平均水平（如果在神经质方面不存在性别差异，这一数字应该为 50%）。其他大五人格特质的性别差异程度更小。与女性的平均水平相比，男性在外倾性、宜人性、尽责性和开放性上的得分占比分别为：46%、44%、45% 和 52%。

这些相对较小的差异程度促使一些研究者提出，与其花费大量时间研究性别差异，心理学更应该关注性别相似性。在大量的心理特质上，两性之间的相似性远远大于他们之间的差异。一项元编译对两性的心理特质进行了 386 次大型比较，得出平均性别差异为 $d=0.21$。即使像身高这种差别程度很大的性别差异也在钟形曲线上有部分重合（见图 10.2）。总之，性别差异不能把男性和女性归为完全不同的类别，但是，他们在诸多维度上也存在很多不同之处。

尽管 20 世纪 90 年代的畅销书《男人来自火星，女人来自金星》（*Men Are from Mars, Women Are from Venus*）一度非常流行，但无论男性还是女性，终究都来自地球。对于大五人格特质中的三种特质而言，两性间的差异不大。而在神经质和宜人性两种特质上，两性间的差异较大，但也没有相距太远。

然而，即使是平均水平上微小的差异也会在极端水平上产生较大的差别（见图 10.3），所以，在非常低或非常高的点上，性别差异的程度要大一些。例如，神经质水平

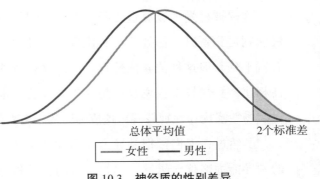

总体平均值　2个标准差

—— 女性　—— 男性

图 10.3　神经质的性别差异

虽然两性在攻击性方面的平均差异程度处于中等水平，但因暴力犯罪被捕的男性数量是女性的四倍。

上中等程度的差异意味着，神经质特质得分非常高的女性的数量是男性数量的两倍多。神经质是发生焦虑障碍和抑郁症的风险因子，因此被诊断出这两种心理健康问题的女性的数量是男性的两倍也就不足为奇了。我们将在第14章中看到，人格特质是一个连续体，人格特质的极端与临床障碍相重合。

男性和女性在身体攻击性上也存在差异，其标准差的平均差异为$d=0.6$。然而，因暴力犯罪被捕的男性的数量是女性的四倍，因谋杀被捕的男性的数量是女性的九倍。所以，当我们考虑人类攻击性的最极端形式时，平均水平上中等程度的差异就会被放大。

领导力

像前面所说的那样，女性更加随和、不易冲动、不那么咄咄逼人，也不太可能对其他人产生性侵行为。女性唯一的缺点是比男性更容易担忧（高神经质），自信心较弱。因此，很自然，典型的女性形象在总体上要优于男性。研究者把这种现象称为"完美女性效应"。

不过有些研究者指出，这种现象应该被称为"不掌权的完美女性效应"。权威女性或那些拥有更强支配性人格特质的女性经常被认为比拥有同等权力和支配地位的男性更严厉。"与男性相比，雄心勃勃的女性更需要在被尊重而不受喜欢（展示自己的领导权威）和被喜欢而不受尊重（展示自己的平凡仁爱）之间做出选择。"劳里·A.拉德曼（Laurie A.Rudman）和彼得·格利克（Peter Glick）这样写道。从两性在职业社交网站领英（LinkedIn）上所使用的头像可以窥见这些选择：女性更喜欢在照片上表露情感，而男性则更愿意展示地位。

这种被喜爱和被尊重之间的双重束缚使得女性在工作的每个阶段，从招聘到薪资谈判再到晋升，都处于不利位置。领导力与男性之间的关联程度在过去几十年中有所下降，但这种关联依然存在。即使在近些年，虽然性别差异有所减弱，但与男性相比，女性较少会说自己想成为领导者，也较少作为领导者出现。许多女性经历过职场性骚扰和性别歧视，这成为阻碍很多女性工作进步的另一个双重束缚。

虽然过去人们常把领导力和男性联系在一起，但实际上，在大多数领域，女性的领导能力略优于男性，尽管二者的差异相对比较小。这种差异也取决于你询问的对象：男性将自己评价为更好的领导者，而其他人（同事、下属、老板）却认为女性是更好的领导者。文化变革也在其中起到了作用。从 20 世纪 60 年代到 21 世纪的最初十年，两性在领导效能觉知力方面的差异从一直严重偏向于男性转变为如今的偏向于女性。

然而，即便在我们所处的现代文化中，高职位女性的数量仍低于男性。虽然越来越多的女性进入包括医药、学术、政治、新闻和法律在内的有声望的职业领域，但总体上女性的收入水平仍然只是男性的 81%。只有少数大型公司由女性掌管。2018 年，美国参议员和众议员中只有 20% 是女性。而且，美国迄今为止还没有出现过一位女性总统。

男性气质和女性气质

很多孩子在观察父母和与同伴交流的时候，开始对性别产生好奇。为什么是爸爸而不是妈妈修剪草坪？为什么做饭的是妈妈而不是爸爸？为什么课间休息时女孩和男孩玩的游戏不一样？简言之，孩子们对男性和女性之间的差异以及他们为什么会存在这些差异充满了好奇。不过他们也注意到，有些妈妈修剪草坪，有些爸爸做饭，有些女孩在课间和男孩一起玩。也就是说，性别角色在同性别内和性别间都有所变化（就像我们之前了解到的，这可能是生物和文化双重因素的作用）。

刘易斯·推孟和凯瑟琳·考克斯·迈尔斯创立了最早期的心理男性气质 – 女性气质测验，这项测验试图找出两性之间最显著的差异。测验的内容是辨别模糊的图画（如一个顶部带折线的矩形是一个烟囱还是一个线轴）。推孟和迈尔斯发现，男性大学生运动员和男性工程师在"男性气质"上的得分最高，"女性气质"得分最高的是家政人员。

不过，推孟和迈尔斯的测验以及其他测量男性气质 – 女性气质的测验都至少存在一个主要问题：他们把男性气质和女性气质放在同一个量表上，这样就不可能在两个项目上同时都得到高分（见图 10.4）。20 世纪 70 年代有一批研究者创立了将二者分成两个分量表的心理男性气质 – 女性气质测验，如个人特征问卷，你可以在本章末

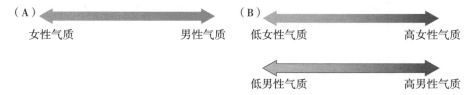

图 10.4 测量男性气质 – 女性气质：单一变量（A）和双重变量（B）的男性气质 / 女性气质模型

尾完成这个问卷。

个人特征问卷的首要关注点是典型的男性气质人格特质和典型的女性气质人格特质——人们认为男性和女性所具有的典型特质。"男性气质"量表测量工具化或能动性，与外倾性的自信心维度十分类似。"女性气质"量表与宜人性内容部分重合，包括助人、关心他人、与人为善。最近的研究发现，人们仍然把男性气质和女性气质量表上的特质分别与男性和女性联系在一起。

如何解读你的个人特征问卷得分呢？你可以把自己在两个分量表上的得分分别放到百分位分数上与其他人进行比较，你也可以看出自己属于哪种性别人格类型。如果你在男性气质量表上的得分高于总体平均分（男性和女性都算在内），就计为高分，女性气质量表也是如此。然后，看一下你属于表格中的哪一种类型（见表10.1）。在男性气质和女性气质上均得到高分的被称为双性化，均得到低分的被称为未分化。

表 10.1　对个人特征问卷测量出的男性气质和女性气质人格特质进行分类

	低女性气质	高女性气质
低男性气质	未分化	女性气质
高男性气质	男性气质	双性化

我们在此要做出明确说明的是，个人特征问卷不是性取向测验（同性恋、双性恋、异性恋）。哪种性别对你产生性吸引和你有多么自信或关心他人是完全不同的两回事。虽然有人觉得男同性恋者在女性气质上的得分会更高，女同性恋者在男性气质上的得分会更高，但有关这个问题的数据比较复杂。有些研究发现，男同性恋者比男异性恋者更有可能是女性气质类型或／和双性化类型，女同性恋者比女异性恋者的男性气质得分更高，但在女性气质上的得分相似。另外有些研究在同性恋和异性恋伴侣之间并没有找到这种关联。

然而，跨性别者自我报告的男性气质和女性气质有所不同。跨性别者的得分更接近他们的心理性别而非出生性别。例如，在一项针对同胞兄弟姐妹所做的研究中，跨性别的女性在男性气质和女性气质特质上的得分与她们的顺性别姐妹更相似，其相似程度要高于她们与她们的顺性别兄弟之间的相似程度。

从20世纪70年代这项测验创立之时起，女性在男性气质特质上的得分一直稳步升高。在1960年至1990年间，女性明显地报告了比较高的自信水平。这表明，至少这些特质上的某些性别差异是源于女性的文化角色，很显然这些角色近几十年来越来越聚焦于工作。

职业和爱好

20世纪70年代发展出来的男性气质／女性气质心理测验（如个人特征问卷）更

关注人格特质而不是兴趣和爱好。不久，研究者就开始探索两性在兴趣方面的差异。例如，来自 53 种文化的男性和女性在职业方面的偏好显示出很大的性别差异，其标准差差异为 $d=1.40$（我们将在第 12 章具体讨论职业兴趣的细节）。这和身高的性别差异一样，只有 8% 的女性得分高于男性平均分。爱好方面同样差异显著。大学男生比女生对运动有

你应该能猜到，一般来说，女性比男性更喜欢购物。

着更强烈的兴趣（参与和观看都是如此），标准差差异 $d=2.49$。大学女生则对购物、跳舞和与朋友交谈更感兴趣，标准差差异 $d=1.23$。他们在打牌、烹饪、参加聚会方面没有显示出性别差异。

　　一般来说，男性对事物更感兴趣，女性对人更感兴趣。许多传统的男性职业，如汽车修理工和工程师，都符合这种对事物的兴趣；而许多传统的女性职业，如教师、护士，则是基于对人的兴趣。不过，医生和律师这两个关注人的职业直到不久之前还都被男性占据。所以，从事这些职业的女性的人数大量增长就可以理解了。近些年，法学院和医学院大约有一半的毕业生都是女性。

　　假设两性对人和事物的兴趣的差异确实存在，那么女性最终会成为医生和律师这类职业的大多数组成部分，并且永远都是工程师和汽车修理工中的少数群体。这并不是说女性不会在这些职业上取得成功——很多女性在这方面获得了建树——而是说只有少数女性对此有兴趣。不过，要依据具体情境而定，就像一个人是否受欢迎要看他所在的具体环境。在一个实验中，如果坐在一个贴有《星际迷航》电影海报和全是宇宙方面书籍的房间里，女性明显表现出对计算机科学缺乏兴趣。但如果房间里的装饰是艺术海报和新杂志，女性就表现出与男性相同的对计算机科学的兴趣。所以，有时兴趣的性别差异是一种自我实现的预言：如果你认为自己的性别不适合，那么你就对此缺少兴趣。

　　兴趣的性别差异可能始于儿童早期，并受到生物和文化因素的共同作用。设想一下，如果你向人们提出一些有关性别和儿童玩具的问题，你会得到什么样的回答。例如，"女孩可以玩玩具车吗？"，大多数人都会说可以。如果你再问"男孩可以玩洋娃娃吗？"，这可能就会引发一些讨论。一些人（尤其是年长一些的男性）会反对男孩玩洋娃娃，另一些人则回答可以，但前提是不要让男孩的朋友们知道他在玩洋娃娃。还有一些人可能会告诉你："如果我的儿子玩洋娃娃，我会担心他有同性恋倾

与从事男孩类型活动的女孩相比，从事女孩类型活动的男孩往往受到更严苛的评判。

向。"其他人立马指出这种观点有些可笑：玩洋娃娃是在练习做父母，异性恋的男人才更有可能生育并照料孩子。

兴趣的性别差异强调了在现今这个个人主义社会中性别角色的一个普遍话题：男性和女性都能做男性化的事情，但女性化的事情却只有女性才能做。例如，雅各布·L.奥洛夫斯基（Jacob L.Orlofsky）的研究发现，两性在女性化兴趣和活动上的差异高于在男性化兴趣和活动上的差异。在美国主流文化中，大多数情形下女孩可以穿短裤、玩男孩的玩具（如小汽车、卡车）、向往从事男性化的职业（如消防员）。但如果男孩穿裙子、玩洋娃娃或芭比娃娃之类女孩的玩具、长大后想当护士，情况就不一样了。男孩有这样的偏好很容易就会被人打倒在操场上。很自然，那些"同样适合男孩和女孩"的玩具在颜色上与男孩玩具而不是女孩玩具更相似。中性玩具通常是蓝色、绿色或红色，与男孩玩具的颜色一样，但粉色只用于女孩玩具。

非言语行为和外表

诺拉·文森特用了一年时间伪装成一个男人，她学会了用不同的方式走路、说话时避免使用手部动作以及如何体现男性力量。她还学会了如何笑：在她的书的封面上，她在作为女人的照片中笑容满面，而在打扮成男人的照片中面无表情。事实上，女性比男性笑得更多（$d=0.63$），只有26%的男性笑的次数高于女性平均水平。女性更能通过面部表情展示出自己的情绪（$d=1.01$）。这种性别差异很明显是在童年晚期习得的：在美国，男孩和女孩在小学时代的照片中笑的频率相同，但到了六年级，女孩的笑容明显多于男孩。

女性哭泣的次数也多于男性。至少在情绪表达上，女性比男性更加情绪化的刻板印象是正确的。但是，男性和女性在经历相同的情绪时，情绪的强度是一样的。两性婴儿在哭泣次数上没有区别。在看到情绪化的场面时，两性的心率增加是相似的。这表明差异存在于文化而非生物因素中。文化可以接受女性哭泣，但对于男性哭泣的接纳程度就没那么高了。

即使不考虑身高和体重因素，男性占据的空间也大于女性——他们在椅子上伸展四肢，伸长自己的手臂，两腿分开地坐着（在网上人们把这种姿势叫作"男性延伸"

并发布了恶意冒犯者的照片）。在诸如此类的**身体延展**（body expansiveness，即身体占据更多的空间）方面，两性的性别差异较大（*d*=1.04），因此只有 16% 的女性的身体占据的空间超过男性平均水平。男性和女性走路的方式也有所不同。在一项研究中，人们很容易就能通过关节处贴着的小光点猜出在黑暗房间里行走的人的性别。身体的投掷速度和抓握力量等能力也有着较大的性别差异，男性比女性展现出更大的优势（投掷速度的标准差差异 *d*=2.18）。

男性占据的身体空间更大，他们坐着或站着的时候喜欢把两条腿分开——这被称为"男性延伸"。

当然，男性和女性的穿着也是不同的。和前面提到过的一样，男性只能穿男性化本身的衣服，但女性却有更大的自由度。男性要穿套装的西服和裤子，而女性穿西服既可以搭配裤子也可以搭配裙子。女孩可以穿着足球运动服上学，没有人对此觉得有什么不妥——本书作者简的女儿有时就这样穿——但穿裙子上学的男孩就会遭受无情的嘲弄。

两性在这方面的差别不仅体现在他们穿什么，还体现在他们拥有多少衣服、他们对此有多在意以及他们在外表上花费的时间。例如，大学女生拥有的鞋子数量远多于男生（女生和男生所拥有的鞋子数量的比例是 16 比 6，标准差差异 *d*=1.64），每天早晨她们花在外表上的时间也远多于男生（25 分钟比 15 分钟，标准差差异 *d*=0.72）。在这些性别化的外表行为方面，你是高于还是低于同性别的平均值呢？

女性还更加关注别人对自己身材的看法，这种状态叫作自体客体。一般来说，女性关注身体的外在，而男性关注身体的表现（如运动表现）。这种对身体的自我觉知或许可以部分解释某些对女性困扰更多的心理健康问题，如进食障碍、神经衰弱和抑郁症。实际上，在童年时期，男孩患抑郁症的数量略高于女孩，但从进入青春期开始，后者患抑郁症的数量开始高于前者。最有可能的原因是女孩的身体形象问题和围绕着她们对青春期身体和性的更强烈的矛盾心理。

 写作提示：了解自己

与你的男性和女性朋友相比，评估自己的非言语行为。你在穿着、身体延展和情绪表达方面，是否符合所属性别的典型行为特征？为什么？

自尊

你可能听说过，女性尤其是青春期的女孩面临着非常大的自尊问题。事实并非完全如此。女性的确比男性报告了较低的自尊水平，但二者之间的差距并不大，标准差差异在 0.14 到 0.25 之间。大约有 43% 的女性在自尊水平上的得分高于男性平均分。自尊在青少年时期的性别差异最大，但这并不是由于女孩的自尊水平下降，而是因为男孩的自尊水平在高中阶段提升得更多。到他们进入大学的时候，男性和女性的自尊水平又重新回到了差不多的程度。

想要更清楚地了解这一问题，我们把自尊分为几个不同的构面，如学业自尊、外貌自尊等。其中外貌自尊的两性差异是最大的（d=0.35），有 36% 的女性外貌自尊水平高于男性。男性的运动自尊水平更高（d=0.41）。在行为准则（简单来说就是不被叫到校长办公室）和道德伦理自尊（与宜人性有一些部分重叠）这两个量表上，女性的得分更高。

考虑到与整体自尊的相关性，男性的自恋得分更高也就不足为奇了。此外，符合自恋型人格障碍诊断标准的男性人数比女性多出大约 60%。这也和大五人格理论的性别差异相一致：我们在第 5 章讲过，自恋与高外倾性（特别是支配性）和低宜人性有关，而女性的支配性较低、宜人性较高。

两性的自尊来源可能也有所不同。一项针对来自 23 种不同文化的人们的研究检验了自尊和人们在童年时感受到自己被父母接纳的程度之间的关系。对女性而言，感受到父亲的接纳对于自尊和适应性是最重要的；而对男性来说，感受到母亲的接纳则是最重要的。所以，异性父母的接纳对成年后的自尊起到了最重要的影响作用。

性行为和态度

有一天，你正在校园里散步，这时一个魅力十足的异性向你走来。"嗨，我最近一直在注意你，我觉得你很有魅力。今晚你愿意和我出去过夜吗？"对此你会做何反应？在佛罗里达州立大学，75% 的男生回答他们愿意，但却没有一个女生表示同意。如果问题换做"是否愿意约会"，男生和女生做出肯定回答的比例大致相同。

这可能是因为女性害怕遭受身体伤害或抢劫，尽管当问及她们拒绝的原因时，很少有人直接提到安全问题，相反，她们会回答"我不知道你这个人怎么样"或"我已经有男朋友了"。即便有一个朋友说他 / 她认识并且信任这个潜在的约会对象，男生同意性行为的比例（50%）也远高于女生（5%）。一项匿名调查得到的结果也是如此，男性比女性更有可能和刚刚认识的人发生性行为，而女性更有可能对发生随意性行为感到后悔。

不过，两性在性态度的某些方面的差异极小。在对婚前性行为的态度和自我报告的性行为频率方面，男性和女性之间只有很小的差别。实际上，大型元分析所检验的 30 种性态度和性行为中的大多数都只显示出较小的差异。

认知能力

1992 年，玩具制造商美太在推出一款会说话的芭比娃娃时遭遇了大麻烦。这款芭比娃娃会说："想去购物吗？好的，我们商场见！"它还会说："数学课太难熬了。"有些人对此提出反对，认为它会助长人们对女性不擅长数学的刻板印象。

关于女性觉得数学课难熬的说法，芭比娃娃说得对吗？很多人都认为是这样。对女性不擅长数学的刻板印象如此深入，这种现象被称为刻板印象威胁。

那么男性真的更擅长数学吗？他们可能没你想象中那么擅长。在最近的研究中，两性在数学上的表现几乎是一样的。在数学计算和概念方面，女性一直都和男性表现得一样好或者甚至表现得更好，在数学课上，她们的表现还略胜一筹。考试成绩和课堂表现可能会有些不同，这是因为女性在完成课堂作业方面更加勤奋。整体数学能力上的性别差距也在逐年显著缩小，即使对高分者也是如此。1970 年，在 SAT（美国高中毕业生学术能力水平考试）中得到 700 分及以上的男孩的数量是女孩的 13 倍，但现在这个数字只有 3 倍。在一些国家，即使在高分者之间也不存在性别差异。这表明这些认知能力的性别差异即使不是全部也是部分由文化所致。

能力方面最大的性别差异是空间能力（物体的心理旋转），空间能力对高等数学和机械任务很有帮助。最新的分析发现，空间能力的性别差异 $d=0.57$，即约 28% 的女性拥有高于男性平均水平的空间能力（见图 10.5）。这也意味着，在拥有极高空间能力的人中，男性数量是女性的 3 倍。不过，空间能力的性别差异依文化不同而不同，并且随时间的推移逐渐缩小，这表明这种差异至少部分来自文化（与前面提到的印第安村落的例子一样）。

空间能力的一项实际应用是在走路或开车的时候找对路，这是女性常常在开车时遇到困难的原因之一（也因此女性开车更加安全但更容易走错方向）。男

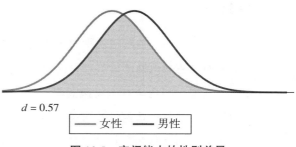

$d = 0.57$

　　女性　　男性

图 10.5　空间能力的性别差异

性和女性找路的方式也有区别。一些研究发现，男性更喜欢使用方位（如北方）来找路，而女性则喜欢看路标（如"经过学校之后往右转"）。在本书作者简十几岁的时候，她学着认路，她的爸爸跟她说"沿着斯道林路向北"，最终他放弃了，因为这句话对于简来说完全没有任何意义。

尽管女性在一些拼写和语言测验中表现得更好，但大部分语言能力，如词汇和阅读理解，只显示出些许性别差异。女性在语言和读写课堂上明显表现得比男性更好，其标准差为 $d=0.37$。女性更擅长解读他人的非言语动作，尤其是表情（$d=0.19$），但是两性在猜测其他人的想法方面的能力是相同的。总而言之，两性在空间能力和非言语解读能力上的差异程度中等，在诸如语言艺术和数学等学科方面的差异程度较小。

总结

总结一下，本章内容是我们如何应用那些重要的有关性别差异的知识。鉴于两性在许多心理特质方面有着实质性的重合，一定要基于性别分辨出二者之间的差异很明显是没有必要的。几乎所有的社会角色，从政治领袖到护士再到杀人凶手，都可以不分性别。即使人格的性别差异有一个平均标准，但也有很多男性在神经质上得分很高，也有大量女性在开放性上得分很高。另外，说男性和女性完全一样也不符合事实。很多心理特征展现了可信的性别差异，即便在跨文化的背景下也是如此。最好的方法常常是理性与感性结合：不要认定某一个异性一定就是普通的男性或女性，要尝试理解他们的观点，就像你理解一个和你有着不同生活经历的人一样。

或许这正是女性结伴去洗手间时秘密讨论的内容。

思考

1. 区分性和性别，并解释性别角色塑造过程中天性和教养之间的复杂交互作用。

2. 选择两种在"两性比较"部分讨论过的性别差异做一下总结。

3. 一般来说，与男孩"做女孩的事"相比，女孩"做男孩的事情"更能够被接受。这是为什么？这对解释两性的自尊差异有什么作用？

4. 文化上"男性气质"和"女性气质"的说法如何说明了我们已知有关性别和领导力的内容？

10.1：个人特征问卷
（Personal Attributes Questionnaire）

指导语

以下题目询问的是你认为自己属于哪种人。每个问题都描述了对立的两种特征，即你不可能同时具有这两种特征。数字代表了两端极值和中间部分的范围。请你选出能够描述自己实际情况的数字。

1. 完全不独立	1	2	3	4	5	非常独立
2. 非常理性	1	2	3	4	5	非常情绪化
3. 非常善良	1	2	3	4	5	一点也不善良
4. 非常被动	1	2	3	4	5	非常主动
5. 完全不能为别人牺牲自己	1	2	3	4	5	可以完全为了他人牺牲自己
6. 非常粗暴	1	2	3	4	5	非常温和
7. 完全不乐于助人	1	2	3	4	5	非常乐于助人
8. 完全没有竞争性	1	2	3	4	5	非常有竞争性
9. 完全不在意别人的感受	1	2	3	4	5	非常在意他人的感受
10. 很容易做出决定	1	2	3	4	5	做决定有困难
11. 很容易放弃	1	2	3	4	5	从不轻易放弃
12. 完全缺乏自信	1	2	3	4	5	非常自信
13. 感觉很自卑	1	2	3	4	5	感觉很骄傲
14. 完全不能理解他人	1	2	3	4	5	完全能理解他人
15. 人际关系非常冷漠	1	2	3	4	5	人际关系非常温暖
16. 面对压力会崩溃	1	2	3	4	5	能很好地应对压力

计分

依据下列标准计分。

反向计分项目是第 3 和第 10 题，即选"1"计 5 分，选"5"计 1 分，以此类推。其他题目按照所选数字计分。分别计算下面两个分量表的得分。

典型男性气质特质（M）
第 1、4、8、10、11、12、13、16 题。得分：_____

典型女性气质特质（F）
第 2、3、5、6、7、9、14、15 题。得分：_____

第 **11** 章
文化与人格

夏季的一天，你和你的朋友决定利用暑假时间出国旅行。为了准备这次旅行，你选定了要阅读的一本旅行指南。这本旅行指南在有关餐厅的部分给出了非常详尽的建议。

- 不要坐在陌生人旁边，即使那儿有空位置。
- 吃饭时不要咂嘴或发出很大的声音。
- 至少要给服务生 15% 的小费。
- 见朋友要准时到。
- 不要亲吻朋友的脸颊。
- 不要在餐厅里吸烟。

等一下，你可能会想，这不是每个人都知道的事情吗？

也许是的，前提是你在美国长大。但这些出现在旅行指南上的建议是为计划来美国旅行的人准备的。对于从未到过美国的人来说，这些就是全新的信息。例如，欧洲人彼此问候时经常亲吻脸颊，他们通常不给服务生小费。在一些地区，随处吸烟、在拥挤的餐厅里坐在陌生人旁边、用打嗝表示对一餐的赞美都是常见的现象。很多国家对准时的要求并没有美国这样严格。换句话说，不同的文化有着不同的**社会规范**（social norms）和社会行为规范。

每个人都有自己的文化。你可能会把文化当作理所当然，因为这些都是你早已知道的事情。但一个来自其他国家的人会觉得这些文化很陌生，就如同他们的文化对你而言也很陌生一样。无论我们是否了解，我们都有自己的文化。那么，究竟什么是文化呢？

文化（culture）是一个国家、民族、阶级或时代的习俗、价值观和行为特征。文化几乎影响我们所做的每一件事，因此理解文化是理解人格极为重要的部分。我们的生活方式、人际关系和对自己的理解在不同的文化中有所不同。就像墨西哥裔美国作家桑德拉·西斯内罗斯（Sandra Cisneros）写的那样："当她用她父亲的语言思考时，她知道子女直到结婚才会离开父母家。当她用英语思考时，她知道从 18 岁起她就该独立了。"

在个人主义文化里，明确一个人点餐时对咖啡或食物的偏好是很正常的。但在集体主义文化里，这种个性化的要求被认为很奇怪。

如果你或你的父母曾经从一个国家搬到另外一个国家，或者你曾多次旅行，再或者你是文化少数族裔中的一员，你应该会对文化差异非常了解。否则，你可能从未认真想过有关文化的问题。在本书作者简的课堂上，当她向学生们提问他们成长的文化背景时，一些学生常常对此感到困惑。很多学生会回答"美国文化"，但他们很难说清楚这究竟意味着什么（这也是为什么文化有如此强大的影响力：我们甚至没有意识到它在影响着我们，就像鱼儿不知道自己生活在水里一样）。

在本章，我们要探索自我观念和人格特质在跨文化条件下的差异。我们基于四个主要因素检验这些差异，它们分别是地理、种族/民族、社会经济地位和代际。重要的是我们要把文化考虑进来，以避免我们只是基于少部分国家的情况将所有人泛化。

很多有关文化差异的研究都把关注点放在国家和地区间的一般变量上。然而，文化差异比这复杂得多，可不仅仅起源和止于国家边界。同一国家不同地区间也可能存在重要的文化差别。种族和民族也有自己独特的文化——处于大文化中的亚文化，如墨西哥裔美国人或阿拉伯裔美国人。

文化准则因社会阶级、收入水平和受教育程度而有所不同，这些因素通常被称为社会经济地位。文化随时间发生改变，在 1950 年看来正常的事情放到今天可能是不同寻常的，而那时不正常的事情现在可能是稀松平常的。1950 年的时候，男人通常穿着西服、戴着礼帽观看棒球比赛，如今这种行为被当成奇怪的举动。文化改变导致了不同代际间的差别，这有时被称为出生队列差异。**出生队列**（birth cohort）是指出生于同一年的所有人，**代**（generation）是在任意 15 至 20 年期间出生的所有人（如"网络一代"意指 1995 年至 2012 年出生的人）。如果我们有相应的研究数据，这些文化差异中的每一个类别都会被放到与人格特质和特征一起讨论，但遗憾的是，我们无法全部做到。不过也没有关系，我们还是有充分的数据可以对此提供全面的描述：文化如何影响了每一个人的人格。

文化如何塑造人

　　首先，我们先看看有关文化运作的一些理论。儿童通过社会化——学习如何成为社会中成熟的一员——习得所在文化的社会规范（见第 8 章）。例如，美国的父母在孩子还很小的时候就会询问很多有关他们喜好的问题，这样儿童很早就习得了他们应该有自己的想法并把它们表达出来。但是，在其他一些国家，父母确信他们代替孩子做决定是更好的，所以儿童就不会过多地学习评价个人偏好和自我表达。

　　一些理论认为跨文化差异起源于地理因素：土地、气候和其他环境特征。例如，加利福尼亚州立大学洛杉矶分校的地理学教授贾里德·戴蒙德（Jared Diamond）提出，在欧洲，可被驯化的大型陆生哺乳动物（如牛）的存在使得欧洲人走上农业而非狩猎和采集的道路，这促进了书写和数学的发展（农民需要记录他们的土地并了解历法以种植足够多的作物）。与之类似，亚洲文化更重视勤劳和集体行动，因为亚洲的土地常常被用来种植水稻，而稻田培育属于劳动密集型产业。

文化产品（如杂志和报纸）可以反映出文化观点。

　　文化差异常常借助于人来体现——美国人比英国人更加外向吗？文化也可以体现在人们生产的物品中——文化产品。诸如歌词、电视节目、广告和书籍之类的文化产品都传递了有关正确行为和信仰的文化信息。从文化产品的汇总中可以捕捉到比个体身上更清晰的文化差别，后者基于遗传基因和个人人格特质的情况因人而异。

　　文化和个体总是彼此交互作用。文化塑造了个体，反之个体也塑造了文化。这叫作**相互构建模型**（mutual constitution model，见图 11.1）。文化改变也可能发生在相互构成的过程中。例如，在美国文化中，越来越

✐ **写作提示：了解自己**

　　你的生活和你的父母、你祖父母有什么不同？你认为对你们这一代人影响最大的是什么？

多的人会给出个人主义化的建议（"相信你自己，任何事都有可能"），这反过来促使下一代人更加个人主义化。

　　当然，很难说是文化还是个体首先做出的改变——这是典型的鸡生蛋还是蛋生鸡问题。更有可能的情况是，少数个体开始传播新思想，当某些新思想传播开来（尤其是在年轻人中间，他们对新思想的态度更具开放性），代际改变就发生了，带来的结果就是文化变得不同了。同性恋人权就是这一进程的一个例子。少数人开始传播同性恋应该有平等权利的思想，很多人（尤其是年轻人）听到了，随着时间的推移，人们的普遍观念也发生了变化。

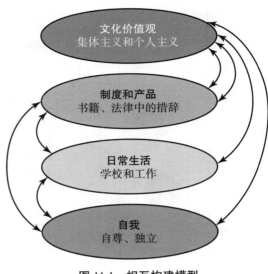

图 11.1　相互构建模型

个人主义和集体主义的文化差异

　　得克萨斯的一家小型公司想要提高生产率，管理者们建议员工每天早晨上班之前照照镜子，然后重复说 100 次"我很漂亮"。相反，在一家日本公司，员工的一天是从彼此握手并告诉对方"你很漂亮"开始的。

　　被研究得最多的文化差异是个体与他人之间的人际关系。个人主义文化体系提倡把个人需要放在他人和社会需要之上。个人主义强调个体本身及其独立于他人的独特品质。与之相反，集体主义把他人和社会的需要置于首要位置，倡导人们彼此相互需要的观点。人们在个人主义和集体主义的程度上也存在个体差别。请你完成本章末尾的个人主义－集体主义量表，将你的这两种特征进行比较。

　　美国是个人主义文化，日本是集体主义文化，这就是美国的公司让员工赞美自己，而日本的公司请员工相互赞美的原因之一。回到桑德拉·西斯内罗斯的例子——她的父亲作为墨西哥裔美国人希望她住在家里，这符合拉丁裔美国人相互依赖和集体主义的亚文化；而她认为应该依靠自己（至少当她用英语思考时是这样），则反映出她的成长所在地芝加哥的独立、个人主义的文化。

　　你可能还记得我们在第 5 章提到过的内容，生活在个人主义文化中的人们在完成"我是……"（"我长得高""我野心勃勃"）的句子测验时更倾向于提到个人特征，生活在集体主义文化中的人们更愿意提到团队成员和从属关系（"我是女儿""我是波多黎各人"）。如图11.2所示，个人主义将自身与其他人分隔开，集体主义把自身和其他人结合在一起。

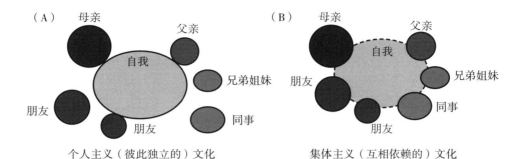

图 11.2　自我和他人的示意图

回顾历史

哈利·特里安迪斯与个人－集体主义

从统治结构到语言，从养育孩子到食物，文化在各个领域千差万别。心理学家已经关注了其中的诸多方面，但发现还需要通过更为综合和广泛的方法对文化差异做出描述。关于文化差异最常见且广泛使用的描述是由哈利·特里安迪斯（Harry Triandis）提出的个人－集体主义。

特里安迪斯把文化中的个人－集体主义和人格特质明确地关联在一起。他认为，在每种文化中，文化背景直接塑造了个体的人格。处于个人主义文化中的人们更有可能养成以个人为中心的人格特质。处于集体主义文化中的人们更有可能拥有以集体为中心的人格特质。

特里安迪斯本人就有跨文化的背景。他于20世纪20年代出生在希腊，第二次世界大战后移民到加拿大，最终在美国定居下来。他致力于研究来自像希腊、波多黎各和美国本土地区的个体，这使得他了解文化差异在人格中起到的重要作用。多亏了特里安迪斯和更多像他一样的人，让我们在理解人格时洞悉文化在其中的重要性。

归因的文化差异

一天，你在看新闻时恰好读到一篇恐怖凶杀报道：一个失业的男人返回工作的地方枪杀了他的主管和一些同事，而后自杀。

当我们解释人们行为背后的原因即**归因**（attribution）时，个人主义文化更多地关注个体以及他们的选择和人格。这种对人的强调叫作**内在归因**（internal attribution）。与之相对，集体主义文化更多地关注周围环境，这叫作**外在归因**（external attribution）。如果向人们展示一幅水下场景，然后让他们对这幅场景做出描述，日本人更多地记住背景特征（如礁石和植物），而美国人更容易关注单个物体（如最大的鱼）。例如，想象你看到一张儿童集体照，然后回答其中的一个孩子有多开心（或不开心）。美国学生只看这个孩子的面部表情，而日本学生对此的判断取决于旁边孩子们的表情。集体主义文化体系强调背景，而对个人主义来说，单个人更重要。

如果强调的是背景，人们也更容易在行动之前先考虑其他人的看法。请你试着回想一段美好的记忆。在这段回忆里，你是真的在记忆中看见自己，还是通过你自己的眼睛看到的这段回忆就好像你当时看见过的那样？与西方人（西欧、美国、加拿大和澳大利亚）相比，东亚人更有可能在回忆中看到自己，这意味着他们采用的是观众视角。他们仿佛是透过别人的眼睛回忆过去的事情。东亚人也更善于在游戏中采用他人视角。在另外一项研究中，学生们参加一场考试，在他们的面前，有些人有镜子，有些人没有镜子。在西方人中，自我觉知和镜子的外部视角通常可以减少作弊行为：镜子实际上是让我们看到自己，所以我们会对不良行为更加留心，因为别人也能看见我们的行为。不过，面前是否有镜子并没有对日本人的作弊行为产生影响，这说明他们已经通过他人的视角"看见自己"，即使没有镜子也依然如此。

不同年代的参考框架不同。与 20 世纪 80 年代的美国大学生相比，21 世纪的美国大学生在观点采择测验上的得分要低一些（问卷项目包括诸如"在批评别人之前，我会试着想一下如果我处于那个位置我会有什么样的感受"）。这表明美国文化朝向更加个人主义和自我关注的心态转变，而远离集体主义倾向。文化产品（如歌词）也变得更加关注自我。1980 年到 2007 年间，排行榜热门单曲的歌词越来越多地使用单数第一人称代词，越来越少地提及积极的社会人际关系。20 世纪 80 年代早期的歌曲大量使用"爱"这个词，但到了 2000 年前后，歌曲变得更加个人主义化。1990 年到 2010 年间，流行歌曲也更加宣扬自我，更多地提到自我及自我炫耀。

自我观念的文化差异

个人主义和集体主义文化鼓励不同的自我观念——如何积极地看待自己、如何看待自己与他人之间的关系以及对独特性的重视程度。

积极自我观念　思考一下，你会如何描述自己及你的朋友会如何描述你。如果你在美国或其他个人主义文化的国家中长大，你的自我描述很有可能比朋友对你的描述更加积极。如果你在亚洲长大，结果则相反，朋友对你的描述会比你的自我描述更加积极。

个人主义和集体主义文化的区别在于它们对自我强化的鼓励程度不同——自我强化是对自我和个人能力非现实化的积极看法。西方人比东方人更重视自身的积极方面，至少大部分测试结果都显示如此。例如，加拿大白人学生比日本学生更倾向于自我强化。即使测验中学生们的注意力被分散，结果也会得到同样的差异，这说明文化差异内化于心，而不仅仅是"知道该说什么"。

来自个人主义文化的人（如美国人）比来自集体主义文化的人（如日本人）有更高的自尊水平。在一项大型的研究中，来自塞尔维亚、智利和以色列的居民报告了最高水平的自尊程度，日本人得分最低。这其中的原因是什么？或许是因为生活在亚洲文化中的人更依赖别人的评价，而来自别人的反馈是无法预测的，因此导致了较低的自尊水平。

移民会对自尊水平产生影响，这同时也说明了文化的影响力。在加拿大的日本移民中，那些居住在加拿大时间最长的人拥有最高的自尊水平。在儿童社会化的进程中，文化的影响力逐渐增强：美国亚裔儿童的自尊水平与美国白人儿童相当，但到了高中阶段，亚裔学生的自尊水平显著低于白人学生。

在美国，非裔美国人平均自尊水平最高，其次是美国白人、拉丁裔，最后是亚裔（见图 11.3）。最有可能对此做出解释的是这些少数族裔的**亚文化**（subcultures）：非裔美国人的文化更偏向于个人主义，而亚裔美国人的文化更偏重于集体主义。另一种可能是，非裔美国人鼓励高自尊以应对种族偏见。

当然，自尊是个人主义观念本身固有的。在你所在的群体中，自尊水平——即你对自己所在的民族、国家、地区和性别所感受到的自豪程度——是什么样的？这叫作**集体自尊**（collective self-esteem）。也许，来自集体主义文化的人们，如亚裔美国人，拥有较高的集体自尊水平，即使他们的个体自尊水平较低。但实际上，亚裔美国人的集体自尊水平略低于美国白人。这表明，集体主义文化对自我强化普遍缺乏兴趣，而不仅仅是对个体自尊缺乏兴趣。

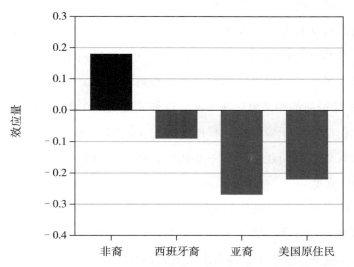

图 11.3　数据显示，与美国白人相比，非裔、西班牙裔、亚裔和美国原住民的自尊水平得分情况

对于积极自我观念的强调也随时间发生改变。20 世纪 90 年代有关自尊的教育类文章的数量是 20 世纪 60 年代的 15 倍之多。或许是由于文化转变更加鼓励积极自我观念，近年来美国的年轻一代在自尊和自恋上的得分要高于婴儿潮一代（出生于 1946 年至 1964 年的美国人）。近来的美国大学生比

 写作提示：了解自己

你生活的文化强调自尊的提升吗？你认为提升自尊水平有帮助吗？为什么？

20 世纪 60 年代的大学生更能在个人主义特征方面做出高于平均水平的自我描述，如自信、领导能力，但在诸如理解他人这样的集体主义特征方面，他们却不太可能认为自己出类拔萃。

自我与他人　文化产品（如广告）对自我和他人观念的跨文化差异做出了解释。例如，韩国的网络广告比美国的网络广告更喜欢展示一群人。韩国平面广告强调融洽与传统："我们的西洋参饮品依据 500 年传承的传统工艺制成"或"10 个人里面有 7 个人使用这种产品"。美国广告更喜欢强调与众不同："根据你自己的想法做出选择"或"互联网不是为芸芸众生准备的，而你也不是平庸之

关系流动性以及由此带来的离婚和分手更常见于现代化的个人主义文化中。

人"。日本教科书更有可能把遵守规则、尊重传统和相互依存作为主题特色，而美国教科书的主题多是自我导向、激励和力量。

自我聚焦的跨文化和跨时间差异可能是由关系流动性的差别造成的。关系流动性指的是进入和离开一段关系的难易。在传统的、更倾向于集体主义的文化中，离婚和约会都很少见，因为许多婚姻都是被安排好的。家庭关系紧密相连，成年子女（尤其是女儿）结婚前都和父母住在一起。这种家庭期待在 20 世纪以前盛行于西方国家，在今天也仍然存在于像印度这样的集体主义国家。在这种环境下，聚焦于个人非但没有什么好处，反而还会产生一些代价，特别是自我聚焦会造成人际关系的和谐程度和妥协性降低。

在更加现代化和个人主义化的文化中，人际关系流动性更强——离婚更加常见、未婚伴侣不断约会和分手、成年子女独自居住。这是当今美国和其他西方国家的制度。在这样的环境下，聚焦于个体有助于人们拥有建立新关系的自信心——集体主义并不是关系维持几十年的必要条件。

独特性的需要 假设你的第一个孩子即将出生，你正在想给这个孩子起什么名字。你是想给你的孩子起一个寻常的名字，这样他一定可以适合这个名字，还是想起一个更为特别的名字让孩子显得与众不同呢？这些选择也随时间发生变化。回溯到 20 世纪 50 年代，很多父母选择普通的名字：三分之一的美国男孩和四分之一的美国女孩使用的是十大常见名字之一。到 2016 年，只有不到 10% 的新生儿的名字出自这十个名字中。换言之，起名的偏好从适合转变为了新颖突出（见图 11.4）。如今宠物也拥有了不寻常的名字。这说明人们越来越重视个体的独特性，这也是另一个与个人主义相符的变化。

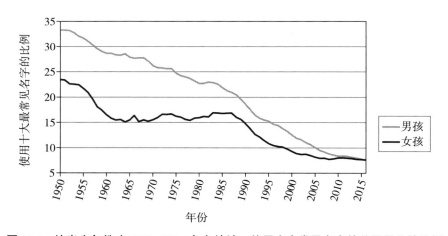

图 11.4　按出生年份（1950—2015 年）统计，使用十大常见名字的美国婴儿的比例

因此，像美国这样的个人主义文化的国家比集体主义文化的国家更重视独特性。就像美国有句俗语是"吱吱叫的轮子有油加"，而日本有句俗语则是"突出的钉子被敲落"。

有一个设计精妙的实验是让来自美国和韩国的被试选择拿走一支钢笔作为礼物：展示给他们的是三支绿色钢笔和一支橙色钢笔。美国人更可能选择那支橙色钢笔（特点突出），韩国人更可能选择绿色钢笔中的一支（融入集体）。另一项大型研究发现，来自亚洲国家的人不会让自己感觉独立于他人，就像相同颜色的钢笔一样，他们更喜欢与人相似和产生联系，而不是不同和孤立。

趋近和回避动机　设想你来到一个心理实验室参加一项智力测验。实验者告诉你，你的测验结果不是很好——你的分数低于 45 个百分位，你可以继续做这个测验，也可以改做其他测验。美国和加拿大的学生更倾向于花更多时间做一个新的测验，他们觉得自己在新测验上会完成得更好。但日本学生却花更多的时间在之前的测验上，对他们来说，提升自己比对让自己感觉良好更重要。

北美学生在考试失败后想做些其他事情，但亚洲学生却想要持续进步。

这可能与趋近－回避动机的跨文化差异有关。趋近－回避动机是指人们对取得成绩和避免失败有多么关注（见第 7 章）。与西方人相比，东亚人更倾向于回避动机：他们更可能把失败看成一次机遇，也更有可能关注负面角色的榜样——代表他们所回避的结果。所以，一般来说，如果你要激励东亚人，就强调什么会出差错及如何避免差错；如果要激励西方人，就强调胜利和成功之后会发生什么好事。

大五人格特质的文化差异

在欧洲有个古老的说法："在天堂，机修师是德国人，厨师是法国人，警察是英国人，情人是意大利人，一切由瑞士人来安排。在地狱，机修师是法国人，警察是德国人，厨师是英国人，情人是瑞士人，一切由意大利人来组织。"

用人格的术语来讲，这个说法暗示了（放下其他不谈）：瑞士人很尽责，意大利人则不然，德国人尽责性高但不是很宜人。

或者我们可以考虑一下世界上其他地方的人是怎样看待美国人的：喧闹，合群，高谈阔论，不怕打断别人或者外倾性更高。

这些看法有正确之处吗？一般来说，不同国家的居民在人格特质上有差别吗？

这个问题的答案比乍看上去要复杂。

人格特质跨文化研究的挑战

正如你所知道的那样，大多数人格问卷都是以自陈报告的形式让被试对自己的某些特质进行打分，但却没有一个统一的标准或比较常模。大多数人都是把自己同认识的人进行比较，但问题是每个人所认识的人几乎都是与他们属于同一文化的人，这种现象叫作**群体参照效应**（reference-group effect），这使得人格特质的跨文化比较变得很困难。

我们来看两个极端的例子。旧石器时代，格罗格和另外三个家庭一起居住在一个洞穴里。那里没有流动的水，洗澡很困难，尤其是冬天的时候。但格罗格尽自己最大的努力保持清洁，每次出去打猎时，他都会在溪边停留，清洗面部和双手，即便在寒冷的天气也要如此。和很少洗漱的洞穴邻居相比，他觉得自己十分干净。我们再来看夏洛特——一个居住在现代城市的居民。他大约每三天洗一次澡，每天洗两次手。他认识的大部分人每天都洗澡并且一天洗五次手，所以夏洛特认为自己不太干净。但是，客观来说，一般情况下夏洛特比格罗格要干净得多。格罗格和夏洛特的比较群体让他们对自己的干净程度有失感知。

这在文化和人格水平上也同样适用，因为大多数人首先做出的比较是在自己和所处文化中的其他人之间进行的。例如，德国人通常被其他欧洲人认为整洁有序。但如果德国人海尔格多数情况下把自己同其他整洁有序的德国人进行比较的话，他

在洞穴中长大的人和在空中别墅里长大的人对于整洁有着不同的看法。

可能会对自己的整洁度评分较低，虽然如果按照其他国家的标准，他的得分应该很高。所以，群体参照效应有时导致人格特质的跨文化差异难以判别。

在后文中我们对大五人格的每项特质进行深入研究时，将再次遇到这些挑战，因为某些特质的群体参照效应会更强一些。解决参照群体问题的途径之一是让人们描述所属文化的典型成员特征，即国民性格观。这实际上是在测量刻板印象，但是，我们稍后会看到，用这种方式描述的文化整体性人格比自陈报告更加准确。这乍看起来有些奇怪，但这其中的原因在于国民性格观是更广阔的、基于多种文化的观点，而人格的自陈报告通常只是在同一文化范围内与其他人进行比较的结果。

那么我们接下来要面临的问题是，该使用哪种人格问卷呢？大多数问卷（包括测量大五人格的问卷在内）都是在美国创立和发展的。因此，大五人格所提炼出的人格特质对其他文化而言是否也同样重要？我们在第 3 章提到过，大五人格结构出现于大部分文化中，在不同文化之间只有少量变化。例如，开放性并不是在每种文化中都存在，另外有一些文化还会有额外的特质，如中国的人际关系特质。问卷还需要被翻译成不同的语言。一般来说，一个懂两种语言的人会把问卷从一种语言翻译成另一种语言，如从英语翻译为西班牙语，之后另一个同样懂两种语言的人再把它们翻译回去，如再把西班牙语翻译成英语。

来自个人主义文化的人可能会比来自集体主义文化的人更加认同人格的有效性和重要性，后者更多地关注情境。韩国学生会描述他们在不同情境下的人格特征（比如和父母在一起的时候、和朋友在一起的时候），他们在不同情境下的人格变动远大于美国学生。换句话说，韩国人认为人格在不同情境下所具备的一致性较低，而美国人更喜欢聚焦于拥有"真我"。这不仅仅是知觉的问题：如果请他们的父母和朋友对这些学生进行描述，韩国学生的父母和朋友的描述之间差别更大，大于美国学生的父母和朋友之间描述的差异性。这表明韩国学生在他们的父母和朋友面前的确表现得不同。

当下的环境也很重要：日本被试在单独、与其他人一起或在团体中完成"我是……"的句子测验（第 5 章中的测验）时，测验结果是不同的；美国人在不同情境下的测验结果则没有什么分别。总之，来自集体主义文化的人更倾向于认为，与人格特质相比，角色或职责能更好地描述一个人，而且人的行为依据情境差别会有所不同。但是，人格在东亚文化中仍是一个有用的概念，只是其作用不及在西方那么大。在一些亚文化中，如拉美裔美国文化，也不会通过人格特质对行为做出解释。

接下来，我们将基于已有的数据，对大五人格的每一项特质在不同国家、民族和社会经济地位群体间的文化差异做出描述。

外倾性的文化差异

在一个巴黎的典型夏日里，人们一眼就可以认出美国游客。他们身着 T 恤衫、短裤和网球鞋，大声喧闹着。换句话说，美国人很外向。

对于美国人外向的刻板印象在实际的跨文化研究中似乎也是正确的，尽管有少数国家在外倾性的得分上高于美国。一项针对 36 个国家和地区居民的调查显示，高外倾性的国家包括挪威、瑞士、奥地利、加拿大和美国，低外倾性的国家包括马来西亚和津巴布韦。另一项针对 56 个国家和地区的研究则表明，居住在克罗地亚和塞尔维亚的人外倾性最高，而朝鲜人、孟加拉国人和法国人的外倾性最低。

高权利差距的文化外倾性较低，很多命令都是基于地位和等级发出的。

外倾性与个人主义有关——这可以理解，外倾性包括个人主义特质，如支配性和自信心，并与更高的自尊水平有关。高外倾性国家的权利差距较小，即有关权利和地位的正式社会等级差距不大。如果你直接称呼老板的名字，你很可能生活在低权利差距的文化中；如果你称呼他的姓氏并加上"先生"的称谓，那么你应该生活在高权利差距的文化中。在一个高权利差距的文化中，儿童更可能无条件地服从父母，员工表现出对老板极大的尊重。高外倾性国家的经济状况也更加繁荣，性观念更开放。生活在气候温和地区（气温在 22 摄氏度左右）的人们外倾性更高，这或许是因为温和的气候激发了人们的户外探索，并因此与其他人产生了更多的互动。

外倾性（尤其是支配性构面）在奥地利、荷兰、瑞典和美国的样本中都表现出代际间的增长。过去，很多人居住在小城镇，大部分时间都在和相同的人交往。如今，大多数人每天都会见到陌生人，这让外倾性成为一个有用的特质。

宜人性的文化差异

加拿大人以友善闻名。有一个一直流传的笑话说，加拿大人会为任何事情道歉，即使并不是他们的错。用大五人格的术语来说，这代表他们的宜人性水平高。事实上，大多数人都认为加拿大人比美国人的宜人性水平更高。实际情况是什么样呢？

现实总是复杂的。

如果我们只看自陈问卷的结果，二者基本上没有什么差异，加拿大人和美国人在宜人性上的得分相当。仅凭问卷来看，加拿大人的友善似乎只是一种毫无根据的刻板印象。但我们需要考虑本章前面提到的群体参照效应。加拿大人在自我评分时很可能把自己和其他加拿大人进行比较，与之类似，美国人也是把自己和其他美国人进行比较。一个认为自己和其他人相比非常友善的加拿大人（如 10 分满分的话给自己打 8 分）很可能的确非常友善，与之类似，一个给自己打了同样分数的美国人也可能非常友善。但是，如果我们把这些相同的自陈报告用于加拿大人和美国人之间的比较，得到的结果就不是那么回事了。人们使用自陈问卷将自己和同一文化群体中的人进行比较，其结果就像鱼在水中游，但它们却无法理解水的影响效应。

不过，如果我们引入外部视角——即引入既不属于加拿大也不属于美国的人——来对两个群体的国民性格观进行评分，我们就会得到不同的结论。这些评分者会明确地在不同文化之间进行比较，这时差异就出现了：人们认为加拿大人比美国人的宜人性水平更高。通常情况下，我们认为这种泛化形成的刻板印象是一件坏事，但在这个例子中，它允许跨文化间的明确比较，而人们的自我描述无法反映出真实的情况。总之，我们完全可以推断，加拿大人和美国人极有可能都是相对友善的人，但整体来说加拿大人更友善。

在 56 个国家和地区中，希腊、刚果和约旦的居民自陈报告的宜人性水平最高，阿根廷、乌克兰和日本的居民自陈报告的宜人性水平最低。低宜人性国家的酒类消费量更高，这或许是因为某些国家的醉鬼更多。在 63 个国家和地区中，那些生活在集体主义国家中的人对他人有着更强烈的同情和关心，生活在个人主义国家中的人在这方面则相对较弱。因为同情心是宜人性的主要组成部分，这解释了生活在集体主义文化中的人宜人性普遍较高的原因。

在美国的少数族裔群体中，亚裔美国人在宜人性上的得分高于美国白人，不过对此我们只能得到很少数的研究资料。非裔和西班牙裔美国人与美国白人的宜人性水平基本相当。对那些成长于特权阶级的人来说，宜人性也许不是天生就有的：来自富裕家庭的大学生帮助他人的可能性较低。

在美国，近几代人在宜人性的某些构面的水平有所下降。与 20 世纪 70 年代的大学生相比，2000 年的大学生在一项同情他人的测试上得分更低，同情与宜人性紧密关联。近几代人也更倾向于相信一切都是应得的结果（如"人们遇到的不幸都是自己带来的"），这也是低宜人性的另一个指标。

尽责性的文化差异

还记得"天堂是由瑞士人安排的，而地狱是由意大利人组织的"那个说法吗？与国民性格观相反，来自地球南部的人在尽责性上的得分高于来自地球北部的人。

研究者把走路速度作为对于尽责性的行为测量。

根据自陈报告的结果，高尽责性的国家包括埃塞尔比亚、津巴布韦和坦桑尼亚，低尽责性的国家包括日本、德国。

你不是唯一一个觉得这些结果出乎意料的人——大多数人都认为日本、德国是十分有秩序、高效的国家。它们确实如此——如果我们使用实际行为来测量尽责性的话。研究者访问了 25 个国家和地区，并测量了尽责性的行为指标，如邮递员的速度、银行内钟表的精确度、市中心高峰时段公众在街道上走路的速度。例如，德国邮递员比墨西哥邮递员的效率更高；瑞士的银行钟表非常精准，但印度尼西亚和希腊却相反；爱尔兰、荷兰和瑞士的市民走路很快，而巴西、罗马尼亚和约旦则不然。

毫无疑问，尽责性的行为指标与当地人及其他人对国民性格观的看法相一致。例如，尽责性高的国家的钟表更精确。但是，这些行为测量指标与每个国家尽责性自陈报告的平均水平无相关，甚至在一些例子中是负相关（如邮递员的速度很快的国家在尽责性上的实际得分低于平均分）。群体参照效应又一次发生了。很显然，当德国人评估自己的尽责性时，和其他同样拥有高尽责性的德国人相比，他们认为自己做得还不够好。但当有人将德国的尽责性平均程度与智利或印度尼西亚相比较时，德国人的尽责性更高。总之，尽责性似乎很容易受群体参照效应的影响，但还没有人知道其中的原因。

低尽责性文化常常是"以事件为时间"的文化，更多地依赖于自觉性而非计划性。在这样的文化中，迟到被认为是正常的。本书作者简在大学时，一个朋友总是拿自己的父母和朋友们开玩笑：他们在印度长大，按照"印度时间"生活——因为他们的聚会通常比预定时间晚一到两个小时才开始。他在两种不同文化之间来回转换，准时参加美国白人朋友组织的活动，而对那些由印度朋友组织的活动则要晚到。

在美国，非裔、西班牙裔、原住民和亚裔在尽责性上的得分均略高于白人。我们尚不清楚这些对尽责性跨文化研究的比较是否也有群体参照效应。

神经质的文化差异

哪个国家的居民在神经紧张方面"拔得头筹"？从两个不同的调查得到的共同结果来看，答案是日本。

其他高神经质水平的国家还有俄罗斯、法国、西班牙和比利时，低神经质水平的国家有瑞典、丹麦、荷兰和印度尼西亚。在另一项研究中，高神经质水平的国家包括阿根廷、日本、西班牙，低神经质水平的国家包括刚果、斯洛文尼亚和埃塞俄比亚。

自杀率居高不下的日本在国际性调查中名列神经质水平之首。

高神经质水平的国家拥有的正式规则体系较多，这些规则体系试图把文化和环境的不确定性降到最低，即不确定性规避。但我们尚不清楚，是更多神经质的人促使了规则的存在，还是更多的规则使得人们的神经质水平升高。

与尽责性的研究结果相反，神经质的行为标准和自陈报告相一致。例如，高神经质水平的国家比低神经质水平的国家人均拥有更多的精神病床位数量。在两项调查中均被列入高神经质国家的日本的自杀率很高，是美国的两倍。

亚裔美国人和美国原住民在神经质上的得分高于美国白人。与美国白人相比，西班牙裔美国人得分较低，非裔美国人得分较高，不过对此我们仅能找到少量研究数据。最大的种族差异出现在非裔和亚裔美国人之间，亚裔美国人报告了更高的神经质水平。处于低社会经济地位的人总体上易遭遇更多的心理健康问题，并在神经质水平上得分较高。

最近几代人的神经质水平较高。在一项大众心理健康测验中，21世纪初期的大学生在焦虑水平上的得分是20世纪30年代大学生的四倍。中国和澳大利亚的样本同样显示了神经质和焦虑水平随时间而发生的代际增长。这种趋势在2010年期间出现了加速增长：2016年的大学生比2011年的大学生更多地报告了他们曾经历过令人窒息的焦虑；2010年至2016年间，临床水平的抑郁症患者的数量在青少年中的增长率是50%，在青年人中的增长率是20%。

现代生活的某些东西让我们压力重重。其原因似乎不是经济——实际上，大萧条期的焦虑程度低于蓬勃发展的21世纪。原因可能是我们彼此间变得疏离了——更多的独居、更容易离婚、不了解邻居的情况、也不参与社区活动、用电子化沟通替代了面对面交流。美国的文化价值观（可能其他国家也是一样）转向了外部价值，如金钱、名气和外在形象，而有着这样价值观的人更容易感到焦虑和抑郁。

开放性上的文化差异

至少从自陈报告的结果来看，开放性水平高的文化包括智利、比利时和孟加拉国，开放性水平低的文化包括乌克兰和日本。生活在气候温和地区的人开放性更高，这或许是因为他们的户外时间更长、有更多各式各样的经历，而生活在炎热和寒冷气候下的人只能长时间地待在室内。在美国，亚裔的开放性略高于白人，非裔略低，西班牙裔和白人没有什么差别。高社会经济地位群体的开放性更高，这在很大程度上是由于教育。

与之前相比，近几代人的开放性水平降低，人们在一项创造性思维的标准测验上的得分下降。近年来的大学生在大五人格测验开放性上的得分低于过去的大学生。

✏️ **写作提示：了解自己**

想一想你曾经去过的地方（包括国内和国外）。哪里的人在外倾性、神经质、尽责性、宜人性和开放性几个维度上的得分分别最高和最低？

与以前相比，高中生同意"找到人生意义和目的很重要"的人数更少，大学生也更少地谈及"发展一种有意义的生活哲学是重要的"。因此，虽然最近几代人似乎对种族和文化差异更具开放性，但他们对抽象思想的兴趣却比之前几代人（如婴儿潮一代在 20 世纪 60 年代到 70 年代以探索自己的内在世界著称）有所减少。产生这种现象的原因还不完全清楚，这似乎是朝向外部价值（如金钱、名气、外在形象）和远离内在价值（如社区感、归属感和自我接纳）的整体转变的一部分。

我们总结一下，有关大五人格文化差异的结果在准确程度上有所不同。由于群体参照效应的存在，尽责性显然难以测量，而检验开放性差异的研究又极少。未来的研究可能会使用内隐测验技术探索跨文化差异，如反应时研究或其他能够避免群体参照效应的技术。

总结

本书作者简居住在圣迭戈北部的一个街区，那里有很多亚裔美国居民，距离简家最近的商店是一家名叫"幸运海鲜"的亚洲市场。她第一次去这家商店是因为常去的那家商店里卖鱼的柜台因为劳动纠纷关闭了。让她感到有些忧虑的是，她发现这里卖的鱼大多都是完整的，这些死鱼的眼睛直直地盯着她。她觉得，那可不是什么"幸运海鲜"，它们明明是被捕获的"不幸的海鲜"。她买下唯一一条没有盯着她看的鱼：已经切好的三文鱼排。

后来，一位亚裔美国朋友告诉她，亚洲市场要保持鱼的完整性是因为鱼的眼睛是首先腐烂的地方，所以这样做可以很容易地判断鱼是否新鲜。这听起来非常有道理，所以简好奇为什么她常去的那家店不这样做。不过，她发现她其实也并不在意——因为她还是不想让死鱼盯着她看。她来到了文化差异的十字路口：理解做事的不同方式，看到每种方式都有其优点，并认识到自己无法完全改变作为一个在美国中部长大的白人所固有的观念。她还意识到，她也不能期待有着不同观点的其他人马上改变。

婴儿天生就带有某些人格特质的遗传倾向。但人格和自我观念也极大地受到环境的影响——何时、何地、出生在什么样的家庭中（我们在第 4 章讨论过双生子研究，双生子研究仅限于同一文化和同一代人之中，这样就完全排除了文化差异）。这些环境差异引发了我们在本章所讨论的跨文化、代际、种族和社会阶级的差别。当然，这些差别都是平均水平上的差别，处于同一文化中的人与人之间也会存在高于平均水平的差异。你最好不要以为你可以通过一个人所成长的文化来了解这个人，这是无法做到的。

但是，学习基本的文化差异有助于你更好地理解成长于不同文化背景下的人。你可以更好地看待你的祖母的观点，如果你意识到了她那一代人所处的文化背景；你可以更好地理解来自其他国家或民族的朋友，如果你能明白他接受的是另一种不同观念的教育。与此同时，你对自身的文化和视角也会有更好的理解。文化就像鱼儿不知道自己生活在水里，直到有人把它们捕获离开水面，然后它们就成了"不幸的海鲜"。

对绝大多数人来说，感觉自己像一条离开水的鱼，在一开始会觉得不舒服，但到后来又会深受启发。和鱼不同的是，即使这个新观点是我们不熟悉的，我们也可以学着去适应。通过对文化差异的理解，我们获得了对自己和他人的生活所需的视角，这让我们成为"非常幸运的海鲜"。

思考

1. 对文化做出定义并论述塑造文化准则和价值观的三种因素。

2. 描述相互构建模型及它是如何对人与文化之间的交互作用做出解释的。

3. 定义个人主义和集体主义，解释二者之间在归因和自我观念方面的文化差异。

4. 选择大五人格特质中的两种进行跨文化的类比和对比。

11.1：个人主义 – 集体主义量表
（Individualism-Collectivism Scale）

指导语

请根据你对以下陈述回答"是"或"否"的程度，选出相应的数字。

	从不或完全不是								总是或完全如此
1. 我更愿意依靠自己，而不是依靠别人。	1	2	3	4	5	6	7	8	9
2. 如果我的同事得奖了，我会感到自豪。	1	2	3	4	5	6	7	8	9
3. 我的工作完成得比别人好很重要。	1	2	3	4	5	6	7	8	9
4. 父母和孩子应该尽可能多地待在一起。	1	2	3	4	5	6	7	8	9
5. 大部分时候我都依靠自己，很少依靠别人。	1	2	3	4	5	6	7	8	9
6. 同事的健康对我很重要。	1	2	3	4	5	6	7	8	9
7. 我经常做"我自己的事"。	1	2	3	4	5	6	7	8	9
8. 对我而言，快乐就是花时间和他人在一起。	1	2	3	4	5	6	7	8	9
9. 胜利就是一切。	1	2	3	4	5	6	7	8	9
10. 无论需要做出什么样的牺牲，家庭成员都应该团结在一起。	1	2	3	4	5	6	7	8	9
11. 我的个人身份是独立于他人的，这一点对我十分重要。	1	2	3	4	5	6	7	8	9
12. 当我与别人合作时，我感觉很好。	1	2	3	4	5	6	7	8	9
13. 竞争是大自然的法则。	1	2	3	4	5	6	7	8	9
14. 对我来说，尊重集体做出的决定很重要。	1	2	3	4	5	6	7	8	9
15. 如果有人比我做得好，就会激发我的紧张感。	1	2	3	4	5	6	7	8	9
16. 照顾家庭是我的责任，哪怕需要牺牲我想要的东西。	1	2	3	4	5	6	7	8	9

计分

本量表没有反向计分项目。

请将下面两个分量表对应的项目的得分分别相加。

个人主义：第 1、3、5、7、9、11、13、15 题。得分：_____

集体主义：第 2、4、6、8、10、12、14、16 题。得分：_____

第 **12** 章

人格在工作中的应用

　　每个人都曾在工作中做过蠢事。本书作者基斯 20 岁出头的时候在一家度假酒店做门童，有一天，他被允许开一辆高尔夫球车在度假村周边转转。他拿到车之后的第一件事就是加大马力，尽可能快地下山去透透气。不幸的是，他无法驾驭这辆球车，球车的发动机上安装了一个调节器以防止车速太快。车速刚一到达每小时 50 千米，球车就停止了加速。很明显，他不是唯一一个尝试加速的人，这可能就是为什么在球车上加装调节器的原因。

　　他也不是唯一一个在工作中做过蠢事的人。他的一个朋友曾在一家墨西哥快餐店工作。工作的第一天，他要煮豆泥，他把装豆子的塑料容器和豆子一起扔进了锅里——没人告诉他应该把豆子从容器里取出来。他很快就意识到了自己的错误，但决定就这样让塑料容器熔解进豆泥里，这样他就不会有麻烦。他确实没有麻烦了，但许多顾客吃下了塑料。

　　食物中有塑料已经够糟糕的了，但如果故意把一些东西放进食物中呢？整个互联网上都充斥着服务员对食物所做的令人恶心的事情，从吐口水到据说更过分的举动（你能找到不止一个有关比萨师傅的例子）。

　　在上面的例子中，每一个的人格都在工作场合中有迹可循。本书作者基斯想要飙车的想法很可能源于他的开放性水平高；他的朋友担心卷入麻烦——即使不惜让顾客吃塑料——是神经质和回避动机的证据；那些比萨师傅的宜人性一定很低——不管怎么说，把让人作呕的东西放进食物里是不对的。

　　我们将在本章探索人格对工作的各个方面（从职业选择到工作满意度）的影响。在这里我们要简单提一句：工作场所、组织和公司指的都是人们工作的地方。我们在此对它们不作区分，可以互换使用，但它们还是有些许不同的含义。例如，学校是一个组织，但不是一家公司。不过，人格的影响在非营利性组织和利润丰厚的世界 500 强公司里大致相同。

我们从一个所有年轻人都要面临的问题开始：我的人生该何去何从？请记住，大多数人在一生中都会换工作，所以你可能会多次对自己提出这个问题。

职业匹配

你做过的最糟糕的工作是什么？我们的一个朋友曾做过一份"完美"的暑期工：在一家游乐园负责打扫路上的呕吐物。尤其是在过山车下面，那简直糟透了。不过至少那些呕吐物来自他的同类，一个叫《干尽苦差事》（*Dirty Jobs*）的电视节目囊括了所有的脏活累活，如猫头鹰呕吐物收集员。本书作者基斯做过的最糟糕的工作是在一家百货商场值夜班并清点库存，他想不到还有什么工作比这更无聊的了，但好在这个工作没那么难也不太累——至少不用处理呕吐物。

人们有着不同的**职业兴趣**（vocational interests）——对哪种类型的职业感兴趣。有些人觉得开救护车很有趣，另一些人却认为这太吓人了。职业兴趣是决定**职业匹配**（vocational fit）的因素之一——找出哪些人格类型最适合什么样的工作。如果人们能从事适合自己的工作，一定会感到十分开心。职业的意义是使命。寻找你的职业实质上是在寻找带给你意义感的职业道路——一条与你相匹配的职业道路。

有些职业看起来很好——高薪又有趣——但可能并不适合你的人格。内向的人可能很难做服务性的工作（如机场收银员），这需要一直和陌生人打交道。对开放性水平高的人来说，从事很少有机会创新和成长的工作是一种挑战。尽责性水平低的人很难做好需要大量组织性的工作。

问题常常不在于工作的好坏，如果你的人格不适合这份工作，你就很难从工作中收获快乐。想象一下，如果你是一个会计师，但你对秩序和整洁毫不在意；或者你是一名律师，但你喜欢的是那种人们永远保持快乐友善的愉悦关系（高宜人性）。在这样的情形下，你要么改变自己的人格来满足工作要求，要么就只能感到十分不开心，然后离职寻找其他工作。

如果你的人格与工作不匹配，你也不太可能赚到钱。近期的一项研究发现，一个人拥有一份非常适合自己的工作可以预测其收入的增长。这个结论对宜人性和开放性两项特质尤为适用，当这两项人格特质与工作很好地匹配时，我们可以预期 10% 的工资增长。

另外一个关于匹配的问题是**知觉资质过高**（perceived overqualification）。有时，人们认为自己的能力远超出工作的要求，也就是说工作要求在他们的技能水平之下。当然，他们有些时候是对的。他们接受过教育和培训，或者在某个技能型工作方面有经验，但出于多种原因，他们需要做一些要求没那么高的事情，如经济萧条时期、居住的地方周围没有高技能的工作岗位。不过，人格特质还是可以预测知觉资质过高。例如，自恋的人更倾向于觉得自己很有能力，这一点也不奇怪。

和大多数大学生一样，你很可能花费了大量的时间思考自己喜欢做什么工作。或许你首先想到的是你的天赋和技能，即你擅长什么。如果你是一个很好的倾听者，你也许可以成为一名治疗师。如果你在数学上有优势，也许可以考虑工程学或物理学。但你的人格同样扮演着重要的角色，它影响你在工作中是否感到开心。或许你是一个很好的倾听者，但并不喜欢和陌生人聊天，那么做治疗师就会让你感到不舒服。或许你擅长数学，但不是很尽职尽责，那么工程学就不是一个很好的选择。研究者还检验了与大学不同专业有关联的人格特质。例如，心理学专业学生的开放性、宜人性和神经质水平相对较高。这说明学习心理学的人充满好奇心、关心他人、容易焦虑和倾向于自我觉察。

全面地考虑人格特质同样重要，我们不能只考虑一部分人格特质。本书作者简的丈夫曾经买过一本有关人格和职业的书并完成了里面的人格问卷（问卷基于迈尔斯－布里格斯类型测验，见第 6 章）。他们翻到书的后面，那里有根据读者的人格特质做出的职业推荐，它给出了类似飞行员和救护车驾驶员这样的推荐清单。简和她的丈夫看到这些都哈哈大笑——简的丈夫在登机之前需要吃抗焦虑的药物，所以走进机长驾驶舱很可能会给他带来致命的惊恐发作。这里的问题在于迈尔斯－布里格斯类型测验没有测量神经质。如果神经质高于平均水平，这份职业推荐清单对人们来说就没有什么意义了。

判断职业匹配的一种方法是完成职业兴趣量表，如俄勒冈职业兴趣测验，你可以在本章末尾完成这个问卷。俄勒冈职业兴趣测验设计得很好并且是开放的，可以免费使用（其他很多测验都要收费）。职业兴趣量表并不直接测量人格，但人们在考虑哪些工作适合自己的时候，大部分人应该已经对自己的人格特质了然于心。职业兴趣测验的结果惊人地准确。本书作者简在高中时做过这个测验，指导咨询师看过她的结果后说："你很可能会去教书。""不可能！"简回答道，她的父母是中学老师，她觉得当

 写作提示：了解自己

你对什么样的职业道路感兴趣？为什么？在做过俄勒冈职业兴趣测验之后，看看测验结果是否和你的回答相一致。

老师很没意思。最终那位指导咨询师说对了——她没有教孩子，而是教成年人。

俄勒冈职业兴趣测验告诉我们的是，在八种职业方向上，哪一种最适合你。

- 领导型：领导和支配别人。其对应的项目有"成为一家大公司的首席执行官""做些大事"。
- 组织型：组织大量的数据或资料。对应的项目有"监控公司库存""做预算"。
- 利他型：帮助他人。对应的项目有"照顾病人""向需要帮助的人提供咨询"。
- 创造型：发明某种产品。对应的项目有"写短篇故事或小说""艺术创作"。
- 分析型：分析信息。对应的项目有"解决复杂难题""物理学家"。
- 生产型：建造和生产产品。对应的项目有"建造新楼房""汽车修理"。
- 冒险型：投入风险性的活动。对应的项目有"野外生存""赏金猎人"。
- 学问型：在很多领域获取知识。对应的项目有"图书管理员""精通某一学科"。

俄勒冈职业兴趣测验提供了一系列可能适合你人格的职业，而不是某一个特定的工作。其中有一部分原因是你对某个特定职业的选择还取决于你的兴趣、技能和教育水平。例如，不同领域的很多职业都和冒险有关，如无人区飞行员、特种兵部队接线员、战争通讯员等。冒险问卷的基本假设是，如果你觉得当一个赏金猎人很棒的话，那其他冒险型的职业也适合你。但这不一定就意味着你真的要成为一个赏金猎人。

大部分人在俄勒冈职业兴趣测验中被归为不止一种类型。像欧内斯特·海明威（Ernest Hemingway）在冒险型和创造型上都会得到高分；像因人道主义事业获得诺贝尔奖的阿尔贝特·施韦泽（Albert Schweitzer），在学问型、利他型和领导型几个方面都得分较高；政治家兼科学家安格拉·默克尔（Angela Merkel）可能在领导型和学问型两种类别得分较高。

俄勒冈职业兴趣测验中的多种类型都和大五人格特质相关（见表 12.1）。所以，如果你是高外倾性，那么领导型的职业可能是个不错的选择。一个高宜人性的人可以从事助人类的工作，如社工或护理。

还有其他一些测量职业道路的测验，其中最知名的

欧内斯特·海明威既富有创造力，又勇于冒险。

是霍兰德职业兴趣类型测验（Holland's RIASEC），它测量了六种职业类型：现实型、探索型、艺术型、社会型、企业家型和传统型。除学问型以外，这些类型与俄勒冈职业兴趣测验基本重叠（见表 12.1）。霍兰德职业兴趣类型测验和俄勒冈职业兴趣测验由不同的作者创立，因此它们对职业类型的分类和类别名称有所不同。但是，两个测验的相似之处远大于不同之处，它们只是对相同的职业类型做出了不同的命名而已（例如，俄勒冈职业兴趣测验中的"领导型"等同于霍兰德职业兴趣类型测验中的"企业家型"）。我们在这里提到霍兰德职业兴趣类型测验是为了与俄勒冈职业兴趣测验进行对比，因为很多人之前曾经做过这个测验，它是最常见的职业匹配量表。

表 12.1　俄勒冈职业兴趣测验、职业建议、相关的大五人格特质
及与霍兰德职业兴趣类型测验的关联

俄勒冈职业兴趣测验	职业建议	相关的大五人格特质	霍兰德职业兴趣类型测验
领导型	教师、经理人、医生、公务员、营销总监	外倾性	企业家型
组织型	库存经理、项目经理、预算总监	尽责性	传统型
利他型	护士、社工、治疗师、小学老师	宜人性	社会型
创造型	艺术家、作家、设计师、装饰家、建筑师	开放性	艺术型
分析型	财务分析师、化学家、保险精算师、政治分析师	开放性	探索型
生产型	承包商、专业管道工、机修师、农场主	无	现实型
冒险型	户外向导、赏金猎人、军事承包商、警察	无	现实型
学问型	图书管理员、大学教授、古董商、涉外通讯员	开放性	无对应类型

人格在职业成就中扮演的角色

想象有一个永远提早到达、按时完成工作、总是在工作时保持开心快乐的人。这样的"完美员工"很可能并不存在，但对工作中理想人格的想象说明有些人格特质可以有助于工作的完成。还有其他一些人格特质能够让你在工作中收获幸福感或得到更多的报酬。在这一部分中，我们看看人格如何对最重要的四种职业结果做出预测：职业满意度、工作绩效、工作报酬（工资）和领导力。

职业满意度：哪些特质让你在工作中感到开心

想一下你最近的工作：你觉得开心吗？你喜欢你的工作吗？**职业满意度**（job satisfaction）与其字面意思一样，指你对工作的满意程度。职业满意度部分取决于工作本身。与炎热潮湿的夏天在佐治亚州做一名建筑工人相比，大多数人更愿意在南加利福尼亚州的海滩上当一名救生员。这里同样有匹配的问题：某些人对某些工作更加青睐。

当救生员是个苦差事，但他们的办公室风景迷人。

为了说明大五人格特质和职业满意度之间的关系，我们假设一个工作场景：你和另外五个有着不同人格的人在学校图书馆一间小小的办公室里共事。尼克负责图书的扫描，他是一个高神经质的人。他经常在工作时感到焦虑，有时还会伤心难过，甚至偶尔烦躁易怒，对顾客和同事发火。爱德华做的工作是推着装图书的小车到处走，他是一个高度外倾性的人。他精力充沛，工作时可以和他见到的每一个人顺利地沟通。奥利维亚做大量的电脑录入工作，她是一个开放性水平很高的人。她充满求知欲，对艺术和幻想感兴趣。安德鲁是前台工作人员，他的宜人性水平很高。他与大多数员工和顾客都相处得很好。最后一位是科琳，她也负责图书扫描，她是一个高尽责性的人。她努力工作，尽职尽责，对工作小心谨慎。

在以上五个人中，你认为谁的工作满意度最高，谁的工作满意度最低呢？一般情况下，尽责性的科琳会对工作最满意，她会在工作中找到意义。外倾性的爱德华和宜人性的安德鲁对工作的满意度也在平均水平之上，因为他们可以在工作中与人互动和帮助别人。然而，神经质的尼克很可能对工作最不满意，总体来说他不是一个幸福和感到满足的人，这也会体现在他的工作中。奥利维亚的满意度取决于工作和具体的工作内容。如果她做的电脑录入工作过于常规乏味，她可能就会感觉不太满意。当你考虑各种工作时，需要综合考虑各种不同的场景，这可能也是开放性整体上与工作满意度无关的原因。工作满意度之所以得到广泛的研究，是因为研究者认为满意的员工拥有高绩效。但是，已有研究得到的二者之间的正相关程度没有预想的那么高。

工作绩效：哪些特质能让你成为一个好员工

你已经了解了你的人格适合哪种职业类型。不过，是否存在某些人格特质对几乎所有的工作都适合呢？

我们可以直接给出肯定的答案：尽责性是对工作绩效的最佳预测指标。一个按时到岗、认真工作的人通常是一个很好的员工，这正是尽责性的核心（如果你的尽责性得分低，并且想了解你未来的工作前景，见第 15 章最后如何提升尽责性的小建议；也请回顾第 9 章的内容，当你开启一段稳定的工作时，你的尽责性可能会提高）。保持低水平的神经质——不要过于担心和轻易发火——同样很关键（见第 14 章和第 15 章降低神经质水平的方法）。

其他三项大五人格特质——宜人性、外倾性和开放性——总体上与工作绩效无关，但在某些情境下也很重要。例如，在某项具体的工作中，会议发言是其中很重要的一部分，那么外倾性就会促成更好的表现。开放性有利于需要发挥创造力的工作，但会造成对常规性工作的不满和低绩效。

外倾性有助于销售工作，但也不能过于外倾。在一项研究中，外倾性水平中等的呼叫中心专员的销售量最多。外倾性水平太低的人不能促成销售，但外倾性水平太高的人又会在销售过程中变得过于强势。总体来说，尽责性对销售成功的重要性要高于外倾性，这很可能是因为成功的销售常常需要努力工作，即便结果难以实现也要不断地追求目标。

一项针对人格和绩效的现实测验在餐厅服务员中展开，这份工作对销售和服务都有要求。研究不仅收集自我报告的人格特质，还对顾客评分和服务员收到的小费情况进行了统计。尽责的服务员工作完成得很好，但这却并没有体现在他们收到的小费数额上。相反，获得小费最多的是那些工作表现很好且外倾的服务员。尽责性非常重要，但不能代表一切。

良好工作绩效的一项基本要求是按时出席。同样，尽责性的人很少落下工作。令人吃惊的是，外倾性水平高的人实际上更有可能缺席，这可能是因为熬夜和参加派对导致他们第二天早上无法按时上班。

做一个好同事同样重要。这常常包括在规定工作之外为团队做些积极的事情，如组织假日聚会或领导公司的垒球队。这被称为组织公民行为。参与组织公民行为的人更具尽责性和宜人性。宜人的人和蔼善良并且关心他人，所以组织公民自然非他们莫属。有些出乎意料的是，开放性与组织公民行为也有关系。开放性水平高的人可以看到需要改变和改进的地方，然后花时间实现这些目标。然而，外倾性一般与组织公民行为无关。

与组织公民行为相对的是适得其反的工作行为，包括人们在工作中做了不该做的事情，如偷窃、恐吓、骚扰、侵犯他人和在工作中滥用酒精或药物。如果你曾见过同事酩酊大醉地来上班、听过某人散布关于同事毫无根据的谣言，或者目睹了老板朝员工大喊大叫，那么你就经历过适得其反的工作行为。

在经典电影《上班一条虫》（*Office Space*）中，一群面临被裁员的员工制订出一个复杂的计划要从公司窃取现金。他们本应被抓住，但由于一个长期心怀不满的员工米尔顿（Milton）做了适得其反的工作行为——烧毁了办公大楼，他们才得以幸免。米尔顿一直以来对自己的流动工位心怀不满并嘟囔着要在办公场所纵火，像他这样的人最有可能属于哪种人格类型呢？低尽责性和低宜人性的人最有可能做出适得其反的工作行为，换句话说，在工作中行为不端的人常常是不负责任、懒惰、粗心和情感冷漠的人。自恋也可以预测适得其反的工作行为，尤其是当自恋的人认为组织占了自己便宜的时候。诸如自恋这样的暗黑人格特质也可以预测科研上的不端行为，如蓄意谎报结果。

《上班一条虫》中的米尔顿：现实中适得其反的工作行为。

工作报酬：哪些特质可以让你获得高薪

这是一个不错的话题：哪种人格类型的人赚钱更多？答案可能会让你大吃一惊。

我们先从预料之中的结果开始：高尽责性和低神经质可以让人们获得高薪。换句话说，情绪稳定又努力工作的人赚钱更多。外倾性的人也可以赚到更多的钱，这可能是因为外倾性的人以目标为导向并坚持自己。

真正令人吃惊的是宜人性：高宜人性的人赚钱少。所以，冷漠、自私、自负的人比善良、关心他人、谦虚的人赚钱更多。这种"人善被人欺"的现象对男性而言更是如此。在三项大型调查中，低宜人性的男性比高宜人性的男性年收入多 63363 元，低宜人性的女性比高宜人性的女性年收入多 11853 元。

这也许并不出乎意料。难相处的人觉得要求涨薪是件很容易的事。他们可能也会被高薪、竞争激烈的职业吸引，如诉讼律师、投资银行家。

领导力：哪些特质造就了优秀的领导者

如果你去听人们有关工作的谈话，你经常会听到诸如"我们需要更好的领导""他确实缺乏领导力"或"他们做得好是因为他们有特别好的领导"这样的说法。

几乎所有的组织都有领导，如首席执行官、将军、校长、大学系主任等。**领导力**（leadership）被定义为一位领导者"影响群体达成共同目标"的方式。

一项研究邀请总统传记作者针对他们写过的总统进行大五人格的评分。结果显示美国总统在尽责性上的平均分较高（见图 12.1）——比他们在神经质上的平均分高出整整一个标准差——他们不一定很冷静，但也不会特别焦虑或抑郁。

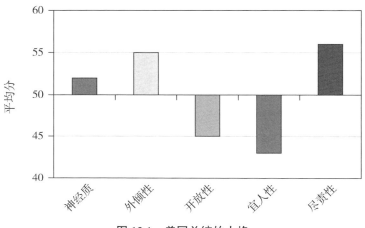

图 12.1　美国总统的人格

总统们在外倾性上的得分高于平均水平，这与成功竞选所必须表现出的热情相符。不过，美国总统的宜人性水平较低。美国总统普遍具备的人格是积极进取和外向，但却不是十分友好或坦率。

最后，美国总统的开放性水平较低，平均而言，他们没有好奇心也不聪明。但那些开放性水平高的总统更有可能被认为是伟大的领导者。在变革型领导者身上，这种开放性水平高的模式体现在许多方面——变革型领导者是指那些大刀阔斧地对组织实施改革而非只是简单的管理的领导者。例如，亚伯拉罕·林肯在开放性上的得分很高，他凭借自己的领导力使美国发生了巨大的转变。

我们在第 1 章讨论过的史蒂夫·乔布斯是一个典型的高开放性变革型领导者。当他在 20 世纪 90 年代重返苹果公司时，彻底地改变了苹果公司的产品战略，专注于给技术、音乐和零售带来开创性变化的产品。乔布斯还以他的创造力、广泛的兴趣和对已有观念的质疑——这些都是开放性的代名词——而闻名。

回顾历史

关怀型和主导型领导力

20 世纪 40 年代以前，有关领导力最常见的观点都聚焦在人格特质上：优秀的人成为优秀的领导者。然而，从这之后，研究者开始考虑具体的行为及它们与领导力之间的关联。

研究的一个焦点是俄亥俄州州立大学，在那里，像拉尔夫·斯托格迪尔（Ralph Stogdill）这样的研究者对与领导力有关的一系列过程展开了研究。研究关注两种重要的领导行为类型：第一种是关怀型，即更加个人化、充满情感、和蔼可亲；第二种是主导型，包括更加关注任务和指令。关怀型的领导者关心员工，主导型的领导者关注工作完成情况。

几十年后，研究者发现这两种领导方式都可以产生积极的结果。关怀型领导者实现了更高的员工满意度，主导型领导者促成了更高水平的组织业绩。

这项研究是否意味着人格特质并不重要？答案是否定的。领导力的这两个方面都与大五人格特质的尽责性和外倾性相关联。二者的区别在于宜人性。关怀型领导方式与领导者的宜人性呈现正相关，主导型则不然。

总之，研究清楚地指出，具体的领导者行为模式和领导者的人格共同预测了领导力的表现。"优秀的人成为优秀的领导者"这一简单模型是不成立的。

一般来说，领导力涉及两种不同的技能：**初始领导力**（emergent leadership）和**高效领导力**（effective leadership），前者是在组织中成为领导者的能力，后者是承担领导工作后成为成功领导者的能力。例如，艾玛特为升职做了一切正确的事情：他很晚下班，奉承他的老板，并且毫不避讳地申请并说明自己为什么应该得到晋升。很显然他有能力成为一个领导者，但他或许不是一个高效的领导者。相比之下，艾菲没有过多地提升自己，却幸运地在公司里获得了经理的职位，但她从一开始就在新岗位上做得很好，和下属建立了良好的关系。她并没有很好的初始领导力，但她拥有成为高效领导者所需要的技能。有些人在这两方面都拥有不错的技能，但另一些人只擅长其中一方面。大多数人都会想到一个得到晋升（初始领导力）但实际上不擅长领导别人（高效领导力）的人。

　　和观察到的结果一样，初始领导者和高效领导者在某些核心人格特质上既有相似性又有一些不同。二者的外倾性、开放性和尽责性水平都比较高，神经质水平低。如图 12.2 所示，二者的主要区别在于宜人性——初始领导者的宜人性水平仅处于平均水平，但高效领导者的宜人性水平则较高。换言之，横眉冷对可以让人们努力勇攀高峰，但却可能阻碍他们的工作能力。例如，当研究者让一组学生在实验研究中一起工作的时候，自恋者（低宜人性和高外倾性）很容易成为初始领导者。但当他们见过几次面之后，组内其余的人就开始讨厌自恋的领导者——这大部分是因为领导者只在乎自己而忽略其他人。也就是说，自恋者会成为初始领导者，但不一定是高效领导者。在电视剧《办公室》中，德维特是一个技能丰富的初始领导者，他和老板称兄道弟，最终实现了他成为经理的梦想。但是，他过于沉迷于权力斗争，无法成为高效领导者。与之相符，谦卑（通常被认为与自恋相对）可以让首席执行官和他们管理的团队更加高效地工作。

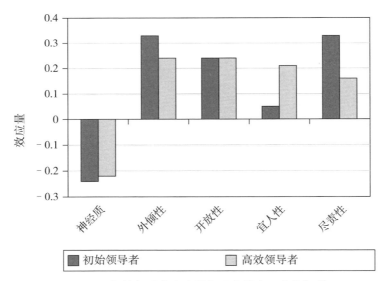

图 12.2　初始领导者和高效领导者的大五人格概貌

　　领导力最初会采用两种不同的方式：**支配**（dominance）和**声望**（prestige）。支配是一个人通过胁迫其他人获取社会地位，它涉及很多不同的行为，包括：情绪伤害、冷酷无情、个人力量。声望是一个人依靠能力、天赋或道德力量达到了领导位置。马丁·路德·金（Martin Luther King）就是声望型领导者的代表——人们钦佩但不畏惧他。总之，支配推动你走向顶峰，而声望则把你托举到一定的高度。有一些领导者,如史蒂夫·乔布斯,同时展现出支配和声望两种领导力——他的愤怒和情绪让人们对他心生畏惧,但他的远见和天赋也令人钦佩。

支配型领导者和声望型领导者的主要不同体现在宜人性方面,支配型领导者的宜人性水平低,而声望型领导者的宜人性水平高。在电视剧《权力的游戏》中,内德·斯塔克(Ned Stark)是一个声望型的领导者,乔弗里·拜拉席恩是一个图谋权力的支配型领导者。拜拉席恩不择手段地攫取权力,诬陷并砍下了斯塔克的头。正如这个例子所反映出来的一样,低宜人性和支配性的领导行为与不良的道德有关。

人格在领导力方面扮演了重要的角色,但其中的关系可没那么简单。尽责性似乎是其中最重要的特质,其次是外倾性。但宜人性有所不同,它有助于领导者变得高效和令人钦佩,但也会阻碍人们成为领导者,特别是当环境更提倡支配而非声望的时候。这是一个喜忧参半的消息:有些人因为是混蛋才成为老板,但好老板都是非常友善的人。

 写作提示:了解自己

你拥有的哪些人格特质可以增强你的领导能力?你的哪些人格特质可能会削弱你的领导能力?

如何使用人格特质进行招聘

如果你曾经找过工作,你很可能想知道招聘经理要寻找什么样的人。除了工作所要求的受教育程度和技能之外,还有哪些人格特质是雇主最为看重的呢?

哪些特质是招聘方所期待的

假设你在大学城里管理一家高级餐厅,你需要招聘 3 个服务员。有 50 多个人申请了这份工作,你要决定让谁前来面试。你希望有什么信息可以帮助你筛选这些人呢?

如果你和很多管理者一样,按时上班、认真工作、避免失误会是你希望员工能够具备的最重要的品质——或者一个高尽责性的人。毫无疑问,尽责性是招聘员工时最重要的人格特质。设想一下你要管理一个懒鬼,他上班迟到、把订单搞得一团糟、为了参加乐队演出还要早退。这是每个管理者的噩梦。

 写作提示:了解自己

假如你要招聘 1 个入门级工作的应聘者,你会把大五人格特质中的哪一项放在首要位置?为什么?

管理者在和易怒、情绪化、抑郁的人打交道时也会遇到麻烦。顾客一生气就崩溃流泪的员工很难管理，和其他员工发生激烈矛盾的员工也是一样。戏剧性的情节发生在电视真人秀里，但不会发生在工作中。你想要的员工应该是在大部分情况下都能保持冷静和情绪稳定，即神经质水平低。

最后，你希望外出吃饭时遇到一个友好善良的服务员，即高宜人性。宜人性对需要面对面与人沟通的工作尤为重要，如餐厅服务员。宜人性特质甚至可以直接得到回报——如果服务员在账单上画一个笑脸的话，顾客会留下更多的小费（现在你知道他们为什么会这样做了）。外倾性和开放性在员工招聘上没有那么重要，这在很大程度上是因为每份工作对此的要求不同。

要想在众多完全不同的工作中找到类似的模式，我们可以考虑一下近期的一项研究，这项研究分析了从 20 世纪 80 年代至今美国宇航员的大五人格得分情况（见图 12.3）。宇航员的神经质水平非常低，当他们到达外太空时，一切都变得不一样了，除了自己没人能帮助他们，这时低神经质就派上了用场。同时，宇航员也拥有高尽责性。因为在倒计时发射过程中错过一个项目可就意味着失压。他们的宜人性程度也非常高——当你和其他几个人一同困于狭小的宇宙飞船内时，宜人性是很有帮助的。所以，从餐厅服务员到宇航员，高尽责性、低神经质和高宜人性都是更好的。

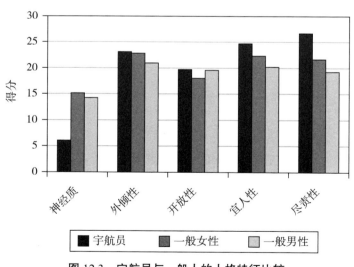

图 12.3　宇航员与一般人的人格特征比较

人格测验的使用（及可能的误用）

有很多法律法规指导人们在工作中如何使用人格测验。这些法律法规在不同的地方有所不同，但却有一些普遍的共性。例如，人格测验应该是为一般人（而不是临床）设计的，不应有歧视性，并应该与工作结果有清晰的关联。此外，在本书中，我们关注大五人格的广泛因素（如尽责性）以简化描述。大多数管理者或人力资源专员聚焦于更具体的特质或构面，可能会使用为测量具体工作所需特质而设计的人格测验。至于测验本身，有些公司发展出了自己的测验，但很多公司使用的还是由测评公司的心理学家所开发的测验。

你可能会想，这种方式很好，但或许应聘者会在测验和面试中说谎，让自己的尽责性水平显得比实际情况要高。同样，如果他们在简历上造假呢？这让挑选一个好员工成为挑战。

简历和面试中充斥着相当大的创造性润色。仅能应付一次海滩之旅的西班牙语水平（只会问"哪里可以冲浪？"）出现在简历上则是"可以流利地说西班牙语"。近期一

你的简历上的每一项都是真的，对吗……

不是每个人的简历都可信。

项针对大学生的研究发现，人们身陷于各种各样的造假行为中——从**细微形象再造**（slight image creation）（你说自己有过做服务员的经验，虽然你只在电影院里卖过爆米花）到**全面形象再造**（extensive image creation）（你说自己有使用某款新软件的经验，但你其实从来都没有听说过这款软件）。有相当大比例的人报告了细微形象再造（85% ~ 99%），有过全面形象再造的人数也很惊人（65% ~ 92%）。

鉴于应聘者想要在简历和面试中歪曲事实的想法（有时甚至会欺骗），他们或许会在用于招聘筛选的人格测验中装好（见第 2 章）。不过，让人有些出乎意料的是，在人格测验中装好对员工筛选的有效性并没有重大影响，至少大五人格测验是如此。申请人可能无法总是知道人格测验的测量目的或哪些特质适合这项工作。因此，即使他们努力装好，他们可能也无法得到一个很好的结果。

另一个风险是，拥有某些人格类型的人在面试中表现得很好，但从长远来看，他们并不能成为一个优秀的员工。例如，自恋的人经常在面试中表现得知识渊博、信心满满，这使得他们很容易被录用。但是，一旦开始工作，自恋的人就无法和其他人一起好好工作，也不会对自己的错误承担责任。有时候，最好不要仅凭第一印象就对一个应聘者做出判断，而要考虑更多的客观数据。

找到工作热情

萨拉·劳伦斯学院的学生经常找约瑟夫·坎贝尔（Joseph Campbell）教授，就自己该从事什么职业向他寻求建议。他告诉学生，要从事能给自己带来乐趣和灵感的职业。他指出，我们很难知道 10 年或 20 年后赚钱的最好途径是什么，但找出什么能给你带来乐趣很容易。也就是说，"追随你的幸福"。

人格研究——特别是有关动机的研究（回顾第 7 章的内容）——支持了找到工作乐趣对个体和组织都有积极效果的观点。研究的一个重要领域是有关心流的体验。如我们在第 7 章讨论的，心流的发生需要挑战与能力相匹配，我们深深地沉浸于当下所做的事情。心流常见于运动中，但也见于工作中。例如，心脏外科医生专注于做手术时可能就会经历心流体验。

在一项研究中，研究者测量了老师的心流体验状态，以及是什么让他们有这种状态。正如你可能预想到的，支持性工作环境激发了心流状态。此外，经历了心流状态的老师最终也创造了更好的工作环境。这表明，人们在工作中体验到的乐趣可以为其他人提供更好的工作环境。

工作中的乐趣和愉悦又叫内在动机。我们在第 7 章讨论过，内在动机的基础是乐趣——想想这个词本身就知道了。与之相反，外在动机的基础是外部驱动因素，如金钱或害怕受到惩罚。

有时任何事情都无法对人们起到激励作用，这叫作**缺乏动机**（amotivation）。想象一个对什么都不在乎的"懒虫"——无论是开除还是奖励，他都满不在乎。例如，《上班一条虫》中的主要人物彼得（Peter）总是恹恹欲睡，他决定什么也不做——单纯的缺乏动机。

工作中的外在动机是所有与对工作真正热爱无关的激励因素，包括奖励和惩罚（如金钱和开除）。介于完全外在动机（如被开除的威胁）和纯粹内在动机之间的是内化的驱动力，如保持自尊、实现目标和履行核心价值观。纯粹内在动机包括工作时真正的热情和愉悦。当人们由外在动机转变为内在动机后，一些关键性的结果（如工作满意度）通常会有所提升。

不过，人们在日常工作中经常受多种因素激励。以本书作者基斯为例，他热爱自己的工作，有着很强的内在动机。但有时，他也要做一些不喜欢的事情（如文字性的工作），这只是因为他不想被批评或惩罚（完全的外在动机）。还有一些时候，他要做一些无法给他带来快乐的事情（如成为新研究课题创立委员会的委员），这是因为他觉得这些事情很重要（介于外在动机和内在动机之间）。也有一些时候，他只是坐在办公桌后面睡觉（缺乏动机）。总之，把多种类型的动机结合起来，尤其是如果其中包含内在动机的话，可以对工作起到积极的作用。

 写作提示：了解自己

是什么驱动你实现工作效率的最大化——得到奖励、害怕受到惩罚还是单纯地喜欢自己所做的工作？

总结

人们经常不得不接受任何能得到的工作以养活自己和家人——即使在潮湿的夏天安装沥青屋顶或收集猫头鹰呕吐物。但如果你有幸可以选择你的职业，人格科学会为你提供一些有用的洞见。

首先，关于你有可能喜欢的职业，你的人格可以提供很多信息。利用你在大五人格测验和俄勒冈职业兴趣测验中的得分，考虑哪些类型的职业可能适合你。其次，思考一下你的尽责性水平，因为它是迄今为止对事业成功的最佳预测指标。如果你对自己的尽责性水平不满意，在第 14 章和第 15 章我们讨论了如何提升你的尽责性。但也不要太过于尽责，让自己成为一个事无巨细的管理者或完美主义者，由于担心不能做出完美的决策而无法做出正确的决定。神经质也会在工作中造成问题，但同样，我们可以管理甚至降低自己的神经质水平（见第 14 章和第 15 章）。

宜人性要复杂一些。低宜人性也许可以帮助你赚更多的钱并成为领导者，但可能不利于你做一个真正优秀的领导者。如果你很幸运已经处于领导者的位置，那么你最好退后一步，想想其他人的感受。优秀的领导者可以站在员工的视角，了解什么对他们是有用的。另一方面，如果你的宜人性水平很高，那么请把你对友善的渴望放到一边，如要求加薪。特别要强调的一点是，如果你天生善良，请争取成为领导者，因为一旦成为领导者，你的人格会很好地为你及那些为你工作的人提供服务。

也许最重要的是努力"追随你的幸福"。如果你对工作充满热情，那么与为了有朝一日赚到钱去做一些自己讨厌的事情相比，你更有可能取得成功。当然，很多人对表演或运动热情满满，但只有很少一部分人能以此为生，对会计或机械有热情的人并不是太多，而这两个领域却常常能提供很多收入不错的工作。但是，如果你思考一下，什么最能激励你及你喜欢什么，那么你很有可能会以这样或那样的方式做这件事并因此得到报酬。能每天开心地起床上班是人生最可贵的礼物。

思考

1. 讨论你可以通过什么方式对哪些职业可能最适合你做出更好的评价。

2. 大五人格的每一项特质分别与工作绩效有怎样的关联？

3. 请说出与工作绩效和满意度有关的动机类型，以及每种类型对应得到的结果分别是什么样。

12.1：俄勒冈职业兴趣测验

（Oregon Vocational Interest Scale）

指导语

请根据你对下列活动的喜爱程度进行选择。

"我喜欢······"

	非常不喜欢	不喜欢	一般	喜欢	非常喜欢
	1	2	3	4	5
1.实现重要的事情。	○	○	○	○	○
2.成为一家公司的财务总监。	○	○	○	○	○
3.帮助别人学习新观点。	○	○	○	○	○
4.进行艺术创作。	○	○	○	○	○
5.做一名化学家。	○	○	○	○	○
6.照顾牛或马。	○	○	○	○	○
7.当一名职业运动员。	○	○	○	○	○
8.做翻译或口译员。	○	○	○	○	○
9.领导别人。	○	○	○	○	○
10.成为办公室经理。	○	○	○	○	○
11.照料病人。	○	○	○	○	○
12.创作出新的时尚设计。	○	○	○	○	○
13.设计实验。	○	○	○	○	○
14.当一个农场主。	○	○	○	○	○
15.从事令人兴奋的冒险活动。	○	○	○	○	○
16.当一名图书管理员。	○	○	○	○	○
17.成为销售或市场总监。	○	○	○	○	○
18.做预算。	○	○	○	○	○
19.当一名小学老师。	○	○	○	○	○
20.做一名专业舞者。	○	○	○	○	○
21.当一位数学家。	○	○	○	○	○
22.建造新大楼。	○	○	○	○	○
23.野外生存。	○	○	○	○	○
24.当一名教授。	○	○	○	○	○
25.成为一家大型公司的首席执行官。	○	○	○	○	○
26.准备财务合同。	○	○	○	○	○
27.当一个社会工作者。	○	○	○	○	○
28.写短篇故事或小说。	○	○	○	○	○
29.向别人解释科学概念。	○	○	○	○	○
30.当一名森林护林员。	○	○	○	○	○
31.做一名赛车手。	○	○	○	○	○
32.编字谜。	○	○	○	○	○
33.组织政治活动。	○	○	○	○	○

	非常 不喜欢	不喜欢	一般	喜欢	非常 喜欢
	1	2	3	4	5
34.开发办公文件系统。	○	○	○	○	○
35.做指导者。	○	○	○	○	○
36.在交响乐中演奏一种乐器。	○	○	○	○	○
37.成为一位物理学家。	○	○	○	○	○
38.种植物。	○	○	○	○	○
39.面对身体上的危险。	○	○	○	○	○
40.编辑报纸。	○	○	○	○	○
41.主持会议。	○	○	○	○	○
42.监督别人的工作。	○	○	○	○	○
43.向需要帮助的人提供咨询。	○	○	○	○	○
44.重新装饰房子。	○	○	○	○	○
45.开展医学研究。	○	○	○	○	○
46.去大自然中散步。	○	○	○	○	○
47.当一名军官。	○	○	○	○	○
48.懂多种语言。	○	○	○	○	○
49.策划一个广告方案。	○	○	○	○	○
50.制定投资策略。	○	○	○	○	○
51.指导父母育儿。	○	○	○	○	○
52.为博物馆挑选艺术品。	○	○	○	○	○
53.当一个科学记者。	○	○	○	○	○
54.做木工。	○	○	○	○	○
55.参加体育比赛。	○	○	○	○	○
56.做一个驻外通讯记者。	○	○	○	○	○
57.在公开会议上辩论。	○	○	○	○	○
58.制定时间表。	○	○	○	○	○
59.当医生或护士。	○	○	○	○	○
60.专业地演唱。	○	○	○	○	○
61.解决复杂的难题。	○	○	○	○	○
62.养花。	○	○	○	○	○
63.当赏金猎人。	○	○	○	○	○
64.能流利地谈论任何话题。	○	○	○	○	○
65.说服别人改变他们的看法。	○	○	○	○	○
66.监控商业花销。	○	○	○	○	○
67.做一个身体治疗师。	○	○	○	○	○
68.做演员。	○	○	○	○	○
69.研发计算机程序。	○	○	○	○	○
70.修理车辆。	○	○	○	○	○
71.做远距离自行车车手。	○	○	○	○	○
72.读很多书。	○	○	○	○	○
73.当省长或参议员。	○	○	○	○	○
74.做采购代理人。	○	○	○	○	○

	非常 不喜欢 1	不喜欢 2	一般 3	喜欢 4	非常 喜欢 5
75.为他人提供支持。	○	○	○	○	○
76.当艺术家或建筑师。	○	○	○	○	○
77.成为一名统计学家。	○	○	○	○	○
78.和工具、机械一起工作。	○	○	○	○	○
79.当警察。	○	○	○	○	○
80.写日记或期刊文章。	○	○	○	○	○
81.竞选政府职务。	○	○	○	○	○
82.管理公司库存。	○	○	○	○	○
83.参与慈善活动。	○	○	○	○	○
84.出演话剧。	○	○	○	○	○
85.设计网页。	○	○	○	○	○
86.做出影响很多人的决定。	○	○	○	○	○
87.管理计算机数据库。	○	○	○	○	○
88.帮助人们做出职业决定。	○	○	○	○	○
89.写歌。	○	○	○	○	○
90.做详细的记录。	○	○	○	○	○
91.做咨询师或治疗师。	○	○	○	○	○
92.绘画。	○	○	○	○	○

计分

该测验没有反向计分项目。

请将以下每个分量表对应的项目的得分相加，除以该分量表问题的数量（领导型除以 12，组织型除以 13，利他型除以 13，创造型除以 14，分析型除以 10，生产型除以 10，冒险型除以 10，学问型除以 10）。

领导型：第 1、9、17、25、33、41、49、57、65、73、81、86 题。得分：_____

组织型：第 2、10、18、26、34、42、50、58、66、74、82、87、90 题。得分：_____

利他型：第 3、11、19、27、35、43、51、59、67、75、83、88、91 题。得分：_____

创造型：第 4、12、20、28、36、44、52、60、68、76、84、85、89、92 题。得分：_____

分析型：第 5、13、21、29、37、45、53、61、69、77 题。得分：_____

生产型：第 6、14、22、30、38、46、54、62、70、78 题。得分：_____

冒险型：第 7、15、23、31、39、47、55、63、71、79 题。得分：_____

学问型：第 8、16、24、32、40、48、56、64、72、80 题。得分：_____

和常模相比，你在哪个分量表上的得分最高？前文中对这个分量表给出了哪些职业的例子？

第**13**章
人格与人际关系

　　婚姻正在发生改变。许多人晚婚或干脆不结婚。如今，同性婚姻在美国和很多其他国家都是合法的。还有一些人多次步入婚姻——婚姻中有一方配偶曾经结过婚的占 40%，有一方配偶曾结过三次婚的占 8%。这些不断演变的婚姻形态是由诸多社会性和文化性因素造成的，但哪些夫妻遵循哪种婚姻形态至少部分取决于人格。

　　人格的重要性不只体现在婚姻上。对大多数人来说，找到一个合适的亲密对象并与之维持一段关系——无论是婚姻、约会还是同居——都是一个重要的人生目标。你想要的可能是一个在身体上对你有吸引力，与你有共同的信仰和价值观，并且也爱你的人。此外还有一些更难描述的特点：一见如故，与其相处很有趣，可靠，依恋你——但又不过于依恋。

　　这正是人格的所在。人格在人际关系中至关重要。你的人格会影响你被什么样的人吸引以及什么样的人吸引你。你和伴侣的人格可以造就一段关系，这段关系从令人满意、充满意义到摇摇欲坠、跌宕起伏，其本身就值得写就一首歌曲来歌颂。你的人格也可以预测你喜欢与哪种类型的人交朋友以及你在社交媒体上拥有的朋友的数量。

　　在本章，我们将探索上述问题。我们首先关注亲密关系，如约会和婚姻，但我们也关心人们与父母之间的关系（因为这些关系会影响到后来的亲密关系）和与朋友之间的关系。要实现这一目标，我们总结出对人际关系研究者非常有用的四种思考人格的方式：依恋类型、大五人格、积极阳光的特质（如自律、同情）以及黑暗消极的特质（如自恋、精神病态）。当然在人际关系中起到重要作用的人格变量不只这些，但它们提供了一个当代研究中有关该领域的很好的概貌。我们也会尽力回答"合适"这一老生常谈的话题：究竟是两个人互补产生相互吸引好，还是选择和一个相似的人在一起更好？我们还将探索新技术（如约会网站和社交网页）正在如何引领人们看待人际关系的文化变化。请你完成本章末尾的亲密关系体验量表。

依恋：人际关系的基石

大多数人的第一段人际关系都是和父母之间的关系。这些早年关系为日后的关系奠定了基础：我们在孩提时从人际关系中学到的一切会带入我们成年后与朋友、配偶和孩子的关系中。依恋理论探索的是这些早年经历及它们如何塑造了我们的人格和成年后的人际关系。

童年依恋

来到游乐场之后，利亚姆的妈妈把他放下来并松开了他的手。利亚姆一开始很紧张，只会慢慢地走过去并爬上攀爬架。但玩过几次滑梯之后，他就和其他孩子一起跑来跑去了。他的妈妈站在游乐场边看着他，有时候利亚姆会回头看看妈妈是不是还在那里。突然，利亚姆绊倒了，头磕在了滑梯的一边。他很害怕，朝妈妈大喊，妈妈跑过来安慰他。他冷静下来，擦干眼泪，然后又跑去和其他孩子一起玩了。

这个故事描述了儿童和父母之间典型的互动场景，其中就涉及**依恋**（attachment）的核心特征。依恋指孩子和主要**照料者**（caregiver，即主要负责照料孩子的人）之间的关系。照料者是孩子的**安全基地**（secure base），提供了安全和保护，这样孩子才可以离开这个基地去探索自己的世界。照料者的安全基地像一个港湾，而孩子就是一条小船。小船（孩子）白天驶向广阔的海洋（探索），但遇到暴风雨时就会返回港湾（安全基地），港湾的安全使得小船可能驶向大海。

依恋从很小的时候就开始了。

在游乐场的例子中，利亚姆在和妈妈的关系中感到安全，这让他可以独自在游乐场里玩耍和探索。依恋和探索之间的这种关联一直持续到个体的成年期。一项研究让学生想一个让他们感到安全或不安全的人，那些想到安全关系的人在探索指标上的得分更高。请你完成本章末尾的探索指数测验。

由约翰·鲍尔比（John Bowlby）提出的**依恋理论**（attachment theory）认为，儿童的依恋经历最初会被**内化**（internalized），即在儿童成长过程中成为他们内在人格的一部分。如果照料者在情绪上是温暖的、可靠的，那么孩子就会逐渐理解人际关

在哈洛的实验中，小猴子表现出对"布料妈妈"的依恋。

系并带给孩子周围世界稳定安全的感受；如果照料者冷漠、拒绝，那么孩子看待关系和周围世界的视角就会变得消极。

鲍尔比相信，依恋不仅适用于人类，它对所有哺乳动物都适用。另一位研究者哈里·哈洛（Harry Harlow）通过恒河猴实验戏剧化地证实了这一点。在一系列著名的实验中，恒河猴被一个由铁丝网制成的"照料者"养大。在一些实验中，"铁丝网妈妈"身上覆盖了一层温暖的布料成为"布料妈妈"，在另一些实验中，则只是光秃秃的铁丝网。和"铁丝网妈妈"在一起的猴子都有着严重的社交问题，当进入一个新环境的时候，它们经常表现出暴力行为，或者坐在笼子的一个角落里前后摇晃。和覆盖着布料的"布料妈妈"在一起的猴子适应性要好一些，因为它们从布料上获得了安全和温暖的感受。

幸好，人类不是由"铁丝网妈妈"养大的。然而，确实有一些孩子的养育经历很可怕，他们和虐待他们的父母或有着严重精神障碍、酗酒和其他问题的父母一起长大。臭名昭著的罗马尼亚孤儿院事件就是长时间把婴儿单独放在那里，只给他们提供食物但不给予任何安慰。很多孩子后来患上了依恋障碍。

即便在正常的养育状况下，孩子习得的看待世界的方式也不尽相同，这取决于他们和父母之间发展出怎样的关系。鲍尔比把这些习得的倾向称为**依恋类型**（attachment style）。每种依恋类型都有适合它的特定环境，并帮助孩子生存下来。依恋类型主要分为三种：安全型、焦虑型和回避型（焦虑型和回避型依恋有时也被称为不安全型依恋）。依恋类型问卷有针对焦虑型依恋和回避型依恋的分量表，在这两个分量表上均得到低分的人就属于安全型依恋。当照料者是孩子舒适和安全的来源时，孩子就发展出**安全型依恋**（secure attachment），并习得了对他人的信任。当这类孩子感到害怕的时候，他们知道照料者会提供帮助和安慰。因此，他们已经准备好去探索环境。大部分研究都表明，安全型依恋与最佳心理状态有关。也就是说，孩子发展出了与其所处特定环境最适宜的依恋类型。例如，如果照料者不能总是在场和提供安抚，那么对罗马尼亚孤儿院中的孩子来说，安全地依恋照料者就是一个糟糕的选择。当孩子在一种环境中发展出了一种依恋类型，然后在另外一种不同的环境中使用同样的依恋类型时，就会出现问题。罗马尼亚孤儿院中幸存下来的孩子不会对任何人产生依恋，当他们被有爱的家庭收养时，可能就会面临困难。

第二种依恋类型是焦虑 - 矛盾型依恋，简称**焦虑型依恋**（anxious attachment）。焦虑型依恋的人很担心别人不爱自己。当照料者不可靠的时候——如抑郁或药物滥用——孩子很可能对人际关系感到焦虑。当孩子感到害怕时，他们很难被安抚。孩子还可能变得依赖，他们不想让照料者离开，因为他们担心照料者离开后不会再回来。

回避型依恋（avoidant attachment）的人回避亲密，并对情感上的亲密感到不舒服。当照料者总是不在甚至虐待孩子的时候，孩子就会发展出回避型依恋，习得对照料者及更广泛关系的不信任。这类孩子学会靠自己解决问题，而不是寻求照料者的支持。拥有这种依恋类型的人不愿意与他人亲近，可能会拒绝亲密关系。

最早对孩子依恋类型的研究使用了一个叫作**陌生情境**（strange situation）的实验范式。在这个实验中，1 岁的婴幼儿和他们的妈妈来到实验室并遇到另一个陌生的成年人。之后，妈妈离开实验室，再遵循一系列流程返回。当妈妈离开的时候，几乎所有的婴幼儿都会大哭或看起来很伤心，但当妈妈返回时，他们的表现却不同。安全型依恋的婴幼儿看到妈妈的时候会开心地笑起来，焦虑型依恋的婴幼儿在妈妈回来后仍然继续大哭并很难安抚，回避型依恋的婴幼儿远远地看着妈妈并拒绝和妈妈在一起。

成年人人际关系中的依恋

早年和照料者之间的依恋经历预测了日后生活中的依恋关系。例如，一个母亲抑郁或父亲缺席的人很可能会形成回避型依恋。不过，牢固的友谊有助于减轻这些效应：拥有亲密朋友的青少年，其回避型依恋程度较低。早年的依恋类型也会塑造成年后的亲密关系：我们与父母的关系如何影响我们成年后和亲密伴侣之间的关系。

为了呈现这些成年后的依恋类型，我们假设你有三个朋友，他们的关系类型都不相同。第一个朋友萨拉看起来在关系中感到安全，她信任现在的男朋友。上一段感情结束的时候，她很伤心，但没有到完全崩溃的程度。安娜很焦虑，她迅速坠入爱河，把所有的时间都用来和新男朋友在一起——不过你时不时地听到她说他们的关系出现了裂痕，这让她觉得世界末日快要到了。当这段感情结束的时候，安娜变得心烦意乱，整桶整桶地吃冰淇淋，一直听泰勒·斯威夫特（Taylor Swift）的歌。最后一个朋友埃娃在关系中非常回避，她可以谈恋爱，但不会让自己和任何人太过亲密。她曾经的几个男朋友都不知道她是否真的在乎他们，这使得她的几段感情以分手告终。不过埃娃似乎从来不会因为分手而烦恼。

有一项设计精巧的研究先是测量了被试的依恋类型，然后在机场观察被试夫妻

写作提示：了解自己

　　想一想你和父母及其他照料者的关系。你认为这些关系对你成年后的亲密关系有影响吗？

之间告别的情形。回避型的男性不会寻求和伴侣之间的接触（如拥抱或握手），焦虑型的男性和女性更容易悲伤，如哭泣。不过，回避型的人可能并非真的讨厌关系。在一项研究中，回避型依恋的人比安全型和焦虑型依恋的人更乐于被其他人接受。研究者将他们的论文命名为"无人是孤岛"。因此，回避型的人或许希望身处一段亲密关系中，但需要对与他人的情感联结保持距离，因为他们担心自己会受到伤害。

　　你也许可以预想到，成年依恋类型与大五人格的分数有关联。焦虑型依恋程度高的成年人很可能在大五人格的神经质特质上得分高，而在尽责性特质上得分较低。人格特质和回避型依恋之间的相关性不是非常显著，但回避型依恋程度高的人容易在外倾性、宜人性和尽责性方面得低分。

　　依恋类型会发生改变吗？显然可以。一段稳定积极的关系可以提升人们依恋的安全感。例如，一项研究发现，当身处一段稳定、信任的婚姻关系中，随着时间的推移，焦虑型依恋的人会变得不再那么焦虑。不幸的是，依恋类型也会在关系结束时导致一些问题：在离婚的夫妻中，焦虑型或回避型依恋的人遭受的痛苦会更多。

依恋的维度理论

　　最近几年，一些研究者发展出了另外一种成年依恋的流派，叫作**维度理论**（dimensional approach）。与将人们归入某种特定的依恋类型（如安全型或回避型）不同，维度取向把人们分为两个依恋维度：焦虑维度，对关系感到紧张的同时还对自己有着消极的自我观念；回避维度，不想和关系中的伴侣建立情感联结同时对他人有着消极的观念。个体可以在焦虑和回避两个维度上都处于较低水平，也可以二者都处于高水平或混合体。

　　一旦人们得到了焦虑和回避两个维度上的评分，我们仍然可以通过他们焦虑和回避程度的高低把他们划分为几种依恋类型。这种划分结果对应四种类型：安全依恋（低焦虑、低回避），矛盾依恋（高焦虑、低回避），排斥依恋（低焦虑、高回避）和恐惧依恋（高焦虑、高回避）（见表13.1）。其中安全依恋与原来的安全型依恋一样，矛盾依恋与焦虑型依恋一样。排斥依恋和恐惧依恋是原来回避型依恋的两个子类型，二者都对关系不确定，但原因却不同：恐惧依恋的人害怕受到伤害，而排斥依恋的人仅仅是对关系不太在意。

下面我们对这两种类型的依恋举两个简单的例子。排斥依恋的达尼尔回避关系，因为他不想在情感上与别人亲近，但他对此不会感到焦虑。达尼尔有一点孤独，当身处一段关系时，会给他的许多重要他人带来痛苦，因为他不会完全尽心尽力地对待他们。不过，他非常自信，对自己有着

表 13.1　依恋的维度模型

	对他人的观念：积极（低回避）	对他人的观念：消极（高回避）
积极的自我观念（低焦虑）	安全	排斥
消极的自我观念（高焦虑）	矛盾	恐惧

积极的自我观念。恐惧依恋的菲奥娜在关系中感到焦虑并回避关系，她表现出与安全依恋截然相反的一面。她的自我观念和对他人的看法都很消极。然而这里有一个问题：恐惧依恋的人认为其他人难以信任，但他们又想与他人建立关系。排斥依恋的人对建立关系不是很感兴趣。有意思的是，近年来很多大学生属于排斥依恋类型（与 20 世纪 90 年代相比），这说明现今积极的自我观念和消极的他人观念相结合更加普遍。

大五人格：基本人格特质和人际关系

大五人格和人际关系之间的关联是广泛且复杂的。这里我们关注两个基本问题：大五人格特质在人际关系中预示了什么？到底是互补相吸好，还是和一个与自己相似的人在一起更好？比如，假设你是一个高度神经质和高度尽责性的人，那么你应该和一个同样神经质又尽责的人建立一段关系吗？

大五人格每项特质对应的人际关系结果

与关系满意度和伴侣人格特质有关的一个核心问题是，伴侣的某些人格特质可以提升关系满意度，而另一些特质则相反吗？事实证明的确如此。最近对包含了近 4000 名被试的 19 项研究进行的元分析结果显示，宜人性和尽责性水平较高的人对应神经质水平较低的伴侣是最令人满意的关系。一般来说，与大胆和富有冒险精神的伴侣相比，人们对稳定、善良、尽责的伴侣的满意度更高（见图 13.1）。

然而，亲密关系与大五人格之间的联系不仅仅是伴侣人格和满意度，对此我们从外倾性开始就大五人格特质一一进行检验。外倾性的人擅长建立关系，对关系更满意，并可以维持很多关系。外倾性的人在结识朋友和潜在恋爱对象方面没有障碍。他们似乎认识每一个可以认识的人并与其保持社交上的联系。不过，他们的人际关

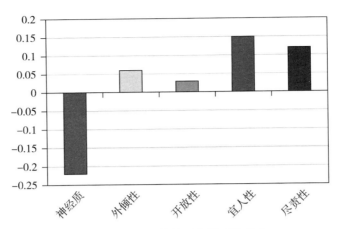

图 13.1　伴侣人格特质和关系满意度

系可能会有些肤浅且投入较少。

宜人性的人拥有积极、令人满意的关系。他们非常友善，而友善正是推进关系顺利进行的重要因素之一。宜人性水平高的人通常有着积极正向的亲密关系（除了某些情况下他们会容忍混蛋外）。宜人性水平低的人冷漠、爱争执，所以他们常常在关系中遇到问题。宜人性是处理人际关系的一种方法——从使人愉快到令人讨厌。

神经质与困难的、不稳定的关系有关。神经质的人觉得人际关系充满挑战，因为他们对关系的进展充满了焦虑。神经质的人还会给他们的伴侣造成困扰。例如，抑郁的人花费大量的时间寻求别人的安慰，这使得其他人远离他们。神经质的人很容易抑郁，需要人不断地鼓励他们。这在有些时候是没问题的，但人们常常没有精力接受负性情绪，因此只能回避他们。

尽责性对亲密关系有益，这是因为尽责性的人产生的冲突较少，其中包括暴力。尽责性的人更有可能在争吵中说出伤害性话语之前控制住自己，他们也更有可能准时约会并且更加有条理。

开放性水平高与**自我延伸**（self-expansion）有关，即通过整合伴侣身份的各个方面以扩展自我的动机。例如，你和某个来自其他文化的人约会，你可以从对方身上学到其所在文化的东西，或许是一门外语。你也可能会和来自这一文化的其他人建立关系，如你的伴侣的朋友和家人。这种自我延伸（简单地说就是学习彼此的相异之处）让你的伴侣如此充满魅力。开放性水平高的人更有可能探索新的关系体验中的这些部分。

你可以通过和你的伴侣尝试新体验来扩展你的人际关系。在一项实验中，夫妻双方一起尝试新事物，如三条腿跑或爬过奇怪的障碍物赛道，在有过这些体验之后，夫妻对彼此之间的关系感到更加满意。这些都是你可以在自己的关系中尝试的。只要每周选择尝试一个新活动——哪怕只是像迪斯科、保龄球这样的事情，或者去一个新地方度假，去一家新餐厅吃饭。从理论上来说，你们对彼此的满意度和亲密度都会提升。

 写作提示：了解自己

根据以上讨论的内容，你的人际关系结果与你的大五人格特质相符吗？

互补真的能相互吸引并在一起吗

伴侣之间是不同（"不是冤家不聚头"）还是相似（"人以群分"）对亲密关系更有利？起初对这个领域的研究大多集中在态度和信仰方面，研究认为相似是最好的——有相似态度和价值观的陌生人更能吸引彼此，人与人之间的关系因为相似的信仰和观念而持续得更久。不过，态度与人格不是一回事。我们可以理解，人们对政治、宗教、性别角色和育儿的相同态度可以让他们的关系更和谐——他们之间很少有分歧和争论。但是，对人格而言，也是这样吗？神经质的人和同样神经质的人会相处得更好吗？

出人意料的是，答案似乎并非如此。近期的一些研究在诸如大五人格这样的人格特质方面并没有发现相似的效应。例如，其中一项针对已婚伴侣的研究发现，从长远来看，有着相似人格的夫妻实际上对婚姻的满意程度更低。另外一项重要的研究发现，人格和关系满意度之间没有关联。在人格的支配性这一具体层面上，相异类型的人之间反而有更大的吸引力，这可能是因为两个支配性强的人在亲密关系中可能会发生权力斗争。

为什么早期有关态度的研究结果与后来有关人格特质的研究结果不同？我们注意到，态度不同的亲密伴侣之间可能发生更多的冲突，而态度相似则较少出现冲突。但是，关于人格匹配如何在人际关系中起作用，我们还不甚清楚。一个宜人性水平高的人和另一个同样宜人的伴侣相处得最好——宜人性水平低的人如果能和一个宜人性水平高的伴侣在一起，也会相处得更好（而不是和同样宜人性水平低的人在一起）。面对一个友善的伴侣，大多数人都会感到更加满意。一个低尽责性的人和一个高尽责性的人在一起会更好。当然，尽责的伴侣或许会在早晨要求你叠好被子，但却不太可能酪

 写作提示：了解自己

谁是你理想的亲密伴侣？他或她的大五人格特质和上述描述的一样吗？你认为伴侣身上的哪些特质最吸引你？

酊大醉地和你吵架。所以，总体来说，在亲密关系中尽责性水平高的人还是很不错的选择。

接下来，我们要深入了解对人际关系非常有益的三种特质——共情、同情和自律，以及自恋等一些对人际关系产生负面效应的特质。

共情、同情和自律：人际关系中的三种积极力量

有一天，你在网上看到一段视频，视频讲述了一个遥远国度中的贫困儿童。他们忍饥挨饿，眼神空洞，他们的母亲绝望地四处寻找食物。"如果我是那个饥饿的孩子，我会是什么样的感受？""如果是我的孩子在挨饿呢？"你这样想到，感到胃里很难受，眼泪夺眶而出。你从没有见过这些孩子或他们的母亲，但仅仅是想到他们的处境，你的情绪就会涌上心头。

同情包括照顾有需要的人。

心理学家把这种现象称为**共情**（empathy），即理解和感受其他人正在经历的体验的一种能力。共情包括**观点采择**（perspective-taking），也就是把自己放在另一个人的位置上看问题。观点采择在人际关系中十分重要。假设你正在和尹交往，她有很好的共情能力。你抱着一大包东西回家，尹看到你正朝着门口走过来。由于能够站在你的视角看问题，她觉得你应该很难打开公寓的大门，于是她起身为你开门。你走进门，把东西放到厨房的柜子里，然后感谢她为你开门。

但是，如果尹缺乏共情，她就不会做出这样的行为。与注意到你的困难和给你开门相反，她会对此无动于衷。你艰难地走进门，她还在继续发短信。你感到沮丧，然后你们的关系会遇到困境。请你完成本章末尾的人际间反应性指数测验，它会让你对自己的共情能力有一个大致的了解。

共情对鼓励助人行为和减少伤害行为尤为重要。共情能力强的人喜欢主动帮助别人，在遭到侮辱后表现出较低的攻击性。能够站在别人的位置上思考问题的人不容易生气或暴躁。共情还和原谅有关，原谅在婚姻中十分重要。当你至少尝试理解你的配偶、伴侣或朋友为什么这样做时，你就更有能力维系这段关系。因此，假如你的妻子把你的秘密告诉了一群朋友，你很可能非常生气。但是，如果你能从她的

角度看待这个问题——她正和朋友们聊得很投入，一不小心说出了你的秘密——你很可能就会原谅她。

当人们看到某个人正在遭受痛苦并想要消除这些痛苦时，他们就体验到了**同情**（compassion）。共情和同情之间有什么区别呢？共情是体会到别人的情感体验，无论这种情感体验是好还是坏。同情和共情的不同体现在两个方面：第一，同情不一定要体会到其他人的情感；第二，同情包含想要减轻痛苦的动机。同情与帮助有需要的人有关，尤其当一个人能够提供帮助、认为对方值得帮助以及不会因为提供帮助而付出情感代价的时候。

同情在照料关系中至关重要，这种照料关系包括从伴侣关系到专业护理职业（如心理治疗师和护士）。这项研究结果说明，同情对那些从事助人工作的人十分有益。与之相对，缺乏同情心是不利的——这种现象被称为同情心倦怠，它会在照料提供者精疲力竭或因长期关注他人问题而处于高度压力的状态下出现。

自律（请回顾第 5 章的内容）是人际关系中的另一项重要特质，因为自律有助于我们为伴侣做正确的事情——即便是困难的事情。人们常常因为自己想要做的事和他们知道对人际关系最好的事之间存在矛盾而感受到冲突。如果你的女朋友开车撞了你的车，你的本能反应或许是"你在想什么""你瞎了吗"。但是，你知道对于你们之间的关系最好的做法应该是你说："别担心车，你怎么样？"从自私、本能的反应到充满关切、关系导向的反应，这个过程叫作**顺应**（accommodation），即在回应伴侣的行为时，采用一种建设性的方式代替破坏性的方式。

顺应在维护关系上起到了极其重要的作用。无论你有多爱一个人，如果你无法阻止自己说出那些伤害性的话语，你们之间的关系就会出现问题。人格，特别是自律，在顺应中扮演了重要的角色。自律阻止你说出伤人的话，取而代之，你会说："我随时都可以买一辆新车，但永远也无法再找到一个像你一样的人。"

顺应才是更好的方法。

自律性强的人更善于调节，也更少地陷入消极的关系行为——从不忠到身体虐待。自律性越强，人际关系越好。

好在我们可以提升自己的自律性。首先，要照顾好自己，保持充足的睡眠和合理的饮食，不要过量饮酒，因为这些习惯是自律的前提。这也是为什么很多争吵都发生在人们疲劳、饥饿或喝醉的时候。其次，你可以通过正念冥想练习提升自己的自律性（见第 7 章），因为更好的正念能力可以预测更好的人际关系功能。上述这两种方法可以帮助你处理很多关系中的戏剧性事件和冲突。

暗黑人格三角：人际关系中的三种消极力量

图 13.2　暗黑人格三角

有一组人格特质代表的是人际关系中更加消极的力量。一些人看起来冷酷无情，缺乏共情能力，喜欢操控别人，永远把自己放在第一位。构成**暗黑人格三角**（dark triad）的三种个体类型是精神病态、马基雅维利主义和自恋（见图 13.2）。这些特质之所以"暗黑"是因为它们描述的是一种冷漠、敌对的人际模式，包括低共情能力和想要在关系中利用别人。然而，这些特质其实是人格特质中的常规变量，并非是对魔鬼、恶棍的夸张描述。每个人都处于暗黑三角特质连续谱上的某个位置，有些人位置偏低，有些人位于中间，有些人偏高。

精神病态（psychopathy）包括缺乏共情和易冲动，精神病态水平高的人不会被别人的痛苦打动。精神病态最极端的例子是连环杀手，如泰德·邦迪（Ted Bundy）和杰弗里·达莫（Jeffrey Dahmer）。科伦拜恩高中枪杀案中的凶手之一埃里克·哈里斯（Eric Harris）显然就是一个精神病态患者，他为了出名策划了一起大规模谋杀案，并试图欺骗身边所有的人，包括其曾经当过兵的父亲。不过，正常人的精神病态程度也有所不同，一些精神病态程度高的人可以取得事业上的成功，因为他们愿意做出一些伤害他人但可能有助于企业的艰难决定。

尼克罗·马基雅维利的塑像，位于意大利佛罗伦萨。

马基雅维利主义（machiavellianism）包括缺乏同理心和乐于剥削别人。"马基雅维利主义"这个词源自尼克罗·马基雅维利（Niccolo Machiavelli）有关如何治国的名著《君主论》（*The Prince*）。在这项特质上得分高的人善于操纵他人，具有欺骗性，愿意为获得权力和赢得胜利或成功付诸任何手段。马基雅维利主义者经常蔑视情感，忽视常规道德。马基雅维利主义在真人秀中盛行，如《幸存者》(*Survivor*)，节目的目标就是"赢得游戏"，即使欺骗别人也无所谓。另一个很好的例子是由《权力的游戏》中的角色"小指头"培提尔·贝里席 (Petyr Baelish)。

自恋包括缺乏同理心和骄傲自大的感觉（更多关于自恋的内容，请回顾第 5 章的内容）。自恋的人只关心自己，维护自己的积极形象。所有这些特质都会对人际关系造成消极的后果。

暗黑人格三角得分高的人很可能使用博弈的方式对待人际关系。如果你的朋友打电话向你抱怨说，和她厮混的那个家伙已经三天没有联系她了，那你就正在见证一场轻度博弈。如果你的朋友说，那个家伙带着花去找她，然后悄悄地偷走了她的信用卡，在酒吧刷爆了信用卡，那这就是一场更强的博弈了。具有暗黑人格三角的人喜欢利用别人。他们还很可能会以一种务实的态度对待关系，总是想着另一个人能为自己做些什么。

具有高度暗黑人格特质的人更可能有勾搭别人伴侣的**"挖墙脚"**(mate-poaching) 行为。有意思的是，暗黑人格者还更愿意报告说人们抢走了自己的伴侣。或许作为第三者开始一段关系的人更有可能同时失去他们的伴侣。

这些人为什么擅长挖墙脚和博弈呢？原因可能是他们长得很好看——某种程度上是这样。身体上的吸引通常被看作人际关系的加分项。我们都想和有吸引力的人约会、结婚，甚至在招聘员工时也想找有吸引力的人。但是，暗黑人格者很容易假装自己的身体有吸引力：他们通过化妆、贴假胡须、漂亮的衣物和配饰为自己的外表加分，这样他们就显得比实际更有吸引力。在一项设计精巧的实验中，学生被拍摄两次：一次是刚进入实验室时，一次是在他们卸去面部装饰的时候（包括卸妆、拆除首饰、甚至刮掉胡子）。之后让陌生人对这两次拍摄的照片进行打分，那些具有高暗黑人格特质的人在他们打扮和未打扮的两张照片之间得分差距最大。也就是说，他们让自己显得比实际迷人得多。

这些暗黑人格特质为什么会存在于人类身上，而且还拥有如此惊人的比例呢？如果暗黑人格特质对人际关系总是起消极作用，那么它们不应该从人类的人格库里面消失，被像宜人性这样更加积极的特质替代吗？（请回顾我们在第 4 章对人格进化内容的讨论。）

情况极有可能是，这些特质持续存在是因为它们有利于建立性关系，这使得它

写作提示：了解自己

请你回想一段糟糕的关系，你的伴侣具有哪项暗黑人格特质吗？

们一代代地遗传下来。高暗黑人格特质的人看起来迷人、自信、充满魅力，这些都对开始一段性关系非常有帮助。但是，和这些人建立起来的关系一般是充满戏剧性的短暂关系。如果你期待一段稳定、长期的关系，就要避开这些人。在人类过去的进化史上，高暗黑特质的人利用一系列的手段开启短暂的关系，并避免让这些关系变为长期关系。这些手段包括完全的暗黑（变得暴力和虐待）、中等程度的暗黑（把不良行为归咎为饮酒）以及更加明目张胆（直截了当地告诉伴侣其只对短期关系感兴趣）。

近期的一项研究检验了51个国家或地区、6大洲范围内自恋和短期性关系之间的关联。其背后的逻辑与其他跨文化研究一样（见第11章）：如果自恋是进化了的短期性关系策略中的一部分，那么自恋和短期性关系的标志之间的关联应该在大多数文化中都可见。实际情况确实如此，自恋与对短期性关系的兴趣、"挖墙脚"（夺走别人的伴侣）和热衷于没有情感联结或承诺的性关系有关。总之，自恋（或者所有的暗黑人格特质都包括在内）似乎是从短期性关系的成功中进化而来的。

另外一种理解暗黑人格特质的方法是利用巧克力蛋糕模型，这个模型描述的是一种"兰因絮果"式的关系，最初用来解释人们和自恋者之间的关系。假设你可以选择吃巧克力蛋糕或西兰花，你思考了一下，然后决定吃巧克力蛋糕。蛋糕很美味，让你感觉自己飞上了云端与鹰共舞。不幸的是，20分钟过后，不可避免地冲向地面的感觉出现了。你感到空虚倦怠——你问自己为什么当时要吃那块该死的巧克力蛋糕。

而选择西兰花则会带来不同的结果：先开始你不会有任何心动的感觉，20分钟之后你的心情也不会发生大的转变。相反，你感到健康并想到，"我做了正确的决定，我把自己照顾得很好。"

要不要吃健康食物的问题——诱人的短期选择还是不那么有魅力的长期选择——

你喜欢巧克力蛋糕还是西兰花？

也反映了人际关系中面临的挑战。聚会上让我们十分着迷的那个人（如一个穿着皮夹克看起来很性感的家伙），并非总是发展一段长期关系的最佳人选。

假如你遇到了一个人，我们就叫他凯文吧，凯文自信又迷人，他讲话时会做出很多手势，每当他外出时，都会成为人们注意的焦点。你爱上了凯文，最初你们的关系令彼此十分激动。无论任何时候你们一起出去，你都感到自己很特别和重要，你不敢相信自己竟然有这么一个"万人迷"的男朋友。

之后事情变得有一点棘手。你想要和凯文建立情感上的联结——恋爱中的人应该完完全全地在意对方，不是吗？但凯文似乎对情感亲密不感兴趣。相反，当你们私下相处的时候，他表现出情感上的疏离甚至控制（尽管你们在公众面前还是聚光灯一般的生活）。你不明白发生了什么，所以你想知道是自己做错了什么让凯文这样。他把你们关系中的问题归咎于你，甚至说他和其他女人在一起也是你的错。最终，你发现凯文在你们交往的整个过程中都在背叛你。你离开了他，然后他很快又开始和别人约会。

再来看看如果你和一个不自恋的人交往是什么样子的，我们叫他迈克尔吧。你和迈克尔在一次聚会上相识，他既不那么自信，也不令人兴奋，但他看起来是个得体、友善的人。他最终邀请你去约会，你答应了。没有什么特别的事情发生，但你度过了一段不错的时光。你们开始恋爱，你发现，尽管和迈克尔之间少了一些电光火石，但他是一个很好的伴侣。你对他了解得越多，你们就越亲密，你感受到的爱也越多。不过你们还是分手了——你们的人生目标不同，这段关系无法继续。不过你们还是朋友，并且永远不会质疑自己为什么曾经会有这样一段关系。直到现在，如果你们两个人有谁需要帮忙，对方仍然会提供支持。

自恋的凯文就是那块巧克力蛋糕——20 分钟内感觉很棒（换成在关系中，可能是 3 个月的时间），然后你会感到胃痛；谦逊的迈克尔则是西兰花——不是最激动人心的一餐，但会长期让你保持健康和快乐。

因此，结合本章所有的研究结果，哪一种类型的人最适合做长期伴侣呢？大概应该是高度安全依恋、宜人、尽责、富有共情和同理心且自律、具备低神经质和低暗黑人格特质的人，或许还要与你的支配性特质相反。这意味着，成功的关系确实可以发生在许多不同人格类型的人之间——要保证人际关系正常运作远不止了解伴侣的人格这么简单，还需要了解对方的态度、价值观和生活中的方方面面，如健康和工作。

网络人际关系：下一个边界

随着互联网的日益流行，许多人际关系都挪到了线上。在这些关系中，有些同时包括线上和线下两种形式（如和室友在网上互动），有些只存在于线上（在相亲网站上和一个潜在交往对象聊天），也有些开始于一种形式但结束于另一种形式（儿时的朋友搬家了，但你们仍在线保持联系）。我们从在线关系中发展最为迅速的一个领域说起：在线约会。

在线约会

如果你在常规年龄上大学，想要找到一个潜在的交往对象或亲密伴侣不是一件难事——你的周围都是和你年龄相仿的人（当然找到一个完美的伴侣是另外一回事）。但是，等你毕业之后，约会这件事就变得困难得多了。本书作者基斯经常让他的学生想象自己在一个典型的公司格子间（一个大房间里布满了一间间小隔间）里面工作，同事们年纪不一，很多人都已经结婚或有另一半。办公室每周的社交活动亮点可能是保龄球之夜或周五聚餐，都不是交友的理想场所。

一个广受欢迎的解决方案是加入在线约会 App，这些 App 提供了大量的潜在交往对象。据皮尤研究中心估计，美国成年人中有 15% 的人曾经使用过在线约会 App。更令人瞩目的是，使用这些 App 的 18 至 24 岁的年轻人的数量从 2013 年的 10% 飙升到 2015 年的 27%。在约会行为上这是一个重大的转变。这些 App 允许用户找到并和那些潜在的恋爱对象沟通。

在线约会的第三个特征是**人格匹配**（personality matching）。在一些在线约会 App 上，根据人们自陈报告的人格，注册用户在某种程度上被匹配起来。有些 App 依据人们之间的相似度进行匹配，有些 App 则按照互补（相异）程度进行匹配。不过，就如你刚刚了解的，匹配的标准在于相似的人之间实际上是否能够拥有一帆风顺的关系——对信仰和价值观似乎如此，但对于人格就不一定了。大多数研究发现，人格特质相似的夫妻不一定会对他们的关系感到更满意。

那么，于是就有了一个非常有价值的问题：在线约会 App 基于人格的匹配真的可行吗？它们确实让人们看到大范围的潜在对象并与之沟通——比任何一个全职工作的人期待在现实生活中遇到的人都多。所以从这个意义上来说，这些网站非常有效。

但人格匹配对建立良好关系的有效性仍然不得而知。伊莱·J. 芬克尔（El J.Finkel）及其同事对这个问题进行了广泛的回顾。

总体来说，在线约会 App 常常宣称，人们通过它们的软件寻找伴侣比通过传统的线下约会（或其他在线约会 App）能取得更好的结果……然而，我们的调研显示，在线约会 App 无法提供任何有力的证据来证实这一点。在这样的情况下，这些声明根本无法被接受。

换言之，在线约会确实让你接触到了庞大的潜在对象库，但一些在线约会 App 使用的匹配方法是否真的有效，我们还不清楚。

什么才是有效的呢？一项经典的研究（见"回顾历史"专栏）探索了哪些因素在

 写作提示：了解自己

你认为在线约会 App 可以让人们真实地呈现出自己的人格吗？为什么？

约会中真正重要。研究者对大量的学生进行了人格和外表吸引力的测量，然后告诉他们，计算机程序会帮他们匹配最合适的舞伴。但是，实际上学生们是被随机匹配并在舞会上见面的。

那么，什么特征最能预测学生们对舞伴的喜爱程度以及是否愿意与他们进一步交往呢？答案是外表吸引力。人格与之相关甚少。近期的研究也得到了同样的结果：平均而言，已建立起恋爱关系的情侣吸引力相当。在线约会中，如果用户联系与自己外表吸引力相近的人，他们收到回复的可能性更大。

回顾历史

明尼苏达计算机舞会实验

人们对使用计算机算法和社交网络进行恋爱对象匹配有着空前的兴趣。一些社交网站利用这些工具将有可能建立恋爱关系的人放在一起。

在心理学实验中首次使用计算机匹配的方法是半个世纪前。伊林·华斯特（Elaine Walster）及其同事于 1966 年开展了通常被称为计算机舞会的研究。

这项研究在明尼苏达大学新生欢迎周的时候进行。心理学家为学生们设置了一场周五之夜的舞会。但这不仅仅是跳舞，这是一次计算机匹配——学生们被告知依据心理特质他们将会匹配一位舞伴。

大二的研究助手对 664 名舞会参与者的外表吸引力进行了评分，并在他们完成问卷的同时悄悄地观察他们的自尊水平、紧张程度和心理健康情况。

所有的学生被随机分为两两一组（除了保证男生比同伴的女生高之外）——实

际上并没有真通过计算机进行匹配。研究者感兴趣的是，外表吸引力和人格如何预测一个人对自己舞伴的喜爱程度。

舞会在晚上 8 点开始。所有学生都有一张写有其舞伴身份的纸。当 10：30 中场休息的时候，男生和女生分开，每个人都被要求私下评价其舞伴的可爱程度及相关变量。

结果如何呢？外表吸引力极其重要。外表有吸引力的舞伴无疑是最受欢迎的。结果与人格之间有一定的相关——更善于社交的人有更高的自尊，越外向的人越受欢迎。不过，这些效应远不及吸引力带来的效果。

至少在舞会这一情境下，外表比人格重要得多。因此，这项研究可以被视为对人格在约会中的重要性的重大打击。后来的研究也证实了外表吸引力的关键作用，有时是在短暂相识的情境下。

短暂的互动时间——只有两个小时——很可能将人格特质的影响最小化了。此外，舞会营造了一种非常剧本化的互动。每个人都出现在同一事件中，并且做着相似的事情，人们没有什么机会展现自己的人格。与之相同，最近的一些研究发现，随着你认识一个人的时间越长，外表相较于人格的重要性会下降。总之，外表对第一印象很重要，但从长远来看，你是谁才更重要。

如果外表吸引力如此重要，人们怎么会在没有真正见面的情况下就在网上爱上一个人呢？这常常是因为他们见过对方的照片之后相信他们的网恋对象真的就长这样——或者他们愿意在情感上相信如此，即便理智上他们知道对方可能实际上不是这个样子。"鲶鱼计划"（设计让人爱上一个虚拟的网络人物）通常使用外表迷人的人物照片绝非偶然。

人格和社交网页

社交媒体网站已经成为维持人际关系最常见的方式。

人们只会在社交平台上展现出自己人格的一面吗？很显然不是，大多数研究发现，人们在社交平台上呈现出的人格与他们在生活中其他方面所表现出来的人格非常一致，除了某些神经症会被隐藏起来。甚至对第一印象也是如此。事实上，你可以相当准确地根据一个人在社交平台上的资料推测出他的人格。

在现实中自我提升的人（如自恋者）同样也会在社交平台上表现出自我提升。在现实中，尼克是个自恋的人，他喜欢成为人们关注的焦点，穿着夸张，人际关系肤浅。可以确信，尼克在他的社交页面上也会做同样的事——他有很多"朋友"，发布一张充满挑衅的头像，用自我提升的方式描述自己，所有这些都是为了让他的个人资料看起来很好。

社交媒体网站似乎经常鼓励某些人格特质，或者某些人格特质似乎很适用于社交媒体。最近的一项元分析发现，外倾性和开放性与社交媒体的使用关联度最强：外倾性用户最活跃（如朋友数量最多），开放性用户更多地参与创意性或智力性的爱好中，如游戏和信息搜索（见图 13.3）。一些研究发现，夸大型自恋者在社交平台上的朋友数量更多，这表明自恋者适合使用社交媒体。不过，没有证据表明使用社交媒体直接造成了自恋。这一领域还需要更多的研究。

关于自拍呢？给自己拍张照片（单独或和朋友合照）并分享到社交媒体上已经成为一项全世界流行的活动——如此流行以至于自拍杆在很多地方被禁止，甚至有人真的死于自拍。前不久本书作者基斯和家人一起到马丘比丘旅行，他徒步走上一条十分陡峭的小道，想要看

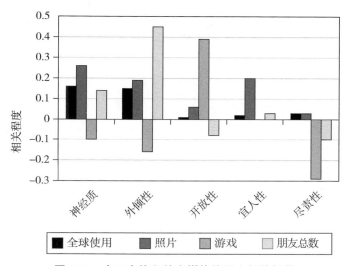

图 13.3　大五人格和社交媒体使用之间的相关

看遗址史诗般的景色。景色的确很壮观，以至于一位想要拍摄"飞翔着自拍"的德国游客从边上掉了下去。这些所谓"致命自拍"（自拍造成死亡）的数量在不断增加，从 2014 年年中到 2016 年估计死亡人数有 127 人。像在其他社交媒体上一样，外倾性似乎是发布自拍的最好预测指标。你可能已经想到了，自恋同样可以预测自拍，特别是对出于自我提升目的的自拍。关于自拍的研究是一个新兴的领域——技术在不断变化——所以让我们一起期待这些结果可以持续多久。

总结

从生命最初开始，我们的人格和关系就完全交织在了一起：关系塑造了人格，反之人格也塑造了关系。我们的伴侣的人格同样重要。我们知道，我们想要关心他

人、情绪稳定、可靠的亲密伴侣，但我们会被暗黑人格的人欺骗。这些人有一些积极的特质，如社交自信和充满魅力，这些特质在开始的时候掩盖了他们的消极特质。潜在的伴侣不可能会说："我是一个自恋狂。和我约会吧，我保证会把你的生活搅得天翻地覆，背叛你——并且这一切都是你的错。"大部分人不会预见到这些，这也是这样的关系令人如此痛苦的原因之一。

在线约会和社交网络等技术正在迅速地改变人们彼此连接的方式。人格研究试图了解这些技术，最终将会涌现出更多的研究。在我们生活的这个时代，越来越多的生活网络化，人格也逐渐变得数字化，人际关系也是如此。与此同时，人们还是会见面、坠入爱河、生儿育女、照顾后代，人格和关系的循环周而复始。

思考

1. 为什么依恋在童年时期很重要，它又是如何影响成年后的关系的？

2. 请总结一下大五人格中的每项特质带来的人际关系结果。

3. 本章中讨论的哪三种特质导致了积极的人际关系结果？为什么？

4. 本章中讨论的哪三种特质导致了消极的人际关系结果？为什么？

13.1：亲密关系体验量表
（Experiences in Close Relationships Scale）

指导语

　　下述有 36 项描述了有关你在亲密关系中的通常感受。测验要了解的是一般情况下你在关系中的体验，而非只是对当下关系的体验。请根据你对每项描述的同意或不同意的程度，选择相应的最适合你的选项数字。

1. 我害怕失去伴侣的爱。

十分不同意	一般不同意	有些不同意	无所谓	有些同意	一般同意	十分同意
1	2	3	4	5	6	7

2. 我经常担心我的伴侣会不想和我待在一起。

十分不同意	一般不同意	有些不同意	无所谓	有些同意	一般同意	十分同意
1	2	3	4	5	6	7

3. 我经常担心我的伴侣不是真的爱我。

十分不同意	一般不同意	有些不同意	无所谓	有些同意	一般同意	十分同意
1	2	3	4	5	6	7

4. 我担心伴侣不像我那么在乎对方。

十分不同意	一般不同意	有些不同意	无所谓	有些同意	一般同意	十分同意
1	2	3	4	5	6	7

5. 我常常希望伴侣对我的感情与我对他一样强烈。

十分不同意	一般不同意	有些不同意	无所谓	有些同意	一般同意	十分同意
1	2	3	4	5	6	7

6. 我对关系有很多焦虑。

十分不同意	一般不同意	有些不同意	无所谓	有些同意	一般同意	十分同意
1	2	3	4	5	6	7

7. 每当我看不到我的伴侣时，我就担心他是不是喜欢上了别人。

十分不同意	一般不同意	有些不同意	无所谓	有些同意	一般同意	十分同意
1	2	3	4	5	6	7

8. 当我对我的伴侣表明心意时，我害怕他对我没有感觉。

十分不同意	一般不同意	有些不同意	无所谓	有些同意	一般同意	十分同意
1	2	3	4	5	6	7

9. 我很少担心我的伴侣会离开我。

十分不同意	一般不同意	有些不同意	无所谓	有些同意	一般同意	十分同意
1	2	3	4	5	6	7

10. 我的伴侣让我怀疑自己。

十分不同意	一般不同意	有些不同意	无所谓	有些同意	一般同意	十分同意
1	2	3	4	5	6	7

11. 我不经常担心自己会被伴侣抛弃。

十分不同意	一般不同意	有些不同意	无所谓	有些同意	一般同意	十分同意
1	2	3	4	5	6	7

12. 我发现我的伴侣不像我一样渴望亲近。

十分不同意	一般不同意	有些不同意	无所谓	有些同意	一般同意	十分同意
1	2	3	4	5	6	7

13. 有时我的伴侣对我的感情会毫无缘由地改变。

十分不同意	一般不同意	有些不同意	无所谓	有些同意	一般同意	十分同意
1	2	3	4	5	6	7

14. 我对亲密的渴求有时会把他人吓跑。

十分不同意	一般不同意	有些不同意	无所谓	有些同意	一般同意	十分同意
1	2	3	4	5	6	7

15. 我害怕一旦伴侣了解了我，他不喜欢我真实的样子。

十分不同意	一般不同意	有些不同意	无所谓	有些同意	一般同意	十分同意
1	2	3	4	5	6	7

16. 如果我从伴侣那里得不到我需要的感情和支持，我会崩溃。

十分不同意	一般不同意	有些不同意	无所谓	有些同意	一般同意	十分同意
1	2	3	4	5	6	7

17. 我担心我不符合别人的预期。

十分不同意	一般不同意	有些不同意	无所谓	有些同意	一般同意	十分同意
1	2	3	4	5	6	7

18. 只有我生气的时候，我的伴侣才会关注我。

十分不同意	一般不同意	有些不同意	无所谓	有些同意	一般同意	十分同意
1	2	3	4	5	6	7

19. 我不愿意在伴侣面前表现出情绪低落。

十分不同意	一般不同意	有些不同意	无所谓	有些同意	一般同意	十分同意
1	2	3	4	5	6	7

20. 与伴侣分享我的个人想法和感受让我觉得舒服。

十分不同意	一般不同意	有些不同意	无所谓	有些同意	一般同意	十分同意
1	2	3	4	5	6	7

21. 允许自己依靠伴侣对我来说很困难。

十分不同意	一般不同意	有些不同意	无所谓	有些同意	一般同意	十分同意
1	2	3	4	5	6	7

22. 我对和伴侣关系中的亲密感到非常舒服。

十分不同意	一般不同意	有些不同意	无所谓	有些同意	一般同意	十分同意
1	2	3	4	5	6	7

23. 我对和伴侣敞开心扉感到不舒服。

十分不同意	一般不同意	有些不同意	无所谓	有些同意	一般同意	十分同意
1	2	3	4	5	6	7

24. 我不喜欢和伴侣过于亲密。

十分不同意	一般不同意	有些不同意	无所谓	有些同意	一般同意	十分同意
1	2	3	4	5	6	7

25. 如果伴侣想要和我太亲近，我会感到不舒服。

十分不同意	一般不同意	有些不同意	无所谓	有些同意	一般同意	十分同意
1	2	3	4	5	6	7

26. 和伴侣亲近比较简单。

十分不同意	一般不同意	有些不同意	无所谓	有些同意	一般同意	十分同意
1	2	3	4	5	6	7

27. 和伴侣亲近对我来说不难。

十分不同意	一般不同意	有些不同意	无所谓	有些同意	一般同意	十分同意
1	2	3	4	5	6	7

28. 我通常会和我的伴侣讨论我的问题和担忧。

十分不同意	一般不同意	有些不同意	无所谓	有些同意	一般同意	十分同意
1	2	3	4	5	6	7

29. 在我需要的时候向伴侣求助会有所帮助。

十分不同意	一般不同意	有些不同意	无所谓	有些同意	一般同意	十分同意
1	2	3	4	5	6	7

30. 我对伴侣毫无隐瞒。

十分不同意	一般不同意	有些不同意	无所谓	有些同意	一般同意	十分同意
1	2	3	4	5	6	7

31. 我会和伴侣一起商量事情。

十分不同意	一般不同意	有些不同意	无所谓	有些同意	一般同意	十分同意
1	2	3	4	5	6	7

32. 伴侣与我太过亲密让我感到紧张。

十分不同意	一般不同意	有些不同意	无所谓	有些同意	一般同意	十分同意
1	2	3	4	5	6	7

33. 依靠伴侣让我觉得舒服。

十分不同意	一般不同意	有些不同意	无所谓	有些同意	一般同意	十分同意
1	2	3	4	5	6	7

34. 依靠伴侣对我来说很容易。

十分不同意	一般不同意	有些不同意	无所谓	有些同意	一般同意	十分同意
1	2	3	4	5	6	7

35. 对我来说，和伴侣保持恩爱很简单。

十分不同意	一般不同意	有些不同意	无所谓	有些同意	一般同意	十分同意
1	2	3	4	5	6	7

36. 我的伴侣确实理解我和懂得我的需要。

十分不同意	一般不同意	有些不同意	无所谓	有些同意	一般同意	十分同意
1	2	3	4	5	6	7

计分

请按照以下标准进行计分。

反向计分项目是第 9、11、20、22、26、27、28、29、30、31、33、34、35、36 题，选 "1" 计 7 分，选 "7" 计 1 分，以此类推。其他项目按照所选择的数字计分。将下列项目分别相加，得到两个分量表的得分。

焦虑型：第 1、2、3、4、5、6、7、8、9、10、11、12、13、14、15、16、17、18 题。得分：_____

回避型：第 19、20、21、22、23、24、25、26、27、28、29、30、31、32、33、34、35、36 题。得分：_____

判断你所属的类型

两个量表分数都低。　　　　　　　　　　　安全型

焦虑型得分高，回避型得分低。　　　　　　焦虑型

回避型得分高，焦虑型得分低。　　　　　　回避型

两个量表分数都高。　　　　　　　　　　　恐惧型

13.2：探索指数测验
（Exploration Index）

指导语

请根据你对自己的认识回答以下问题，并从 1 至 7 中选出一个符合你情况的数字。

	完全 不符合我					非常 符合我	
1. 如果我有时间和钱，这个夏天我很愿意出国旅行。	1	2	3	4	5	6	7
2. 我会选一门和我的专业完全无关的课，只是因为 我对这门课感兴趣。	1	2	3	4	5	6	7
3. 我不会尝试蹦极、跳伞或其他冒险的活动。	1	2	3	4	5	6	7
4. 我不会去一个我从未去过的、不同寻常的地方探索。	1	2	3	4	5	6	7
5. 我想有几个完全不同的朋友。	1	2	3	4	5	6	7
6. 我很愿意到国外学习一个学期。	1	2	3	4	5	6	7
7. 我不喜欢非常规和与众不同的工作。	1	2	3	4	5	6	7
8. 我不想有认识陌生人的机会。	1	2	3	4	5	6	7
9. 我喜欢探索家乡附近的树林和有意思的地方。	1	2	3	4	5	6	7
10. 即使有机会，我也不喜欢探索不同寻常的想法或理论。	1	2	3	4	5	6	7
11. 我十分喜欢认识新朋友。	1	2	3	4	5	6	7
12. 我会拿起一本非常规主题的书并阅读其中的一些内容。	1	2	3	4	5	6	7
13. 有时间的时候，我喜欢看涵盖科学、历史、 艺术、文化等有趣话题的电视节目。	1	2	3	4	5	6	7
14. 我不喜欢探索外国文化的思想。	1	2	3	4	5	6	7
15. 我不喜欢加入一个有很多陌生人的学生社团。	1	2	3	4	5	6	7
16. 我不喜欢去现代艺术博物馆。	1	2	3	4	5	6	7
17. 我会在公交车或飞机上与陌生人攀谈，并且对 他人敞开心扉。	1	2	3	4	5	6	7
18. 我不喜欢去有很多陌生人的聚会。	1	2	3	4	5	6	7

计分

请按照以下标准进行计分：反向计分项目是第 3、4、7、8、10、14、15、16、18 题，即选"1"计 7 分，选"7"计 1 分，以此类推；其他题目按照所选择数字记分；将所有题目的得分相加，得到总分。

你的总分：_____

13.3：人际间反应性指数测验
(Interpersonal Reactivity Index)

指导语

以下陈述是有关你在多种场景下的想法和感受，请你根据每个题目的描述选择适合自己的数字。在做出选择之前，请认真阅读题目，尽可能诚实作答。

	不太 符合我				非常 符合我
1. 我经常幻想一些可能会发生在我身上的事情。	1	2	3	4	5
2. 我常常对比我惨的人抱有同情和关心。	1	2	3	4	5
3. 我有时觉得自己很难从别人的视角出发看待事情。	1	2	3	4	5
4. 当别人遇到问题的时候，我不会为他们感到非常遗憾。	1	2	3	4	5
5. 我真的会投入到小说人物的情感里。	1	2	3	4	5
6. 在紧急情况下，我感到不安和担忧。	1	2	3	4	5
7. 在看电影或演出的时候，我通常保持客观，不会完全陷入其中。	1	2	3	4	5
8. 在做决定之前，我会尝试看看每个人的分歧。	1	2	3	4	5
9. 当我看到有人被利用的时候，我想保护他。	1	2	3	4	5
10. 当处在一个非常情绪化的环境中时，我有时会感到无助。	1	2	3	4	5
11. 有时候，我想象我的朋友们会如何看待某件事情，以试图更好地理解他们。	1	2	3	4	5
12. 对我来说，对一本书或一部电影极度投入比较少见。	1	2	3	4	5
13. 当我看到有人受伤时，我倾向于保持冷静。	1	2	3	4	5
14. 其他人的不幸通常不会给我带来太大的困扰。	1	2	3	4	5
15. 如果我确信自己在某件事上是正确的，我就不会浪费太多时间听其他人的辩驳。	1	2	3	4	5
16. 在看过演出或电影之后，我感觉自己仿佛就是其中的一个角色。	1	2	3	4	5
17. 当处于紧张的情绪状态时，我感到害怕。	1	2	3	4	5
18. 当看到有人被不公平地对待时，我并不会对他们产生太多的同情。	1	2	3	4	5
19. 我通常会十分高效地处理紧急事件。	1	2	3	4	5
20. 我经常会被自己看到的事情打动。	1	2	3	4	5
21. 我相信事物具有两面性，并且试图努力看到它们。	1	2	3	4	5
22. 我是一个很心软的人。	1	2	3	4	5
23. 看电影的时候，我很容易把自己放到主角的位置上。	1	2	3	4	5

	不太 符合我				非常 符合我
24. 我往往会在紧急事件中失去控制。	1	2	3	4	5
25. 当对某人感到失望时，我常常试图让自己站到对方的角度待一会儿。	1	2	3	4	5
26. 当读到一个有趣的故事或小说时，我会想象如果故事里的事情发生在自己身上，我会是什么感受。	1	2	3	4	5
27. 当我看到一个人在紧急情况下急需帮助的时候，我会崩溃。	1	2	3	4	5
28. 在对别人提出批评之前，我会试图想象一下如果我是他，我会有什么的感受。	1	2	3	4	5

计分

请按照以下标准进行计分。

反向计分项目是第 3、4、7、12、13、14、15、18、19 题，即选"1"计 5 分，选"5"计 1 分，以此类推。其他题目按照所选数字计分。将下面各类别相应的项目得分相加，再除以 7，分别得到四个分量表的得分。

观点采择：第 3、8、11、15、21、25、28 题。得分：_____

幻想：第 1、5、7、12、16、23、26 题。得分：_____

共情：第 2、4、9、14、18、20、22 题。得分：_____

个人痛苦：第 6、10、13、17、19、24、27 题。得分：_____

第**14**章
人格与心理健康

丹尼尔·史密斯（Daniel Smith）焦虑地呆站在新泽西收费公路旁罗伊罗杰斯餐厅的吧台前，他正在想往他的烤牛肉三明治上加点什么。他顺利地"加了一片粉白色的番茄，不要生菜"，然后"该酱料了"，他后来这样写道，"酱料瞬间让我陷入了麻烦"。迅速地排除了芥末酱和蛋黄酱之后，他在番茄酱和烧烤酱之间摇摆不定。"我认真地思考了很久，透过白色的瓶嘴仔细地观察这两桶酱。我意识到，即便琐碎的行为也会造成重大的后果。"史密斯把这种在小事情上的犹豫不决称为"罗伊罗杰斯问题"——如果你愿意，也可以把它叫作"香醋汁和蓝奶酪困境"或"哈根达斯与本杰瑞难题"。

史密斯已经拥有了大多数人想要的一切：一份好工作、一个舒服的住所、一段和谐的关系。"但是，"他写道，"每一天都是折磨。我的睡眠断断续续，噩梦反复袭来——海啸、野生动物、亲人惨死。我感到肠痉挛、恶心、头疼。每个清醒的时刻都笼罩着一种灾难将至的感觉。更糟糕的是，我清晰地感觉到，灾难已经发生了。我做了错误的决定，走上了错误的道路，以一种毁灭性的、不可逆转的、天翻地覆的方式搞砸了。"

史密斯的神经质水平高吗？看起来确实是这样。但这就是他所经历的一切吗？当然不是。尽管史密斯不这样认为，但他的焦虑已经由一种人格特质变为一种**心理障碍**（mental disorder）——一种导致生活出现重大问题的心理症状模式。心理障碍有时也被称为心理疾病或精神病态——之所以叫作障碍，是因为它们给人们造成的痛苦超出了正常的、普遍的或文化上适宜的程度。心理障碍囊括了从恐惧症（非理性的害怕）到睡眠障碍（如失眠）再到

丹尼尔·史密斯的焦虑回忆录名为《心猿意马》（*Monkey Mind*）。

偷窃癖（难以控制地偷东西）等各种症状。

乍看起来，人格和心理障碍似乎并无关联——你可能会认为，正常的人格与心理障碍之间一点关系都没有。事实并非如此。相反，研究者不断地发现，正常人格和心理障碍既有相关性，又同属于一个从健康到障碍的连续谱上。例如，焦虑就处于一个连续谱上——有些人有一点焦虑，多数人有中等程度的焦虑，还有些人有着极大的焦虑甚至对生活造成了严重困扰并被诊断为焦虑障碍。像史密斯这样可能患有焦虑障碍的人很可能神经质水平也比较高。

人格和心理健康之间的重要关系主要体现在两个方面。第一个方面是明显的人格障碍。比如，自恋人格也存在于一个连续谱上。如果一个人的自恋程度过高，给她的生活带来了很大的问题，她可能就会被诊断为自恋型人格障碍。第二个方面是其他心理障碍，如焦虑障碍、抑郁症和精神分裂症。我们将分开讨论这两种类型的障碍，首先我们先讨论人格障碍。

探索心理障碍的研究数量众多，因此我们需要首先明确本章的目标。概括地说，我们想要阐述的是，大量的心理障碍以极为相似的方式与人格产生着关联。例如，神经质是大五人格的一个因子，它与很多心理障碍有关。正常和异常之间的界线常常是量变而非质变。换言之，异常人格也可以使用与正常人格特质相关的术语来进行描述。

最后，我们要提出一句忠告：在学习人格障碍的时候，学生们经常会觉得这些障碍随处可见，包括在他们自己身上。当本书作者基斯作为学生学习一门心理学课程的时候，他确信自己得了抑郁症、广泛性焦虑障碍和几种人格障碍，甚至已经处于精神分裂症完全崩溃的边缘。但事实证明，那不过是 19 岁的青年人正常的情绪起伏罢了。

这种过度诊断最早见于医学生中，他们有时觉得自己得了各种罕见的疾病。这被称为"医学生综合征"。同样的情况也发生在学习心理障碍的时候——尤其是如果你恰好又是一个神经质水平很高的人。

将正常人格特质和心理障碍相混淆在人格障碍中极为常见，因为很多人格障碍都源于人格特质并与人格特质同名。例如，我们可以将一个朋友描述为自恋，因为自恋是一种人格特质。但是，我们要避免将其说成是自恋型人格障碍（除非有专业的诊断）。

同样，大部分人时常感到抑郁或焦虑，每个人都有奇怪的想法。这些经历和患有心理障碍是不同的。出于这个原因，本章的问卷是专为正常群体设计的：这些问卷测量症状，但不对心理障碍做出诊断，这一点非常重要。如果你真的很关心自己或身边的人患有心理疾病，请向受过训练的临床心理学家或有资质做出心理诊断的医生寻求咨询。

人格障碍

瑞秋给正在上班的丈夫蒂姆打电话，她心烦意乱。"我讨厌这个家，"她说，"孩子们正在午睡，但我就是不想打扫房间。"蒂姆努力地表现出理解，他回答说："那就别打扫了，等我回家我可以帮你。"不过，他又补充说，他六点之后才能到家，因为他晚点还要开几个会。

瑞秋哭了起来。"我这个白痴……我一定让你难受了。"她说。

"没有……不过我得挂了。"蒂姆说。瑞秋开始尖叫着大哭，毫无缘由地咆哮，还说了很多难听的话。

"你只在乎邻居们的看法吗？"她大喊道，"让这个房子烂掉吧！孩子们就饿着吧！我不想再这样了！我也不需要你！"

最后瑞秋住进了精神病医院，在那里她使劲地往墙上撞，弄得自己全身青肿。

如果一个人的整体人格对她的感受、行为和与其他人之间的关系造成了巨大的困扰，那么她可能患有**人格障碍**（personality disorder）。例如，瑞秋最终被诊断为边缘型人格障碍，这种疾病的特点是循环往复的爱恨、害怕被抛弃、焦虑和抑郁，甚至自伤和自杀。瑞秋把自己确诊和康复的经历写成了一本名为《带我离开这里》（*Get Me Out of Here*）的书。

人格障碍与其他心理障碍不同，这是因为人格障碍常常被当作一个人人格或性格的一部分，而不是独立于人格之外的一种疾病。人格障碍更多的是关于"一个人是谁"而非"这个人有什么"。正因为如此，患者经常被同时诊断为人格障碍（以前叫轴 II 障碍）和其他心理疾病（以前叫轴 I 障碍）。也就是说，这些障碍之间的界线是模糊的，研究者也在试图找出更综合性的模型。在接下来的部分你将看到，不仅仅是人格障碍，大量的心理障碍都与人格有关。

诊断人格障碍

正常人格和人格障碍之间的区别是什么？人格特质和人格障碍在很多重要方面既相似又有不同。一个人以自我为中心、古怪、过分戏剧化、基本与社会隔离，但他可以高效地工作，也不伤害自己和他人，这个人就没有人格障碍。他只是人格如此，尽管很怪异。同样，文化也在起作用。如果一个人是按照他所在地方的文化传统或文化期待行事，即使他的行为在来自其他文化的人看来很奇怪，他也不应该被认为患有人格障碍。

人格障碍的诊断必须符合六个具体标准：在生活的大多数方面都遇到问题（标准 1），如人际关系和思维；行为僵化（标准 2），如在不该这样做的时候依然如此；经历重大的生活困扰（标准 3）；从青春期开始就表现出人格障碍的倾向（标准 4）；问题行为不是由其他心理障碍（标准 5）或生理疾病造成的（标准 6），如脑损伤或药物反应。总之，这些标准说的是，人格障碍必须造成了困扰、是弥散性的并且不是由其他原因所致。

诊断人格障碍最好由临床医生通过**结构化临床访谈**（structured clinical interview）做出。结构化临床访谈使用具体的、经过充分验证的问题对患者或来访者做出诊断。由于可以对患者或来访者的回答做进一步的意义探询，结构化临床访谈被认为优于自陈测验。例如，问卷的题目可能是"没有人的时候你能听到声音吗"，如果回答"是"，则可能意味着幻听——或者也有可能是楼上的邻居经常发生争吵。结构化临床访谈允许医生继续提问，以判断是哪一种情况。结构化临床访谈也优于非结构化访谈，因为前者更加可信——也就是说，不同的临床医生更有可能得到相同的诊断结论。

人格诊断的一个重要部分是判断患者患有哪种（或哪些，可能患有不止一种）人格障碍。可以从《心理障碍诊断与统计手册》（*Diagnostic and Statistical Manual of Mental Disorders*，DSM）入手，这本诊断的官方手册由美国精神病学会（American Psychiatric Association，APA）出版，现在使用的是第五版（DSM-5）。DSM 把人格障碍分为三大类，用 A、B、C 分别表示。A 类人格障碍是奇特和古怪，B 类人格障碍是戏剧化和情绪化，C 类人格障碍是焦虑和恐惧。有时人们把这三类人格障碍总结为："怪异""疯狂""提心吊胆"（见图 14.1 和表 14.1）。也有人把它们称为"疯子""坏人""垂头丧气的人"（这里"疯"指的是认知古怪，"坏"指的是行为不良）。

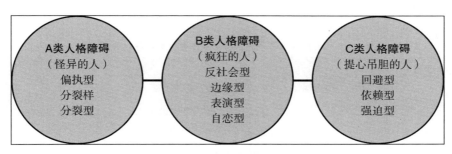

图 14.1　人格障碍的三大类别

还有另外一种人格障碍叫作"尚未确定的人格障碍"。事实上，尚未确定的人格障碍是最常见的人格障碍诊断，大约每 4 个人格障碍患者中就有 1 个被诊断为尚未确定的人格障碍。在所有人中，大约有十分之一的人有某种类型的人格障碍。

表 14.1　10 种人格障碍

A 类人格障碍 （"怪异的人"或"疯子"）	基本描述	可能的行为
偏执型人格障碍	偏执和多疑	• 无法相信朋友 • 将善意的行为解读为敌意 • 长期心怀怨念
分裂样人格障碍	漠视亲密关系 普遍缺少生活乐趣	对友谊、亲情、爱情都无动于衷
分裂型人格障碍	社交障碍 想法古怪离奇	• 有牵连观念，认为某些外部事物（如树的形状或偶然的巧合）有特殊的意义 • 对精神力量或身体幻象有非常规的认知，认为自己身体的某些部分不受自身控制或有一种灵魂出窍的体验
B 类人格障碍 （"疯狂的人"或"坏人"）	基本描述	可能的行为
反社会型人格障碍	不愿遵守社会规则 不愿服从权威	• 违法、斗殴、冒险行为、不负责任、对伤害别人毫无悔意 • 偷窃 • 毒品和酒精滥用
边缘型人格障碍	情绪不稳定 自尊心波动大 人际关系失控	• 开始时认为关系很完美，之后突然急转直下认为关系十分糟糕 • 有自杀的想法 • 有意割伤自己 • 内心空虚，靠暴饮暴食、沉溺于性和毒品才让自己感觉好些
表演型人格障碍	戏剧性 寻求关注	• 到处张扬 • 非常戏剧化、不合时宜的性感
自恋型人格障碍	自我观念浮夸 渴望被关注 对别人缺少友善和共情	• 吹嘘、炫耀、寻求关注 • 傲慢 • 只想和受欢迎、地位高的人交往
C 类人格障碍 （"提心吊胆的人"或"垂头丧气的人"）	基本描述	可能的行为
回避型人格障碍	社会性焦虑和退缩	因为害怕被拒绝和批评而难以建立和维系人际关系

（续表）

C 类人格障碍 （"提心吊胆的人"或"垂 头丧气的人"）	基本描述	可能的行为
依赖型人格障碍	需要被照顾 依靠他人	• 没有他人的允许无法做出决定 • 对得到肯定有着强烈的需要
强迫型人格障碍	对完美和秩序过分在意	由于对控制的需要，难以与人合作，难以适应 新环境

人格障碍与大五人格

人格障碍可以被定义为正常人格特质中极端、僵化的变量。这意味着我们可以使用正常人格的模型理解人格障碍。正常人格的大五模型可以很好地描述人格障碍。

我们通过一个在各种人格障碍中都相对一致的例子来说明这一点。人格障碍患者（包括任何人格障碍在内）通常神经质水平较高、宜人性水平较低（见图 14.2）。与一般人相比，他们更加焦虑、抑郁、敌对、冷漠、浮夸、喜欢操纵。只有依赖型人格障碍的患者（他们想要取悦父母）在宜人性上的得分略高于平均水平。

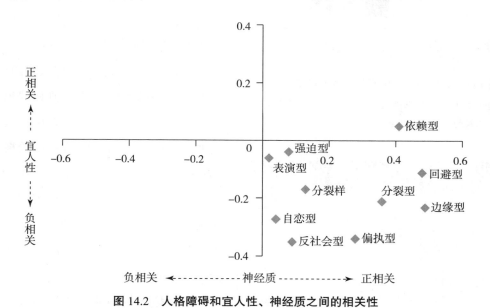

图 14.2　人格障碍和宜人性、神经质之间的相关性

与之相反，人格障碍在外倾性方面变化范围很大。患有表演型和自恋型人格障碍的人外倾性水平高，患有回避型、分裂样和分裂型人格障碍的人外倾性水平低。在尽责性上也是一样，患有反社会型和边缘型人格障碍的人与低尽责性有关，而患有强迫型人格障碍的人则与高尽责性有关。开放性一般与人格障碍无关，但开放性水平高的某些方面与分裂样人格障碍有一定的关联。

让我们通过三个人格障碍的例子（每个例子都来自人格障碍的一种类型）说明大五人格与人格障碍之间的关联。

边缘型人格障碍 边缘型人格障碍与情绪调节困难有关，特别是在控制焦虑和有关自身负面想法方面。这会导致产生破坏性和冲动性行为，如自伤、人际冲突。本部分开头讲述的瑞秋是一个边缘型人格障碍的患者。她的低宜人性显而易见，当她的丈夫说自己要晚一会儿回家的时候，她朝她的丈夫大声尖叫。她的神经质水平很高，心情起伏不定。低尽责性也体现其中，她对愤怒缺乏自我控制。这都是一般边缘型人格障碍非常普遍的人格特征（见图14.3）。

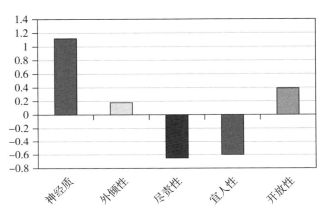

图14.3　边缘型人格障碍与大五人格特质

注：一般边缘型人格障碍患者在大五人格特质上的得分与心理健康者相比较的结果（标准差差异）

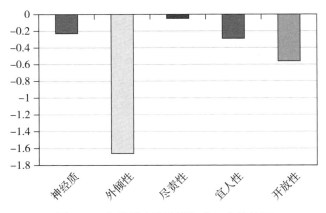

图14.4　分裂样人格障碍与大五人格特质

注：一般分裂样人格障碍患者在大五人格特质上的得分与心理健康者相比较的结果（标准差差异）

分裂样人格障碍 分裂样人格障碍患者常常表现出对社交毫无兴趣，因此有时候他们看起来很孤单。在人际关系中，他们经常给人留下情感疏离的印象，不像大多数人那样可以对其他人表现出同等程度的情感。

例如，萨姆患有分裂样人格障碍。用大五人格的术语来说，他和瑞秋一样具有低宜人性，但他的表现方式没有那么夸张，因为他的情绪比较稳定（即神经质水平低）并且在一开始的时候与他人互动不多。他更加内倾，喜欢把更多的时间用来独处。总之，他很退缩，与世隔绝，外倾性水平非常低（见图14.4）。

依赖型人格障碍 依赖型人格障碍患者难以独立应对生活。他们需要别人照顾自己，并为他们做决定，甚至包括如去哪里吃午饭这样微不足道的决定。患有依赖型人格障碍的人经常有一种无助和失控的感觉。

例如，黛莉莎是一个依赖型人格障碍患者，她看起来与萨姆正好相反。她十分需要被别人喜爱和照顾，因此宜人性比一般人高。但她的神经质水平也比较高，总是担心自己做的决定是否正确，依靠父母帮助她（见图 14.5）。

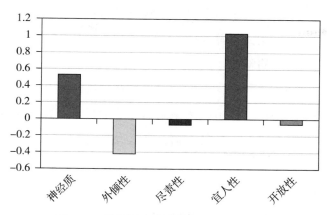

图 14.5 依赖型人格障碍与大五人格特质

注：一般依赖型人格障碍患者在大五人格特质上的得分与心理健康者相比较的结果（标准差差异）。

人格障碍的发展

人格障碍是如何形成和发展的——为什么有些人患有人格障碍，而其他人则没有？总体来说，遗传基因可以解释人格障碍中 50% 的变量，这个比例有时高一些，有时低一些。同卵双胞胎患有相同人格障碍的概率高于异卵双胞胎。

父母教养方式也是影响人格障碍的一个原因。很多人格障碍患者的父母在情感上冷漠疏离。他们的父母很可能采用极端的教养方式（十分严厉或前后不一致），通过内疚感和羞耻感来控制孩子，并且可能缺少情感表达。孩子的消极体验越多，就越有可能在成年后患上人格障碍（见图 14.6）。

通常情况下，人格障碍的症状随着人们的成熟而减轻，其程度在青春期早期达到顶峰，随后降低。这种降低的状态是正常成长的一部分。我们在第 9 章讨论过，随着人们

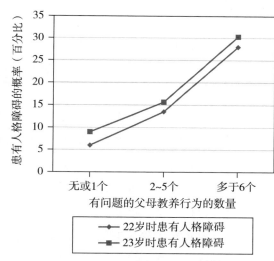

图 14.6 有问题的父母教养行为的数量和成年后人格障碍之间的关系

不断成熟，大多数人变得更加尽责、更少神经质。在某种程度上，人格障碍是以低尽责性和高神经质为基础，所以成年后人格障碍的症状也应该随之降低。外倾性在人格障碍中要复杂一些：从青春期到成年早期，外倾性提升，之后开始下降。因此，与之相关的自恋型人格障碍最常见于 20 到 50 岁之间的成年人，之后患者数量减少。宜人性在人们 50 岁之后下降，所以分裂样人格障碍及其他与较少依恋他人相关的人格障碍可能在老年期急剧增加。此外还有另外一个因素在起作用：人格障

碍的减少似乎是由于病理性特质的减少而非健康特质的减少造成的。例如，患有自恋型人格障碍的人可能较少患有疾病或遇到心理困难，但他们仍保留着一些自恋的人格特质。

同样，人格障碍也存在性别和文化差异。男性比女性更有可能患上自恋型人格障碍、强迫型人格障碍、分裂样人格障碍和反社会型人格障碍。男性患人格障碍的概率是女性的 3 倍，患 A 类人格障碍的概率是女性的 5 倍。尽管边缘型人格障碍经常被刻板化地认为属于女性的一种人格障碍，但实际上这种人格障碍没有性别差异。

有关人格障碍跨文化差异的研究很少。一项研究发现，在西欧和尼日利亚，人格障碍的比例很低（大约占总人口的 2%），美国的人格障碍人口比例较高（大约占总人口的 8%）。不过迄今为止，对这些文化差异存在的原因尚不清楚。

✎ 写作提示：了解自己

你认为人格障碍为什么会存在性别差异？你觉得这种性别差异是来自两性生理上的差别，还是一种塑造了两性不同行为及我们如何看待这些行为的社会化差别？

回顾历史

明尼苏达多项人格问卷

使用人格测验进行心理疾病诊断的一个重大进展是明尼苏达多项人格问卷（*Minnesota Multiphasic Personality Inventory*，MMPI）。20 世纪 30 年代，MMPI 创立于明尼苏达大学，目的是在精神疾病的背景下应用。

有两个方面使 MMPI 区别于其他问卷。首先，这是一个高度复杂的测验，其设计目的是为了评估一系列精神困扰和疾病，如抑郁、精神分裂症和躁狂。其次，所有项目不是基于理论而是依据被试的回答分为不同的分量表。这后来被称为经验法。

这个问卷的创立者斯塔克·哈撒韦（Stark Hathaway）和约翰·麦金利（John McKinley）基于精神疾病论文和其他测验中的描述选取了 1000 个项目。之后他们让被诊断为精神疾病的被试和心理健康的被试分别完成这份问卷。研究者保留了两组被试回答有区别的 540 个项目。这样的经验法意味着，问卷内容只基于两组被试对项目的回答是否不同，而不在乎这些项目对研究者来说是否合理。这样带来的结果就是，问卷中会出现一些奇怪的问题，如"我经常手脚冰凉""我的肠蠕动没有问题""与淋浴相比，我更喜欢泡澡"（原题目不可泄露，因此在这里只是举例说明）。

MMPI 广受好评，在 20 世纪 60 年代中后期达到顶峰。1982 年，MMPI 全新升级改版为 MMPI-2，现今仍被广泛使用。

PID-5 诊断模型

人格障碍显然反映了大五人格特质的某些侧面，但大五人格并不是用来找出人格障碍中那些极端和病理性的行为特征。

出于这个原因，研究者最近发展出了病理性人格的大五模型，用以测量人格更加极端的方面。基于该模型的测验叫作 DSM-5 人格问卷（Personality Inventory for DSM-5，PID-5）。PID-5 本质上是大五人格的极端和消极版本。

PID-5 包括五种主要特质：**负性情感**（negative affectivity）、**解离**（detachment）、**敌对**（antagonism）、**去抑制**（disinhibition）和**精神质**（psychoticism）。其中每个特质都体现了人格的一个消极方面，并且和正常的大五人格一样，每个特质也都有着自己的构面（见表 14.2）。

表 14.2　PID-5 特质及构面

负性情感（极端神经质）	解离（极度内倾性）	敌对（极度低宜人性）	去抑制（极度低尽责性）	精神质（极度开放性）
顺从	多疑	操纵	不负责任	怪异
情感受限	抑郁	欺诈	冲动	感知失调
分离恐惧	退缩	冷漠	注意力分散	不寻常的信念和经验
焦虑	避免亲密	寻求关注	严苛的完美主义	
情绪不稳定	快感缺失	傲慢	寻求刺激	
敌对				
持续性				

研究者曾经争论过，心理学究竟应该使用像大五人格这样的正常人格特质来理解心理障碍，还是应该使用如 PID-5 这样更加极端的人格测验？在这个问题上最好的方案或许是保持中立。使用正常人格特质证明了正常人格和异常人格之间的相似之处，并且有助于预测哪些人将会面临心理障碍的风险。所以，这种方法可以让临床医生在人们患上心理障碍之前就为他们提供帮助。例如，降低正常人群的神经质水平或许能够减少人们发展为心理障碍的人数。

相应地，使用如 PID-5 这样的极端模型也许能更彻底地找出心理障碍的细微差别和复杂之处。这种方法让研究者更好地理解各种障碍之间的异同。也就是说，这两种人格模型应该协同工作，人格障碍的研究者在很大程度上可以将它们互换使用。

与人格有关的其他心理障碍

人格障碍与人格特质有关，这完全可以理解。但其他心理障碍呢？在这里，我们只关注这些障碍中重要的一小部分。我们先从抑郁症开始。请注意，心理障碍不一定是由人格导致的，也不能只通过人格术语来描述。不过，新近的研究检验了心理障碍患者的典型人格概况。这些相关性无法反映出全貌，但它们的确为解决难题提供了关键的步骤。

重性抑郁障碍

斯波尔丁·格雷（Spalding Gray）在新英格兰度过了阴郁的童年，他在成长过程中痴迷于人类的灰暗面。在他 26 岁的时候，他的母亲因自杀去世，此后他的那些灰暗面变得愈加灰暗。

后来，格雷成为演员、编剧和独白者。格雷终其一生都在和抑郁症做斗争。他为此多次寻求治疗，还曾多次入院接受治疗。2001 年，他在一场车祸中严重受伤，个人状态跌至谷底。2004 年 1 月，他在带孩子们看完电影之后失踪了。没人知道在那之后发生了什么，但人们普遍认为，他从纽约斯坦顿岛的渡轮上跳下去自杀了。在他失踪近两个月后，他的遗体在东河里被发现。

幸好大多数抑郁症患者不像格雷这么严重。但是，即使抑郁症和**心境障碍**（mood disorders）没有导致自杀的想法，也会造成极大的痛苦。如果一个人不止一次地经历**重度抑郁发作**（major depressive episodes）——心情抑郁或失去生活的乐趣持续两周以上，就可以被诊断为**重性抑郁障碍**（major depressive disorder）。其他症状还包括睡眠问题、没精打采、低自尊、难以思考和集中注意力、有自杀想法和体重的非预期变化（增重和减重都包括在内）。

高神经质、低外倾性和低尽责性的人很有可能患上抑郁症。其中神经质与抑郁症之间的相关性最强，因为焦虑和抑郁是紧密相连的。简单地说，焦虑是对负面事件的预期，抑郁是在负面事件发生（或认为负面事件发生）后的状态。外倾性与积极情绪和幸福感有关，因此它往往可以预防抑郁症。请你完成本章末尾的流行病学研究中心抑郁量表。

再次需要读者注意的是，人格不是命运。大量高神经质的人从未经历过重度抑郁，而一些高外倾性的人却患上了重度抑郁。但神经质是抑郁症的风险因子，外倾性则是预防因子。一向焦虑、容易心情低落的人比通常情况下冷静、适应能力强的人更有可能患抑郁症。

焦虑障碍

焦虑障碍（anxiety disorder）是涉及过度焦虑的一组心理障碍。有四种焦虑障碍与人格有关，下面我们逐一进行介绍。

例如，古斯总是很焦虑。他心烦意乱地醒来，在学校里感觉紧张，因为一直担心而保持清醒，所以他也有睡眠问题。古斯的症状是**广泛性焦虑障碍**（generalized anxiety disorder），即在六个月或六个月以上的时间里持续高水平的焦虑状态。这种焦虑与某个具体的情境或场景无关。患者可能感觉烦躁不安、睡眠困难或紧张易怒。

宝拉大多数时间里感觉还好，但有时会突然感到一阵强烈的焦虑袭来。第一次发生这样的情况时，她以为自己得了心脏病——她觉得很奇怪——还去了急诊室，但检查结果显示她的心脏没有任何问题。宝拉经历的是**惊恐障碍**（panic disorder），她发作的时候被称为**惊恐发作**（panic attacks）——强烈的恐惧和焦虑密集地、短暂地爆发。惊恐发作经常伴随一些躯体症状，如心悸、流汗、胸痛、害怕发疯或死亡、寒战、麻木或潮热。尤其在初次惊恐发作的时候，很多人都以为自己得了心脏病。

阿普里尔也有过焦虑发作，所以她开始回避那些会引发焦虑的地方，最终她大部分时间都待在家里。她患的是**广场恐怖症**（agoraphobia）。患有广场恐怖症的人对公众场所感到害怕，开始回避这些地方。极端的广场恐怖症患者待在家里与世隔绝，不敢外出。

塞巴斯蒂安只在社交场合感到焦虑，特别是在陌生人面前演讲的时候。他只要一想到公开演讲就会感到焦虑。塞巴斯蒂安的状态属于**社交恐怖症**（social phobia），这是一种对社交场合的强烈恐惧，尤其是涉及在别人面前表演或和陌生人在一起的时候。社交恐惧很普遍——大约有八分之一的人在一生中会经历社交恐怖症。

虽然这四种焦虑障碍的表现形式非常不同，但它们的人格特征十分一致。像抑郁症一样，焦虑障碍也和高神经

广场恐怖症可以把人们困在家里。

质、低外倾性和低尽责性有关（见图 14.7）。

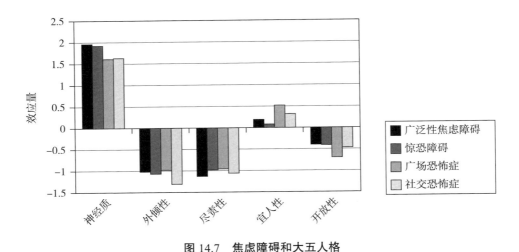

图 14.7　焦虑障碍和大五人格

注：每种焦虑障碍的一般患者在大五人格特质上的得分与心理健康者相比较的结果（标准差差异）。

双相障碍

本书作者基斯在读研究生的时候所住公寓的楼下是一位艺术家，这位艺术家（我们在这里就叫他文森特）和他的女朋友住在一起。有一个星期，文森特一直没有睡觉，连续几天沉浸在艺术创作中。一切都变成了艺术。他把家具涂上了奇怪的图案，还到海滩上精心地涂鸦。之后，他从公寓楼里消失了。后来他的女朋友告诉基斯，文森特住院了——他得了**双相障碍**（bipolar disorder），其特点是在精力高涨的**躁狂发作**（manic episodes）之后紧跟着陷入抑郁（这也是这种障碍曾经被叫作躁郁症的原因）。

文森特的躁狂发作是双相障碍的典型表现：情绪高涨、自尊心膨胀、几乎不需要睡觉、冲动的决定和思维奔逸。凯·雷德菲尔德·贾米森（Kay Redfield Jamison）曾是双相障碍患者，后来成为一名精神病专家。她曾写道，在她青春期躁狂发作期间，她觉得自己能做任何事情，并且还可以看到错综交织的宇宙之美。尽管她努力地与双相障碍的阴暗面相处以保持自己积极的一面，但她最终还是通过服药来控制病情。

躁狂听起来好像很有趣，但它却极具破坏性。2012 年，演员兼作家卡丽·菲舍尔（Carrie Fisher）登上了头条，她在一艘邮轮上演出的时候明显喝醉了。费雪后来承认，她当时实际上正处于由双相障碍造成的躁狂状态。"我真的不记得我做过什么……我只是在努力地活下去。"她后来说道，"我一直不睡觉。我到处写字。我真的可以弯下腰趴在地上写字，我的助理试图跟我说话，但我没办法回答。我迫不及待地想看看我写了什么，但是天啊，我看不懂自己写的东西。"费雪于 2016 年 12 月过世，具体原因不得而知，但据她的女儿比莉·洛尔德（Billie Lourd）说，可能的原因是费雪与心理疾病斗争和药物滥用"她最终因此而离世"。

双相障碍与更高水平的神经质有关，但其相关性程度低于抑郁症与神经质之间的相关性。双相障碍还与更高的外倾性有关，这和抑郁症正好相反。它们正是双相障碍的两极：负面情感（神经质）和积极情感（外倾性）。躁狂与开放性之间存在相关，这或许是躁狂在艺术家和其他创造型的人中如此常见的原因（如果你想了解所有这些障碍和大五人格的相关性，见表 14.3）。

表 14.3　心理障碍及其与大五人格特质之间的关系

心理障碍	与大五人格的相关性
抑郁症	高神经质、低外倾性、低尽责性
焦虑障碍	高神经质、低外倾性、低尽责性
双相障碍	高神经质、高外倾性、高开放性
精神分裂症	高神经质、低外倾性、低尽责性、低宜人性
进食障碍	高神经质、低外倾性、低尽责性、低宜人性（过于控制型是高尽责性）
成瘾障碍	高神经质、低外倾性、低宜人性

精神分裂症

约翰·纳什（John Nash）确信自己在拯救世界。作为一个出色的数学家，他利用他的解码技术帮助美国中央情报局特工。每天晚上，他都翻阅报纸，查看一些秘密消息。

这样的秘密生活令人兴奋不已，但有一个问题是他痴迷的报纸只是普通报纸，那些间谍也只存在于纳什的脑子里。他实际上并没有和政府合作，这些想法是他同**精神分裂症**（schizophrenia）斗争的一部分——精神分裂症是一种以妄想为特征的心理障碍。纳什的一生，从精神分裂症妄想的低谷到因博弈论获得诺贝尔奖的巅峰，都被记录在了书和电影《美丽心灵》

曾患有精神障碍的约翰·纳什获得了诺贝尔经济学奖。

（*Beautiful Mind*）中。

精神分裂症患者会经历**幻觉**（hallucinations），听到或看到不存在的事物。纳什相信自己正在和特工打交道，但实际上后者并不存在。大多数情况下，精神分裂症的幻觉都涉及幻听多于幻视。精神分裂症还会引发**妄想**（delusion），如有的人认为某个精心策划的阴谋会陷害或羞辱自己。

上述症状至少持续一个月才能被正式诊断为精神分裂症。精神分裂症的其他典型特征包括言语涣散（如胡言乱语、奇怪的言论、自创的词句——有时叫作"语句杂拌"）、行为错乱或僵硬（无法移动）和情感淡漠（感觉不到任何情绪）。值得注意的是，与一些描述不同，精神分裂症与多重人格或人格破碎毫无关联。

与精神分裂症有关的人格概貌是外倾性、尽责性和宜人性的水平都比较低（见图 14.8）。这种模式在精神分裂症初期更为明显，这表明这些人格并非简单地只是精神分裂症的结果。

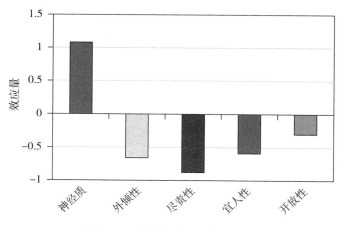

图 14.8　精神分裂症和大五人格

注：一般精神分裂症患者在大五人格特质上的得分与心理健康者相比较的结果（标准差差异）。

进食障碍

波蒂娅·德·罗西（Portia de Rossi）正在忍受饥饿，但不是因为缺钱。她是一名成功的演员，最近刚刚被邀请在热播剧《甜心俏佳人》（*Ally McBeal*）中饰演一名律师。尽管她的身材已经非常苗条了，德·罗西还是深信自己应该更瘦一些。她开始每天只吃 300 卡路里热量的食物（比一碗白米饭多一点点）。

2001 年，德·罗西的器官几近衰竭，并入院治疗，当时她的体重只有 37 千克。最终，她开始了康复治疗并恢复健康。

进食障碍（eating disorder）是围绕着进食产生的心理问题。**神经性厌食症**（anorexia nervosa，常被简称为厌食症）是一种想把体重保持在极低水平上的症状——已经不仅仅是瘦了，而是瘦成皮包骨头。患有神经性厌食症的人极其担心自己变胖，他们的体重是如此重要，已经成为他们自我概念的核心问题。有时候他们太瘦了，以至于出现了肾衰竭或心脏衰竭，有些人甚至真的饿死了。

神经性贪食症（bulimia nervosa，常被简称为贪食症），包括暴饮暴食和补偿性代谢。神经性贪食症的患者一次性吃下大量的食物，尽管他们知道自己不该如此。然后，他们开始呕吐、服用泻药、禁食或通过高强度的锻炼摆脱这些热量。

厌食症和贪食症并不像它们听上去那样完全背道而驰。很多患有厌食症的人同样也会暴饮暴食和补偿性代谢，还有一些人在厌食症和贪食症之间反反复复。

进食障碍患者的典型人格特征也是高神经质和低外倾性，有一些证据表明低尽责性和低宜人性也与之有一定的关系（见图 14.9）。

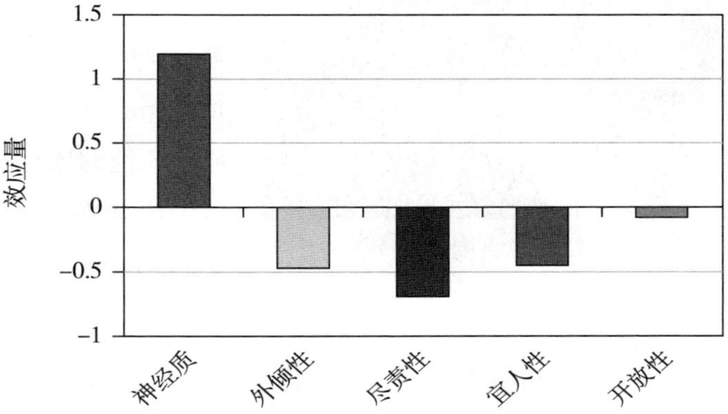

图 14.9　进食障碍和大五人格

注：一般进食障碍患者在大五人格特质上的得分与心理健康者相比较的结果（标准差差异）。

进食障碍患者分为三种不同的人格类型。"弹性 / 高功能"类型患者的人格特征与正常人无异。他们就是得了进食障碍的普通人，但功能没有受到影响。

"失控 / 情绪失调"类型患者常常表现出情绪化，做出冲动行为。他们的神经质水平高（情绪失调），尽责性和宜人性程度低（失控部分，与冲动类似）。这部分人更容易暴饮暴食和补偿性代谢。

最后是"过分控制 / 限制"类型，他们具有高神经质、高尽责性和开放性水平低。后面两个特质预示了过分控制，有的人变得过度控制以至于无法接受新事物。这种类型是追求高成就和完美主义的厌食症患者的典型特点，他们的意志力本是一种正向特质，直到他们把这种意志力用来忍受饥饿。

✎　**写作提示：了解自己**

如今，进食障碍在年轻人中很常见。这些与进食障碍有关的人格特征和你在那些可能患有进食障碍的人身上观察到的结果相符吗？

成瘾障碍

美国正处于阿片类药物泛滥之下。许多人成瘾是从处方止疼药开始的，他们后来转向使用海洛因之类的非法制剂，因为后者的价格更低，而且它们是非法药物，不需要医生的处方。阿片类药物的作用是止疼，但它们同样可以给使用者提供一种

成瘾会成为一种破坏性的心理障碍。

他们渴望的快感。这种快感，再加上戒除阿片类药物所带来的令人恶心的戒断症状（如焦虑、烦躁不安、出汗、胃病），使得很多人无法自拔。阿片类药物成瘾的程度可以保持不变，但使用者常常为获取快感而不断地加大剂量直到危险的程度。他们短暂地停止使用阿片类药物，然后又恢复到同等剂量，这非常危险；他们还把阿片类药物和其他毒品或药物（如酒精）掺杂在一起，这样做会产生更大的危害。根据美国药物滥用问题研究会（National Institute of Drug Abuse）的数据，每年大约有 30000 人死于阿片类药物。在这部分中，我们将探索人格特质和物质滥用之间的关联。

与物质滥用有关的障碍涉及毒品和酒精等有毒的物质。人们不断摄入这些物质，即使这些物质会对他们的生活造成严重的影响，如关系破裂或被解雇。当人们为了达到同样的效果需要摄入的量越来越多（耐受性）或在戒除后经历戒断症状的时候，他们就被认为产生了依赖性。例如，过去，一瓶啤酒就足以让你的朋友希德头脑嗡嗡作响，现在却需要六瓶。之后，酗酒开始给他的生活造成问题，他学业落后，女朋友也受够了他的酗酒行为。他尝试戒酒，但做不到。这时他就符合物质滥用有关的障碍的标准了。

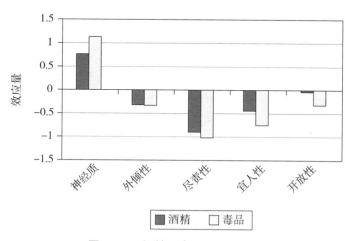

图 14.10　酒精、毒品和大五人格

注：一般成瘾障碍患者在大五人格特质上的得分与心理健康者相比较的结果（标准差差异）。

物质滥用障碍同样与高神经质和低外倾性有关（见图 14.10）。患有物质滥用的人通常尽责性和宜人性水平较低。适可而止的饮酒或从一开始就不喝酒需要自律和责任感，这两方面都属于尽责性的范畴。物质滥用也常常意味着伤害别人，这可以对低宜人性做出解释。

病理性赌博也是一种成瘾障碍。**赌博障碍**（gambling disorder）这个词让人联想到一个在赌场里蓬头垢面、运气不佳、赌场失意的男人或一个无法远离赛马场的落寞失败者形象。然而，随着在线赌博网站的兴起，赌博障碍一边变得更加普遍，一边又变得更加不为人注意。

被诊断为赌博障碍的前提是，赌博给个体的生活造成了重大问题。DSM-5 使用九个具体标准作为诊断病理性赌博障碍的依据，其中有一些与物质滥用障碍的诊断标准重叠。例如，病理性赌徒总是不停地想着赌博，需要越来越多地下注才能获得同样的快感和满足，这类似于毒品和酒精的耐受性。其他症状包括"损失追逐"（投注越来越多的钱以弥补损失）、在赌博问题上对朋友和家人说谎及操纵他人以获取额外的钱用来赌博。

病理性赌徒的人格具有典型的高神经质特征。换句话说，大部分病理性赌徒并不具备电影《瞒天过海》（*Ocean*）中乔治·克卢尼（George Clooney）扮演的角色那样圆滑自信、处变不惊的人格特征。病理性赌徒的尽责性往往也较低——病理性赌博的根源是自我控制的崩塌。

那么，基于以上对人格和心理障碍的简要介绍，我们可以做些什么吗？

治疗与人格改变

现在，我们已经知道了心理障碍及其与人格特质的关联，下面我们要转向治疗了。好消息是，心理治疗有成效。在数百项研究中，接受治疗的人当中有 75% 的人比未接受治疗的人得到更多或更快的改善。有趣的是，治疗的种类（如精神分析与认知行为疗法）和实施治疗的人（是精神科医生还是具有社会工作硕士学位的人）在一般情况下似乎并不重要。当然，治疗并非总能消除心理疾病，但它可以帮助很多人感觉更好。

心理治疗真的可以改变人格吗？最近一项元分析对 207 项研究效应进行了检验，这些效应来自对有关一系列疗法中大五人格特质改变的研究。总之，这项元分析得出的结论是，人格可以经由干预得到改变。

药物通常被用于心理障碍的治疗，尤其对抑郁症和焦虑障碍的治疗。抗抑郁药物可有效治疗多种心境障碍、焦虑和抑郁障碍。抗抑郁药似乎和心理治疗起到了同样的作用（尽管这还是一个有争议的话题）。制药公司宣传抗抑郁药物的方法是指出抑郁症是大脑内"化学失衡"，增加更多的血清素会有所帮助。你可能会想，如果抑郁症是化学失衡的一种表现，那就是一种生理障碍，它和像人格这样难以捉摸的东西会有什么关系呢？

你可能还记得第 4 章的内容，研究者正开始着手研究人格与神经递质之间的关系。可以确信的是，服用抗抑郁药物可以降低神经质，提高外倾性。反过来，这些人格上的变化与抑郁症的减轻有关联。《倾听百忧解》（ *Listening to Prozac* ）一书的作者彼得·克雷默（Peter Kramer）预见了这样的结论，他注意到，当他的病人开始服用抗抑郁药之后，他们变得更加外向和放松。克拉默发现自己处于矛盾中：他很高兴看到病人有所好转，但也想知道药物是否改变了病人本身并因此改变了其人格？未来我们也许会发现，治疗抑郁症等心理障碍的主要方法之一就是改变人格。关于这件事是好还是坏，无疑人们还将继续争论下去。

人格障碍可以得到有效的治疗吗？答案是肯定的，但有时会很难。例如，患有自恋型人格障碍的人是出了名的无法保持治疗，因为他们常常觉得自己没有任何问题（他们也不喜欢被告知他们有问题）。过去，心理治疗师使用心理动力学的方法（关注自童年起发生的事件，回顾第 6 章的内容）治疗人格障碍。现如今，人格障碍经常通过**认知行为疗法**（Cognitive-Behavioral Therapy，CBT，强调改变人的思维和行为）、基于正念减压的疗法（聚焦于保持觉知和冷静，回顾第 5 章的内容）或抗抑郁药物进行治疗。治疗师还尝试对具体人群进行靶向治疗。例如，心理动力学疗法对有动力和思考力的人最行之有效，基于正念减压的疗法对正在与情绪调节做斗争的人效果最好（如边缘型人格障碍的案例）。

即使是自助类书籍（尤其是那些建立在充分研究基础上的技术）也是有效果的。有一个流行的词叫作**阅读疗法**（bibliotherapy）。许多自助类书籍教授某种认知行为疗法。例如，一个焦虑或抑郁的人可能认为一个糟糕的决定会让自己的全部生活分崩离析——如一次考试不及格意味着整个人生都失败了。CBT 教会读者质疑这些信念，明白一次考试不能代表什么，只要关注下次有进步就好了。CBT 对大量心理障碍都有治疗效果。

如果你没有焦虑或抑郁，只是想让自己过得更好一些呢？你很幸运，因为有一些研究表明，你可以让自己变得更幸福。每个人都有一个幸福的"设定点"：一些人一开始就比其他人更幸福。如同我们在第 4 章讲过的，我们生来就有着某些倾向。不过，幸福可以通过练习得到提升。

在一项研究中，研究人员要求人们实践幸福策略，如尝试保持乐观和表达感激之情（例如，关注你所居住的地方的美好，而不是想着如果你是一个亿万富翁会拥有什么样的豪宅）。而控制组只是写下他们在过去一周做过的事情。8 个月之后，使用了幸福策略的人更快乐，那些最常使用这些策略的人是最快乐的（见图 14.11）。除此之外，在很多研究中，表达感激的策略也给人们带来了更多的快乐。

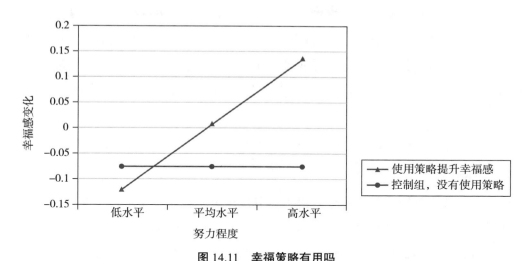

图 14.11　幸福策略有用吗

注：在不同努力条件下（低水平 / 平均水平 / 高水平），实践幸福策略对幸福感变化的影响（与控制组相比）。

社交自信也可以得到提升。例如，即使感到不舒服，人们也可以将自己置于社交场合中，因为他们知道自己的焦虑会随时间消散。另外一种方法是挑战自己有关社交场景的负面想法。此外，放松训练可以教会人们深呼吸，在可怕的社交场合下放松下来，这也是减轻广泛性焦虑的一个好办法。最后，社交技能训练可以教人们如何介绍自己并与他人开始简短的谈话。

友善（或高宜人性）也可以通过练习习得。一项研究检验了情绪胜任力训练对社交关系和宜人性的影响。接受了三场 6 小时情绪胜任力训练的人在 6 个月后宜人性水平更高。增进友善和幸福的另一个简单且有效的方法是记录你的友善行为数量，用一到两周的时间持续跟进你做过的友善的行为。在这短短的时间内，你会感觉到自己变得更开心了，或许还会发现自己变成了一个更善良的人。最后，冥想也有帮助，尤其包括助人或同情他人这样目的明确的冥想活动。

低自控力、低尽责性和冲动——不加思考地做出危险或不理智的事情——是许多行为问题的根源。不过，这些也可以通过练习得以改变。提升自控力最好的方法就是冥想，特别是正念冥想（见第 6 章）。哪怕只

 写作提示：了解自己

你练习过幸福策略吗？如果你曾经练习过，你练习的是哪一种，效果如何？如果没有练习过，你会选择其中哪一种？为什么？

是接受了一周的冥想训练，人们的自控力也有所改善。当你的自控力开始耗竭的时候，冥想甚至还可以帮你重获掌控感。例如，当人们不得不压抑自己的情绪反应时（如在餐厅工作需要对粗鲁的人保持微笑），他们常常会感到心理耗竭。冥想补偿了心理耗竭并提升自控力。最大的好处或许在于，练习正念冥想的人不太可能和他们的伴侣发生争吵。在下一章中，我们会介绍更多增进尽责性和自控力的方法。

总结

阅读有关心理障碍的内容令人沮丧，引发焦虑。心理障碍让人类遭受了如此多的痛苦，我们又很难理解这些处于痛苦中的人。在真人秀中看到一个有人格障碍的人崩溃或许有一定的娱乐性，但他们是真实的人，实实在在地给自己和他人造成了伤害。你可能也会担心自己或认识的人患上心理障碍。甚至有一些人已经体验过这些心理障碍带来的痛苦，可能是发生在自己身上，也可能是发生在身边人的身上。

好消息是心理障碍可以得到治疗，如今的治疗方法比过去好很多。还有很多事情是你自己可以做的，你可以靠自己改进你的心理健康状况。改变你的思维、养成健康的习惯可以降低焦虑，有助于预防抑郁症和提升幸福感。这些方法不是灵丹妙药，但是它们可以让幸福与不幸、悲伤和临床抑郁变得不同。话虽如此，当其他人患有精神障碍时，请不要责怪受害者。有些人就是比其他人对心理疾病更易感，同时，也并不是所有的心理疾病都可以预防。让这些知识帮助你尽可能地改善自己的生活。

如果你通过正常人格理解了心理障碍，就更是如此了。具体来说，高神经质、低外倾性、低尽责性和低宜人性与许多心理障碍有关。这说明，降低神经质水平并提高外倾性、尽责性和宜人性的水平可以减少或将患心理疾病的概率降到最低。随着科学家不断地揭示出人格和心理障碍之间的关联，这将会成为研究的一个重要领域。

思考

1. 心理学家采用什么标准对心理障碍做出诊断？
2. 总结一下三类人格障碍与大五人格特质之间的关系。
3. 请选择人格障碍以外的两种心理健康障碍并解释它们和人格之间的关联。
4. 有什么方法可以让人们变得更友好和更尽责？

14.1：流行病学研究中心抑郁量表
(Centers for Epidemiological Studies Depression Scale)

指导语

以下是你可能有过的感受或行为，请根据这些感受或行为在过去一周发生的频率选择相应的数字。

	很少或没有（少于1天）	较少（1~2天）	有时（3~4天）	大多数时候（5~7天）
1. 我被一些通常不会困扰我的事情困扰。	1	2	3	4
2. 我不想吃东西，我的胃口很差。	1	2	3	4
3. 即使有家人和朋友的帮助，我也很难摆脱忧伤。	1	2	3	4
4. 我觉得我和其他人一样好。	1	2	3	4
5. 我难以集中注意力。	1	2	3	4
6. 我感到抑郁。	1	2	3	4
7. 我觉得我所做的一切都是一种努力。	1	2	3	4
8. 我对未来充满希望。	1	2	3	4
9. 我认为我的人生很失败。	1	2	3	4
10. 我感到害怕。	1	2	3	4
11. 我睡觉时辗转反侧。	1	2	3	4
12. 我很快乐。	1	2	3	4
13. 与平时相比，我很少说话。	1	2	3	4
14. 我觉得孤单。	1	2	3	4
15. 人们不友好。	1	2	3	4
16. 我热爱生活。	1	2	3	4
17. 我曾经哭过一阵。	1	2	3	4
18. 我感到悲伤。	1	2	3	4
19. 我觉得人们不喜欢我。	1	2	3	4
20. 我无法"前进"。	1	2	3	4

计分

请按照以下标准进行计分：

反向计分项目是第 4、8、12、16 题，即选择"1"计 4 分，选择"2"计 3 分，选择"3"计 2 分，选择"4"计 1 分。其他项目按所选数字计分。将所有分数相加，得到总分。

你的总分：＿＿＿

第**15**章
人格与生理健康

在日语中，数字 4 与"死"的发音几乎完全相同。日本的医院习惯性地避讳使用 4 作为房间号或楼层号（就像美国和欧洲的一些大楼避讳使用 13 一样），日本餐厅避免在电话号码中出现 4。当然，这种避讳纯粹是心理上的，除了发音的巧合以外没有任何依据。但是，心理会对生理产生影响吗——对某个事物的恐惧会真的杀死你吗？

很明显，答案是会的。在 4800 万死于心脏病的美国人中，日裔美国人（与美国白人相比）死于当月第四天的概率明显更高，尽管不是所有的研究都得到了同样的结果。其他日期也很危险：与平日相比，患有心脏病的人在生日那天死亡的可能性高出约 20%。假如这些仅仅来源于一个数字、生日的心理压力就可以让慢性心脏问题变得致命，那么身心症状很显然不只存在于想象中——它们对身体有着实实在在的影响。

我们怎么想及我们想些什么显然很重要，这在很大程度上是由我们的人格决定的。在本章中，我们要讨论人格和生理疾病之间的关联，找出人格是如何让你生病的——或者，如果幸运的话，人格又是如何保护你免于生病的。

和在其他章节一样，我们使用大五人格探索人格的影响——但这次是对生理健康的影响。我们还会强调关于**类型**（type）的研究，即与某些疾病相关联的人格特征（如 A 型或 D 型）。最初关于人格和生理健康的研究大多聚焦于类型，但多数类型都和大五人格有很多的重叠。最后，我们看一看动机和知觉如何影响健康。

大五人格与生理健康

就像人格特质影响了你的职业选择、人际关系和心理健康一样，它们同样影响你的生理健康。当然，其中一些特质的影响效应更大。让我们一起看看大五人格中的每项特质与不同的生理健康状况之间有怎样的关系。

尽责性

1921 年 9 月的一天，11 岁的帕瑞克和约翰被从教室里叫出来，他们要去见斯坦福大学的心理学家刘易斯·推孟。推孟正在开启一项针对智力超常儿童的研究，帕瑞克和约翰是这项研究潜在的被试。推孟从他们及另外 1500 名儿童的身上收集了全面的数据，向他们的父母和老师询问了大量有关他们的习惯、人格和行为的问题。随着他们逐渐长大成人，推孟每隔几年就会对他们进行调查，了解他们的人格并记录下他们的生活。1956 年推孟去世后，其他研究人员继续推进这个项目，直到它成为有史以来持续时间最长的纵向研究。

推孟的大多数被试都生于 1910 年至 1913 年期间，所以他们中的大多数都已经去世了。这使得他们的资料成为很好的数据源，可以用来研究为什么有些人寿命更长、有些人则不然。

那么，根据这些数据，在所有的人格特质中，哪一种特质能对长寿做出最佳预测？

答案是尽责性。对长寿做出最佳预测的人格特质在有些人看来有些无聊：尽职尽责、列清单、做计划、对冒险行为小心谨慎。另外一项针对美国成年人的更广泛、更新的纵向研究也得到了同样的结论：在大五人格中，尽责性能够最好地预测出 14 年以后哪些人还活着、哪些人离世了。一个对 15 项国际性纵向研究进行的元分析也发现了尽责性在预测长寿方面的关键作用。

尽责的人并非天生强壮，但他们按时去看医生并遵医嘱服药。高尽责性的大学生更有可能系好安全带、锻炼身体、保持充足的睡眠、多吃水果和蔬菜并且较少抽烟和饮酒。在近 200 项研究中，尽责性的人较少喝醉酒、吸毒、吸烟、体重过重或发生车祸。他们也较少陷入危险性行为（有多个性伴侣并较少使用避孕套），较少想到自杀。他们一般不会参与打架、实施破坏行为或性暴力。他们并没有超量运动，他们不会做有危险的事情，如高危运动或吃掉整盒甜甜圈之类不明智的举动。总之，高尽责性的人更可能吃健康食品（包括吃更多蔬菜），保持更细的腰围——这是一个重要的健康指标。有一项研究比较了来自同一家庭的兄弟姐妹（这是一个好方法，可以剔除来自抚养的混淆变量），结果发现尽责性更高的人体重指数更低，他们超重的概率比其他兄弟姐妹小 12%。

尽责性与自律和意志力（控制冲动、做出正确选择和三思而后行的能力）有重合。它也被称为自我调控，好像自我作为一个马车夫控制着思维狂野的冲动——像一匹脱缰的野马一样随时可能逃跑。自律意味着既可以驾驭内在反应（如有关薯条的干扰想法），也能够掌控外在行为（吃掉整包薯条）。自律性高的大学生学习成绩更好，人际交往能力更强，较少会暴饮暴食或酗酒。自律的对立面是冲动或不假思索地行事。

高尽责性的人更有可能吃健康食品、锻炼身体、按时就医并养成其他与健康长寿有关的习惯。

冲动与肥胖有关。高冲动性的人比低冲动性的人体重多出11千克。这能讲得通：很少有人会突然想吃西兰花或鸡肉，但想吃比萨、糕点和甜品之类让人发胖的东西就太正常了，想限制自己只吃两块而不是吃掉整盒饼干通常也很难。

那么，你可能会想，如果尽责性是健康的最佳预测指标，而你就是一个杂乱无章、一团乱麻的人，难道只能认命了吗？完全不是。实际上，你可以提升自己的自律性，并且相应地增强你的健康状况。

在一项实验中，大学生参加了一个基于计划和自律的学习技巧项目，如把任务分解成具体的小目标、建立学习时间表、记录学习时间日记。与控制组相比，学习了这些学习技巧的学生学习时间更长。这是预料之中的。然而，值得注意的是，这些学生还较少吸烟和饮酒，较少把脏盘子和脏衣服四处乱放，更多地吃健康食品。当学生在一个领域内练习自律，他们整体上的自律性也得到了提升。

在后续的研究中，有规律地锻炼或认真监控自己花销的学生在看似无关的自律性任务上（如健康饮食、情绪控制）也表现得更好。我们在第5章中讲过，自律的运作像肌肉一样：反复使用会使它变得更加强健。

这些学生为提升自律和尽责性具体做了些什么呢？你也能这样做吗？他们尝试拒绝香烟、酒精、咖啡因和垃圾食品的诱惑。他们尝试用学习取代看电视，避免花太多钱，不把盘子留在水池里。他们创立了一个学习时间表，把截止时间设定得提前一点以减少拖延。所以，如果你认为自己一团糟，就从上述领域之一开始，比如学习或健康饮食，几个月之后你的整体自律水平就会提升。如果这些听起来有点难，那就从不把脏盘子留在水池里、不把喝过的啤酒罐扔到地板上开始。然后你可以继续，完全戒掉啤酒或只在外出时喝酒。

这里有一个重要的警告：不要试图立刻改变你的整个生活，因为你的自律肌肉很快就会变得疲劳，结果就是你很容易放弃。比如，很多人都会在新年许下减肥的心愿。他们放弃了甜品和比萨，开始每天去健身房。但这很难做到——在实验室研究中，在一项任务上实施自我控制的人（如吃胡萝卜而不吃曲奇）很可能在另外一项同样要求自律性的任务上（如努力解决难题）失败。我们还是用肌肉来做类比，在短时间内过度使用会造成自律的疲劳。

关键是提前计划、建立日常习惯，这样你的自律就不会一下子消耗过多。一项研究发现，高度自律的人花在抵御欲望上的时间更少——这不是因为他们没有欲望，而是因为他们避免了拖延并养成了健康的习惯。或许是因为像这样前瞻性的选择，高度自律的人报告的压力更少。

神经质

神经质的人在社交平台上更频繁地使用"抑郁"和"孤独"之类的词。他们同样也更频繁地使用骂人的话"恨"和"生病"，这说明他们具有敌对和愤怒的倾向。总之，高神经质的人更多地体验到负面情绪，这种负面情绪可能是向内的（焦虑和抑郁），也可能是向外的（愤怒）。有关神经质和生理健康之间关联的研究，探索这些负面情绪的类型以及伴随着这些负面情绪的人格类型。

D 型人格和焦虑　神经质得分高的人本身就很容易担心自己的健康状况——毕竟，他们往往对每一件事都感到忧虑。不出意料，神经质的人常常会出现与担忧有关的症状，如头痛、胃病。神经质还和其他健康问题有关，如心脏病、高血压和肥胖。例如，在一项大型纵向研究中，焦虑水平高的女性心脏病发作的概率比一般人高出 7 倍多。高神经质典型的负面情绪甚至还可能直接加速衰老进程，高神经质的人染色体较短，这预示着他们的生理年龄比实际年龄更大。大概正因为此，神经质的人寿命不太长。

神经质还增加了患上抑郁和其他心理健康问题的风险，心理健康问题继而和许多生理疾病有关。神经质的人也更有可能滥用酒精和药物，更有可能吸烟，这可能是因为他们通过自我用药来抵御焦虑和抑郁。当然，物质滥用会导致更多的健康问题。高神经质的人还更有可能有网络成瘾的问题，虽然我们还不清楚，是花费大量时间上网造成了焦虑和抑郁，还是焦虑和抑郁导致人们把大量时间用来上网。

另外一个与健康问题有关的特质是**社会性抑制**（social inhibition），即不愿表达可能引发他人反对的情绪。社会性抑制水平高的人会同意诸如"我觉得开启一段谈话很难"和"我经常在社会交往中感到束手束脚"这样的表述。社会性抑制与低外倾性有关。高神经质和高社会性抑制组合在一起叫作 D 型（**忧伤型**）人格（type D-distressed personality）。

D 型人格的人在过去一个月接受心理治疗的概率是其他人的 4 倍，二者的比例分别是 7% 和 1.5%。D 型人格的青少年遭遇睡眠困难的可能性是非 D 型人格青少年的 4 倍。在一项针对健康青少年的研究中，D 型人格的人在经历压力之后血压上升得更多。如果一个 D 型人格者患有心脏疾病，那么他发生心脏病发作、恶化成癌症或因任何原因死亡的可能性是非 D 型人格者的 2 到 7 倍，这可能是由于动脉斑块的风险增加，动脉斑块是心脏病的风险因子。和高神经质的人一样，D 型人格者的染色体也较短，预示着细胞加速衰老。

这是不是意味着，如果你的神经质水平高，就注定人生短暂呢？不一定，理由有很多。这些研究大多彼此之间存在相关，而且，如我们在第 2 章提到的，相关研究无法证明因果。健康问题会使人忧虑，那么因果关系可能就是反过来的——也许是不良的健康状况导致了高神经质，而不是高神经质造成了不良的健康状况。混淆变量也会导致神经质和疾病。例如，有些人就是喜欢抱怨一切：如果生理健康状况是通过自陈报告得到的，那么报告了负性情绪的人可能也会报告不良的健康问题，而这仅仅是因为他们爱抱怨。大部分研究都控制了可能的混淆变量（如收入），但仍有可能发生的是，由于童年遭受虐待、父母酗酒或其他原因导致生活多舛的人既有较高的神经质水平，也更容易生病。还有一种可能是，神经质没有直接导致健康问题，但神经质造成了一些不良的选择，如吃不健康的食物或过量饮酒。又或者，像一项研究所发现的那样，神经质和早亡之间的关系只是由于自杀和意外。因此，死亡可能是负面情绪和抑郁的直接结果，而非生理健康的问题。

我们推断，高神经质确实意味着健康风险更高。但好消息是，意识到自己的神经质水平是非常有帮助的，这让你可以在抑郁症之类的健康问题发生之前就能够采取措施与之抗争。这不仅有利于身体健康，在整体上也有益处——一直杞人忧天的人是无法生活下去的。

幸运的是，饮食和生活方式的改变可以对抗抑郁，即使对那些对抗抑郁药物有抗药性的人也是如此。临床心理学家史蒂夫·伊拉迪（Steve Ilardi）在他的《抑郁症的治疗》（*The Depression Cure*）一书中讲述了一个心理和生理相结合的项目，其中包括社会交往、身体锻炼、补充欧米伽-3 脂肪酸、睡眠和日照等，研究显示这些因素可以减轻抑郁的程度。抑郁症还和**反刍**（rumination）有关，这是一种让充满压力的想法不断地充斥于头脑中的常见做法。所以，减少反刍也可以抵御抑郁症。这些生活方式的改变当然不是万能的，但它们已被证实可以减轻抑郁症状。

认知行为疗法被认为是最有效的心理治疗方法（见第 14 章），它也可以有助于停止反刍。当你开始想到负面情绪时，对自己叫停并试图想一些其他事情。你还可以尝试专注于让你心存感激的事情，感激之情与增加幸福感有关。写过感谢信的女性幸福感更高，抑郁症状更少。

另外一种方法是写日记。一项研究要求学生写下创伤性事件或无关紧要的主题，那些记录创伤的学生更少生病。而且这不仅仅发生在头脑中，他们的体内产生了更多的白细胞，这意味着他们的免疫系统运作得更好，他们一般也不感冒或发烧。即使把写下的东西扔掉了，人们也感受到了健康的益处。这不需要花太多时间，两分钟的写作就足以促成更好的健康状况，不过坚持几周或几个月的时间会收获更多。

为什么写日记与会产生消极后果的反刍不同呢？显然，把事情写在纸上（或向一个只会倾听的人诉说，就像在心理治疗中那样）可以让人们表达他们的负面情绪，这样他们就能停止过度思虑。和朋友聊天有时候不起作用，因为他们不只是倾听——作为朋友，他们通常会赞同你或他们也曾经历过类似的事情。他们还会试图帮助你解决问题，这可能会让你想得更多。这样做会变成集体反刍，使事情变得更糟。因此记日记、用录音机录下来或心理治疗是更好的选择。

如果这些活动可以降低你的神经质水平，那么它们也可能会帮助你实现长寿。一些研究表明，神经质水平不断下降的人比那些神经质水平维持不变或升高的人寿命更长。在神经质水平高的人中，那些神经质水平降低了的人在接下来的 18 年里死亡的概率比神经质水平升高的人低 50%。令人欣慰的消息是，人格的变化——而不仅仅是先天的特质水平——可以影响生理健康甚至寿命。

A 型人格和敌意　安东尼奥总是忙忙碌碌，他有一个详尽的日程表，这样他可以平衡学业、兼职工作和家庭责任。每次被耽搁或不得不等待的时候，他就会变得不耐烦，有些敌意，甚至生气。一天，安东尼奥的朋友布鲁斯邀请他参加一个临时起意的聚会。"不行，我不能去，我还有很多的事情要做。"安东尼奥说。"来吧！"布鲁斯劝道，"活得轻松点！嘿，伙计，你真是个十足的 A 型人。总有一天你会心脏病发作！"

布鲁斯说得对吗？安东尼奥似乎确实是 **A 型人格**（type A personality），他努力工作、安排有序、急躁不安。布鲁斯看起来则是 **B 型人格**（type B personality），悠闲、不喜欢计划（B 型人格和更高的宜人性、更低的尽责性也有关联）。像布鲁斯说的一样，A 型人格的人更容易患上心脏病。请你完成本章末尾的詹金斯活动调查问卷，了解你属于哪种类型。

心脏疾病与人格有关的想法最早出自两位心脏病专家。他们的诊所等候室中的椅子需要修理，当修理工到达之后，发现只有椅子的前半部分坏掉了。这两位医生的病人几乎全部是心脏有问题的男性，这些人很明显都坐在了椅子的边缘。这很自然地让人想到某种人格类型的人：一个总是看表、踮脚、因为等待时间太长而愤怒的人。

我们可以通过观察人们在面试中的行为来测量 A 型人格，这样测得的 A 型人格最能预测心脏病的风险。例如，当面试官语速很慢的时候，他们会做何反应？A 型人格的人一般会表现出明显的焦虑，更有可能打断并帮面试官说完后面的话。当通过这种方式测量的时候，A 型人格比吸烟史和胆固醇水平能更好地预测心脏疾病的发生。在一项综合性的元分析中，A 型人格的人（通过面试的方式测量得到）和心脏病发作之间的相关系数为 0.18。因此，从统计学来讲，A 型人格的人比 B 型人格的人发生心脏病发作的可能性高出 43%。

有一次，本书作者简的朋友亚伦（A 型人格的人）去机场接她，他们需要排队付停车费。他看了看自己的手表，发现他的车停了差不多快 30 分钟，也就是他需要付 5 美元而不是 2 美元了。排队的每一分钟都让亚伦更加沮丧和焦躁，他拍打着方向盘说："快点啊！快走！"这个时候劝他冷静下来只会让事情更糟。他越是沮丧，简就越担心他会不会因为多付 3 美元而当场心脏病发作。简已经不记得他们最后有没有在规定时间前开出停车场了，但她记得亚伦的脸有多红。如果是你，你和亚伦的反应一样吗？请完成本章末尾的多维度愤怒问卷，了解你会如何处理压力和表达愤怒。

为什么像亚伦一样的 A 型人格者更容易发生心脏病发作呢？是计划和勤奋导致了压力和不健康吗？很明显不是，实际上，努力工作、获得成功的人寿命更长。A 型人格者的不健康因素不是勤奋，而是不耐烦的**敌意**（hostility）或者时间意识过度以及像亚伦在停车场里所表现出来的那种愤怒的态度。敌意本身，即便与 A 型人格的人无关，也和心脏病发作之间存在 0.19 的相关性。在另外一项研究中，敌意程度高的人心脏病发作的可能性多出 56%。因此，心脏病发作真正的人格根源在于敌意和愤怒，这是神经质的一个构面。

敌意可能会导致心脏病发作，因为怀有敌对情绪的人体内白细胞的数量增加，这是**炎症**（inflammation）的征兆，当身体组织应对感知到的或真实发生的威胁而膨胀变大时就会产生炎症。炎症越来越被认为是包括心脏病、关节炎和哮喘在内大量疾病的病因所在。以心脏病为例，由于敌意造成的血压升高破坏并引发动脉炎症，使得脂肪和胆固醇很容易沉积在这些损伤处从而阻断动脉。当动脉完全或大部分受阻之后，血液无法通过，就会导致心脏病发作。所以，敌意并不是一下子就造成了心脏病发作，而是由它产生的一系列过程最终导致了心脏病和心脏病发作。怀有敌意的人还更有可能吸烟、饮酒和不健康饮食，这些也可能引发心脏疾病。

我们需要明确的是，敌意和心脏病之间的关系不是绝对的。虽然心怀敌意的人更可能患上心脏病，但不是每个有敌意的人都会如此。就像吸烟和肺癌之间的关系一样，不是所有吸烟的人都会得肺癌。同样的因果关系适用于本章所有的研究：没有任何一个研究结果得到"完美"的相关关系（即相关系数是 1），因此人格类型永远不能对结果做出保证，它只是指明了更大的可能性。如果你或你认识的人属于以上哪种人格类型，请注意，这些研究可以做出相应的风险评估，但无法完全地预测一个人将会面临什么样的生理健康问题。同样，如果问卷结果显示你是 A 型人格者，这并不意味着你将会遭遇心脏病发作。所以，不要被结果吓到，相反，要利用这个结果让你对自己的自然倾向有更好的理解。

外倾性和 T 型人格

你是否曾想过跳伞、追逐龙卷风或极速驾驶？如果是，你的感官寻求程度可能就比较高。请你完成本章末尾的感官寻求量表，看看你的感官寻求得分是多少。

感官寻求与高外倾性有关。在大学生中，外倾性的人吸烟和暴饮暴食的可能性更大。他们的性伴侣数量也更多，这是传播性疾病的一个风险因子。外倾性的大学生更有可能因为违反未成年饮酒之类的行为规范被捕。外倾性对健康的影响也因年龄而异：积极情绪会造成年轻人的冒险和受伤，但可以有助于老年人应对心脏病和癌症。

外倾性感官寻求者被认为具有 T 型（追求刺激）人格（type T-thrill-seeking personality），因为他们追求令人兴奋的体验。大多数情况下，他们的探索不会致命，但他们的冒险行为导致他们在事故中丧生或受伤以及因超速行驶或鲁莽驾驶而被定罪的可能性更高。

T 型人格与感官寻求和高冲动性有着大量的重叠（参见第 4 章）。感官寻求者想要刺激和兴奋的感觉，喜欢未知、变化和新奇体验。他们遭遇意外的可能性更高，也更有可能在青春期滥用毒品和酒精。他们对非法药物尤为感兴趣，因此一般不被社会接受。他们也更有可能在青春期发生性行为，在拿到驾照之前无证驾驶。从根本上来说，感官寻求者喜欢破坏规则，其中一部分是由于被禁止的活动令人兴奋，但更多的是因为破坏规则本身就非常刺激。

虽然感官寻求和冲动性相关，但在预测与健康有关的冒险行为方面，冲动性是更好的指标。冲动性通常涉及不加思考的行动，这会导致危险行为。喜欢寻求感官刺激但并不冲动的人能够更好地控制自己的行为。比如，他们可能会尝试毒品，但之后不会经常使用。

宜人性

艾米有很多朋友，不喜欢争辩——她是典型的高宜人性的人。这种宜人的本性意味着她会健康长寿吗？基于已有的研究结果，这很难说。有一些研究发现高宜人性的人寿命更长，但也有一些研究指出他们去世得更早，还有一些研究没有找到其中的关联。同伴对女性宜人性的评分可以预测寿命，这说明，重要的是你实际上对别人有多么亲切友善，而非你自认为有多么宜人。宜人性水平高的人被诊断为糖尿病和中风的可能性略小。

宜人性还和**社会支持**（social support）有关——与朋友和家人建立良好的人际关系并为他们提供情感和实际支持。社会支持水平高的人往往更加健康和长寿。因此，宜人性的好处可能并不是来自人格特质本身，而是来自随之产生的朋友和家人的人际网络。

开放性

开放性在大五人格中常常显得与众不同，它和生理健康之间的关系也是如此。在一项大型纵向研究中，唯一一个与自陈报告的健康状况或长寿无关的大五人格特质就是开放性。不过，开放性与某些健康的益处有关联。那些自认为更富创造力（开放性的构面之一）的老年人在 18 年后去世的概率比那些缺乏创造力的老年人低 12%。富有创造力的人或许更乐于尝试不同的方法减轻压力和管理自己的健康情况。

 写作提示：了解自己

你的哪一项人格特质可能增加了你在生理健康问题方面的风险？哪一项特质又可能使风险降低？

表 15.1 是大五人格特质与生理健康之间的关系。

表 15.1　大五人格与生理健康之间的关系

人格类型	描述	健康结果
高尽责性	负责，有序，高度自律	饮食健康，体重健康，吸烟和吸毒的可能性较小，长寿
高神经质、D 型人格和 A 型人格	焦虑，敌意，负面情绪多，有患抑郁症的风险	头痛，胃病，心脏疾病
高外倾性和 T 型人格	追求刺激	吸烟，吸毒，酗酒，更有可能死于意外（与冲动性有关）
高宜人性	对人亲切友好	结果复杂多样，女性的寿命与同伴评分相关
高开放性	富有创造力，对很多想法都充满兴趣	结果复杂多样，创造力与长寿有关

动机和解释风格

大五人格对我们找出人格和生理健康之间的关系起到了极大的帮助作用，但它当然不可能解释一切。那么，我们的动机呢？动机如何影响我们的健康？它对我们怎样解读发生在自己身上的事情有什么作用吗？

心理动机

宝拉的权力动机很高，这意味着她对控制自己和其他人的行为方面有着强烈的渴望（见第 7 章）。她是一名高中老师，这份工作让她可以对别人产生影响力和掌控感。过去，她一直可以自由地设计她的课程计划，并在教室前面放一块写有"下课"的牌子。但现在，新来的校长开始对所有老师实施细节管理，制订统一的课程计划，并要求铃声一响就要下课。

宝拉很快就感受到了挫败感，这给她造成了很大的压力。但这会同时影响她的生理健康吗？

一些研究认为答案是肯定的。通常情况下，权力动机高的人不会比权力动机低的人患心脏病的可能性更高。但是，如果高权力动机的人感到自己被别人控制时，他们常常会非常痛苦。宝拉不会因为权力动机高而对其健康产生不利影响，但有新校长在的情境就会对她造成一定的压力，她可能最终会出现在心脏病医生的候诊室里，或者因发烧在家休养。

这一切是如何发生的呢？对权力的需要受阻导致产生压力，这造成了慢性高血压，慢性高血压又引发了免疫系统的问题。例如，权力动机高的男性犯人免疫系统功能受损，他们比权力动机低的犯人患有疾病的数量更多。很明显，前者对权力的需要在监狱中受到阻碍。

其他身份认同的挑战也会引发免疫系统的问题。那些认为自己没有达到理想自我标准的人——常见于高成就动机的人身上——拥有抵抗疾病的自然杀伤细胞的水平较低。换言之，他们的免疫系统没有发挥应有的作用。这和权力动机受阻对健康的影响类似，无法实现你渴望的人格造成了压力，压力导致免疫系统问题和生理疾病。

回顾历史

电击"决策猴"实验

有关心理过程和生理健康最早且最著名的实验是在猴子身上进行的。这项研究的目的在于理解商业决策者所体验到的压力。我们没有用面临职场压力的人类作为被试，而是让四只做决策的猴子来做出判断并面临脚被电击。

在这项研究中，猴子被成对地放在一个新奇的装置上，这个装置限制了猴子的活动。两只猴子的脚上都接有可以产生电击的电线。其中一只猴子作为"决策猴"被训练学习拉动控制杆，这个动作可以停止电击。例如，如果电击发生的时间为20秒，这只"决策猴"就可以拉下控制杆使电击停止。另一只猴子没有控制权，每当"决策猴"被电击的时候，这只猴子也会受到电击。

这项残酷的实验进行了将近一个月，每六小时的电击之后有一段休息时间。结果是，有几只"决策猴"死于压力造成的溃疡。其他猴子似乎幸免于难，看起来还不错。研究人员总结，"决策猴"所经历的掌控感和压力对它们的死亡起到了作用。

尽管研究结论认为是掌控感导致了消极的压力应对，这项实验还是有几个关键的缺陷：样本规模太小（一共就只有八只猴子）、猴子没有经过随机分配、以因压力死亡作为结果变量意味着需要尸体解剖。

从那时起，这一领域的研究得到了有关掌控感和健康非常不同的结论。在众多研究结果中，掌控感实际上有助于保护个体免于压力——即使这种掌控感只是个体感知到的而非实际存在的。

感知到掌控的重要性在工作中尤为重要。和"决策猴"不同，在工作中体验到掌控感的人报告的抑郁、耗竭和压力都更少。

　　然而，另外一种心理动机可以保护人们的免疫系统。归属动机高的人——那些关注人际关系的人——免疫系统功能更好。在面临压力时，如期末考试，高归属动机的学生比低归属动机的学生更有可能保持健康。

　　这可能是由于激素变化造成的。学生在观看过高亲和度的电影——如浪漫爱情片《廊桥遗梦》（*The Bridges of Madison County*）——之后，他们的**黄体酮**（progesterone）水平升高，黄体酮是一种与亲密情感有关的激素。与普通谈话相比，女性在和某人进行过一次亲密对话之后，黄体酮水平也会升高。黄体酮可能会促进"趋向和友好"的压力反应，即从他人那里寻求社会支持，代替在高权力动机的人身上更加常见的"或战或逃"的压力反应模式。从长远来看，"趋向和友好"的反应（在女性身上更常见）或许对免疫系统和心脏健康都更有益。这可能也是女性心脏病发作的概率低于男性的一个原因。

　　高成就动机的人更喜欢参加体育运动——不仅是竞技性运动，也包括业余和休闲俱乐部运动。这种关联性只出现于通过内隐方式而非外显方式测得的成就动机。高内隐成就动机还与更低的体重指数有关，这表明具有高内隐成就动机的人可以更好地管理自己的体重。因此，高成就动机的人似乎可以把他们的驱力转化为对生理健康有利的行为。请你完成本章末尾的归因风格问卷。

悲观型和乐观型解释风格

　　孩子们最爱的维尼熊有两个性格截然相反的朋友：驴子屹耳是一个典型的悲观主义者，活泼的小老虎跳跳虎则是一个乐观主义者。我们问一个不会和维尼那些天真无邪的学龄前朋友们分享的问题：谁会先死？为什么？

　　正如你能猜到的那样，乐观的跳跳虎可能比悲观的屹耳活得更长。乐观的人免疫系统功能更好，能更快地从心脏病发作和手术中康复。在一项研究中，人们同意通过鼻喷剂接触感冒病毒。那些自认为快乐、幸福、活泼的人患上感冒的概率更低。这很可能是由于他们拥有更好的免疫系统功能，幸福的人真的更少生病。

　　我们如何定义乐观和悲观呢？悲观主义者和乐观主义者看待消极事件是不同的。一个拥有**乐观型解释风格**（optimistic explanatory style）的人认为坏事是短暂的（不会再发生）、具体的（只影响生活的一个方面）、外部的（由于自身以外的原因造成）。一个拥有**悲观型解释风格**（pessimistic explanatory style）的人则认为坏事是稳定的（会一直发生）、广泛的（影响生活的许多方面）、内部的（由自身引起）。悲观主义者相信坏事会再次发生并且引发更多的坏事。这有时候被称为"杞人忧天"（总觉

表 15.2　乐观型解释风格和悲观型解释风格对事件做出的解释

	乐观型解释风格	悲观型解释风格
好事		
	稳定的	短暂的
	广泛的	具体的
	内部的	外部的
坏事		
	短暂的	稳定的
	具体的	广泛的
	外部的	内部的

得 "天会塌下来") 或**灾难化**（catastrophizing），即认为哪怕小的负面事件也会变成灾难。乐观主义者相信好事是稳定的、广泛的、内部的，悲观主义者认为好事是短暂的、具体的、外部的（见表 15.2）。你刚刚完成的问卷会给你一个清晰的答案，你的解释风格是乐观型还是悲观型或两者兼有。

悲观型解释风格与第 6 章提到的防御性悲观不同。防御性悲观者不认为最坏的事情会继续发生，但会努力做好准备以防万一。这两种悲观主义者都与乐观主义者不同，后者看到的是事物光明的一面。

一项大型研究用了 50 年时间追踪了 1000 多名男性，想要看看乐观是否可以预测长寿。结果确实如此，但原因却不是研究者预想的那样。悲观主义者死于癌症或心脏病的可能性一点也不高，但他们死于意外和暴力的概率却很高。在后续的研究中，克里斯多夫·彼得森（Chrzstopher Peterson）发现，具有悲观型解释风格的大学生更有可能报告说在过去 24 个月里他们经历过至少一次意外、袭击、受伤或中毒。悲观主义者被危险的情况吸引。

✏️ **写作提示：了解自己**

你的解释风格是哪种？为什么你会这样认为？这反映了你的整体人格吗，如你在大五人格上的各项得分？

你可能会感到好奇，为什么外倾性的感官寻求者（通常与积极情绪有关）和悲观的抑郁症患者都会被危险的活动吸引？容易发生意外的人可能是两个不同的群体——悲观主义者做危险的事情是因为他们想利用冲动让自己感觉更好或满不在乎；外倾性的人则是想保持高水平的刺激感。悲观型解释风格像 T 型人格或感官寻求的暗黑表亲——不是滑雪运动员计算好了的那种冒险，这种冒险只是由于他们觉得自己没什么可失去的。

乐观主义——悲观主义的反面——对心理健康也有益，它有利于更好的生理健康和康复。有着积极幻想的人更能适应困难环境。虽然你可能认为抑郁的人是悲观主义者，但一般来说，实际上他们是现实主义者。报告较少抑郁的人普遍比他们应有的更为乐观。显然，要远离抑郁需要有一点过度乐观。

这说明人们可以从乐观训练中获益。这样的训练将聚焦于教会人们一种更加乐观的解释风格，让人们把负面事件视作不太可能再次发生。例如，一个基于认知行为疗法的项目训练悲观的大学生质疑自己自动化的消极想法，并使用时间管理和抗拖延技术完成任务。与控制组相比，接受过训练的学生发展出了更加乐观的解释风格，感受到抑郁的可能性降低。

总结

人格特质和生理健康之间的关联意味着你可以利用某些心理学技术改善自己的健康状况。下面有一些建议。

- 学会放松。通过深呼吸和正念冥想的练习，减少生气、激动和沮丧受挫的情绪。
- 尽量保持开心和乐观。这并不意味着否认现实，而是倾向于看到事物积极的一面。杯子里的水是半满而不是半空。
- 认真对待你的健康状况，照顾好自己。如果有什么异常，就去医院检查一下。保持饮食健康——吃真正的食物，而不是包装盒里的垃圾食品。如果你是一个冒险型的人，请提早计划（就像戴头盔那样），刺激的感觉仍将在那里。
- 锻炼你的自律肌肉，记住，就像身体肌肉的锻炼需要时间一样，自律肌肉也需要稳步的训练才能变得强大。新年前夜的一个决心不会奇迹般地让你变得健康——这需要几周、几个月的努力。但你可以做出这个选择。

对天生性情、遗传影响和身心关联的强调有时让人格心理学看起来像对自由意志观念做出了重大打击。不过，就像你在整本书中读到的那样，我们可以利用人格心理学的研究成果让生活变得更好。尽责性和长寿之间的关联就是一个非常好的例子。这也是人格心理学应该做的事情：帮助我们了解自己，同时也帮助我们看到我们如何能够变得更好、做得更多。

思考

1. 对与大五人格每项特质有关的生理健康进行总结。
2. 有什么可能的第三变量可以解释神经质和不良健康状况之间的相关性？
3. 解释心理动机和生理健康之间的关联。
4. 定义两种解释风格及它们与生理健康之间的关系。

15.1：詹金斯活动调查
（Jenkins Activity Survey）

指导语

请回答以下问题，选出符合你真实情况的选项。每个人的情况有所不同，因此答案没有正误之分。

1. 你的日常生活中大多充满了：
   a. 需要解决的问题　　　　　　　　　b. 需要面对的挑战
   c. 可预测的例行事件　　　　　　　　d. 没有足够的事情让我感兴趣或为此忙碌

2. 当处于压力之下，你通常会：
   a. 立即做些什么缓解压力　　　　　　b. 在做出任何行动之前认真计划

3. 通常情况下，你吃饭的速度如何？
   a. 我一般都是第一个吃完的　　　　　b. 我比一般人吃得快一点
   c. 我和大多数人吃饭的速度差不多　　d. 我比大部分人吃得慢

4. 你的朋友或配偶曾说过你吃饭太快吗？
   a. 经常这样说　　　　b. 说过一两次　　　c. 没有人这样说过

5. 当你听一个人说话的时候，这个人说了很长时间还没有说到重点，你会想要催促他吗？
   a. 经常　　　　　　　b. 偶尔　　　　　　c. 几乎从没有过

6. 你经常"抢话"以催促别人快点说吗？
   a. 经常　　　　　　　b. 偶尔　　　　　　c. 几乎从没有过

7. 如果你与朋友或配偶约好某个具体的时间在某地见面，你会迟到吗？
   a. 偶尔　　　　　　　b. 很少　　　　　　c. 从不迟到

8. 大多数人认为你：
   a. 绝对的进取心十足，争强好胜　　　b. 有可能进取心十足，争强好胜
   c. 有可能放松自在　　　　　　　　　d. 绝对的放松自在

9. 你认为自己：
   a. 绝对的进取心十足，争强好胜　　　b. 有可能进取心十足，争强好胜
   c. 有可能放松自在　　　　　　　　　d. 绝对的放松自在

10. 你最亲密的朋友或配偶会如何描述你？
    a. 绝对的进取心十足，争强好胜　　　b. 有可能进取心十足，争强好胜
    c. 有可能放松自在　　　　　　　　　d. 绝对的放松自在

11. 你最亲密的朋友或配偶会如何评价你通常的活动水平？
    a. 太慢了，应该活跃一些　　　　　　b. 正常水平，大多数时间在忙碌
    c. 太过活跃，需要慢下来

12. 很了解你的人会认为你比大部分人缺乏活力吗？
    a. 完全是　　　　b. 可能是　　　　c. 可能不是　　　　d. 完全不是

13. 你年轻时的脾气如何？
    a. 暴躁，难以控制　　　　　　　　　b. 强烈但可控
    c. 没什么问题　　　　　　　　　　　d. 几乎从不生气

14. 你的课程或任务多久有一次截止日期？（如果频率不固定的话，请选择最接近的选项。）
    a. 每天或更频繁　　　b. 每周　　　c. 每月　　　d. 从来没有

15. 你曾经给自己的课程、工作或其他事情设定过截止时间吗？

　　a. 没有　　　　　　　　b. 有过，但只是偶尔　　　　c. 每周一次或更频繁

16. 在学校里，你有同时进行过两个项目并在二者之间快速切换吗？

　　a. 从来没有过　　　　　b. 有过，但只在紧急情况下　　c. 经常如此

17. 在各种假期里，你会保持平常的学习时间安排吗？

　　a. 会　　　　　　　　　b. 不会　　　　　　　　　　　c. 有时

18. 你经常会在晚上把相关的工作或学习资料带回家吗？

　　a. 很少或从不　　　　　b. 每周一次或更少　　　　　　c. 每周不止一次

19. 在团体中，其他人常举荐你做领导者吗？

　　a. 很少　　　　　　　　b. 与其他人一样　　　　　　　c. 比其他人多

20. 关于责任心，我：

　　a. 比学校里一般学生负责任得多　　　　　b. 比学校里一般学生更负责任一些

　　c. 比学校里一般学生更不负责任一些　　　d. 比学校里一般学生不负责任得多

21. 我通常对待生活：

　　a. 比学校里一般学生认真得多　　　　　　b. 比学校里一般学生认真一些

　　c. 不如学校里一般学生认真　　　　　　　d. 比学校里一般学生认真得多

计分

按照每道题目中各个选项对应的得分计：

1. a 或 b = 1，c 或 d = 0　　　　12. a 或 b = 0，c = 1，d = 0

2. a = 1，b = 0　　　　　　　　　13. a 或 b = 1，c 或 d = 0

3. a 或 b = 1，c 或 d = 0　　　　14. a = 1，b、c 或 d = 0

4. a = 1，b 或 c = 0　　　　　　　15. a = 0，b = 1，c = 0

5. a = 1，b 或 c = 0　　　　　　　16. a = 0，b = 1，c = 0

6. a = 1，b 或 c = 0　　　　　　　17. a = 1，b 或 c = 0

7. a = 0，b = 1，c = 0　　　　　　18. a = 0，b = 1，c = 0

8. a 或 b = 1，c 或 d = 0　　　　19. a = 0，b = 1，c = 0

9. a 或 b = 1，c 或 d = 0　　　　20. a = 1，b、c 或 d = 0

10. a 或 b = 1，c 或 d = 0　　　21. a = 1，b、c 或 d = 0

11. a 或 b = 0，c = 1

将所有得分相加，你的总分：＿＿＿＿

高分对应 A 型人格，低分对应 B 型人格。

15.2：多维度愤怒量表
（Multidimensional Anger Inventory）

指导语

每个人都会时不时地生气。请阅读下列每项陈述并选出最符合你的选项。答案没有对错之分。

1. 我比大多数人都更爱生气。

完全不符合	大部分不符合	部分符合，部分不符合	大部分符合	完全符合
1	2	3	4	5

2. 我心怀怨恨，不告诉任何人。

完全不符合	大部分不符合	部分符合，部分不符合	大部分符合	完全符合
1	2	3	4	5

3. 当对某人生气的时候，我会试图报复。

完全不符合	大部分不符合	部分符合，部分不符合	大部分符合	完全符合
1	2	3	4	5

4. 我很容易生气。

完全不符合	大部分不符合	部分符合，部分不符合	大部分符合	完全符合
1	2	3	4	5

5. 如果我对某人感到生气，我会让他知道。

完全不符合	大部分不符合	部分符合，部分不符合	大部分符合	完全符合
1	2	3	4	5

6. 几乎每天都有一些事让我生气。

完全不符合	大部分不符合	部分符合，部分不符合	大部分符合	完全符合
1	2	3	4	5

7. 我经常比自己想象得更生气。

完全不符合	大部分不符合	部分符合，部分不符合	大部分符合	完全符合
1	2	3	4	5

8. 如果我对某人感到生气，我会对身边的人发火，不管是谁。

完全不符合	大部分不符合	部分符合，部分不符合	大部分符合	完全符合
1	2	3	4	5

9. 我的一些朋友有让我非常恼火的习惯。

完全不符合	大部分不符合	部分符合，部分不符合	大部分符合	完全符合
1	2	3	4	5

10. 我惊讶于我经常感到生气。

完全不符合　　大部分不符合　　部分符合，部分不符合　　大部分符合　　完全符合
1　　　　　　　2　　　　　　　3　　　　　　　4　　　　　　　5

11. 有时，我生气没有任何具体的原因。

完全不符合　　大部分不符合　　部分符合，部分不符合　　大部分符合　　完全符合
1　　　　　　　2　　　　　　　3　　　　　　　4　　　　　　　5

12. 即便我已经表达了愤怒，还是很难忘记它。

完全不符合　　大部分不符合　　部分符合，部分不符合　　大部分符合　　完全符合
1　　　　　　　2　　　　　　　3　　　　　　　4　　　　　　　5

13. 当我把自己的愤怒隐藏起来时，我会想很长时间。

完全不符合　　大部分不符合　　部分符合，部分不符合　　大部分符合　　完全符合
1　　　　　　　2　　　　　　　3　　　　　　　4　　　　　　　5

14. 人们只要在我身边就会打扰到我。

完全不符合　　大部分不符合　　部分符合，部分不符合　　大部分符合　　完全符合
1　　　　　　　2　　　　　　　3　　　　　　　4　　　　　　　5

15. 我生气的时间会很久。

完全不符合　　大部分不符合　　部分符合，部分不符合　　大部分符合　　完全符合
1　　　　　　　2　　　　　　　3　　　　　　　4　　　　　　　5

16. 我如此愤怒，感觉好像失去了控制。

完全不符合　　大部分不符合　　部分符合，部分不符合　　大部分符合　　完全符合
1　　　　　　　2　　　　　　　3　　　　　　　4　　　　　　　5

17. 我很难让别人知道我生气了。

完全不符合　　大部分不符合　　部分符合，部分不符合　　大部分符合　　完全符合
1　　　　　　　2　　　　　　　3　　　　　　　4　　　　　　　5

18. 当人们不公平的时候，我会生气。

完全不符合　　大部分不符合　　部分符合，部分不符合　　大部分符合　　完全符合
1　　　　　　　2　　　　　　　3　　　　　　　4　　　　　　　5

19. 如果有什么事情妨碍了我的计划，我会生气。

完全不符合　　大部分不符合　　部分符合，部分不符合　　大部分符合　　完全符合
1　　　　　　　2　　　　　　　3　　　　　　　4　　　　　　　5

20. 当我拖延的时候，我会生气。

完全不符合　　大部分不符合　　部分符合，部分不符合　　大部分符合　　完全符合
1　　　　　　　2　　　　　　　3　　　　　　　4　　　　　　　5

21. 如果有人使我难堪，我会生气。

完全不符合	大部分不符合	部分符合，部分不符合	大部分符合	完全符合
1	2	3	4	5

22. 如果我要听命于一个能力不如我的人，我会生气。

完全不符合	大部分不符合	部分符合，部分不符合	大部分符合	完全符合
1	2	3	4	5

23. 当我做了蠢事的时候，我会生气。

完全不符合	大部分不符合	部分符合，部分不符合	大部分符合	完全符合
1	2	3	4	5

24. 当我没有得到应得的表扬时，我会生气。

完全不符合	大部分不符合	部分符合，部分不符合	大部分符合	完全符合
1	2	3	4	5

25. 当我不得不和没有能力的人一起工作时，我会生气。

完全不符合	大部分不符合	部分符合，部分不符合	大部分符合	完全符合
1	2	3	4	5

计分

第 17 题为反向计分项目，即选"1"计 5 分，选"5"计 1 分，以此类推。其他题目按照所选数字计分。将所有分数相加，得到总分：_____

15.3：感官寻求量表

（Brief Sensation-Seeking Scale）

指导语

根据你对以下陈述同意或不同意的程度，选择对应的选项。

1. 我喜欢探索陌生的地方。

非常不同意	不同意	无所谓	同意	非常同意
1	2	3	4	5

2. 我在家待太久的话会烦躁不安。

非常不同意	不同意	无所谓	同意	非常同意
1	2	3	4	5

3. 我喜欢做可怕的事情。

非常不同意	不同意	无所谓	同意	非常同意
1	2	3	4	5

4. 我喜欢狂野的派对。

非常不同意	不同意	无所谓	同意	非常同意
1	2	3	4	5

5. 我想开启一场没有预先路线和时间计划的旅行。

非常不同意	不同意	无所谓	同意	非常同意
1	2	3	4	5

6. 我更喜欢那些令人兴奋、不可预测的朋友。

非常不同意	不同意	无所谓	同意	非常同意
1	2	3	4	5

7. 我想尝试蹦极。

非常不同意	不同意	无所谓	同意	非常同意
1	2	3	4	5

8. 我很想拥有新的、令人兴奋的体验，即使这些体验是违法的。

非常不同意	不同意	无所谓	同意	非常同意
1	2	3	4	5

计分

该量表没有反向计分项目。将所有选项的得分相加除以 8，得到你的总分：_____

15.4：归因风格问卷
（Attribution Style Questionnaire）

指导语

请尽力想象你处于下面这些场景中。假如这样的场景发生在你身上，你觉得是什么原因造成的？一件事情会有很多原因，请选择一个——如果发生在你身上，主要的原因会是哪一个。接下来，请回答与此原因有关的几个问题和一个关于情境的问题。总结一下，你需要做的是：

- 阅读每一个描述，尽力想象这个场景发生在你身上；
- 假如事件发生在你身上，你觉得主要原因是什么；
- 选择一个原因；
- 回答有关这个原因的三个问题；
- 继续下一个场景。

A. 你遇到一个朋友，他称赞你的外表。请你想想这个事件的主要原因。

1. 对你的外表的赞美是因为你，还是因为其他人或环境？（选择一个数字）

完全因为其他   完全因为我
  人或环境

1   2   3   4   5   6   7

2. 这个原因以后还会出现吗？（选择一个数字）

再也不会出现   总会出现

1   2   3   4   5   6   7

3. 这个原因只会影响你的外表，还是也会影响你生活的其他方面？（选择一个数字）

只会对这个特定   会影响我生活的
  情境产生影响   其他方面

1   2   3   4   5   6   7

B. 你找工作已经有一段时间了，但一直失败。请你想想这个事件的主要原因。

4. 你找工作失败的原因是因为你，还是因为其他人或环境？（选择一个数字）

完全因为其他   完全因为我
  人或环境

1   2   3   4   5   6   7

5. 以后找工作的时候，这个原因还会出现吗？（选择一个数字）

再也不会出现   总会出现

1   2   3   4   5   6   7

6. 这个原因只会影响找工作，还是也会影响你生活的其他方面？（选择一个数字）

只会对这个特定　　　　　　　　　　　　　　　　　　　　　　　会影响我生活的
　情境产生影响　　　　　　　　　　　　　　　　　　　　　　　　其他方面

　　　　1　　　　　　2　　　　　　3　　　　　　4　　　　　　5　　　　　　6　　　　　　7

C. 你变得非常富有。请你想想这个事件的主要原因。

7. 你变得富有的原因是因为你，还是因为其他人或环境？（选择一个数字）

完全因为其他　　　　　　　　　　　　　　　　　　　　　　　　　完全因为我
　人或环境

　　　　1　　　　　　2　　　　　　3　　　　　　4　　　　　　5　　　　　　6　　　　　　7

8. 这个原因将来还会出现吗？（选择一个数字）

再也不会出现　　　　　　　　　　　　　　　　　　　　　　　　　总会出现

　　　　1　　　　　　2　　　　　　3　　　　　　4　　　　　　5　　　　　　6　　　　　　7

9. 这个原因只会让你变得富有，还是也会影响你生活的其他方面？（选择一个数字）

只会对这个特定　　　　　　　　　　　　　　　　　　　　　　　会影响我生活的
　情境产生影响　　　　　　　　　　　　　　　　　　　　　　　　其他方面

　　　　1　　　　　　2　　　　　　3　　　　　　4　　　　　　5　　　　　　6　　　　　　7

D. 你的朋友有问题来找你，但你没有帮忙。请你想想这个事件的主要原因。

10. 你没有帮忙的原因是因为你，还是因为其他人或环境？（选择一个数字）

完全因为其他　　　　　　　　　　　　　　　　　　　　　　　　　完全因为我
　人或环境

　　　　1　　　　　　2　　　　　　3　　　　　　4　　　　　　5　　　　　　6　　　　　　7

11. 这个原因将来还会出现吗？（选择一个数字）

再也不会出现　　　　　　　　　　　　　　　　　　　　　　　　　总会出现

　　　　1　　　　　　2　　　　　　3　　　　　　4　　　　　　5　　　　　　6　　　　　　7

12. 这个原因只会影响你是否提供帮助，还是也会影响你生活的其他方面？（选择一个数字）

只会对这个特定　　　　　　　　　　　　　　　　　　　　　　　会影响我生活的
　情境产生影响　　　　　　　　　　　　　　　　　　　　　　　　其他方面

　　　　1　　　　　　2　　　　　　3　　　　　　4　　　　　　5　　　　　　6　　　　　　7

E. 你在团队中做了一次重要的讲话，但听众反应很消极。请你想想这件事的主要原因。

13. 听众的反应是因为你，还是因为其他人或环境？（选择一个数字）

完全因为其他　　　　　　　　　　　　　　　　　　　　　　　　　完全因为我
　人或环境

　　　　1　　　　　　2　　　　　　3　　　　　　4　　　　　　5　　　　　　6　　　　　　7

14. 以后你再讲话的时候，这个原因还会出现吗？（选择一个数字）

再也不会出现   总会出现

    1   2   3   4   5   6   7

15. 这个原因只会影响你的讲话，还是也会影响你生活的其他方面？（选择一个数字）

只会对这个特定   会影响我生活的
情境产生影响   其他方面

    1   2   3   4   5   6   7

F. 你完成的项目获得了高度赞扬。请你想想这件事的主要原因。

16. 受到表扬是因为你，还是因为其他人或环境？（选择一个数字）

完全因为其他
人或环境   完全因为我

    1   2   3   4   5   6   7

17. 将来再做项目的时候，这个原因还会出现吗？（选择一个数字）

再也不会出现   总会出现

    1   2   3   4   5   6   7

18. 这个原因只会影响这个项目，还是也会影响你生活的其他方面？（选择一个数字）

只会对这个特定   会影响我生活的
情境产生影响   其他方面

    1   2   3   4   5   6   7

G. 你遇到一个对你充满敌意的朋友。请想想这件事的主要原因。

19. 这个朋友的敌意是因为你，还是因为其他人或环境？（选择一个数字）

完全因为其他
人或环境   完全因为我

    1   2   3   4   5   6   7

20. 将来和朋友交往时，这个原因还会出现吗？（选择一个数字）

再也不会出现   总会出现

    1   2   3   4   5   6   7

21. 这个原因只会影响你和朋友的交往，还是也会影响你生活的其他方面？（选择一个数字）

只会对这个特定   会影响我生活的
情境产生影响   其他方面

    1   2   3   4   5   6   7

H. 你无法完成别人期待的所有工作。请你想想这件事的主要原因。

22. 无法完成工作是因为你，还是因为其他人或环境？（选择一个数字）

完全因为其他
人或环境   完全因为我

    1   2   3   4   5   6   7

23. 将来，在你完成工作时，这个原因还会出现吗？（选择一个数字）

再也不会出现 　　　　　　　　　　　　　　　　　　　　　　　　　总会出现

　　1　　　　　2　　　　　3　　　　　4　　　　　5　　　　　6　　　　　7

24. 这个原因只会影响你完成工作，还是也会影响你生活的其他方面？（选择一个数字）

只会对这个特定 　　　　　　　　　　　　　　　　　　　　　　会影响我生活的
　情境产生影响　　　　　　　　　　　　　　　　　　　　　　　　其他方面

　　1　　　　　2　　　　　3　　　　　4　　　　　5　　　　　6　　　　　7

I. 你的配偶（或伴侣）一直非常爱你。请你想想这件事的主要原因。

25. 他 / 她非常爱你是因为你，还是因为其他人或环境？（选择一个数字）

完全因为其他 　　　　　　　　　　　　　　　　　　　　　　　　完全因为我
　人或环境

　　1　　　　　2　　　　　3　　　　　4　　　　　5　　　　　6　　　　　7

26. 将来，在你和他 / 她互动时，这个原因还会出现吗？（选择一个数字）

再也不会出现 　　　　　　　　　　　　　　　　　　　　　　　　总会出现

　　1　　　　　2　　　　　3　　　　　4　　　　　5　　　　　6　　　　　7

27. 这个原因只会影响你们的关系，还是也会影响你生活的其他方面？（选择一个数字）

只会对这个特定 　　　　　　　　　　　　　　　　　　　　　　会影响我生活的
　情境产生影响　　　　　　　　　　　　　　　　　　　　　　　　其他方面

　　1　　　　　2　　　　　3　　　　　4　　　　　5　　　　　6　　　　　7

J. 你完成了一个你十分向往的申请（如重要的工作、读研究生）并成功了。请你想想这件事的主要原因。

28. 这次申请成功是因为你，还是因为其他人或环境？（选择一个数字）

完全因为其他 　　　　　　　　　　　　　　　　　　　　　　　　完全因为我
　人或环境

　　1　　　　　2　　　　　3　　　　　4　　　　　5　　　　　6　　　　　7

29. 将来你申请某个职位时，这个原因还会出现吗？（选择一个数字）

再也不会出现 　　　　　　　　　　　　　　　　　　　　　　　　总会出现

　　1　　　　　2　　　　　3　　　　　4　　　　　5　　　　　6　　　　　7

30. 这个原因只会影响这个申请，还是也会影响你生活的其他方面？（选择一个数字）

只会对这个特定 　　　　　　　　　　　　　　　　　　　　　　会影响我生活的
　情境产生影响　　　　　　　　　　　　　　　　　　　　　　　　其他方面

　　1　　　　　2　　　　　3　　　　　4　　　　　5　　　　　6　　　　　7

K．你外出约会，但结果很糟。请你想想这件事的主要原因．

31. 约会失败是因为你，还是因为其他人或环境？（选择一个数字）

完全因为其他
　人或环境　　　　　　　　　　　　　　　　　　　　　　　完全因为我

　　1　　　　　2　　　　　3　　　　　4　　　　　5　　　　　6　　　　　7

32. 将来当你再约会时，这个原因还会出现吗？（选择一个数字）

再也不会出现　　　　　　　　　　　　　　　　　　　　　　总会出现

　　1　　　　　2　　　　　3　　　　　4　　　　　5　　　　　6　　　　　7

33. 这个原因只会影响你约会，还是也会影响你生活的其他方面？（选择一个数字）

只会对这个特定　　　　　　　　　　　　　　　　　　会影响我生活的
　情境产生影响　　　　　　　　　　　　　　　　　　　　其他方面

　　1　　　　　2　　　　　3　　　　　4　　　　　5　　　　　6　　　　　7

L．你涨薪了。请你想想这件事的主要原因．

34. 涨薪是因为你，还是因为其他人或环境？（选择一个数字）

完全因为其他
　人或环境　　　　　　　　　　　　　　　　　　　　　　　完全因为我

　　1　　　　　2　　　　　3　　　　　4　　　　　5　　　　　6　　　　　7

35. 这个原因将来还会出现吗？（选择一个数字）

再也不会出现　　　　　　　　　　　　　　　　　　　　　　总会出现

　　1　　　　　2　　　　　3　　　　　4　　　　　5　　　　　6　　　　　7

36. 这个原因只会影响你涨薪，还是也会影响你生活的其他方面？（选择一个数字）

只会对这个特定　　　　　　　　　　　　　　　　　　会影响我生活的
　情境产生影响　　　　　　　　　　　　　　　　　　　　其他方面

　　1　　　　　2　　　　　3　　　　　4　　　　　5　　　　　6　　　　　7

计分

按照以下标准进行计分。

此问卷没有反向计分项目。将下述项目的分数相加，分别计算两个分量表的得分。

正面事件：将1、2、3、7、8、9、16、17、18、25、26、27、28、29、30、34、35、36题得分相加，除以18。得分：_____

负面事件：4、5、6、10、11、12、13、14、15、19、20、21、22、23、24、31、32、33题得分相加，除以18。得分：_____

PERSONALITY PSYCHOLOGY
Understanding Yourself and Others **致谢**

许多人都参与了本书的写作和出版过程。

本书的面世在很大程度上要归功于培生出版集团的编辑和管理人员，包括凯莉·斯特里比（Kelli Strieby）、贝姬·帕斯卡尔（Becky Pascal）、德比·亨尼恩（Debi Heaion）和克里斯·布朗（Chris Brown）。

圣迭戈州立大学人格心理学的学生们对本书提出了广泛、全面且令人耳目一新的反馈。感谢你们热情的肯定和建设性的批评，了解你们的建议和意见对本书起到了极大的促进作用。你们反馈这本书读起来简单有趣、对实际生活很有帮助，这让我们觉得所有的付出都是值得的。

参与本书的审稿的教职人员提供了很多有用的建议。在此，我们要对所有人表示感谢，他们是得克萨斯州立大学的萨拉·安古洛（Sarah Angulo），马萨诸塞大学阿默斯特分校的约翰·比克福德（John Bickford），皇后学院的克劳迪娅·布伦博（Claudia Brumbaugh），印第安纳大学东南分校的伯纳多·卡杜奇（Bernardo Carducci），东南俄克拉何马州立大学的塔米·克罗（Tammy Crow），摩拉维亚学院的达纳·邓恩（Dana Dunn），伍德伯里大学的迈克尔·费伯（Michael Faber），扬斯敦州立大学的威廉·弗莱（William Fry），塔尔顿州立大学的珍妮弗·吉布森（Jennifer Gibson），加利福尼亚州立大学的苏珊·戈德斯坦（Susan Goldstein），明尼苏达大学的蕾切尔·格雷西奥普琳（Rachael Grazioplene），佩斯大学的保罗·格里芬（Paul Griffin），蒙哥马利学院的詹姆斯·霍尔（James Hall），上艾奥瓦大学的切尔西·汉森（Chelsea Hansen），弗吉尼亚理工大学的罗伯特·哈维（Robert Harvey），印第安纳大学科科莫分校的凯瑟琳·霍尔库姆（Kathryn Holcomb），科蒂学院的塞莱纳·科赫尔（Selena Kohel），维拉诺瓦大学的约翰·库尔兹（John Kurtz），北佛罗里达大学的克里斯托弗·莱昂（Christopher Leone），东北大学的彼得·利文顿（Peter Lifton），宾夕法尼亚州立大学贝克斯分校的埃里克·林赛（Eric Lindsey），温斯顿塞勒姆州立大学的玛莎·洛（Martha Low），明尼苏达大学的史蒂文·卢德克（Steven Ludeke），萨姆休斯敦州立大学的戴维·纳尔逊（David Nelson），得克萨斯州立大学的兰德尔·奥斯本（Randall Osbourne），明尼苏达州立大学的佩格·瑞西克（Peg Racek），哈佛继续教育学院的斯蒂芬妮·索格（Stephanie Sogg），罗格斯大学的莱拉·斯坦（Lyra Stein），罗切斯特理工学院的苏珊·特茜尔（Suzan Tessier），克拉克马斯社区学院的桑德拉·托宾（Sandra Tobin），弗吉尼亚联邦大学的珍妮弗·沃特拉（Jennifer Wartella）。

我们要特别感谢佐治亚大学的乔舒亚·米勒（Joshua Miller），在第 1 版中他承担了第 3 章大五人格理论的重要编写工作。还要特别感谢霍普学院的戴维·G.迈尔斯（David G. Myers），他是我在本书写作过程中的导师和榜样，给我了许多鼓励和一些独到的建议。其他的同事也为我提供了包括各种建议、鼓励、参考资料和想法在内的大力支持，这些同事包括佛罗里达州立大学的罗伊·鲍迈斯特（Roy Baumeister），芝加哥大学的克里斯托弗·布赖恩（Christopher Bryan），乔治梅森大学的布赖恩·卡普兰（Bryan Caplan），佐治亚大学的内森·卡特（Nathan Carter），弗吉尼亚联邦大学的乔迪·戴维斯（Jody Davis），埃克德学院的马克·戴维斯（Mark Davis），肯塔基大学的内森·德瓦尔（Nathan DeWall），西北大学的爱丽丝·伊格利（Alice Eagly），罗切斯特大学的安德鲁·埃利奥特（Andrew Elliot），凯斯西储大学的朱莉·埃克莱恩（Julie Exline），西北大学的伊莱·芬克尔（Eli Finkel），美国空军学院的克雷格·福斯特（Craig Foster），伊利诺伊大学的 R. 克里斯·弗雷利（R. Chris Fraley），爱恩康公司的布里塔尼·金泰尔（Brittany Gentile），弗吉尼亚联邦大学的杰夫·格林（Jeff Green），加利福尼亚州立大学洛杉矶分校的帕特里夏·格林菲尔德（Patricia Greenfield），加利福尼亚州立大学圣迭戈分校的克里斯·哈里斯（Chris Harris），加利福尼亚州立大学洛杉矶分校的马蒂·哈兹尔顿（Martie Haselton），佐治亚大学的布赖恩·霍夫曼（Brian Hoffman），杜克大学的里克·霍伊尔（Rick Hoyle），威斯康星大学的珍妮特·海德（Janet Hyde），加利福尼亚州立大学伯克利分校的奥利弗·约翰（Oliver John），佛罗里达州立大学的托马斯·乔伊纳（Thomas Joiner），诺克斯学院的蒂姆·卡瑟（Tim Kasser），加利福尼亚州立大学圣巴巴拉分校的金希真（Heejung Kim），密苏里大学的劳拉·金（Laura King），加利福尼亚州立大学河滨分校的索尼娅·柳博米尔斯基（Sonja Lyubomirsky），佐治亚大学的罗伊·P. 马丁（Roy P. Martin），佐治亚大学的杰茜卡·麦凯恩（Jessica McCain），特拉华大学的贝丝·莫林（Beth Morling），韦尔斯利学院的朱莉·诺伦（Julie Norem），埃默里大学的史蒂芬·诺维奇（Stephen Nowicki），南安普顿大学的康斯坦丁·塞迪基德斯（Constantine Sedikides），密苏里大学的肯·谢尔顿（Ken Sheldon），霍根性格测评系统的莱恩·谢尔曼（Ryne Sherman），加利福尼亚州立大学洛杉矶分校的朱迪思·西格尔（Judith Siegel），明尼苏达大学的马克·斯奈德（Mark Snyder），伊利诺伊大学的哈里·特里安德斯（Harry Triandis），佐治亚大学的米歇尔·范德伦（Michelle vanDellen），明尼苏达大学的凯瑟琳·沃斯（Kathleen Vohs），密歇根大学的戴维·G. 温特（David G. Winter）等，在此不能一一列举。

我们同样要感谢我们的家人和朋友。我要对布兰德林·贾里特（Brandelyn Jarrett）表达无尽的感激，他不仅在我写作本书第 1 版期间帮我照顾孩子，而且还在有关本科学生的想法方面帮我出谋划策。感谢我的朋友埃米（Amy）和保罗·托比（Paul Tobia）倾听我讲这本书的故事。感谢我的丈夫克雷格（Craig）对我的支持和鼓励。感谢我的女儿凯特（Kate）、伊丽莎白（Elizabeth）和朱丽亚（Julia），她们拥有可爱迷人的个性，希望她们会喜欢我在这里提到她们。

简·M. 腾格

我很幸运能和如此多有趣的人在一起。尤其是约瑟·米勒（Josh Miller），我对人格的理解受到他的重要影响。我想对我的妻子斯黛茜（Stacy）表达我的爱和感激，她在另外一本书的项目上始终大力支持我，也作为"斯黛茜·坎贝尔博士"给我提供了很多非常优秀的反馈。最后，我还要感谢我的女儿麦金利（Mckinley）和夏洛特（Charlotte），等你们长大到可以读这本书的时候，就会明白为什么在你们小的时候爸爸会喝那么多咖啡。

W. 基斯·坎贝尔

术语表 · 参考文献

考虑到环保，也为了节省纸张、降低图书定价，本书编辑制作了电子版术语表和参考文献。用手机微信扫描下方二维码，即可下载。

术语表

参考文献

版权声明